JN132918

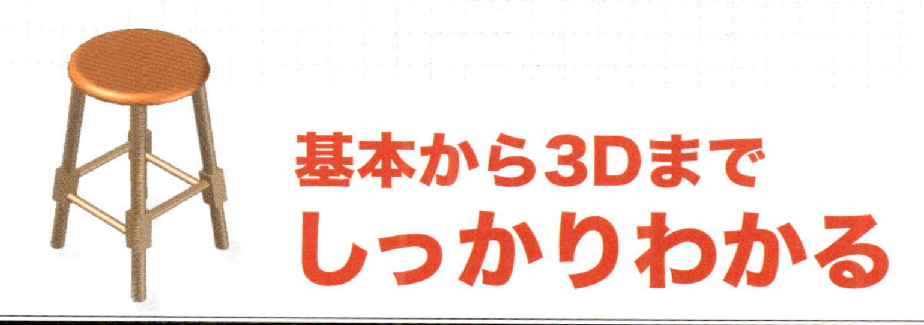

基本から3Dまで
しっかりわかる

AutoCAD/ AutoCAD LT 徹底入門

AutoCAD / AutoCAD LT
2019/2018/2017 対応

稲葉幸行［著］

技術評論社

『ご注意』ご購入・ご利用の前に必ずお読みください

本書に記載された内容は、情報の提供のみを目的としています。したがって、本書を参考にした運用は、必ずご自身の責任と判断において行ってください。本書の運用の結果、いかなる障害が発生しても、技術評論社および著者はいかなる責任も負いません。

本書に記載されている情報は、特に断りが無い限り、2018年12月時点での情報に基づいています。ご利用時には変更されている場合がありますので、ご注意ください。

本書で掲載している操作画面は、特に断りが無い場合は、Windows 10上でAutoCAD 2019／AutoCAD LT 2019を使用した場合のものです。

以上の注意事項をご承諾いただいた上で、本書をご利用願います。これらの注意事項をお読みいただかずにお問い合わせいただいても、技術評論社および著者は対処しかねます。あらかじめご承知おきください。

はじめに

AutoCADって、何ができるの？
AutoCADって、どうやって使ったらいいの？

そんなギモンに少しずつ答えながら、一緒に図面を描いていくことで、やがて全体が見えるようになり、いつの間にか実力が付いている。この本は、そんな本です。

AutoCADは、製図以外にも、いろいろな分野で使われることを想定しているので、AutoCADを始めるには、図面用の設定が必要になります。また、コマンドという描画や修正のツールも、鉛筆や定規を使う感覚に近く、便利なアプリに慣れた人にはアナログ的に感じるかもしれません。

AutoCADのようなプロの道具は、トレーニングの手順を工夫しないと、よく分からないまま、使い続けることになりかねません。多くの機能を持ったソフトなので、初心者にとって必要な学習順序があります。筆者は、ほぼ毎日、学習者と対面したライブ授業を行っています。どうすれば自分の力で図面を作れるようになるか、肌で感じて実行していることをこの本にも生かしています。

AutoCADは3Dソフトでもあります。2D製図で覚えた操作法が、3D空間でも使用できるので、はじめての方にもオススメできます。2D製図と違い、物を作っていく感覚があるので楽しいですよ。

AutoCAD LTは3D機能がないため、この本の3Dモデリングはできません。けれど、AutoCAD LTの作図空間も三次元なので、ある程度の立体表現ができます。最後の章でご紹介しているので、お楽しみください。

では、はじめましょう！

2018年12月
稲葉 幸行

Contents

Contents

第5章 丸椅子の図面を作成する ……157

第6章 丸椅子を部品登録する ……201

第7章 3D空間の基本操作 ……227

第8章 丸椅子をモデリングする ……261

サンプルファイルについて

本書で使用しているサンプルファイルは、小社Webサイトの書籍ページよりダウンロードできます。

https://gihyo.jp/book/2019/978-4-297-10370-5

- サンプルファイルは、圧縮されているので展開して利用してください。
- ダウンロードしたZIPファイルを展開すると、章ごとのフォルダーが表示されます。
- 使用する練習ファイル、完成ファイルは、本書中にファイル名を記載しています。
- 説明する内容によっては、サンプルファイルがない章や節もあります。

第1章

AutoCAD ／ AutoCAD LT の基礎知識

AutoCAD体験版のインストール

AutoCADでは、体験版を利用できます。次の方法でAutodesk社のWebサイト(https://www.autodesk.co.jp/products/autocad/free-trial)からダウンロードしてインストールを行ってください。なお、インストールが完了するまで数時間以上かかることもあります。また、体験版はインストール後 30 日間で使用期限が切れます。

AutoCAD体験版をダウンロードする

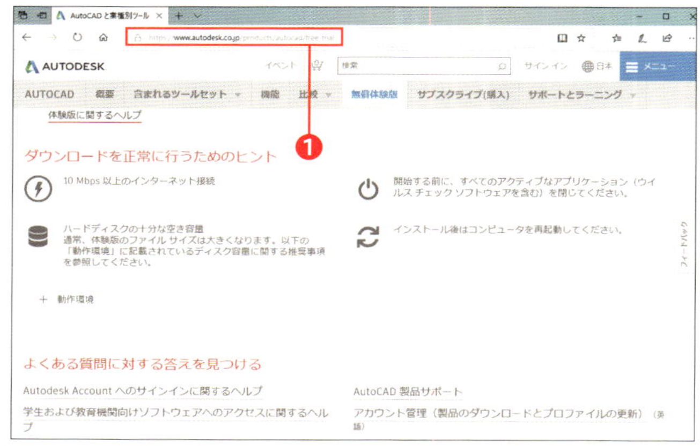

1 Webブラウザ（ここでは、Microsoft Edge）を起動し、URL入力欄に「https://www.autodesk.co.jp/products/autocad/free-trial」と入力して、Enterキーを押します❶。ダウンロードページが表示されます。ページをスクロールすると、動作環境やダウンロードのヒントなどが記されているので、必要に応じて確認しましょう。

2 ［無料体験版をタウンロード］をクリックします❶。

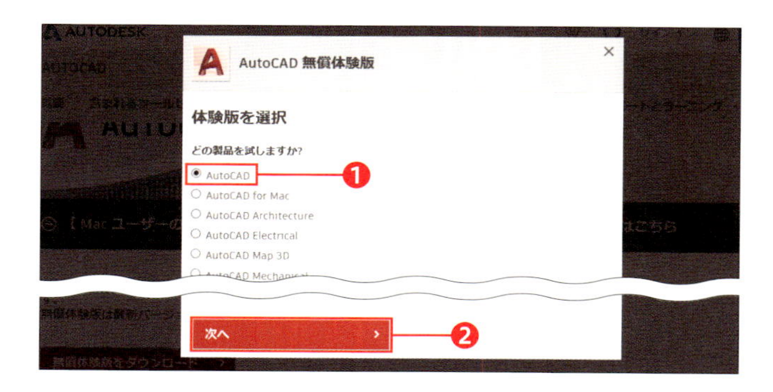

3 ［AutoCAD］を選択し❶、［次へ］をクリックします❷。

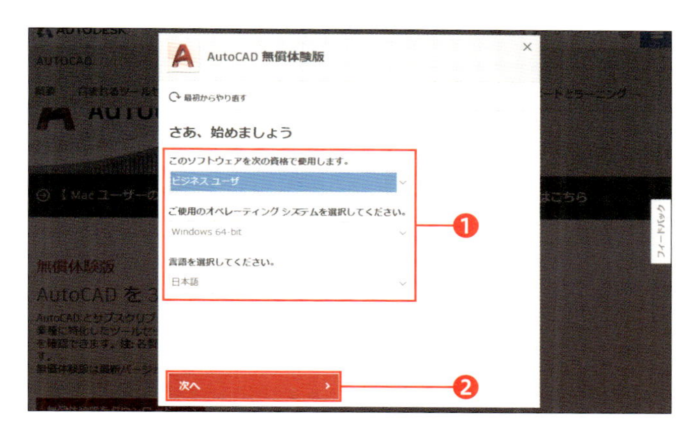

4 質問に答えて❶、［次へ］をクリックします❷。

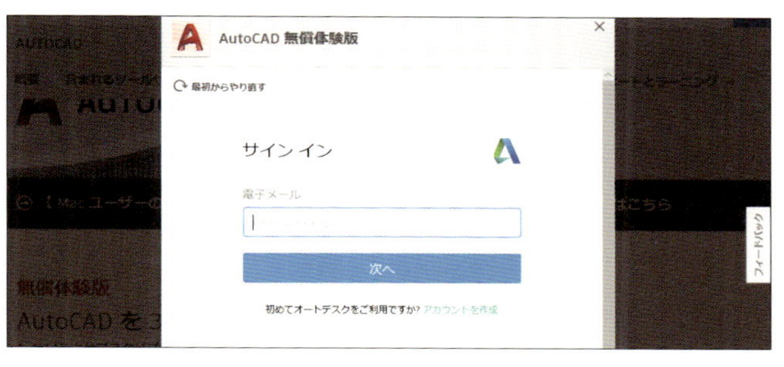

5 Autodesk アカウントでサインインします。持っていない場合は、［アカウントを作成］をクリックして、作成します。

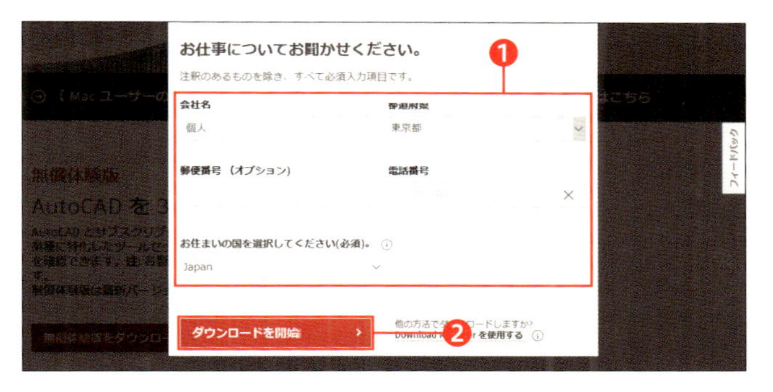

6 サインインしたら必須項目を入力し❶、［ダウンロードを開始］をクリックします❷。

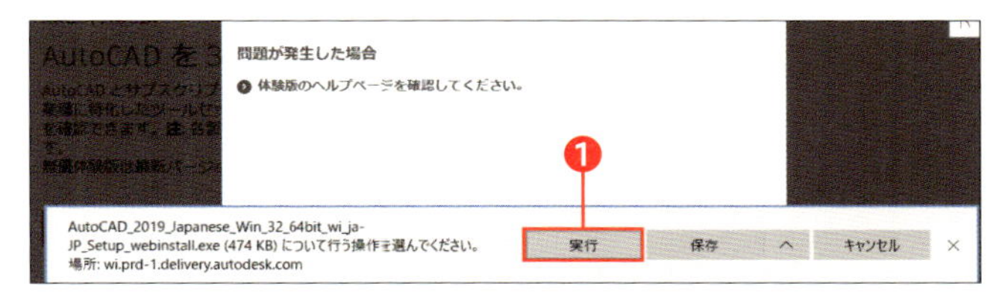

7 ダウンロードが始まり、画面の下にボタンが表示されるので、［実行］をクリックします❶。

AutoCAD体験版をインストールする

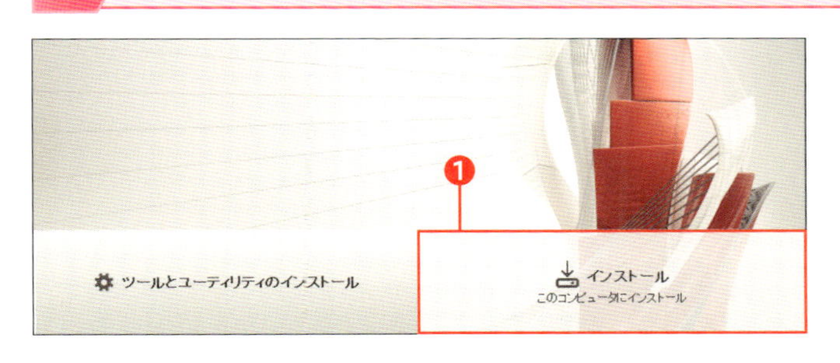

1 インストーラが起動したら、［インストール］をクリックします❶。

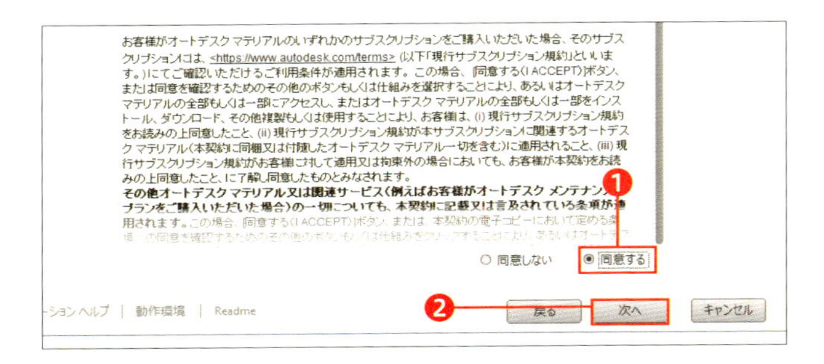

2 使用許諾契約を読み、［同意する］を選択して❶、［次へ］をクリックします❷。

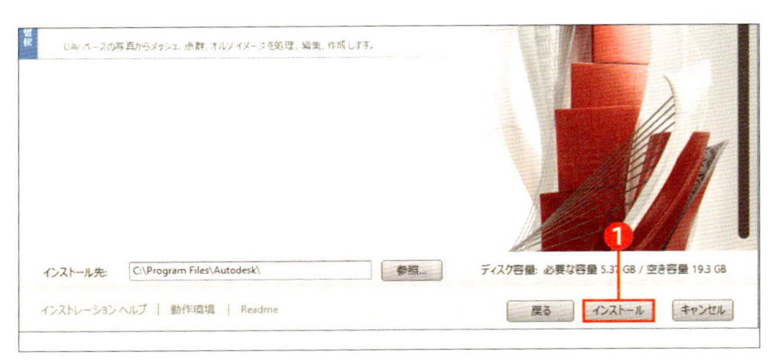

3 ［インストール］をクリックし❶、インストールを開始します。

AutoCAD体験版を起動する

1 インストールを完了して、すぐに起動する場合は［今すぐ起動］をクリックします❶。終了する場合は［×］をクリックします。

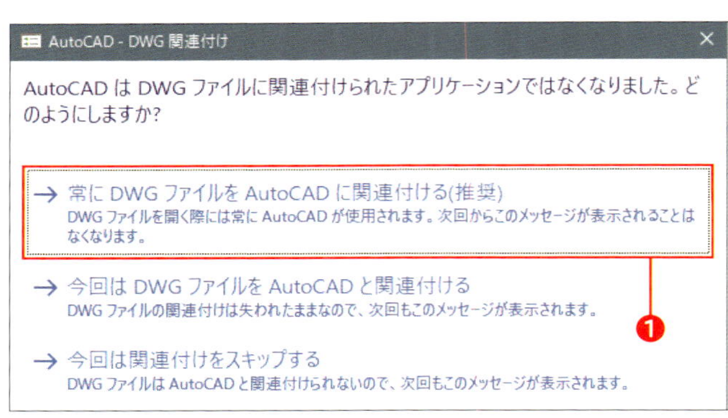

2 初回起動時にファイルの関連付けが表示されます。図面ファイルをダブルクリックすることで、AutoCADが起動するようにするには、［常にDWGファイルをAutoCADに関連付ける］をクリックします❶。

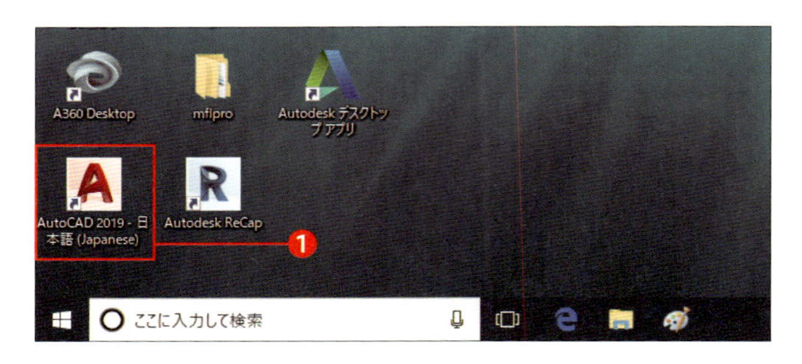

3 デスクトップにAutoCADのアイコンができています。次に起動するときは、アイコンをダブルクリックします❶。

AutoCADと AutoCAD LTの違い

AutoCADには、いくつかの機能を省いたAutoCAD LTという下位グレードの製品があります。ここでは、AutoCADとAutoCAD LTの違いについて説明します。

AutoCADとAutoCAD LT

AutoCADには、いくつかの機能を省いたAutoCAD LTという下位グレードの製品があります。AutoCADとAutoCAD LTの一番の違いは3D機能の有無です。AutoCADの3D機能の特徴は、製図で用いる2Dコマンドが3Dでもそのまま使えるという点です。新たに3Dを覚えるというより、追加で3D操作を覚えるという感覚で学習できます。本書では基本的な3D操作を解説しています。

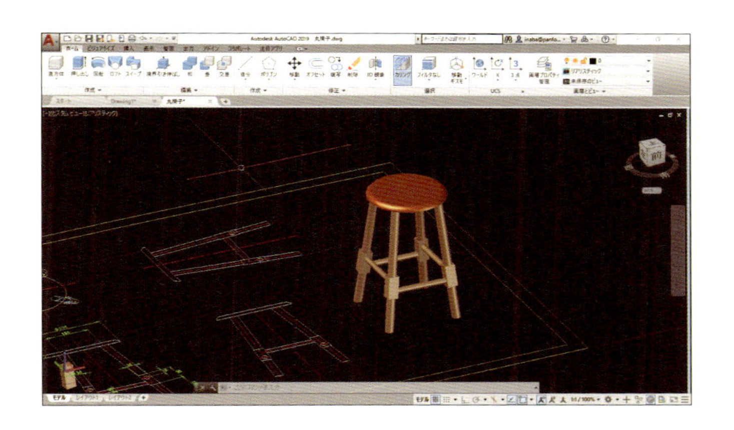

AutoCADとAutoCAD LTは完全な互換性があるので、2D製図の画面をちょっと見ただけでは、どちらの製品なのか分からないくらいです。また、AutoCADで作った3D図形をAutoCAD LTに読み込めるように、AutoCAD LTの作図空間も3次元空間になっています。少し工夫すれば、AutoCAD LTでも立体図の作成が可能です。本書ではAutoCAD LTでもできる、3次元空間を使った作図も紹介しています。

もう一つ、AutoCADとAutoCAD LTの大きな違いがあります。AutoCADは、単なるカスタマイズを超えたカスタマイズができる点です。AutoCAD LTにもマクロやスクリプトという、作業を自動化する機能がありますが、AutoCADには強力なプログラミング環境が搭載されているので、AutoCADをベースにして、新しいオリジナルCADを作ることもできます。

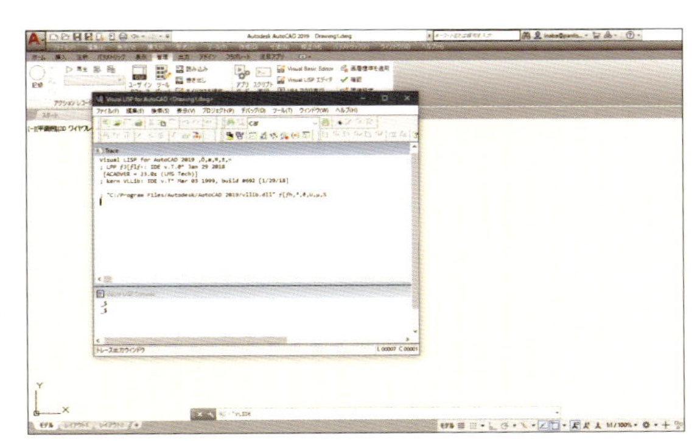

AutoCADの画面

AutoCADを起動すると、作図画面が表示されます。ここでは、AutoCADの画面の見かたを説明します。

AutoCADの作図画面

AutoCAD 2019を起動した画面です。AutoCAD LTは、登録されているボタンが少し異なります。

なお、本書の操作を行うため、あらかじめP.18の設定を行っています。

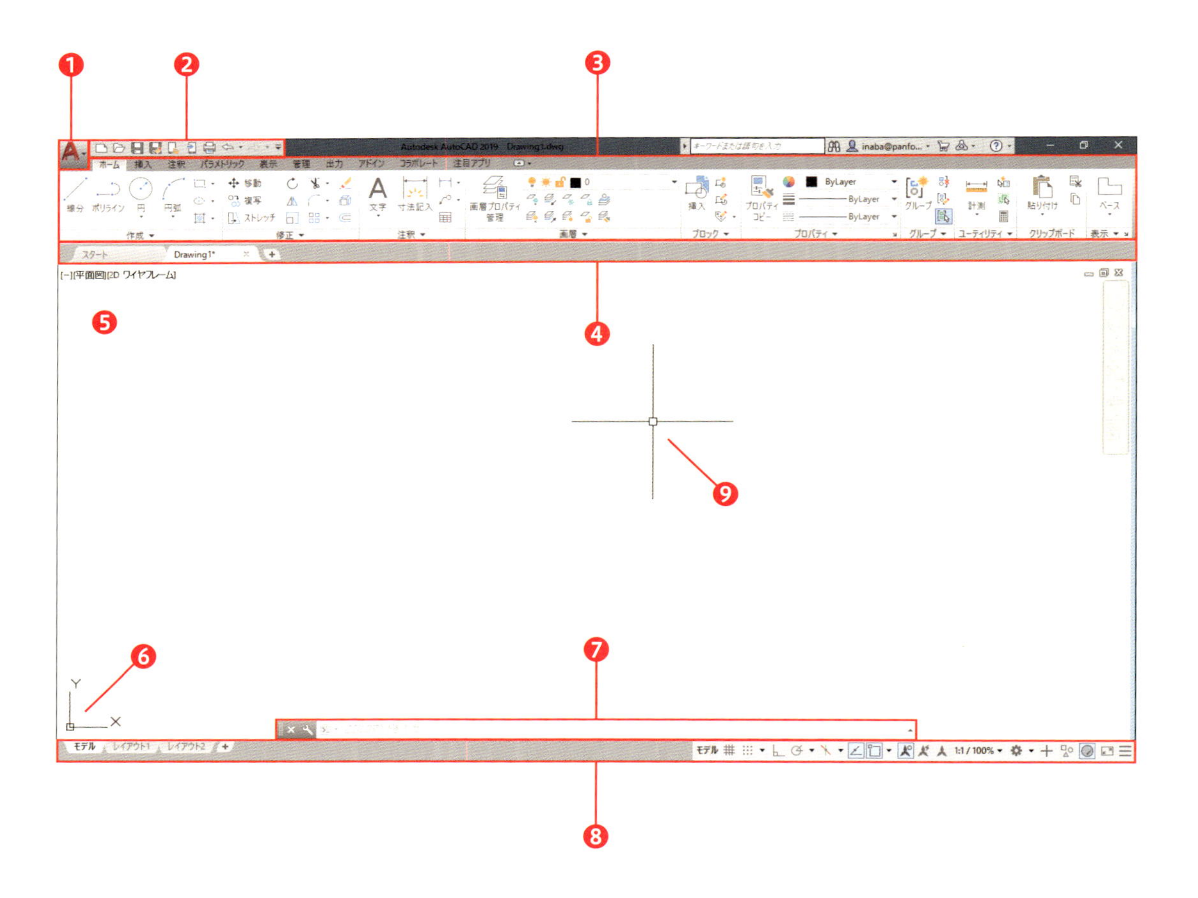

画面の各部名称

❶ [アプリケーションメニュー] ボタン

アイコンをクリックすると、ファイル操作や印刷などのメニューが表示されます。また、「最近使用したドキュメント」から、最近使用したファイルを開けます。

❷ クイックアクセスツールバー

よく使うツールボタンを集めたツールバーです。クイックアクセスツールバーの上で右クリックすると、ボタンをカスタマイズできます。

❸ リボン

複数のリボンタブがあり、操作目的で分類されたパネルにツールボタンが配置されています。操作に応じた、専用のリボンタブが表示されることもあります。

❹ ファイルタブ

開いているファイル名が表示されます。タブをクリックすることで、ファイルを切り替えられます。

❺ 作図領域

作図を行う場所です。ほぼ無限の広さを持った作図領域の一部分が、画面に表示されています。

❻ UCSアイコン

UCS（ユーシーエス）とは座標系のことです。座標軸の向きを確認するためのアイコンです。

❼ コマンドウインドウ

次に何をすればよいかといった指示などが表示されます。コマンドラインと呼ぶこともあります。

❽ ステータスバー

フルスクリーンボタンや、作図補助のモードを切り替えるボタンなどが配置されています。

❾ クロスヘアカーソル

作図領域では、マウスカーソルの形が十字形になります。本書ではカーソルと呼びます。

作図環境を設定する

作図をはじめる前に、あらかじめいくつかの設定をしておきましょう。ここでは、本書で行っている設定を紹介します。

ワークスペースの表示設定

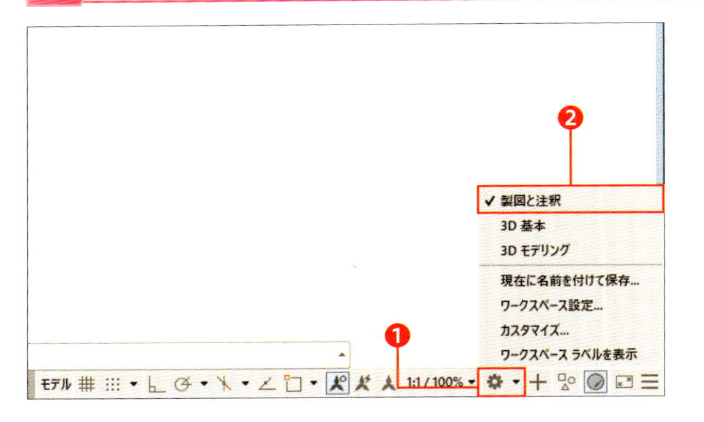

ステータスバーの［ワークスペース］をクリックし❶、［製図と注釈］をクリックします❷。

メニューバーを表示する

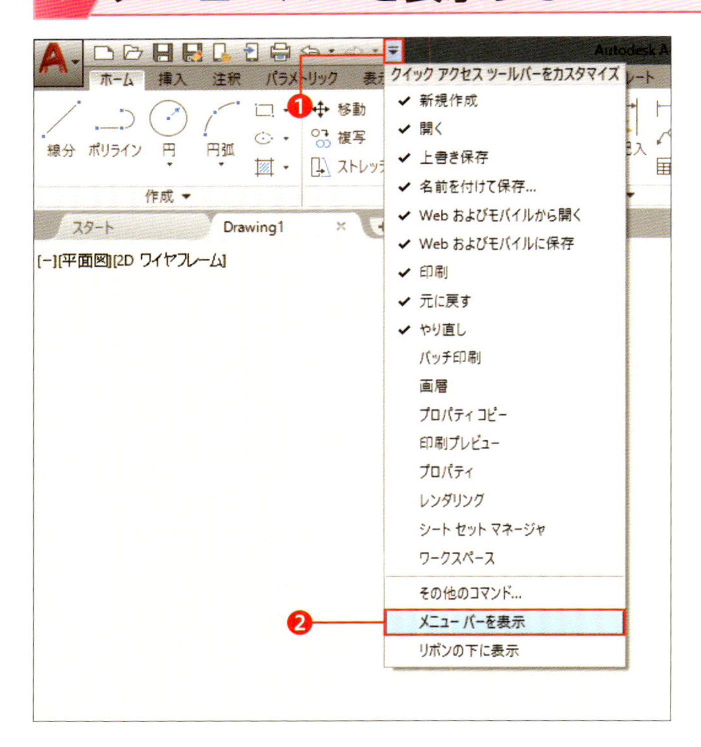

❶ リボンに登録されていないコマンドを使う場合など、メニューバーを表示しておくと便利です。クイックアクセスツールバー右端の［▼］をクリックし❶、［メニューバーを表示］をクリックすると❷、メニューが表示されます。

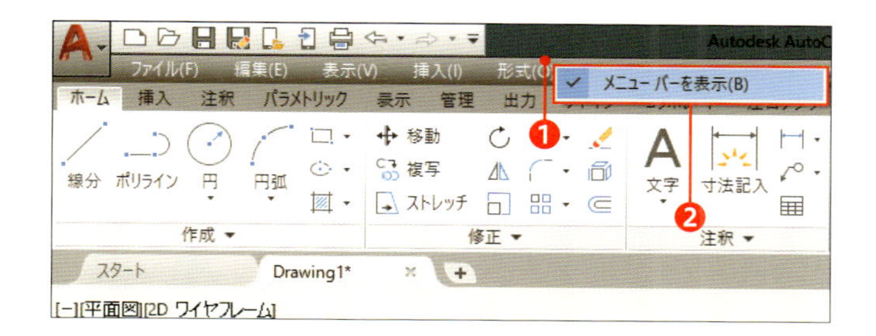

2 メニューを非表示にするには、メニューバーの上で右クリックし❶、［メニューバーを表示］をクリックします❷。

ステータスバーのボタンの表示設定

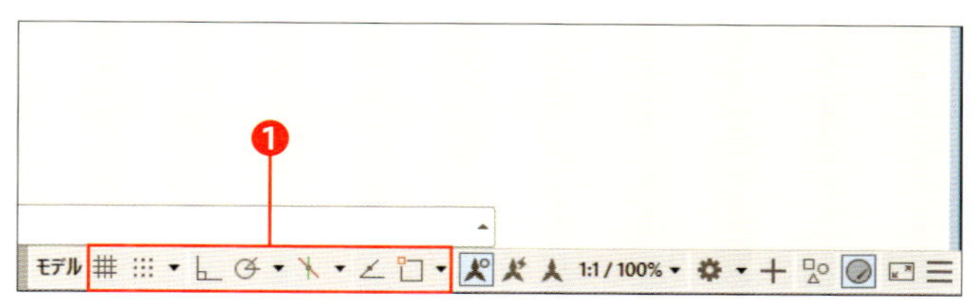

1 ステータスバーの図の範囲のボタンをクリックし、オフにします❶。アイコンの色がグレーの状態がオフです。

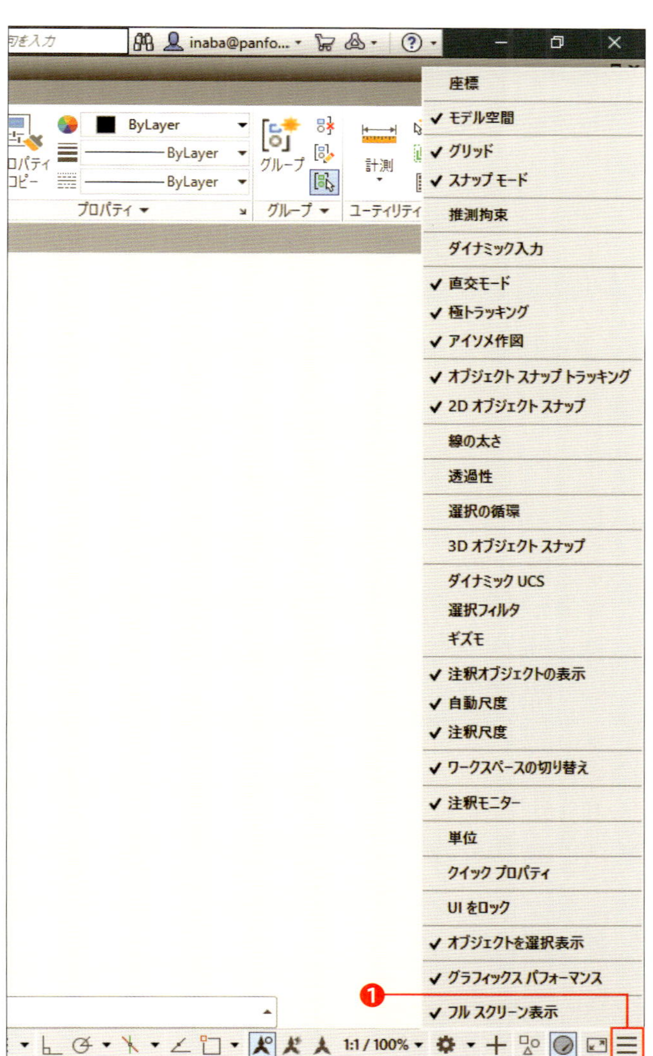

2 ［カスタマイズ］をクリックすると❶、ステータスバーに表示するボタンを選択できます。本書では、左図の項目にチェックを付けています。

作図画面の表示設定

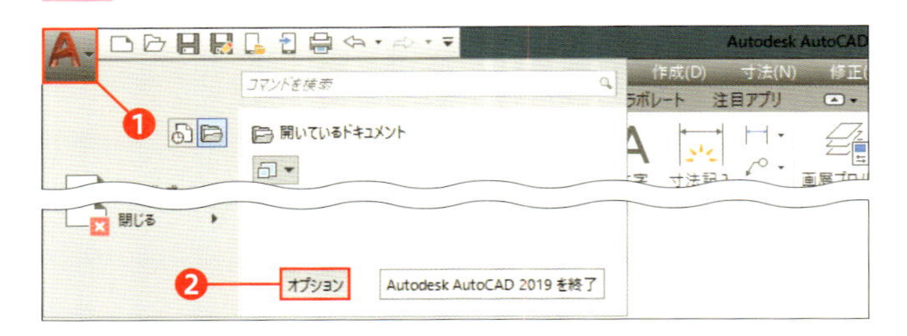

1 [アプリケーションメニュー] をクリックし❶、[オプション] をクリックします❷。

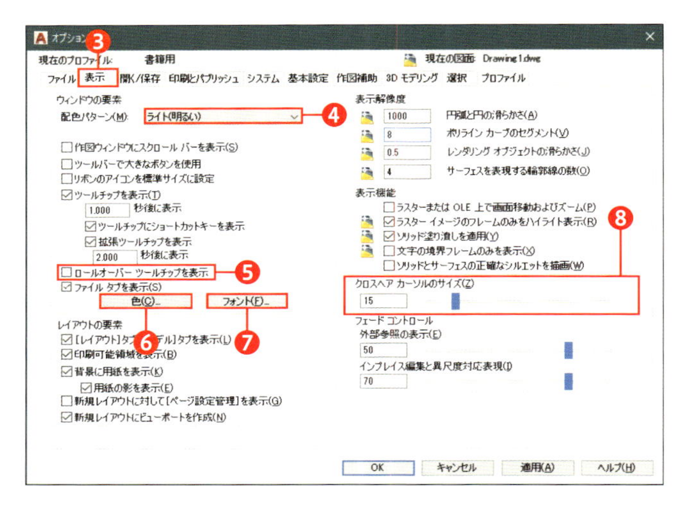

2 [表示] タブをクリックします❸。各部分の設定を変更します。

❹ 配色パターン

リボンの色調を設定します。本書では「ライト（明るい）」にしています。

❺ ロールオーバーツールチップを表示

カーソルが図形に触れると、その図形の情報を表示する機能です。本書ではオフにしています。

❻ 作図画面の色

本書では操作を見やすくするため、[色] をクリックして、「2Dモデル空間」の色を以下のように変更しています。初期設定のままでも、本書の操作に支障はありません。

背景：254,252,240
作図ツールチップ：22,20,87
作図ツールチップの輪郭線：22,20,87
作図ツールチップの背景：199,199,220

❼ コマンドウインドウの文字サイズ

コマンドウインドウの文字サイズが小さい場合は、[フォント] をクリックして、文字の大きさを選択できます。図面に使用する文字は、別の箇所で設定します。初期設定のままでも、本書の操作に支障はありません。

❽ クロスヘアカーソルのサイズ

クロスヘアカーソルのサイズを画面に対するパーセンテージで設定します。本書では15%にしています。

リボンにタッチモードを表示しない

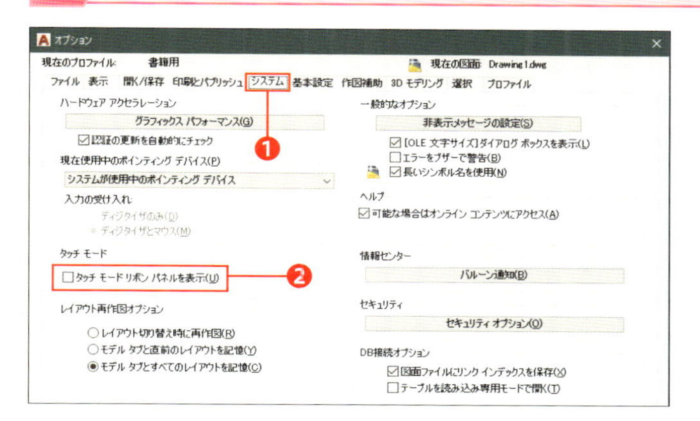

「オプション」ダイアログボックスの［システム］タブをクリックします❶。「タッチモードリボンパネルを表示」のチェックをはずします❷。

3Dツールを非表示にする（AutoCADのみ）

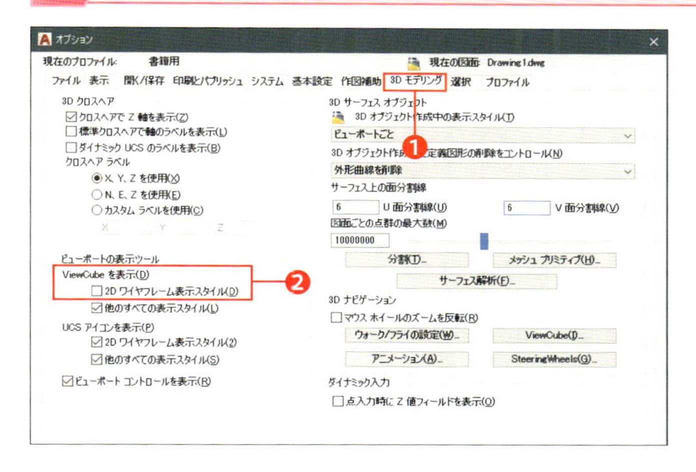

「オプション」ダイアログボックスの［3Dモデリング］タブをクリックします❶。「ViewCubeを表示」の「2Dワイヤフレーム表示スタイル」のチェックをはずします❷。この設定で2D製図の表示モードのときだけ3Dツールが非表示になります。設定が終わったら、［OK］をクリックします。

リボンパネルの表示

リボンタブ右端の［▲］をクリックすると、リボンを折りたためます。本書ではすべて表示して使用します。さらにクリックするとパネル名だけの表示、リボン名だけの表示になり、もう一度クリックすると元の表示に戻ります。

すべて表示した場合

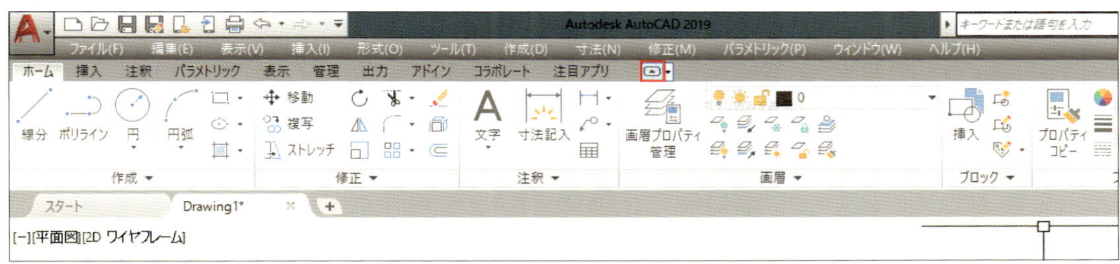

パネルボタンのみを表示した場合

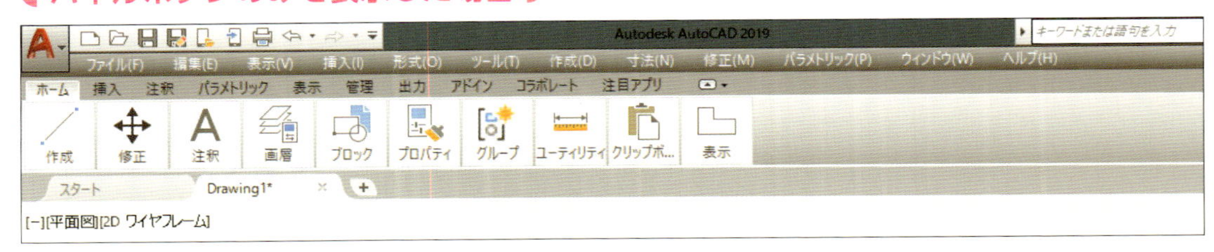

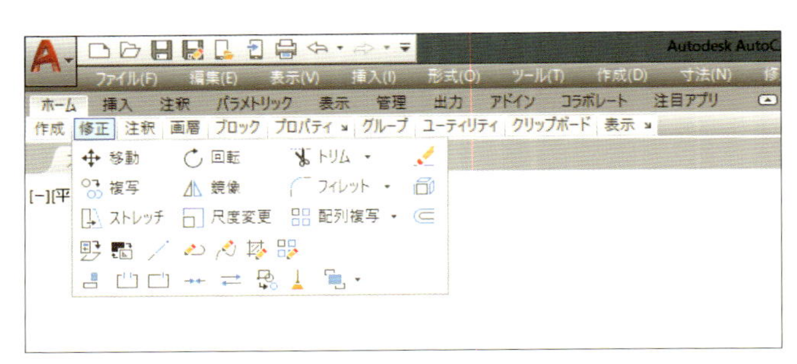

リボンを折りたたんでいるときは、パネル名にマウスポインターを合わせると展開します。

コマンドウインドウを閉じてしまったとき

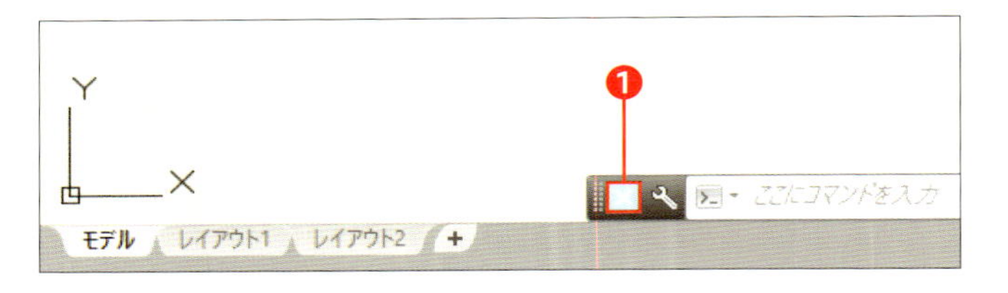

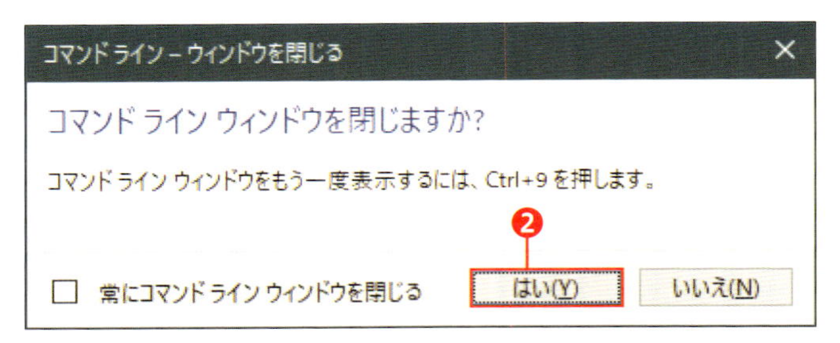

コマンドウインドウの［×］をクリックすると❶、確認のダイアログボックスが表示され、［はい］をクリックすると❷、コマンドウインドウが画面から消えます。もう一度表示するには、キーボードの Ctrl キーと 9 キーを同時に押します。

画面の解像度

本書では、Windowsの［画面の解像度］で、ディスプレイの解像度を1440×900に設定しています。解像度の設定が異なると、リボンの表示内容やボタンの大きさなどが異なる場合があります。

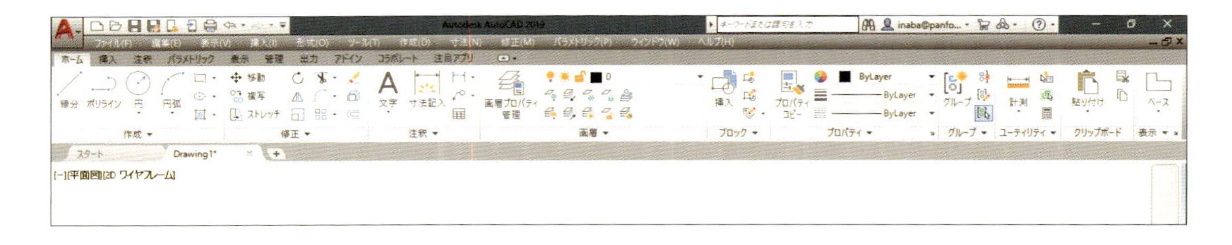

ファイルの基本操作

AutoCADで作成した図面は、dwg形式のファイルとして保存されます。ここでは、ファイルの新規作成や保存などの基本操作について説明します。

ファイルの新規作成

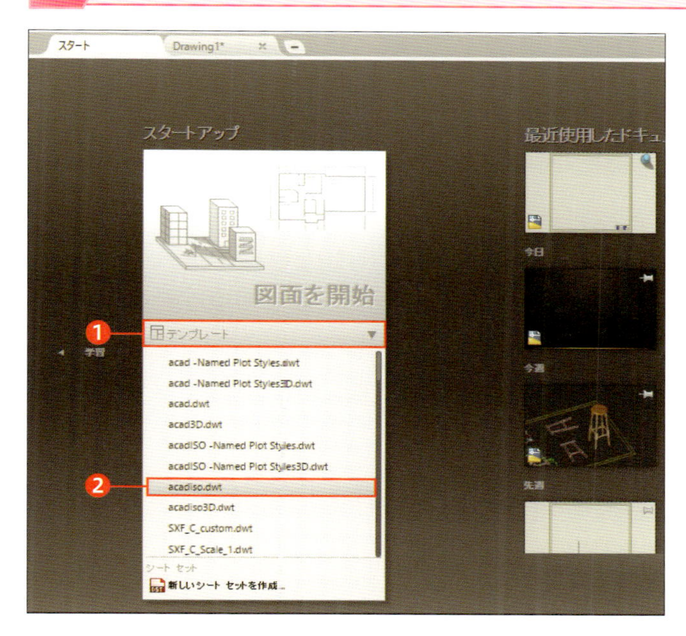

1 ［スタート］タブをクリックし、［テンプレート］をクリックします❶。テンプレート名をクリックすると新規ファイルが開きます❷。［図面を開始］をクリックすると、前回使用したテンプレートが開きます。

2 テンプレートを使用しない場合は、［テンプレートなし - メートル］をクリックします❶。

上書き保存

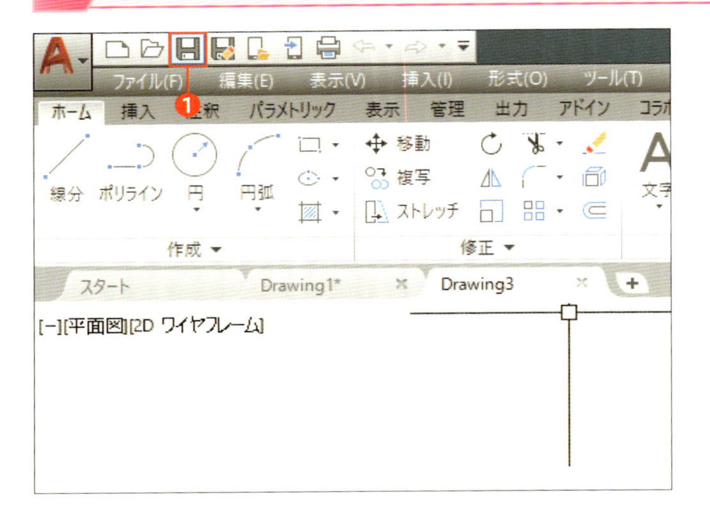

クイックアクセスツールバーの［上書き保存］をクリックします❶。「オプション」ダイアログボックスで設定したファイルバージョンで上書きされ、ファイルの内容が更新されます。

名前を付けて保存

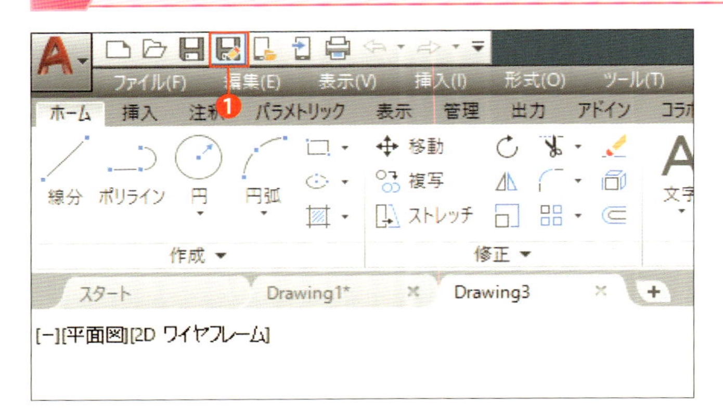

1 クイックアクセスツールバーの［名前を付けて保存］をクリックします❶。

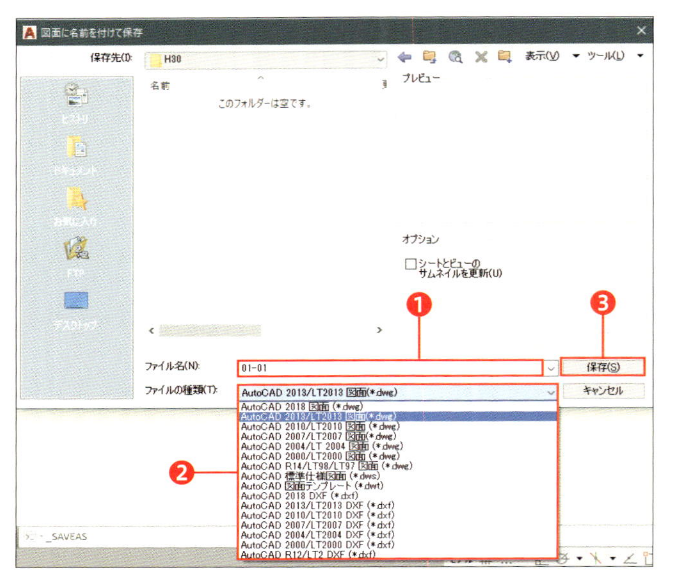

2 ［ファイル名］を入力し❶、［ファイルの種類］からバージョンを選択して❷、［保存］をクリックします❸。作業していたファイルとは別のファイルとして保存されます。

ファイルを閉じる

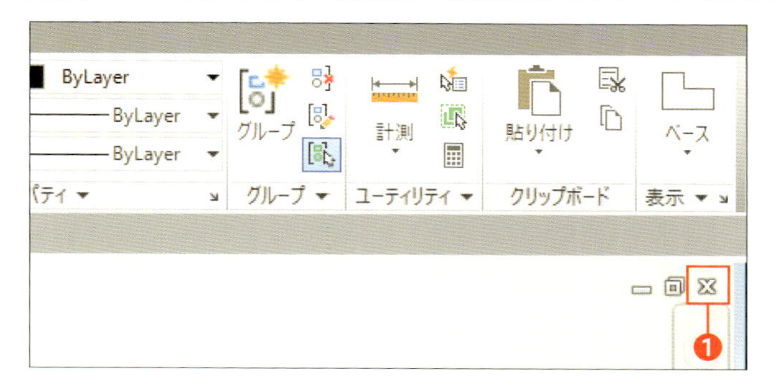

ファイルを閉じるには、作図領域右上の「×」(閉じる) をクリックします❶。

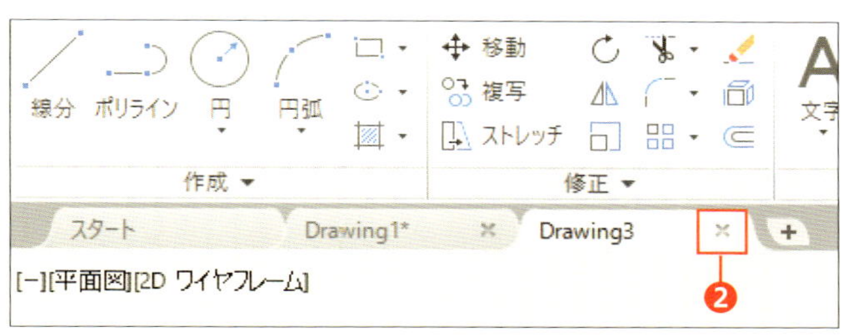

ファイルタブの「×」(閉じる) をクリックしても❷、ファイルを閉じることができます。

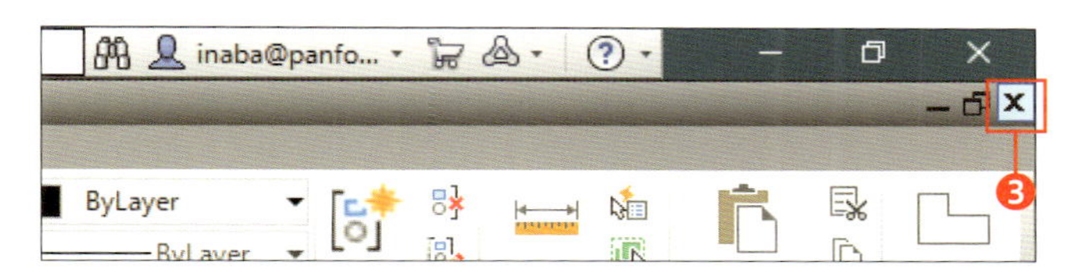

メニューバーを表示しているときは、画面右上の2段目の「×」ボタンをクリックします❸。

元に戻す／やり直し

元に戻す

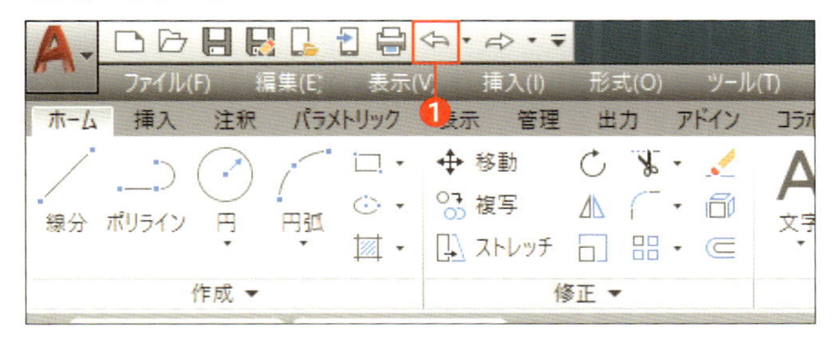

操作を間違えたときは、クイックアクセスツールバーの［元に戻す］をクリックすると❶、取り消しができます。

やり直し

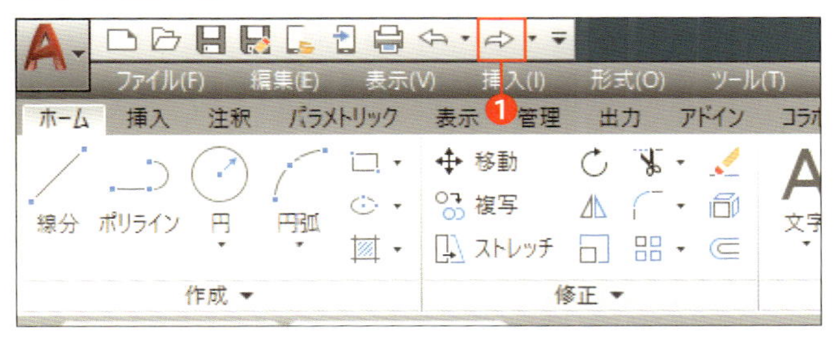

元に戻す操作を取り消すときは、［やり直し］をクリックします❶。元に戻したあとで、ほかの操作を行うと、やり直しはできません。

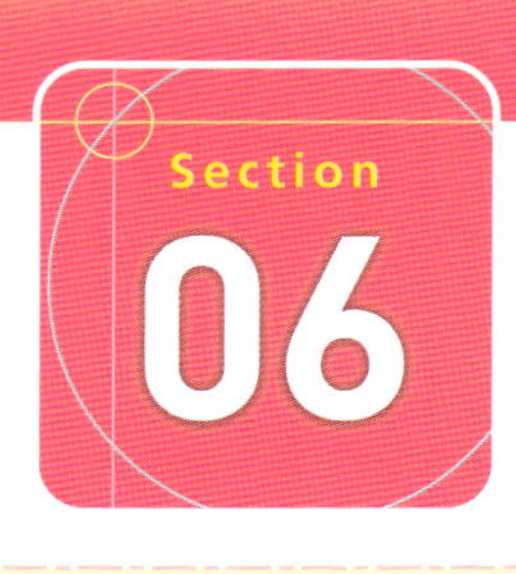

AutoCADの作図空間

AutoCADには、モデル空間とペーパー空間の2つの作図空間があります。作図空間は、作図領域の左下にあるタブで切り替えることができます。

「モデル」タブと「レイアウト」タブ

作図領域の左下には、「モデル」と「レイアウト」というタブがあります。通常は「モデル」タブを選択した状態で作図します。「レイアウト」タブは、「モデル」タブに描かれた図形をレイアウトするための空間で、1枚の図面に複数の尺度が存在するときなどに使用されます。

「モデル」を選択しているときの作図空間をモデル空間といいます。モデル空間は無限に広がる三次元空間で、その中の自由な位置に作図できます。二次元の製図では、Z=0のXY平面だけを使って作図します。そのときの画面は、XY平面を真上から見下ろした表示になっています。

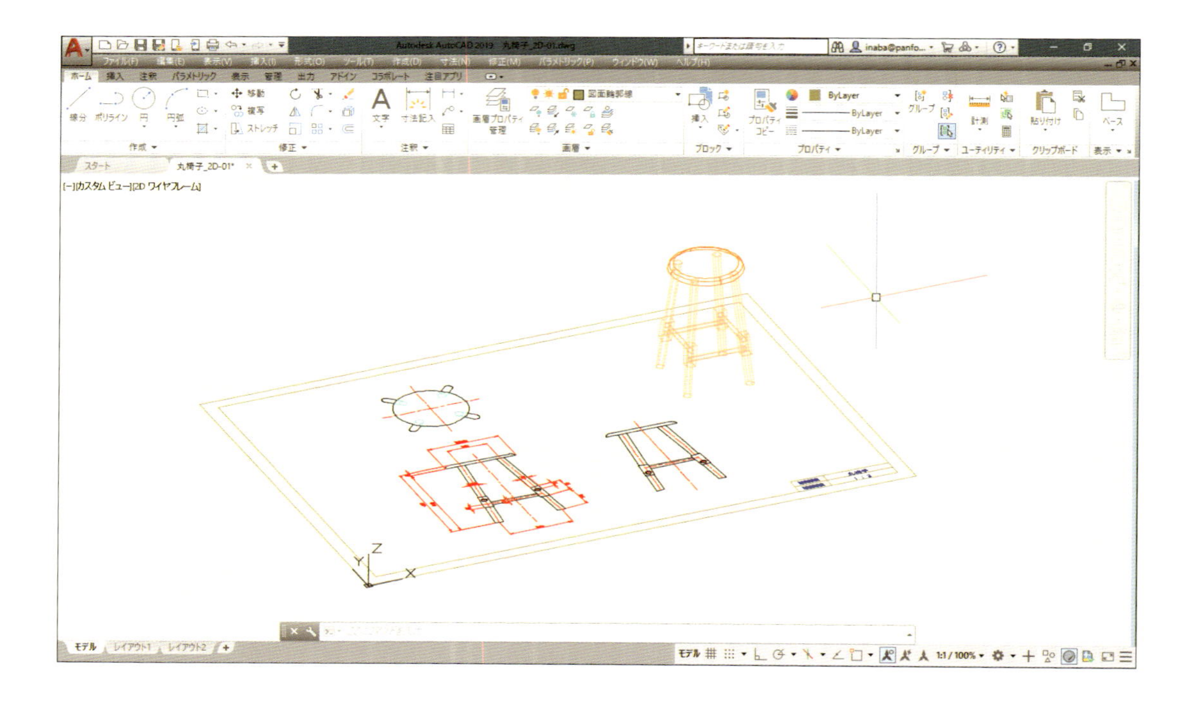

第2章

コマンドの基本操作

ズームと画面移動

練習ファイル 0201a.dwg　完成ファイル なし

AutoCAD ／ AutoCAD LTでは、マウスのホイールボタンで簡単にズームや画面移動ができます。さらに、囲んだ範囲を拡大したり、図面全体を表示したりする方法もマスターしましょう。

マウスのホイールボタンを使う

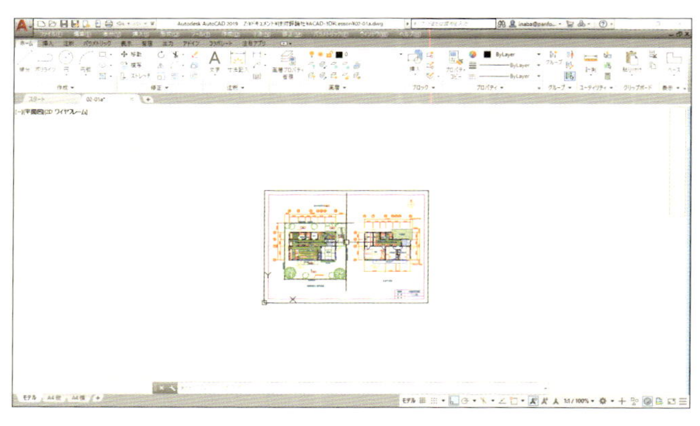

1 画面表示を縮小する

ホイールボタンを手前に回すと、表示が縮小します❶。

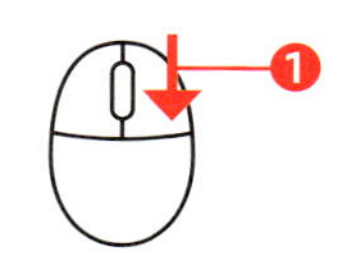

2 画面表示を拡大する

ホイールボタンを奥へ回すと、表示が拡大します❶。

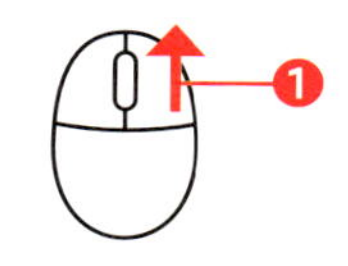

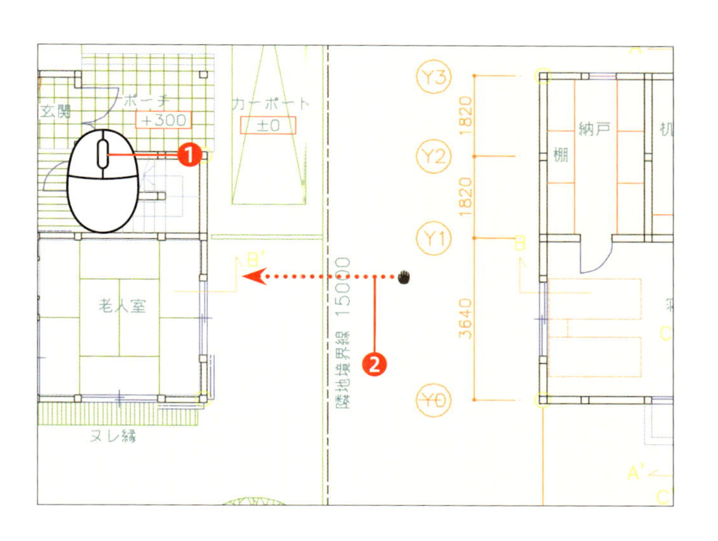

3 表示範囲を移動する

ホイールボタンを押すと❶、カーソルが手のひらの形に変わります。ボタンを押したままマウスを動かす（ドラッグする）と❷、画面を移動できます。

Memo 拡大すると円が多角形になってしまうとき

小さく表示していた円を大きくズームすると、多角形で表示されることがあります。そのときは、［表示］メニューの［再作図］を選択すると、滑らかな曲線で表示されます（メニューバーの表示方法は、P.18参照）。

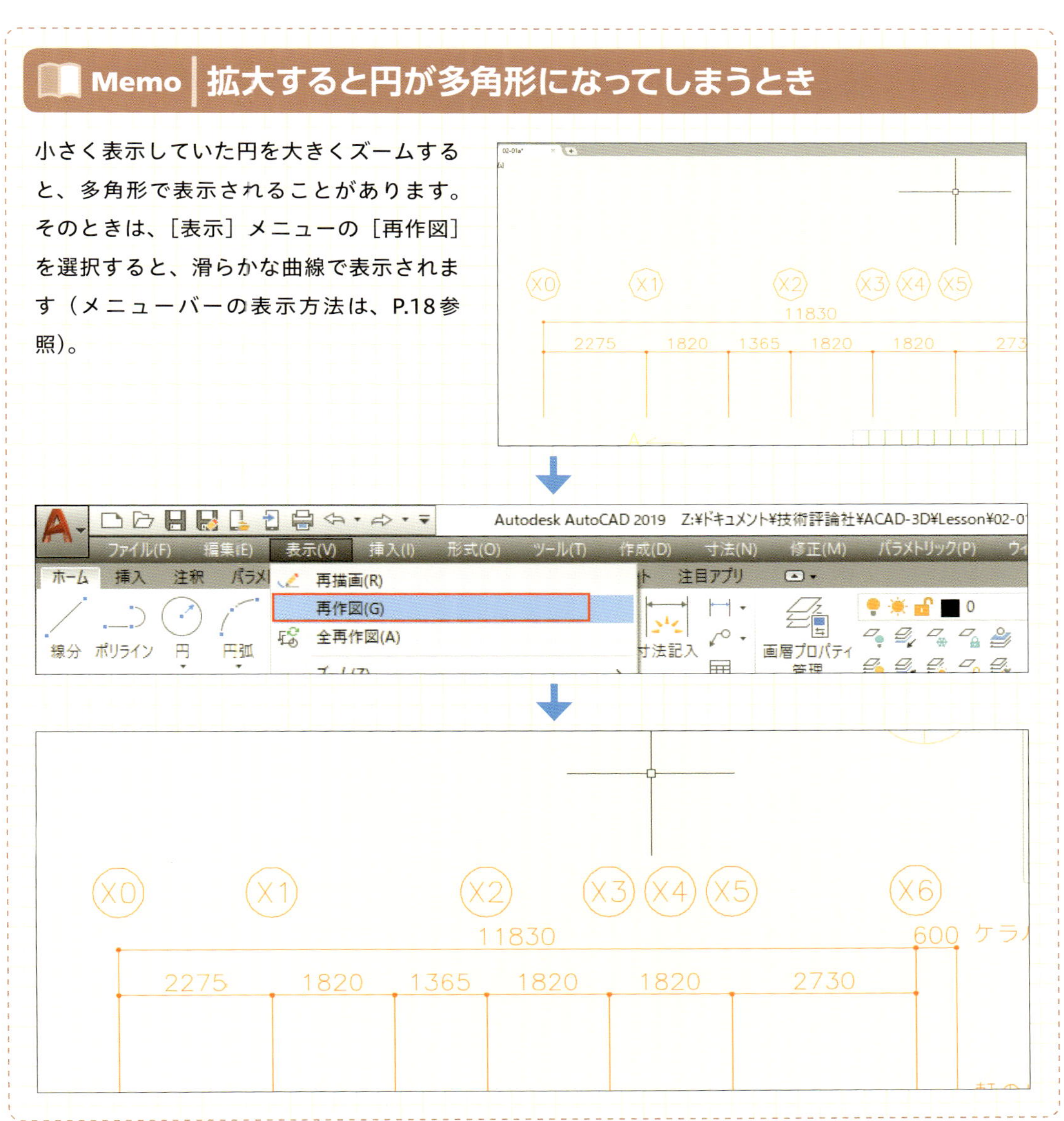

zoom［ズーム］コマンドを使う

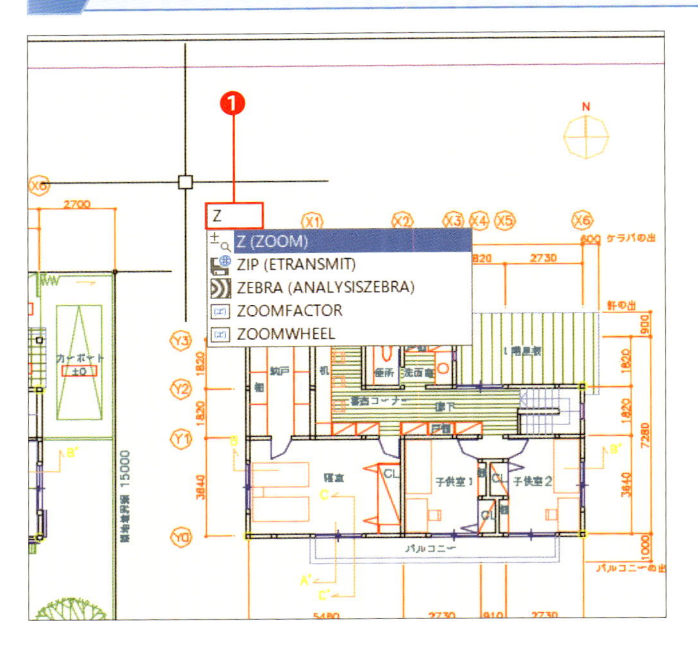

1 zoom［ズーム］コマンドを実行する

「Z」と入力して、Enter キーを押します❶。

Check

コマンドは大文字、小文字のどちらでも構いませんが、半角で入力する必要があります。

2 ズームする範囲を囲む

拡大表示する範囲を指定するため、図の2か所をクリックします❶❷。

3 拡大表示される

囲んだ範囲が、画面全体に拡大表示されます。

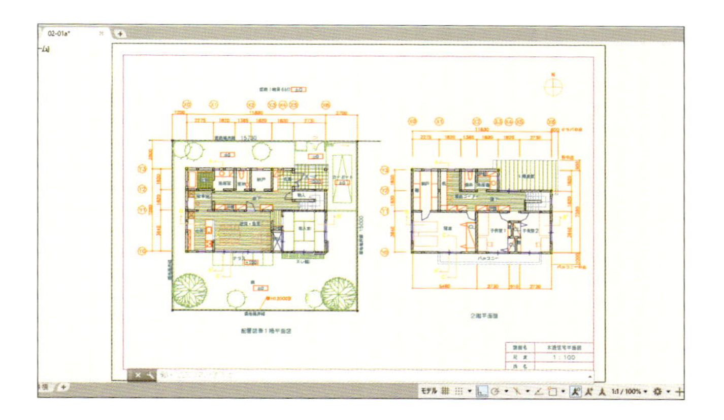

4 図面全体を表示する

マウスのホイールボタンをダブルクリックすると、図面全体が表示されます。

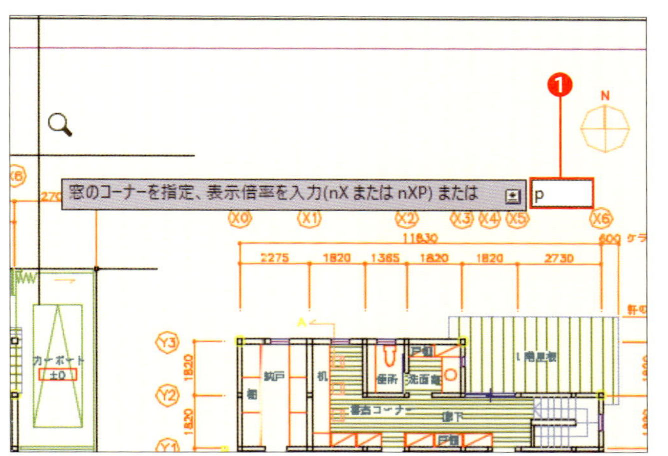

5 直前に表示していた範囲を再表示する

「Z」と入力して Enter キーを押し、「P」と入力して Enter キーを押します❶。

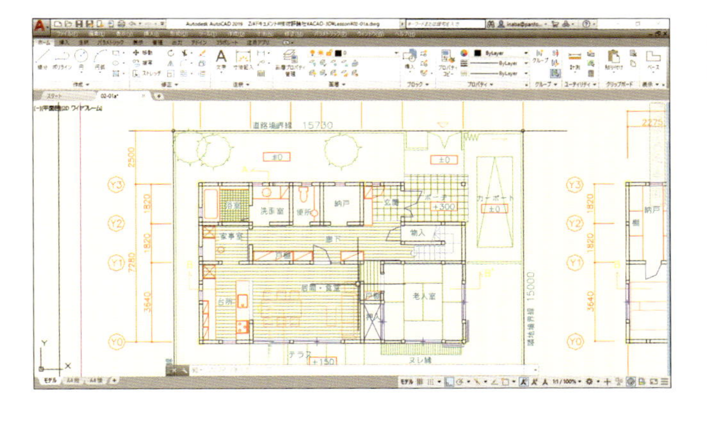

6 直前の範囲が表示される

直前に見ていた範囲が表示されます。

Memo コマンドラインで切り替える

入力するキー（P）はコマンドラインに表示されています。キーボードから入力する代わりに、コマンドラインの［前画面(P)］をクリックしても画面を切り替えられます。

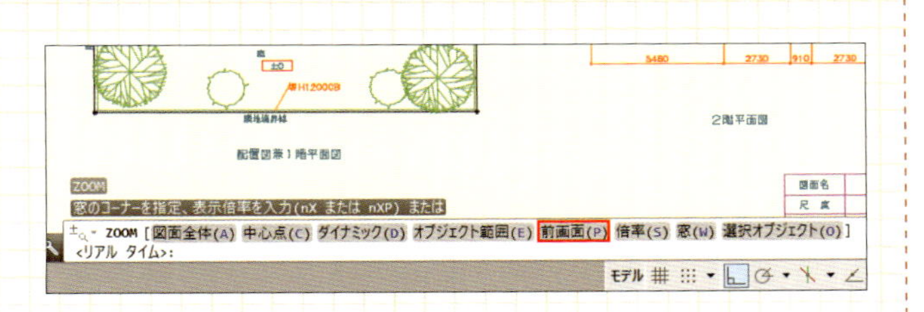

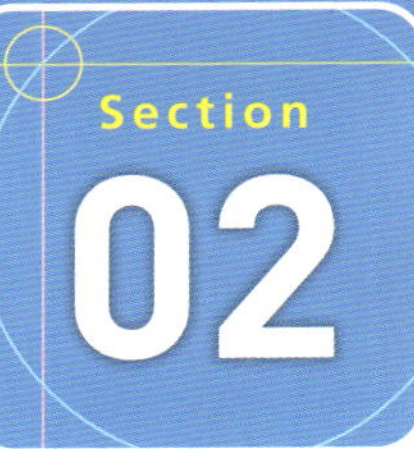

Section 02 図形の選択と削除

練習ファイル 0202a.dwg　完成ファイル なし

図面を修正するときには、図形を選択する必要があります。特定の図形だけを効率的に選んだり、複数の図形を囲んで選んだりなど、さまざまな選択方法があります。図形の選択はよく行う操作なので、しっかりと身に付けましょう。

クリックして選択する

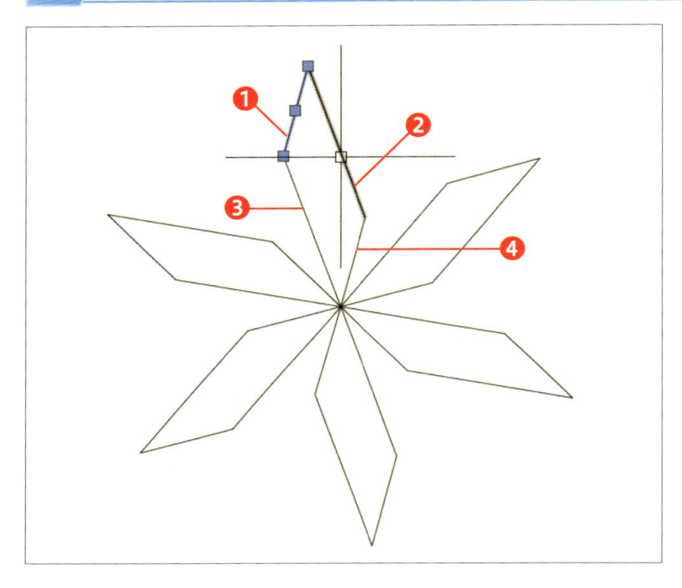

1 図形をクリックする

線分をクリックして選択状態にします❶。さらに、ほかの3本の線分もクリックします❷❸❹。

Check

選択状態になった図形には色が付きます。また、グリップと呼ばれる青い四角形のマーカーが表示されます。

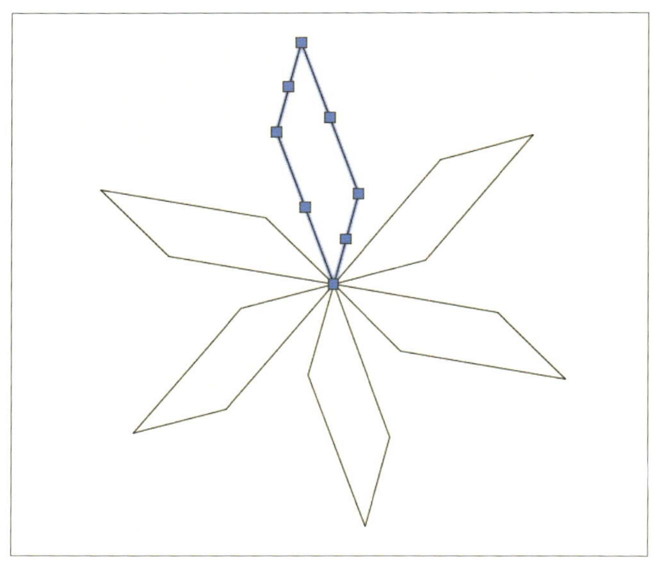

2 選択した図形を削除する

Delete キーを押して、選択した図形を削除します。

選択から除外する

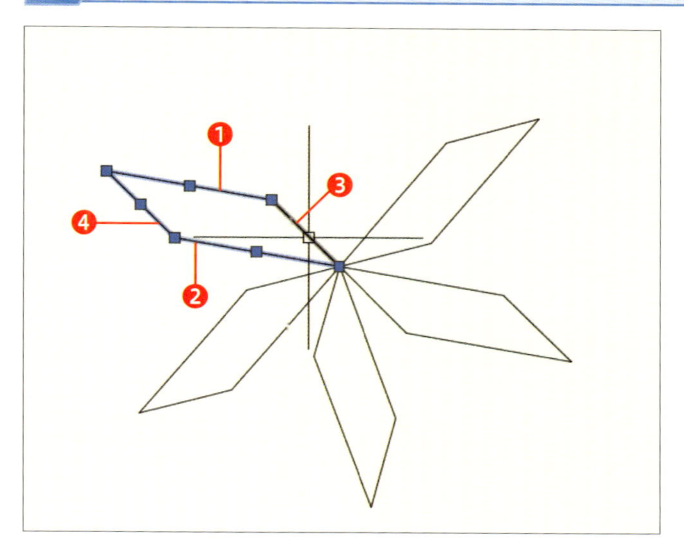

1 複数の図形を選択する

線分をクリックして選択します❶。さらに、ほかの線分もクリックして選択します❷❸❹。

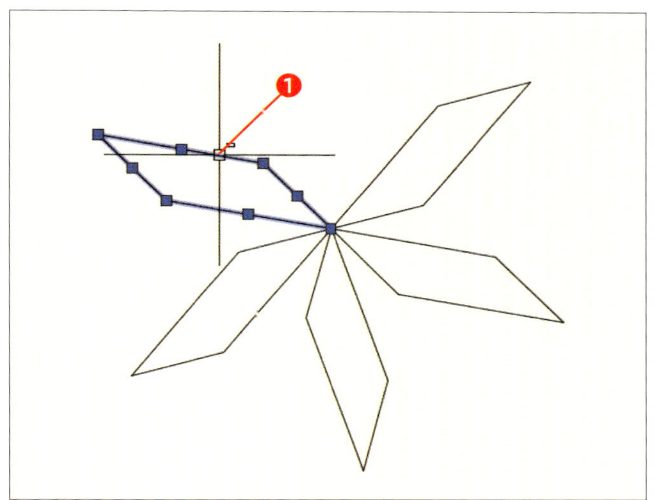

2 選択から除外する

Shift キーを押しながら、選択状態の線分のグリップ以外の場所をクリックします❶。クリックした線分が選択解除されます。

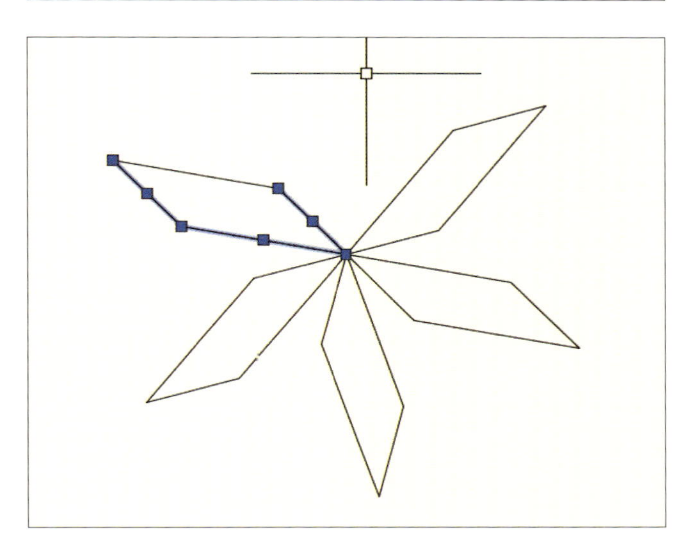

3 すべての選択を解除する

Esc キーを押すと、選択がすべて解除されます。

複数の図形を囲んで選択する

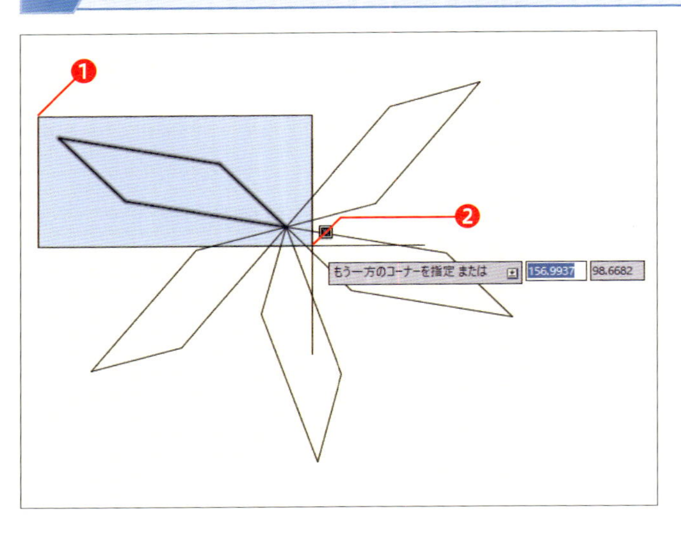

1 複数の図形を左から右へ囲む

図形を囲んで選択しましょう。1点目をクリックし❶、平行四辺形全体を囲むように2点目をクリックします❷。

Check

クリックする2点目は、1点目より右側になるように、左から右へ選択します。

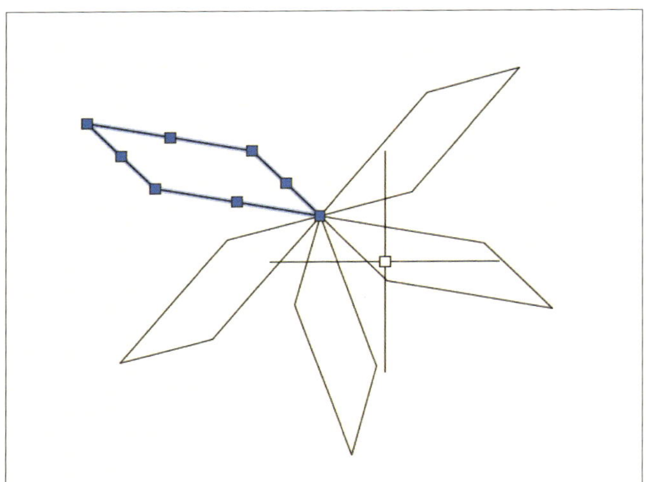

2 複数の図形が選択された

選択窓に完全に囲まれた線分が選択されました。

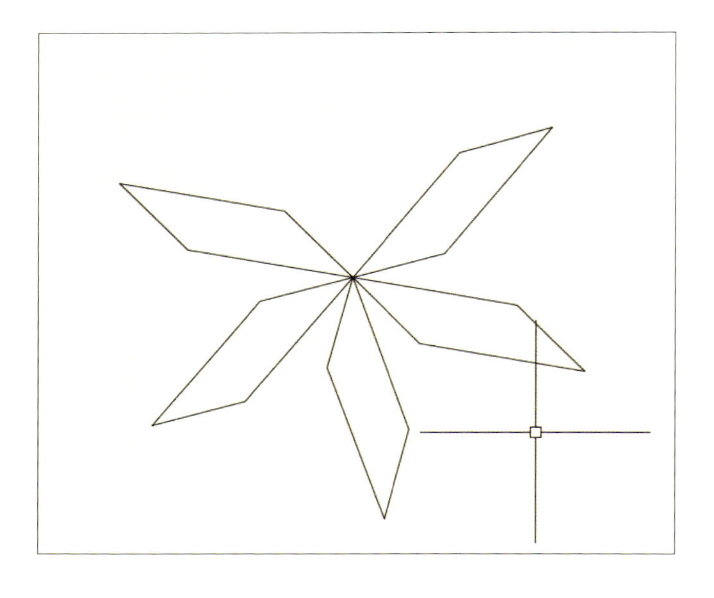

3 選択を解除する

Esc キーを押して、選択を解除します。

選択窓に触れた図形も選択する

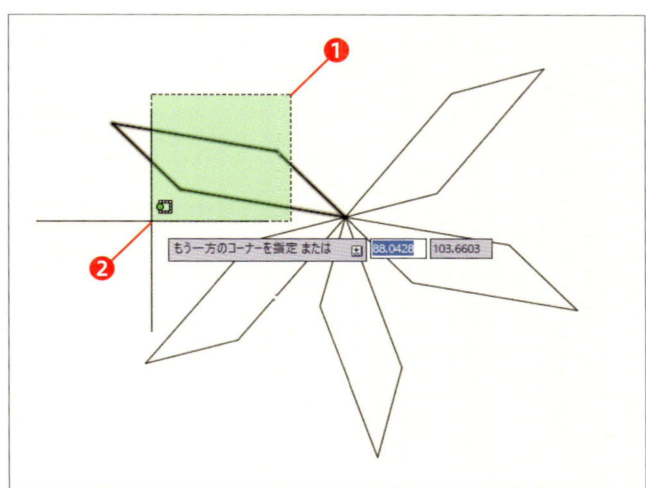

1 複数の図形を右から左へ囲む

選択窓に囲まれていなくても、選択窓に触れていれば選択できる方法です。図の位置で1点目をクリックし❶、続けて2点目をクリックします❷。

Check

クリックする2点目は、1点目より左側になるように右から左へ選択します。

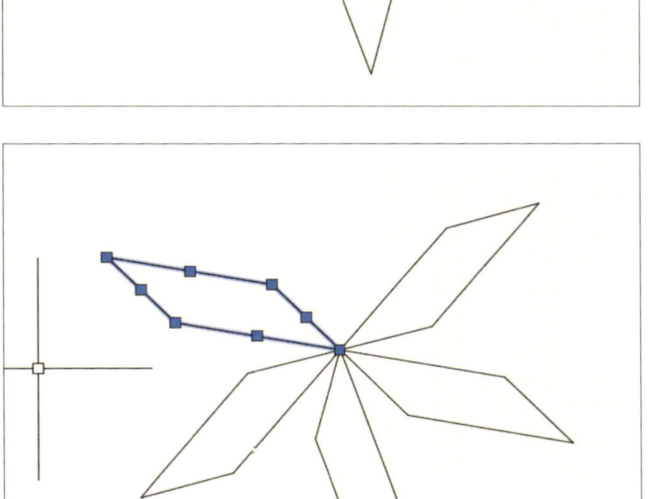

2 交差した図形が選択された

選択窓に触れた図形が選択されました。

Memo 選択モードの解除

画面上をクリックして「もう一方のコーナーを指定」のメッセージが出ているときに、選択モードを解除するには、Esc キーを押します。

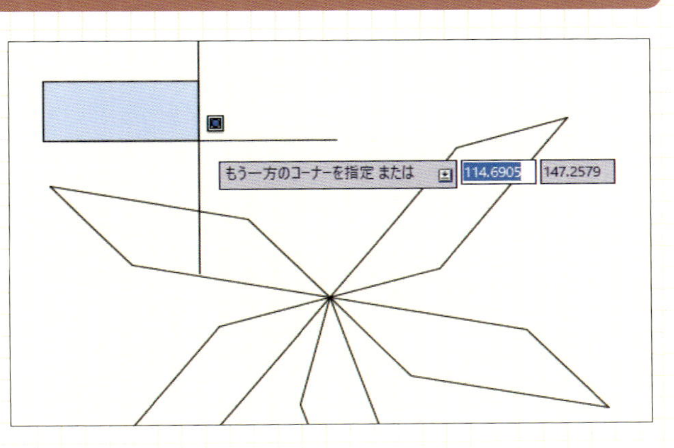

投げ縄選択

マウスをドラッグして囲むことでも、図形の選択ができます。この機能を投げ縄選択といいます。ドラッグ中に[スペース]キーを何度か押すと、「窓選択」→「フェンス選択」→「交差選択」→「窓選択」の順に選択モードを変更できます。

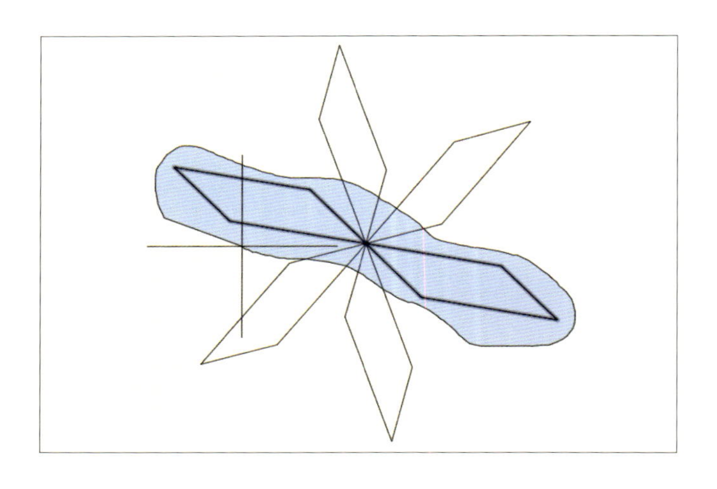

窓

完全に囲まれた図形だけが選択されます。

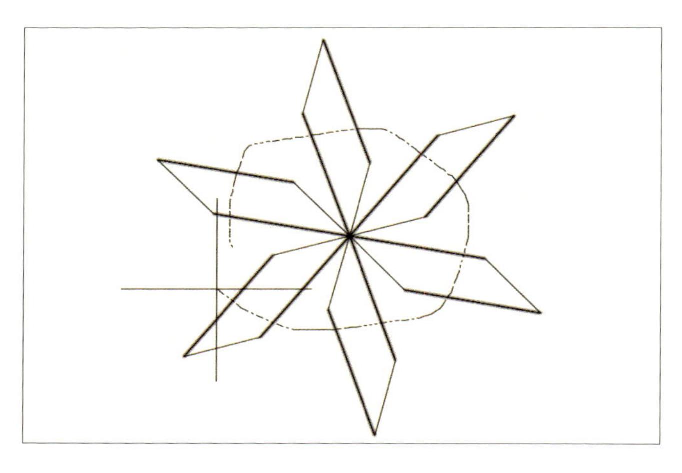

フェンス

マウスが通過した図形が選択されます。

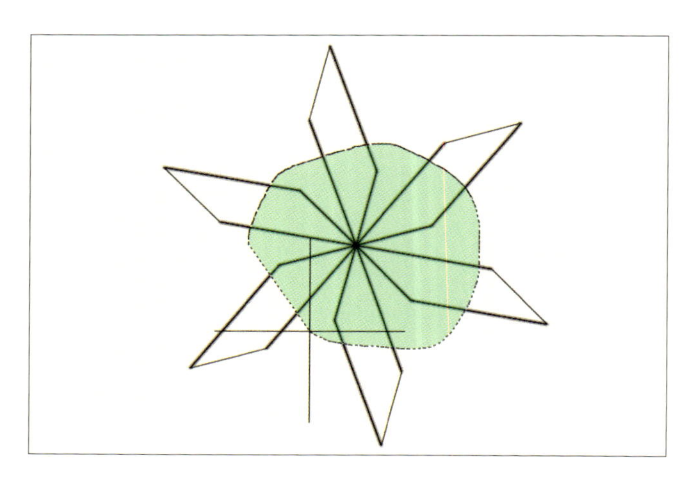

交差

ドラッグした範囲に囲まれた図形と、マウスが通過した図形が選択されます。

直線を引く

練習ファイル 0203a.dwg　完成ファイル なし

AutoCADでは、リボンのボタンをクリックすることを「コマンドを実行する」といいます。作図や修正には手順が決められているので、直線を引いてコマンドの基本操作を練習しましょう。また、ほかの方法でもコマンドを実行してみましょう。

ツールボタンを使う

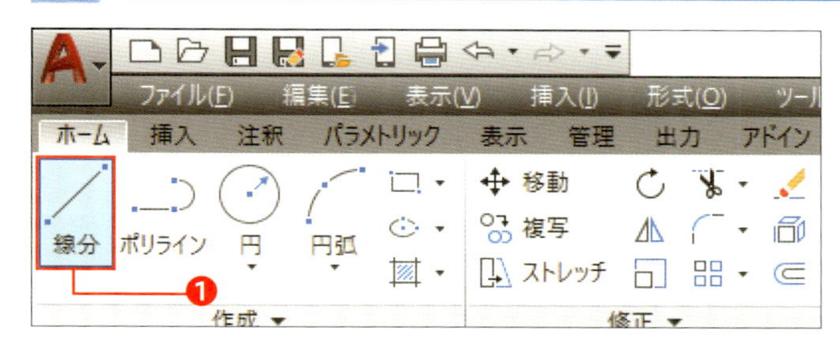

1 線分コマンドを実行する

［線分］をクリックします❶。

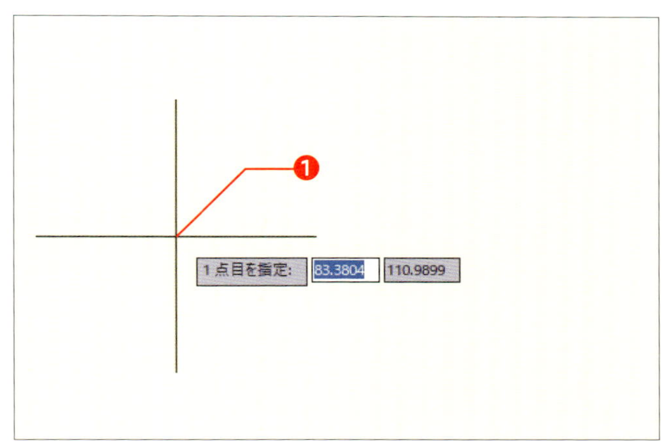

2 線分の始点を決める

画面上の適当な位置でクリックします❶。クリックした点が、線分の1点目になります。

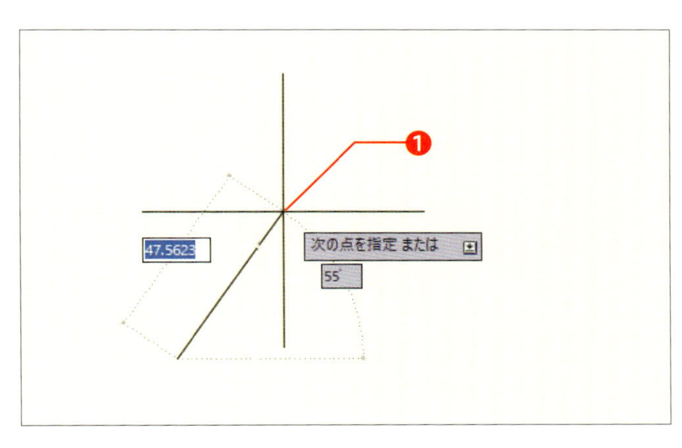

3 線分の終点を決める

画面上の適当な位置でクリックします❶。クリックした点が、線分の終点になります。

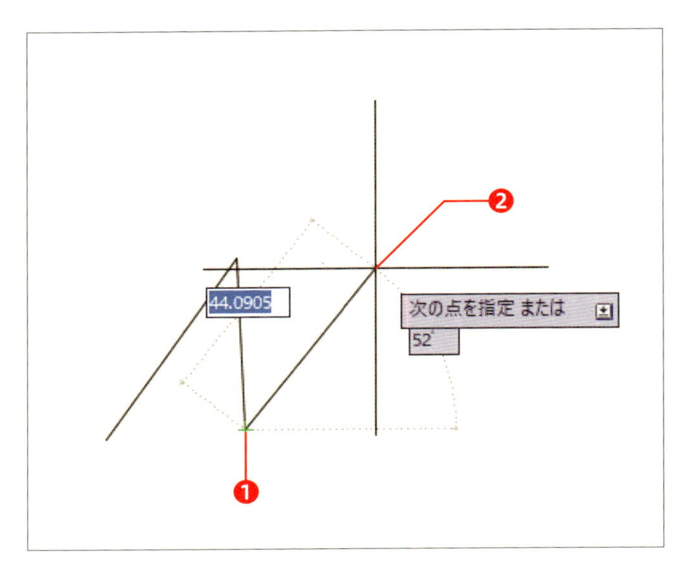

4 線分を連続して描く

続けて画面上の別の位置をクリックします❶。さらに、もう1点別の位置をクリックします❷。点をクリックするたびに、新しい線分が描かれます。

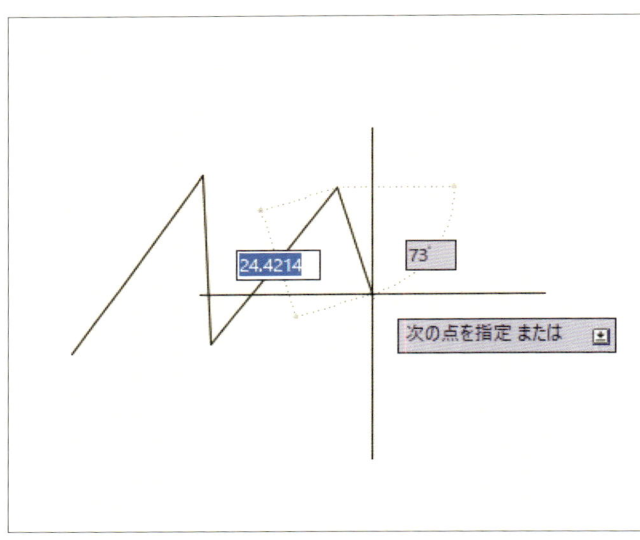

5 コマンドを終了する

Esc キーを押し、コマンドを終了します。

Check

コマンドを終了するには、Esc キーを押します。また、Enter キーでも終了できます。

コマンドを使う

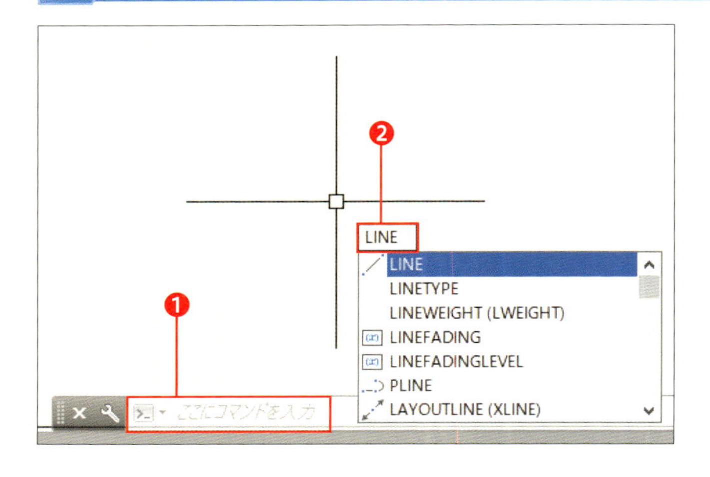

1 コマンド名を入力して実行する

コマンドラインの表示が「ここにコマンドを入力」になっていることを確認します❶。「LINE」と入力し、Enter キーを押します❷。

Check

「ここにコマンドを入力」と表示されていないときは、Esc キーを押します。
コマンドは、半角で入力します。大文字、小文字の区別はありません。

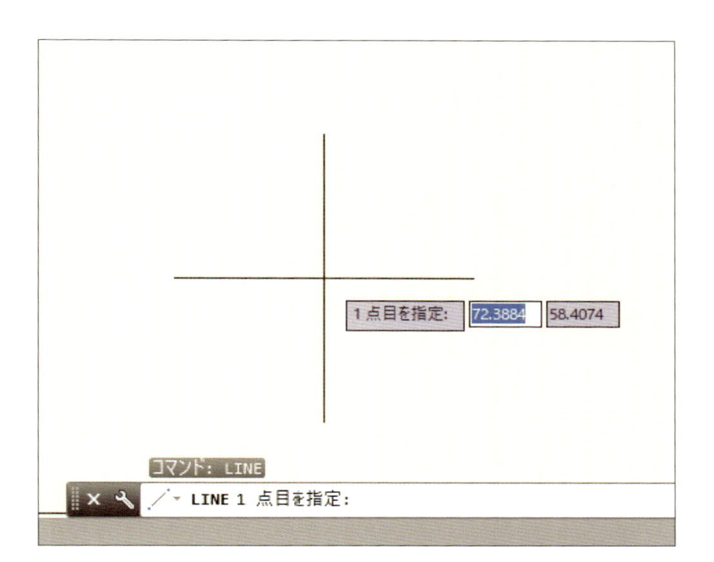

2 コマンドを取り消す

Esc キーを押して、コマンドを終了します。

短縮コマンドを使う

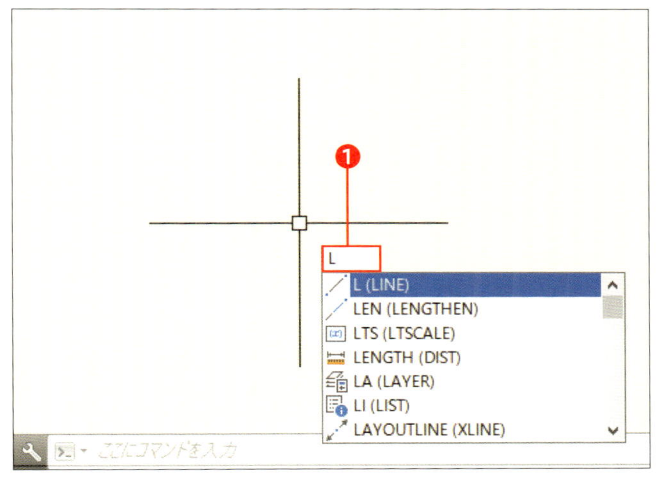

1 短縮コマンドを入力して実行する

「L」と入力し、Enter キーを押します❶。

Check
「L」は、LINE（線分コマンド）の短縮形です。

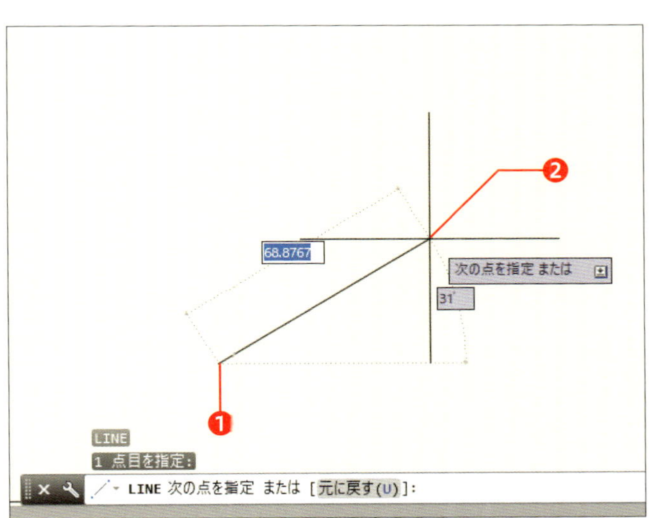

2 線分を描く

画面上の適当な位置をクリックし❶、もう1点をクリックして❷、線分を描きます。Enter キーを押して、コマンドを終了します。

Check
実務では Enter キーで終了する方が効率的です。Enter キーは入力の終了を意味します。操作をキャンセル（中断）する場合は Esc キーを使うので、混同しないようにしましょう。

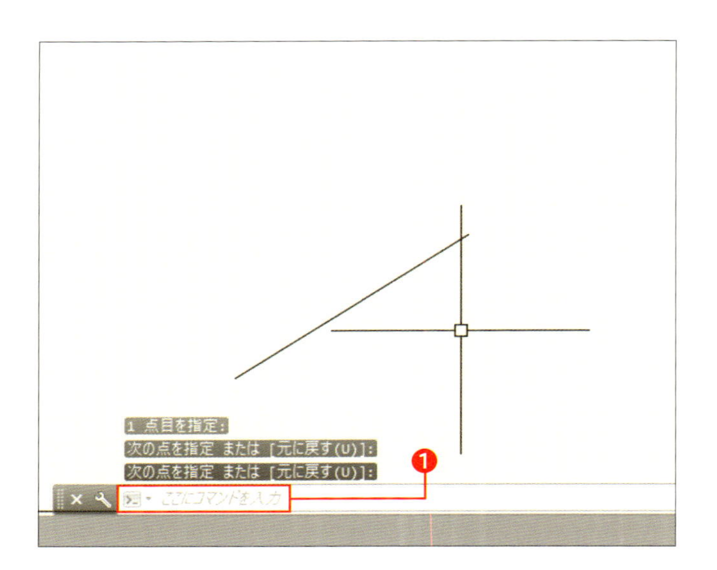

3 線分コマンドをもう一度実行する

そのままもう一度 Enter キーを押します❶。線分コマンドが再度実行されます。Esc キーを押して、コマンドを終了します。

+ Check

コマンドラインの表示が「ここにコマンドを入力」のときに、なにも入力せずに Enter キーだけを押すと、直前に実行したコマンドが再度呼び出されます。ただし、「元に戻す」もコマンドなので、元に戻した直後に Enter キーを押すと、さらに元に戻ってしまいます。

ダイナミック入力

ダイナミック入力とは、カーソルの近くに「次の点を指定」などのメッセージや入力ボックスを表示させる機能です。下の図形が隠されてしまって使いづらい場合は、F12 キーを押すとダイナミック入力のオン／オフの切り替えができます。

ダイナミック入力「オン」

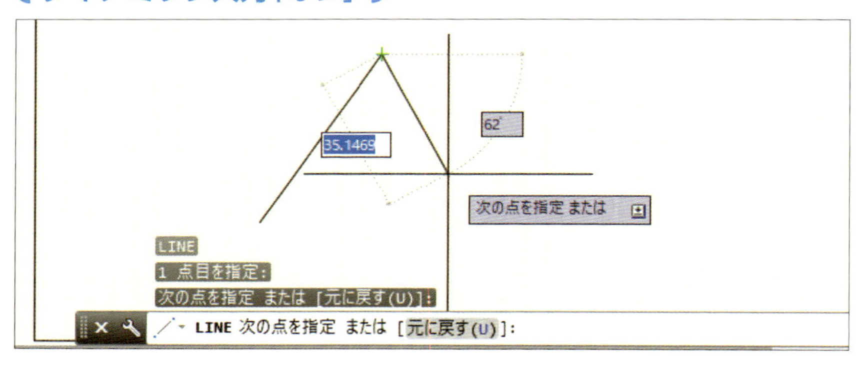

ダイナミック入力「オフ」

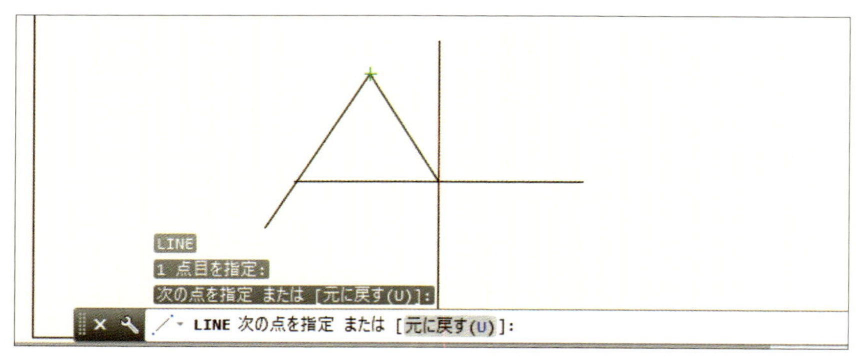

三角形を描く

練習ファイル 0204a.dwg　完成ファイル なし

コマンド実行中にオプションを指定すると、作図方法を切り替えられます。ここでは、連続して線分を描き、三角形を作ります。オプションを使って、描き始めの点と描き終わりの点を結びます。

線分コマンドで三角形を描く

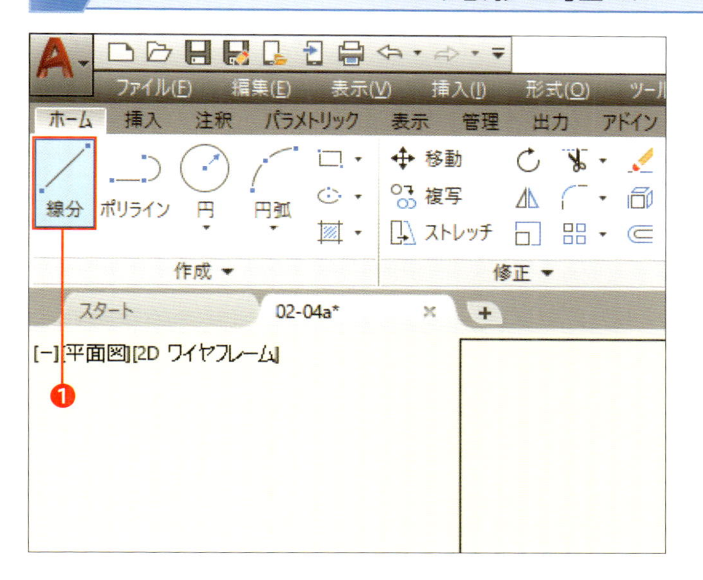

1 線分コマンドを実行する

[線分]をクリックします❶。

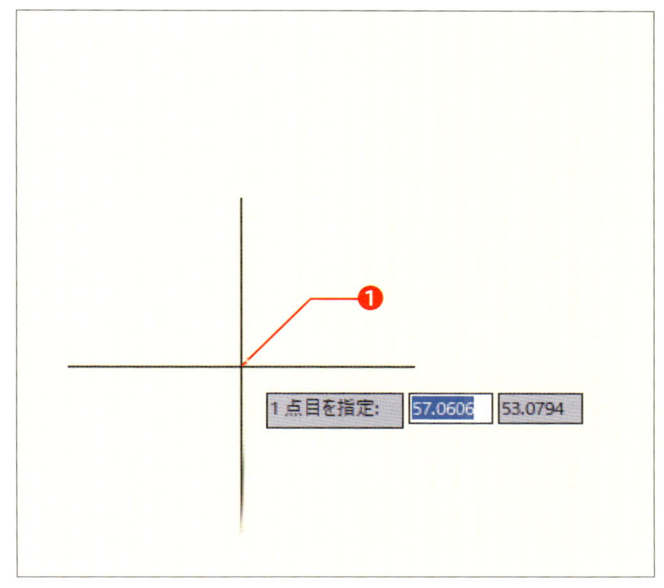

2 1つ目の頂点を決める

画面上の適当な位置でクリックします❶。クリックした点が、三角形の1つ目の頂点になります。

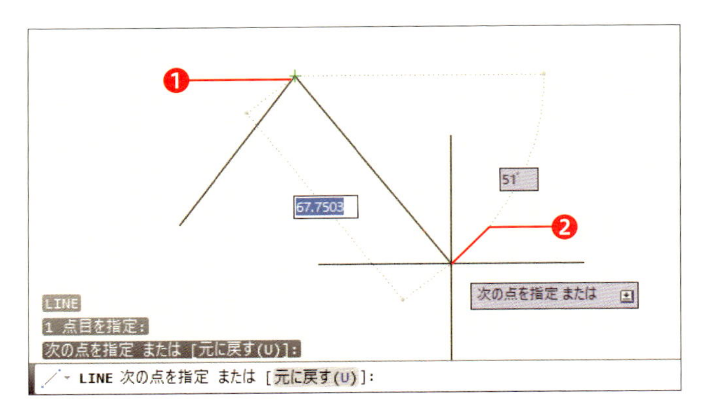

3 三角形の2つの辺を作図する

画面上の適当な位置でクリックします❶❷。三角形の2つの辺が作図できました。

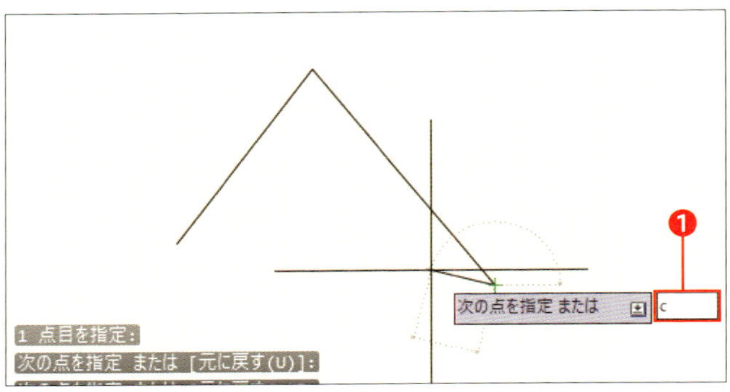

4 三角形を完成する

「C」と入力して Enter キーを押します❶。[閉じる] オプションが実行されて、始めの点まで線分が引かれ、コマンドが終了します。三角形が完成しました。

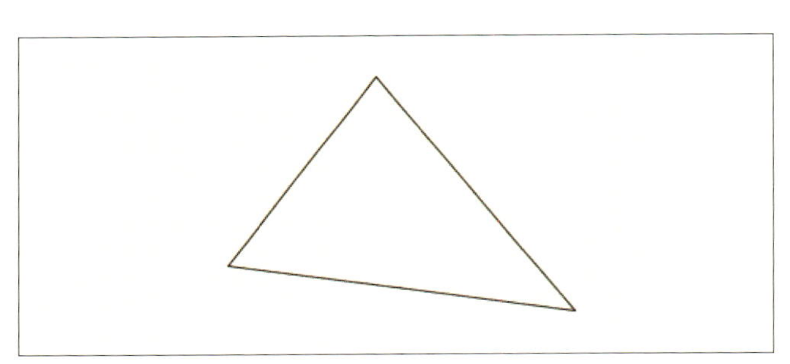

コマンドのオプション

コマンド実行後にコマンドラインに表示される「または」以降のメッセージをコマンドのオプションといいます。ここでは、[閉じる(C)] オプションを使いました。オプションを使うには、括弧内の英数字を入力して、Enter キーを押します。コマンドラインに表示される [閉じる(C)] の文字をクリックすることもできます。また、ダイナミック入力をオンにしているときは、↓キーを押して [閉じる(C)] に●を移動し、Enter キーを押しても選択できます。

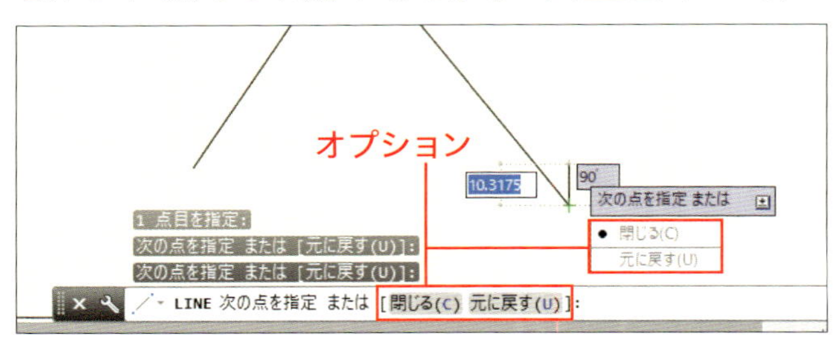

長さを指定して長方形を描く

練習ファイル 0205a.dwg　完成ファイル 0205b.dwg

直線を引くときに、長さを指定する方法を練習しましょう。ここでは、4つの線分を組み合わせて、はがきサイズの長方形を描きます。

辺の長さを指定して長方形を描く

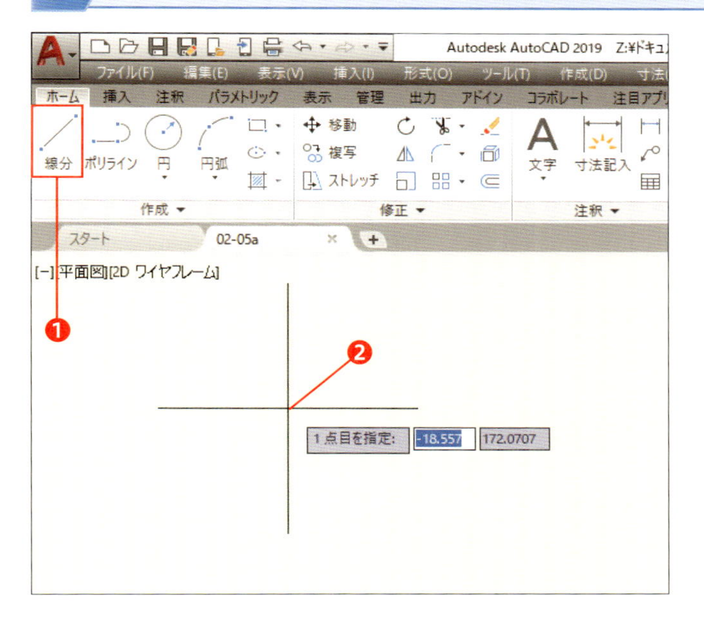

1 線分コマンドを実行する

［線分］をクリックし❶、画面上の適当な位置でクリックします❷。

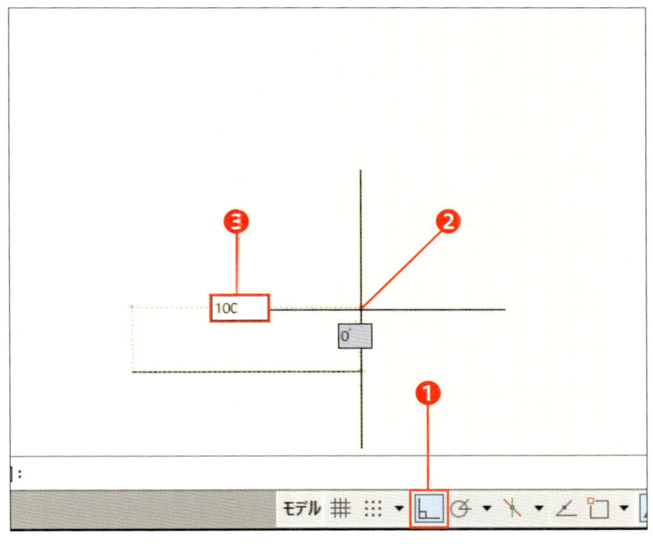

2 長さ「100」の水平な線を作図する

ステータスバーの［直交モード］をクリックしてオンにします❶。カーソルの動きが水平、垂直に固定されます。右方向へカーソルを移動し❷、「100」と入力して Enter キーを押します❸。クリックした点から右方向へ、長さ100の水平な線分が描かれます。

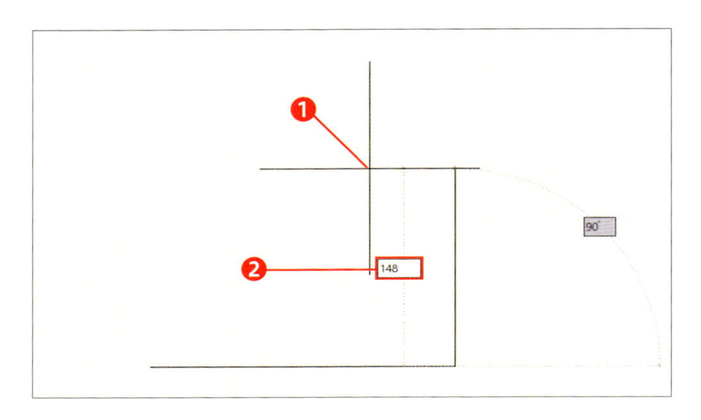

3 垂直な線を作図する

カーソルを真上に移動し❶、「148」と入力して Enter キーを押します❷。線分の端点から上方向へ、長さ148の垂直な線分が描かれます。

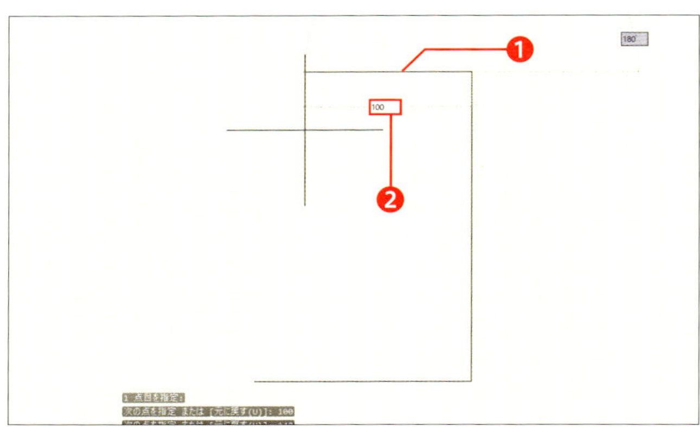

4 水平な線を作図する

カーソルを左へ移動し❶、「100」と入力して Enter キーを押します❷。

Check

カーソルは少し大きく動かして、方向をはっきり指示するとミスが減ります。縦横の方向が定まらないときは、始点付近にカーソルを戻すとうまくいきます。

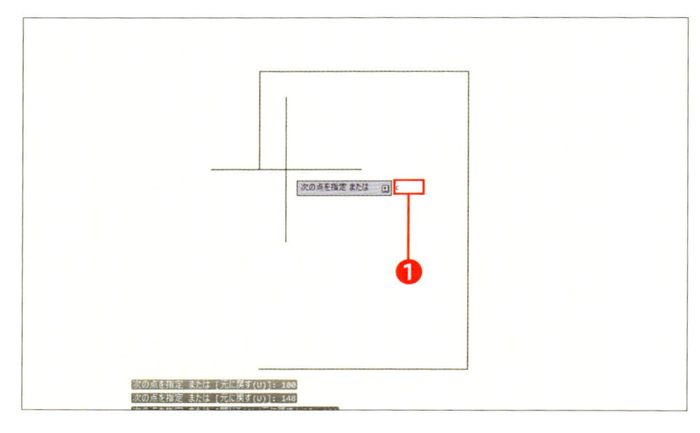

5 長方形を完成する

「C」と入力して Enter キーを押します❶。［閉じる］オプションが実行されて、始めの点まで線分が引かれ、コマンドが終了します。長方形が完成しました。

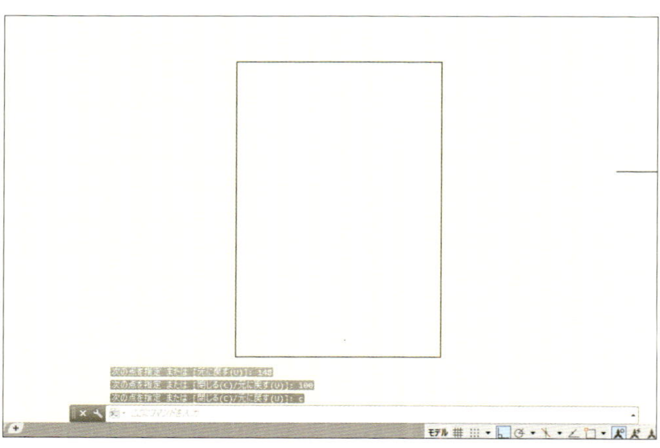

角度を指定して正三角形を描く

練習ファイル 0206a.dwg　完成ファイル 0206b.dwg

線分の長さと角度を指定して正三角形を作図しましょう。正三角形のそれぞれの内角は60度です。角度を指定するときは、X軸方向（東）が0度で、反時計回りに測ります。時計回りで指定する場合は、マイナスの数値にします。

正三角形を描く

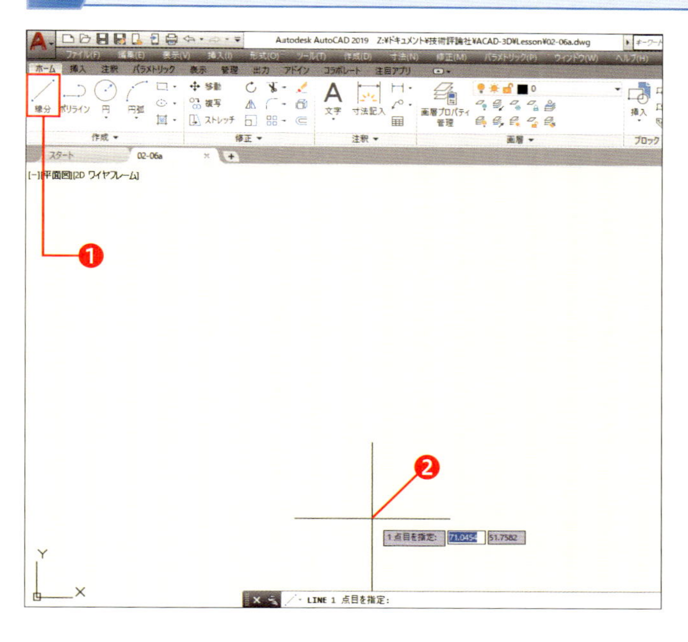

1 線分コマンドを実行する

［線分］をクリックします❶。画面上の適当な位置でクリックし❷、正三角形の左下頂点を決めます。

Check
直交モードがオンになっているときは、F8キーを押してオフにします。

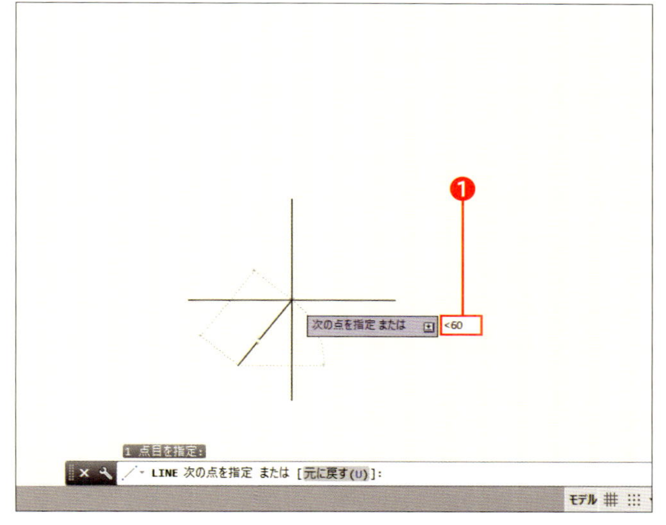

2 角度を60度に固定する

「<60」と入力して Enter キーを押します❶。カーソルの動きが60度方向に固定されます。

Check
60度30分15秒のように、度分秒まで指定するには「60d30'15"」と入力します。

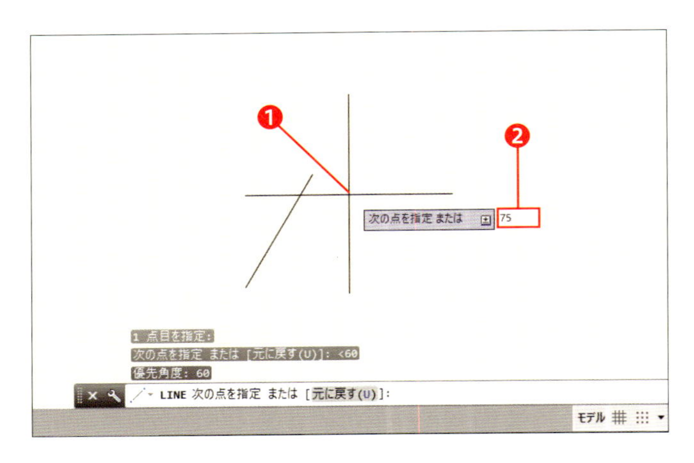

3 線分の長さを指定する

カーソルを右上に移動し❶、線分の向きを決め、「75」と入力して Enter キーを押します❷。60度方向に長さ75の線分が描かれます。

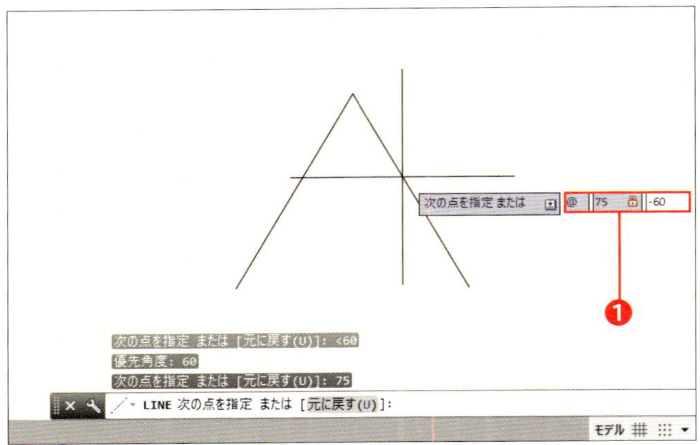

4 長さと角度を指定する

「@75<-60」と入力して Enter キーを押します❶。

Check

「@75」は直前の点から75の距離を表し、「<-60」は角度を示します。2つを続けることで、距離と角度を同時に指定できます。

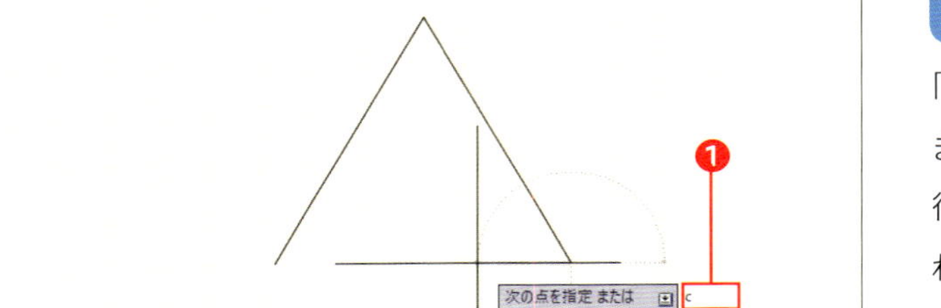

5 正三角形を完成する

「C」と入力して Enter キーを押します❶。［閉じる］オプションが実行されて、始めの点まで線分が引かれ、コマンドが終了します。正三角形が完成しました。

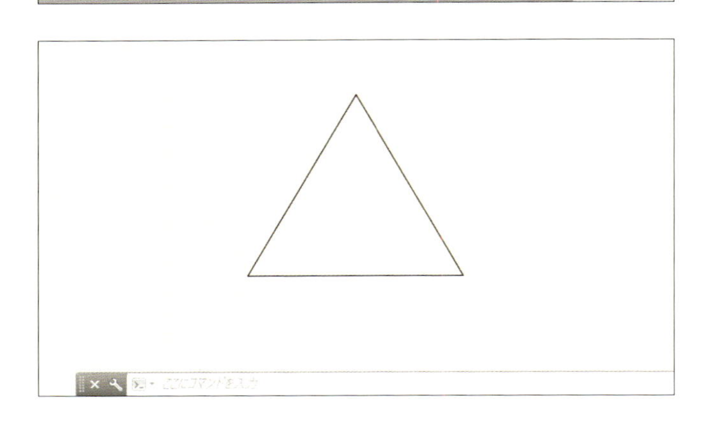

指定した角度でカーソルを止める

極トラッキングをオンにすると、カーソルの位置が指定した角度に近づいたときに、カーソルの動きが軽く固定されます。

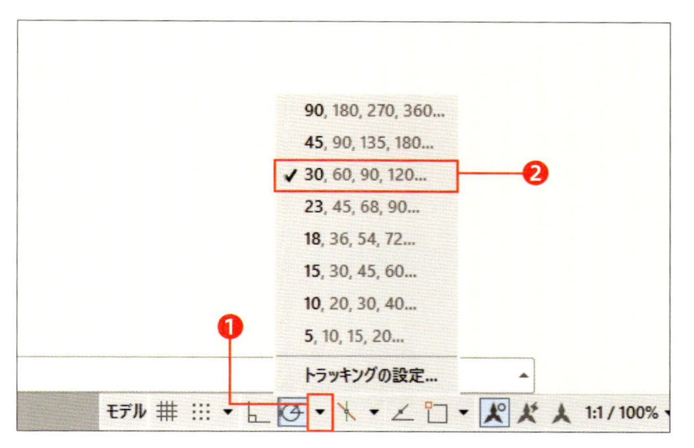

1 極トラッキングの［▼］をクリックして❶、固定する角度を指定します❷。また、極トラッキングをクリックしてオンにします。なお、極トラッキングをオンにすると、直交モードはオフになります。

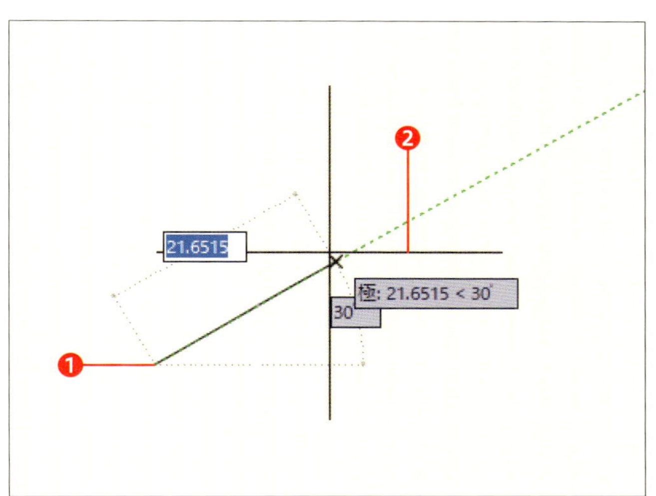

2 線分コマンドを実行し、1点目をクリックします❶。カーソルを動かし設定した角度になると、動きが少し固定されます❷。

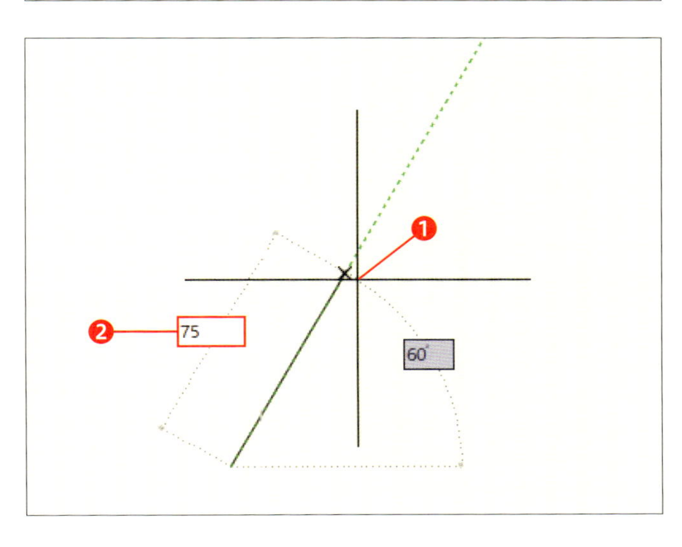

3 さらにカーソルを動かし❶、次に設定した角度で止まったら長さを入力します❷。

第2章 コマンドの基本操作

斜めの線を使って菱形を描く

練習ファイル 0207a.dwg　完成ファイル 0207b.dwg

横幅100mm、高さ60mmの菱形を線分コマンドで描きましょう。斜めの線分の長さは分かっていませんが、横と縦の距離が分かるので作図できます。ある点からの縦横の距離（x,y）を指定する方法を「相対座標入力」といいます。

菱形を描く

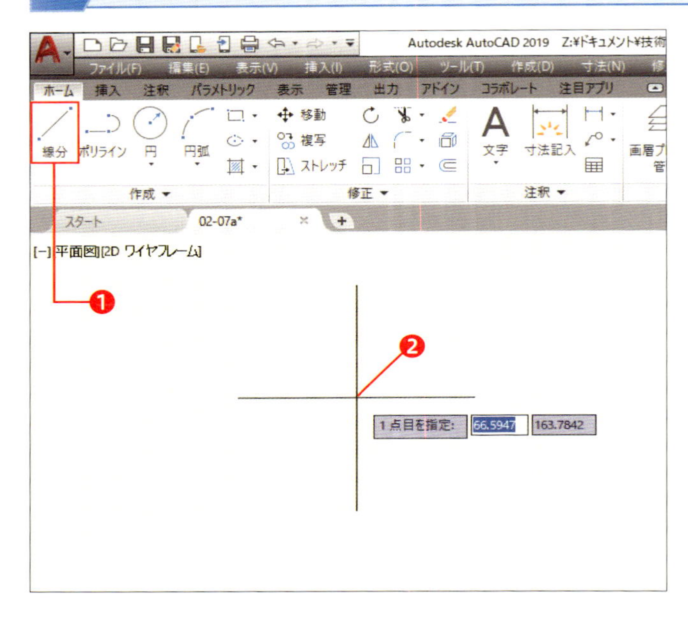

1 線分コマンドを実行する

［線分］をクリックします❶。画面上の適当な位置でクリックし❷、菱形の１番下の頂点を決めます。

Check

直交モードがオンになっているときは、F8キーを押してオフにします。F8キーで直交モードのオン／オフを切り替えられます。

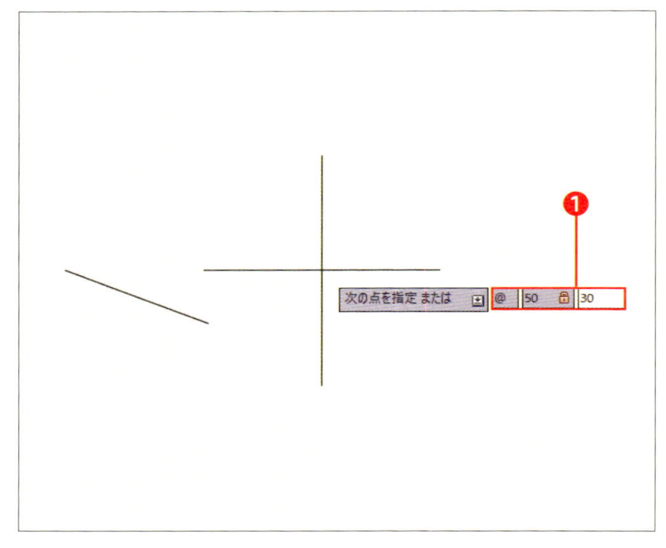

2 右斜め上へ線分を引く

「@50,30」と入力して、Enterキーを押します❶。

Check

「@50,30」は、1つ前の点を基準にしてx（横）=50、y（縦）=30の位置という意味です。数値の区切りは半角のカンマです。

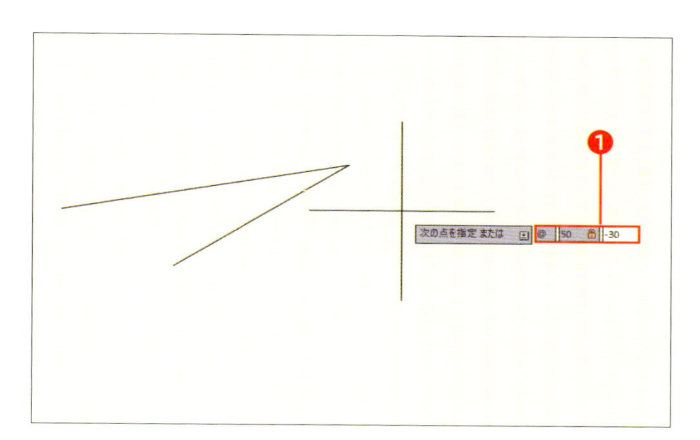

3 左斜め上へ線分を引く

「@50,-30」と入力して、Enter キーを押します❶。

Check

左方向の距離は、xの値をマイナスにします。

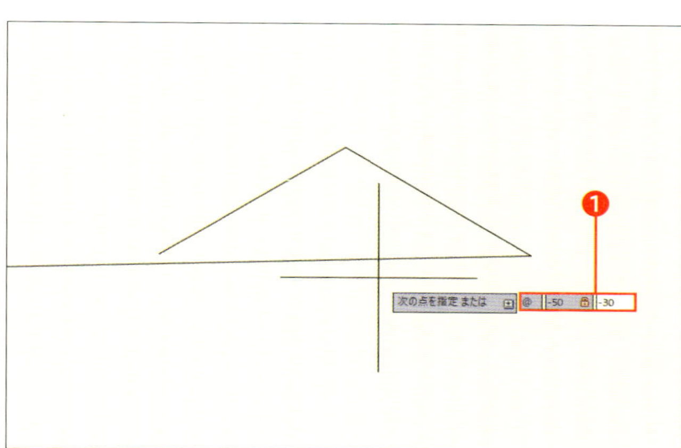

4 左斜め下へ線分を引く

「@-50,-30」と入力して、Enter キーを押します❶。

Check

下方向の距離は、yの値をマイナスにします。

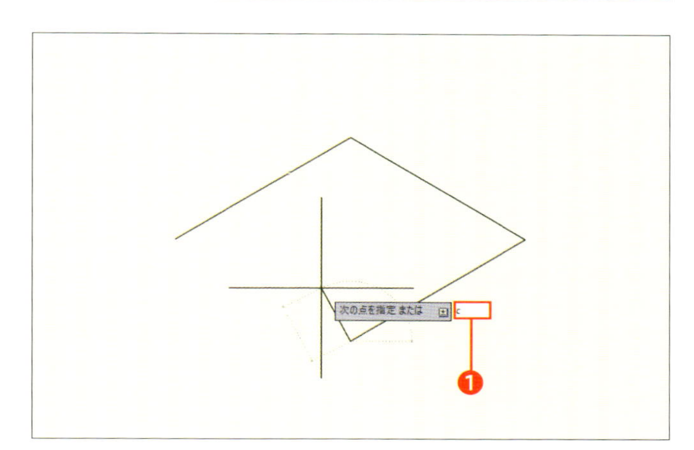

5 菱形を完成する

「C」と入力して Enter キーを押します❶。［閉じる］オプションが実行されて、始めの点まで線分が引かれ、コマンドが終了します。菱形が完成しました。

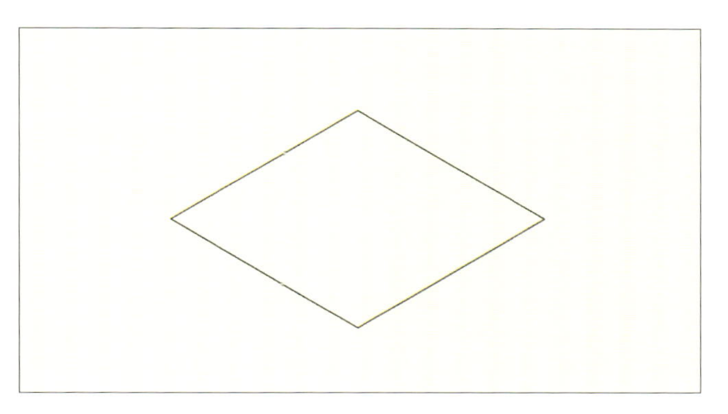

絶対座標と相対座標

絶対座標入力

AutoCADには**ワールド座標**という座標系があり、CADデータは座標値で管理されています。LINEコマンドで「1点目」、「次の点」と聞かれているときや、移動や複写先を指定するときに、座標値で指定できます。

座標値を入力するときは「**#Xの値,Yの値**」と入力して Enter キーを押します。XとYの区切りはカンマです。また、すべて半角で入力します。なお、ダイナミック入力をオフにしているときは、「#」は付けずに「**Xの値,Yの値**」と入力します。

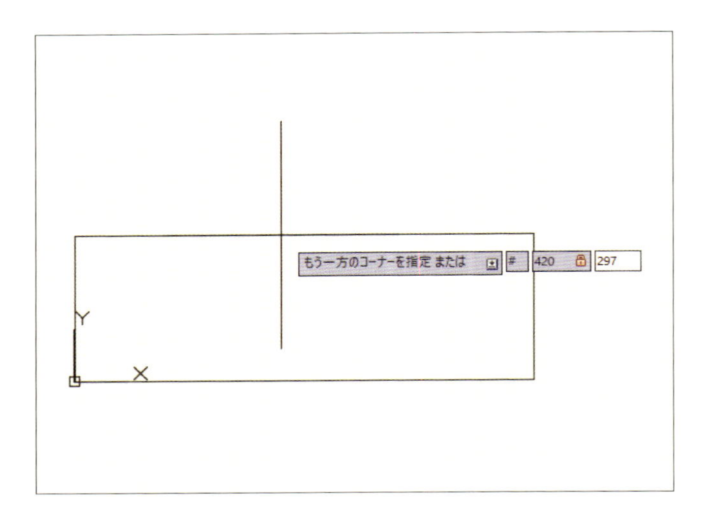

相対座標入力

「**@Xの値,Yの値**」と入力して Enter キーを押すと、直前に指定した位置を基準にして、そこからのX方向の距離とY方向の距離で指定できます。直前の点が仮の原点になるので、左方向と下方向はマイナスの値で入力します。なお、「@」は1つ前の点を示しています。

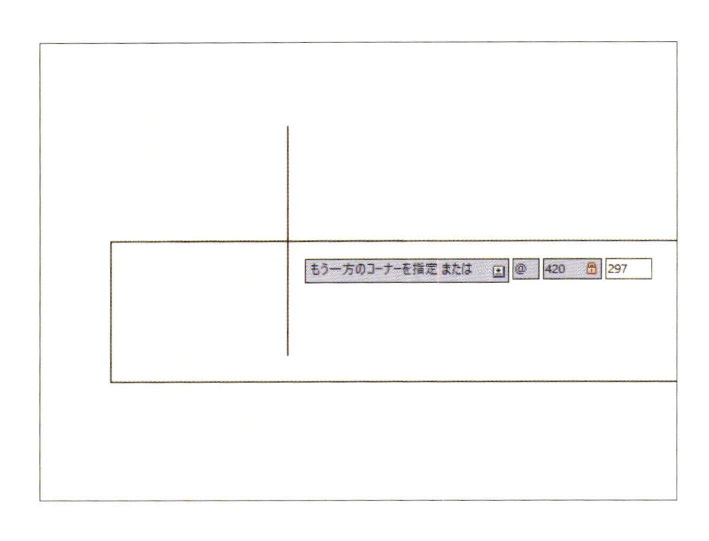

Check

長さ50の水平な線を描くときに、2点目を相対座標で「@50,0」と入力したり、垂直な線は「@0,50」と入力する方法もあります。座標入力を使用すると、マウスを一切使わずに作図ができます。

UCSアイコン

UCSアイコンは座標系の向きを表しています。

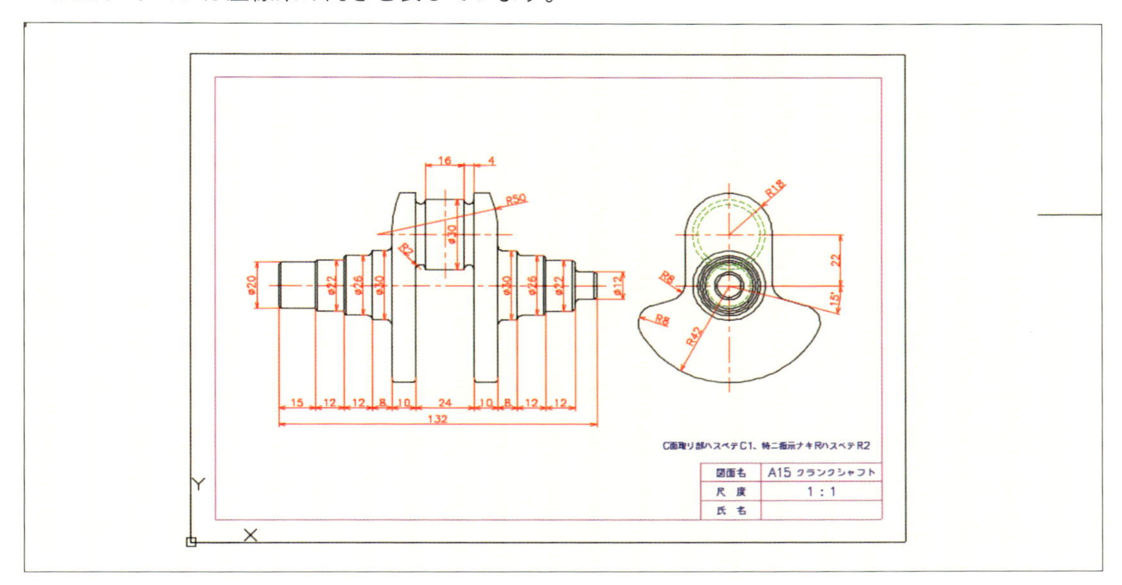

UCSアイコンの表示／非表示

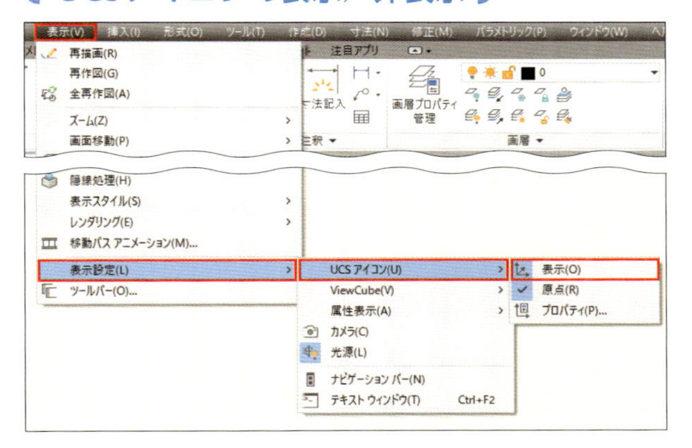

［表示］メニューの［表示設定］→［UCSアイコン］→［表示］で、UCSアイコンの表示／非表示を設定できます。

UCSアイコンの位置

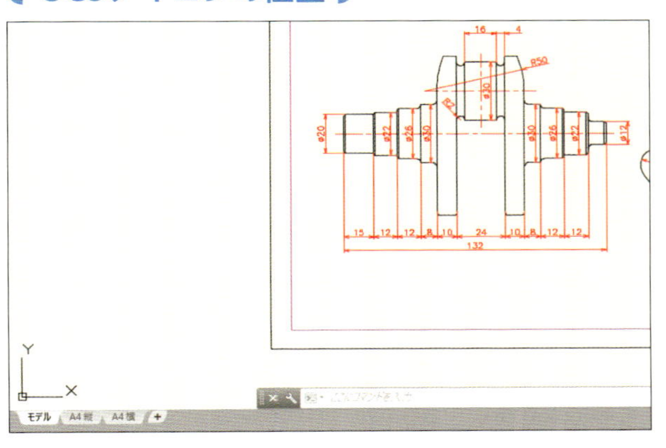

初期設定では、UCSアイコンは原点に表示されます。［表示］メニューの［表示設定］→［UCSアイコン］→［原点］をクリックして解除すると、画面の左下に表示されます。

長方形の対角線を描く

練習ファイル 0208a.dwg　完成ファイル 0208b.dwg

長方形の斜め方向の角と角を直線で結びましょう。このとき、正確に角を取るために「オブジェクトスナップ」を使います。ここでは、オブジェクトスナップの「端点」で、辺の端点から直線を引きます。

対角線を引く

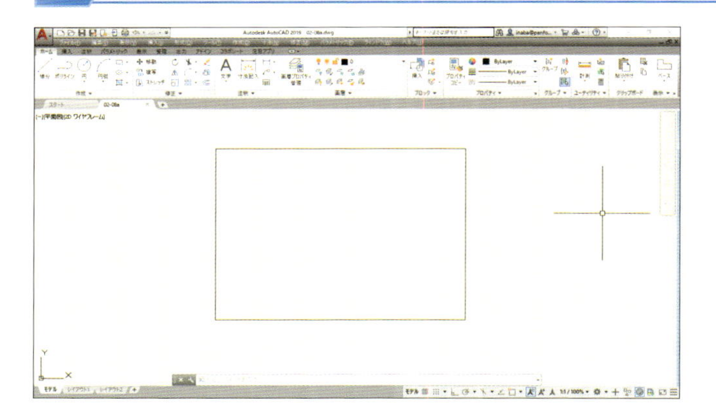

1 練習用ファイルを開く

［開く］をクリックして、練習用ファイル「0208a.dwg」を開きます。練習用ファイルには長方形を作図してあります。

端点
中点
中心
図心
点
四半円点
交点
延長
挿入基点
垂線
接線
近接点
仮想交点
平行
オブジェクト スナップ設定...
モデル 1:1 / 100%

2 オブジェクトスナップをオンにする

［オブジェクトスナップ］をクリックしてオンにします❶。また、その隣の［▼］をクリックして❷、「端点」にチェックマークが付いていることを確認します❸。チェックマークがない場合は「端点」をクリックします。

Check

キーボードの F3 キーを押すことでも、オブジェクトスナップのオン／オフの切り替えができます。

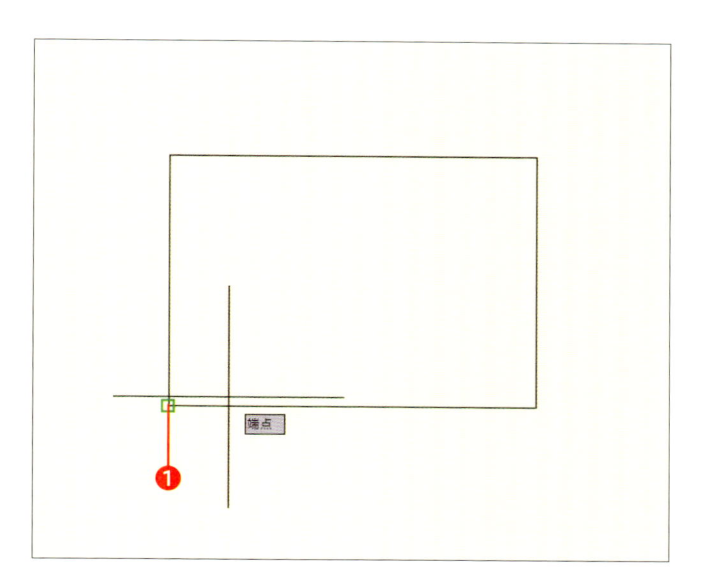

3 「端点」を線分の1点目にする

線分コマンドを実行します。長方形の角にカーソルを近づけ、「端点」のマーカーが表示されたらクリックします❶。

Check

カーソルを正確に端点に合わせる必要はありません。マーカーが表示されたら、その場でクリックすれば端点が選ばれます。

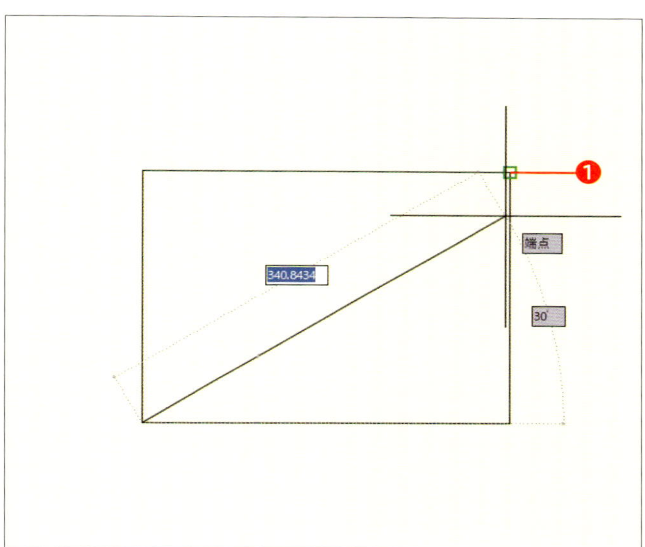

4 対角線を引く

反対側の角にカーソルを近づけ、「端点」のマーカーが表示されたらクリックします❶。Enter キーを押して、コマンドを終了します。

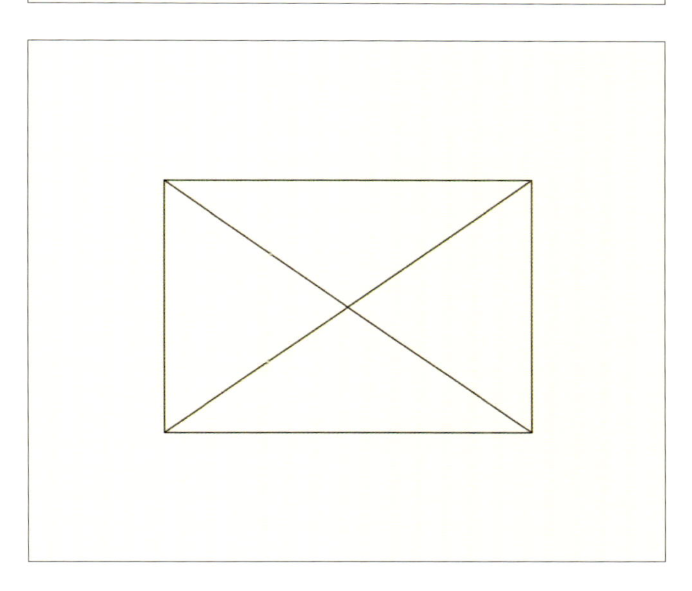

5 もう一つの対角線を作図する

同様にして、もう一つの対角線を作図しましょう。

半径を指定して円を描く

練習ファイル 0209a.dwg　完成ファイル 0209b.dwg

中心と半径を指定する方法で円を描きましょう。中心を指定するときに、直線と直線との交点をオブジェクトスナップで拾います。半径はキーボードから数値を入力します。数値などの入力が必要なコマンドは、あらかじめ候補となるデータが示されることがあります。ここでは、同じ半径の円を続けて作図します。1つ目の円の半径が、2つ目の円の候補値として示されるので確認しましょう。

線の交点を中心にした円を描く

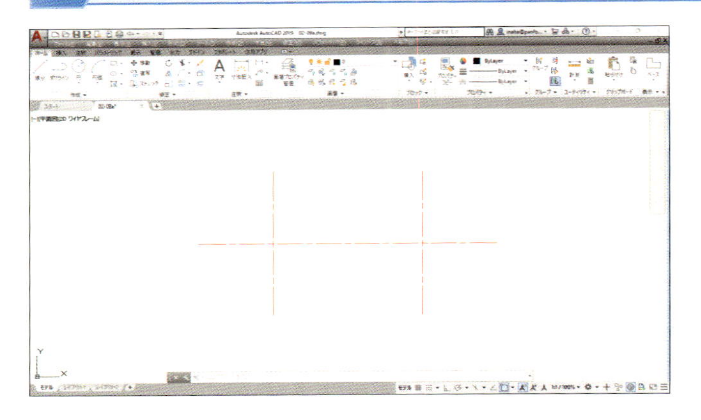

1 練習用ファイルを開く

［開く］コマンドで練習用ファイル「0209a.dwg」を開きます。練習用ファイルには、円の中心線を作図してあります。

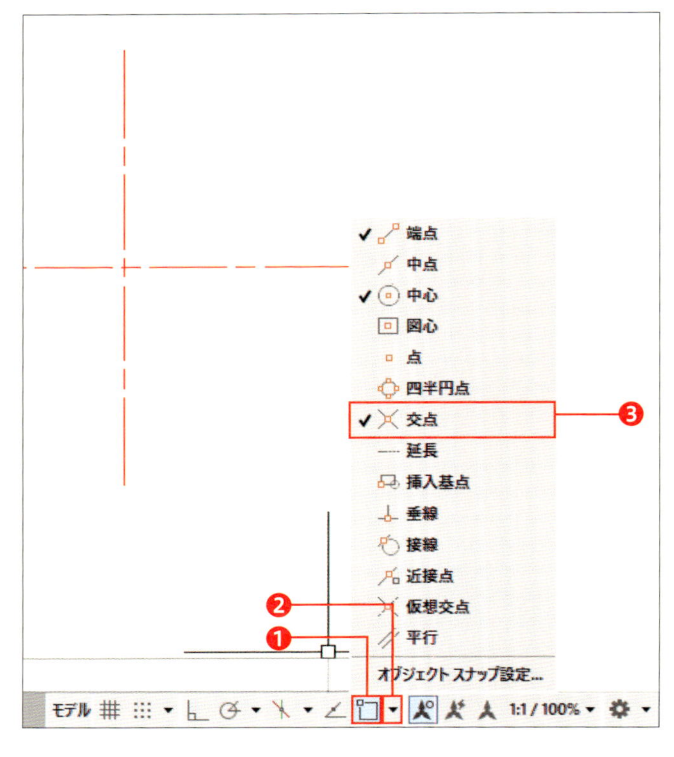

2 オブジェクトスナップをオンにする

［オブジェクトスナップ］をクリックしてオンにします❶。また、その隣の［▼］をクリックして❷、「交点」にチェックが付いていることを確認します❸。チェックがない場合は、「交点」をクリックします。

Check

F3 キーを押すことでも、オブジェクトスナップのオン／オフの切り替えができます。

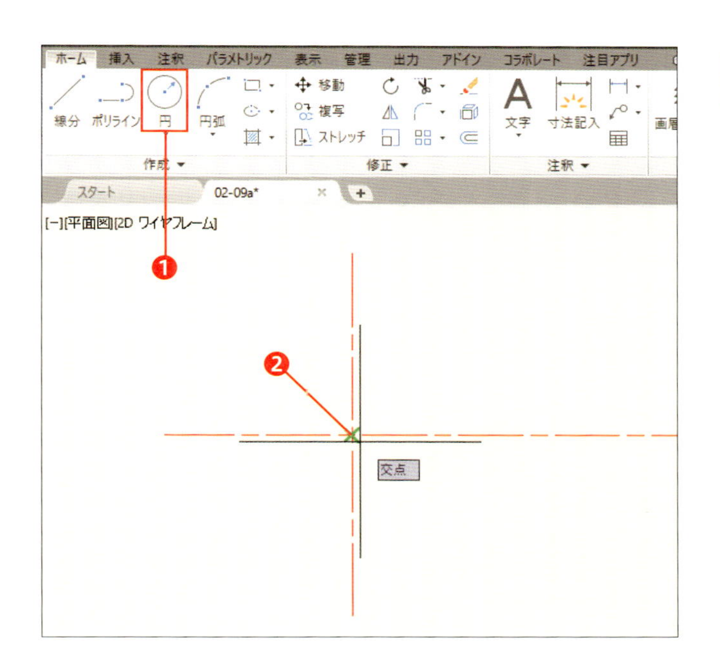

3 円コマンドを実行する

[円] をクリックします❶。2つの線の交点付近にカーソルを近づけ、「交点」のマーカーが表示されたらクリックします❷。

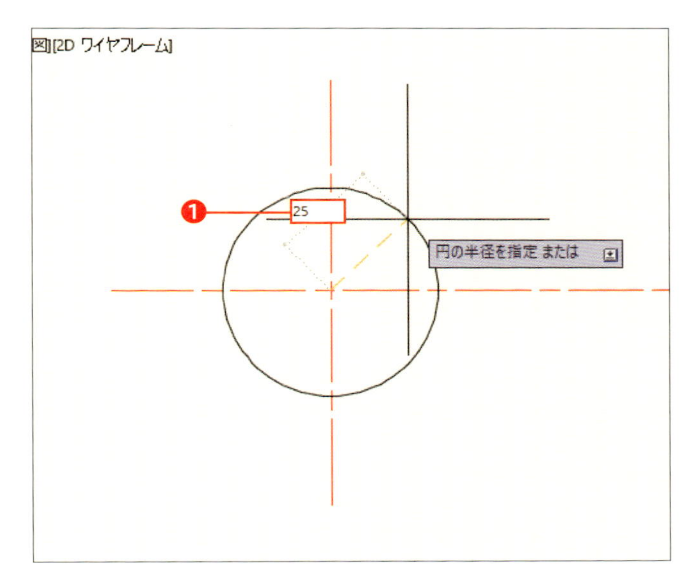

4 半径を入力する

「25」と入力し、Enter キーを押します❶。

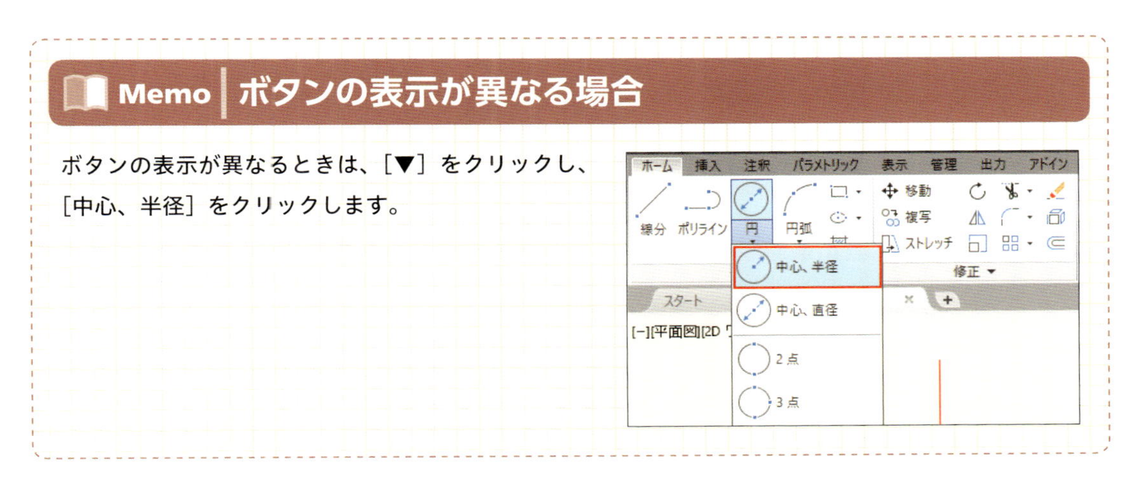

ボタンの表示が異なるときは、[▼] をクリックし、[中心、半径] をクリックします。

5 円コマンドをもう一度実行する

Enter キーだけを押して、円コマンドをもう一度実行します。中心線の交点付近にカーソルを近づけ、「交点」のマーカーが表示されたらクリックします❶。

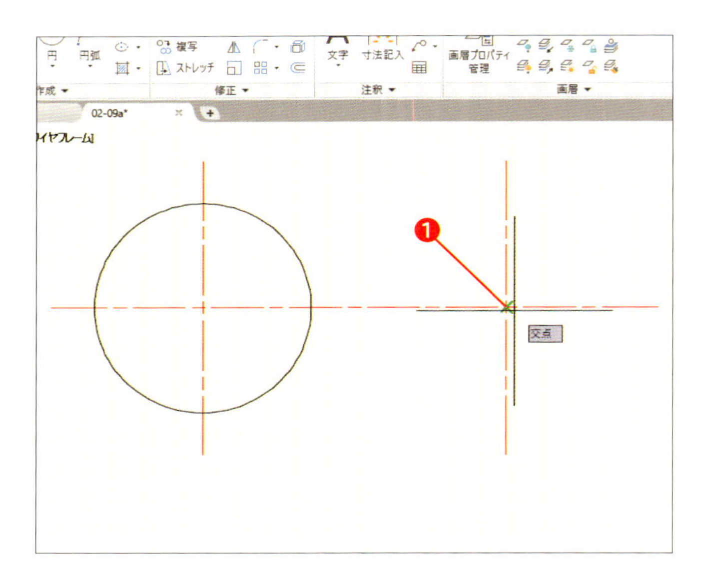

6 前回の半径で作図する

コマンドウインドウを見ると、< >の中に前回の値が表示されています❶。何も入力せずに、Enter キーだけを押します。

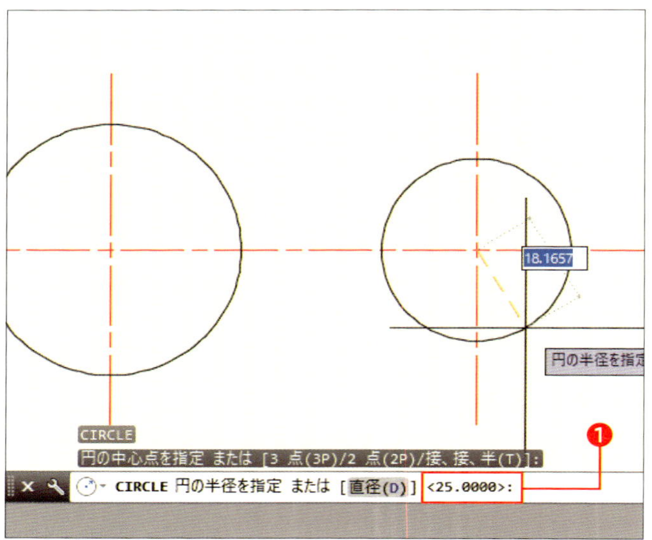

Check

何も入力せずに Enter キーだけを押すと、< >内の値が採用されます。

7 同じ大きさの円を作図できた

1つ前に作図した円と同じ半径の円を作図できました。

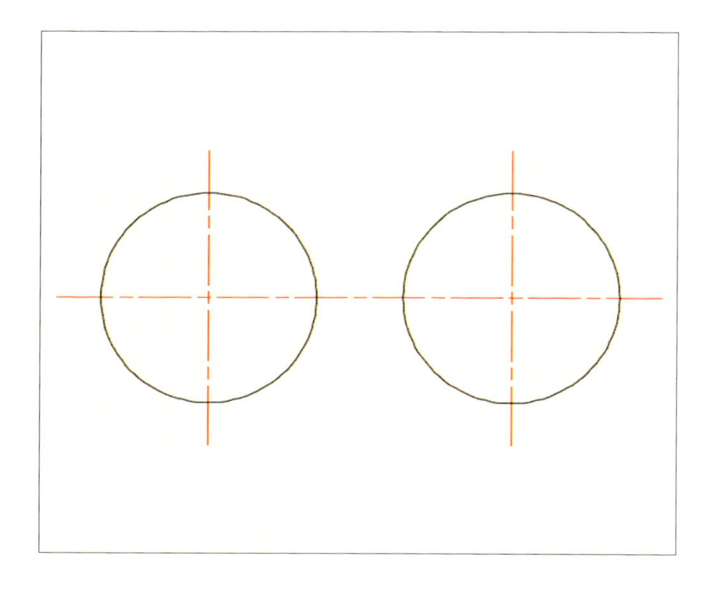

Column 中心と直径を指定して円を描く

中心と直径を指定して円を描くときは、[円] の [▼] をクリックして [中心、直径] をクリックします。

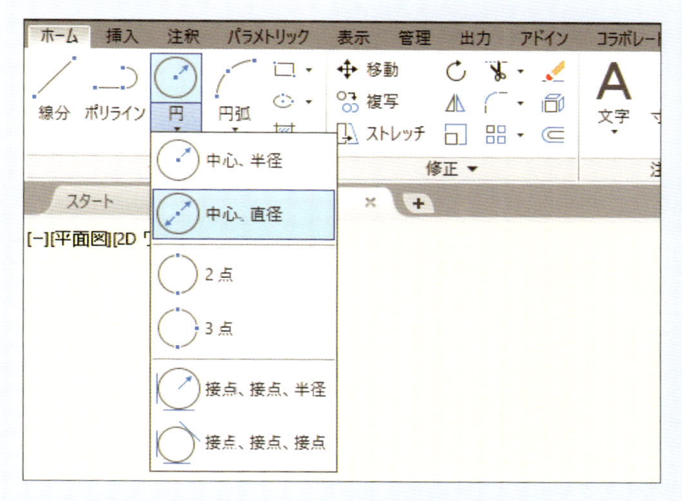

円の中心をクリックすると、直径を入力できます。

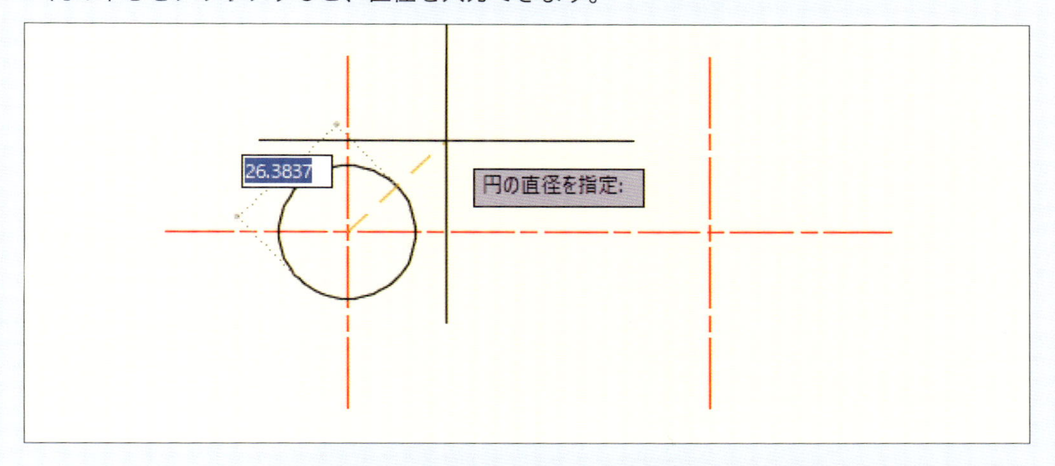

[▼] をクリックしてコマンドを実行すると、ボタンの表面には最後に使ったコマンドが表示されます。次に作図するときは、ボタンをクリックするだけで [中心、直径] を実行できます。

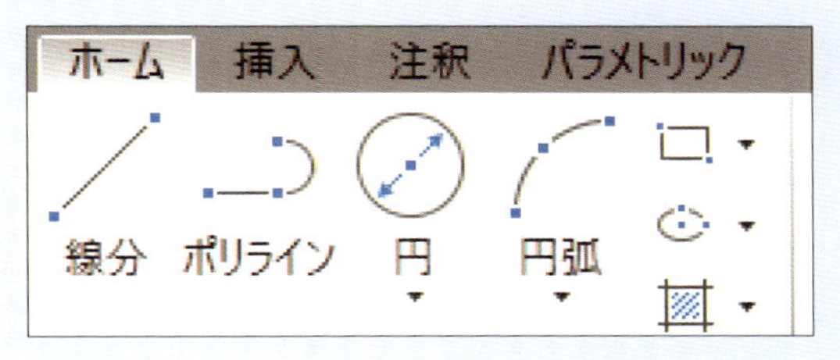

三角形の重心を求める

練習ファイル 0210a.dwg　完成ファイル 0210b.dwg

三角形の3つの頂点から、それぞれ相対する辺の中点に直線を引くと、3つの直線は1つの点で交わります。この点が三角形の重心です。ここでは、オブジェクトスナップの「端点」と「中点」を利用して、三角形の重心を作図します。

直線を引いて三角形の重心を求める

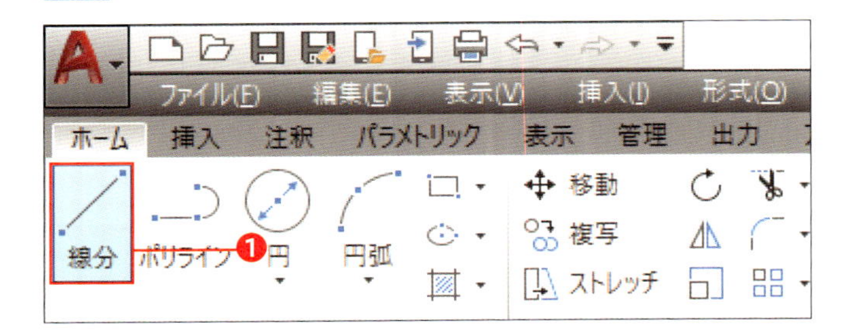

1 線分コマンドを実行する

［線分］をクリックします❶。オブジェクトスナップがオフのときは、ステータスバーの［オブジェクトスナップ］をクリックしてオンにします❷。［▼］をクリックし、［中点］をクリックしてチェックを付けます❸。

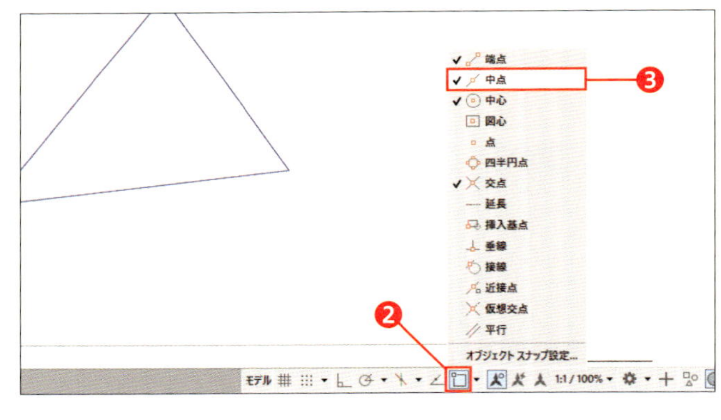

Check

オブジェクトスナップは、必要な時にいつでもオン／オフを切り替えられます。

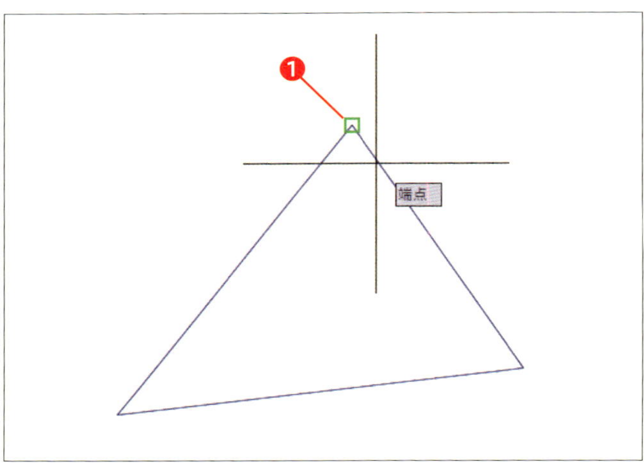

2 頂点から線を引く

三角形の頂点にカーソルを近づけ、「端点」のマーカーが出たらクリックします❶。

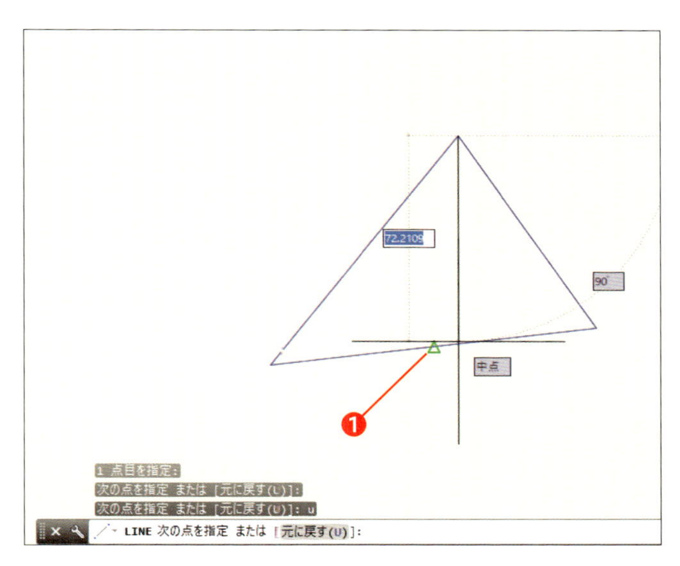

3 底辺の中点まで直線を引く

底辺にカーソルを近づけ、「中点」のマーカーが出たらクリックします❶。Enter キーを押して、コマンドを終了します。

Check

カーソルの位置によっては「端点」のマーカーが出るので、カーソルを動かして調整します。

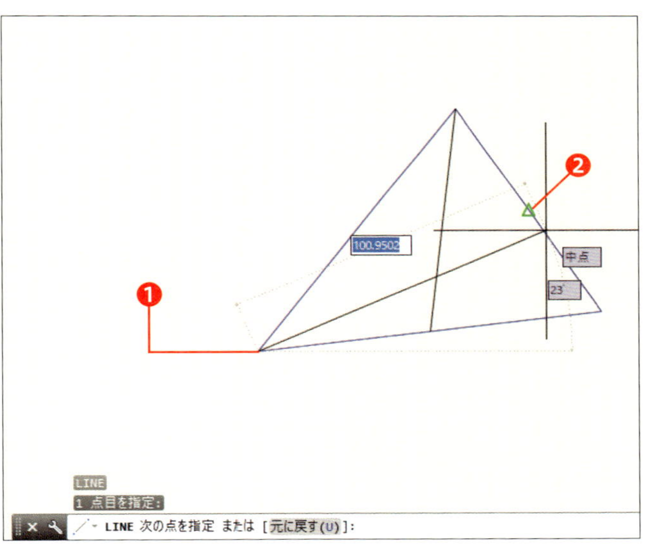

4 ほかの頂点から中点に線分を引く

Enter キーを押して、もう一度線分コマンドを実行します。別の頂点にカーソルを近づけ、「端点」のマーカーが出たらクリックします❶。斜辺にカーソルを近づけ、「中点」のマーカーが出たらクリックします❷。Enter キーを押して、コマンドを終了します。

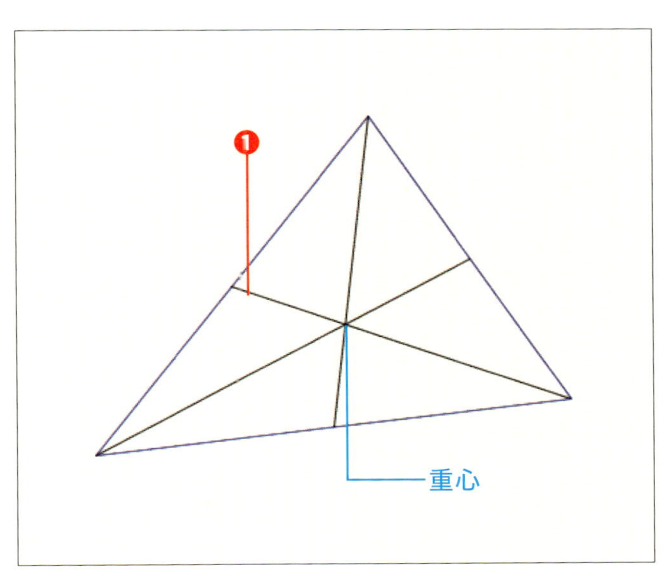

5 重心が求められた

同様にして、3つ目の頂点から斜辺の中点に直線を引きましょう❶。3つの直線が交わった点が重心です。

Column 三角形の３心

三角形には、設計で重要な重心のほかに、外接円の中心の「外心」、内接円の中心の「内心」があり、この３つを三角形の３心といいます。

外心

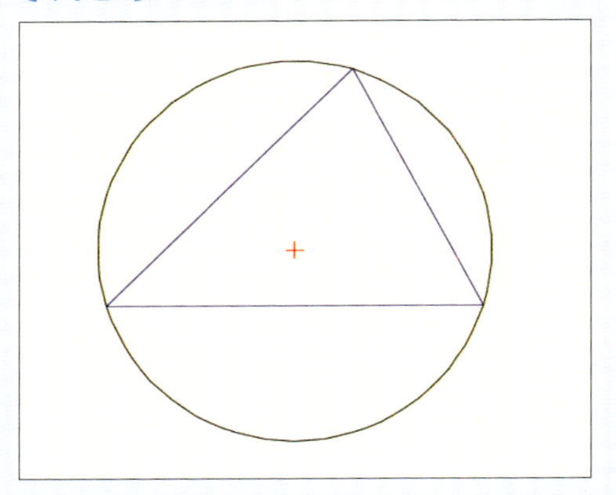

内心

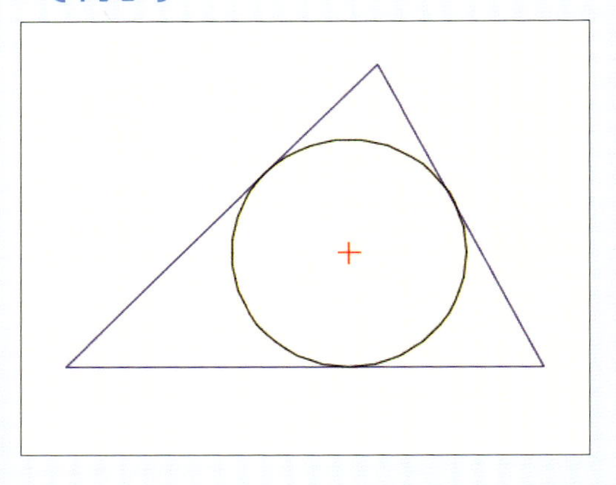

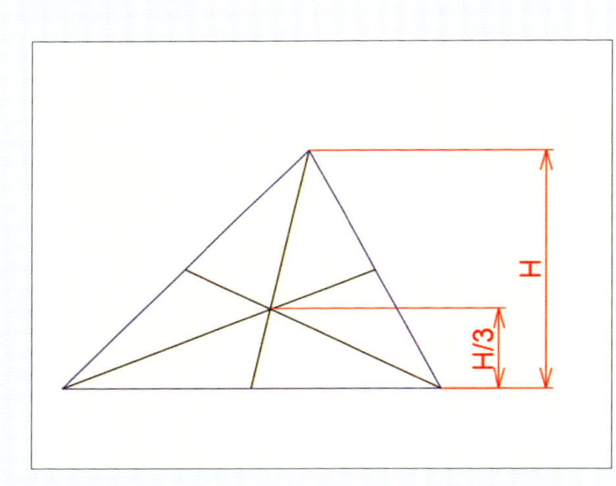

また、重心の位置は、三角形の高さの３分の１であるのも重要な性質です。

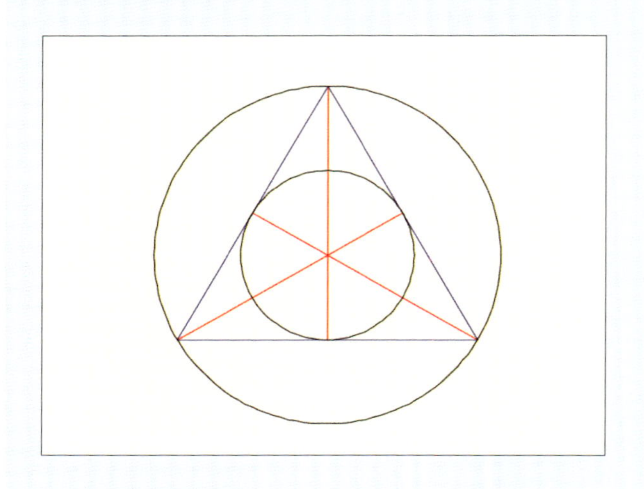

正三角形は重心、外心、内心が同じ１点になります。

三角形の高さを求める

練習ファイル 0211a.dwg　完成ファイル 0211b.dwg

三角形の頂点から底辺へ、垂線（直角に交わる線）を引くと、三角形の高さを求められます。オブジェクトスナップの「垂線」を使用すると、簡単に作図できます。ここでは、一時オブジェクトスナップという機能を使って作図します。

垂線を引いて三角形の高さを求める

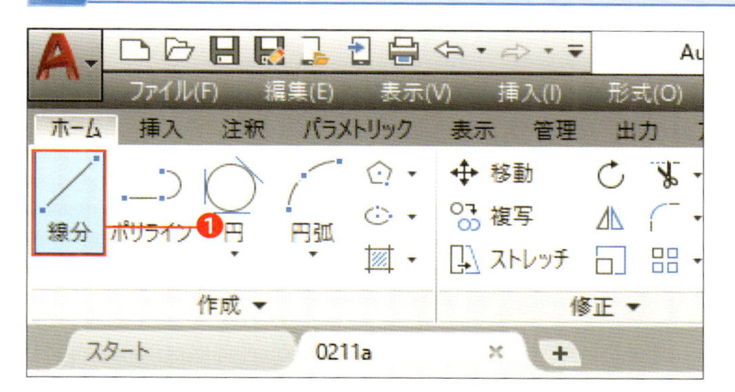

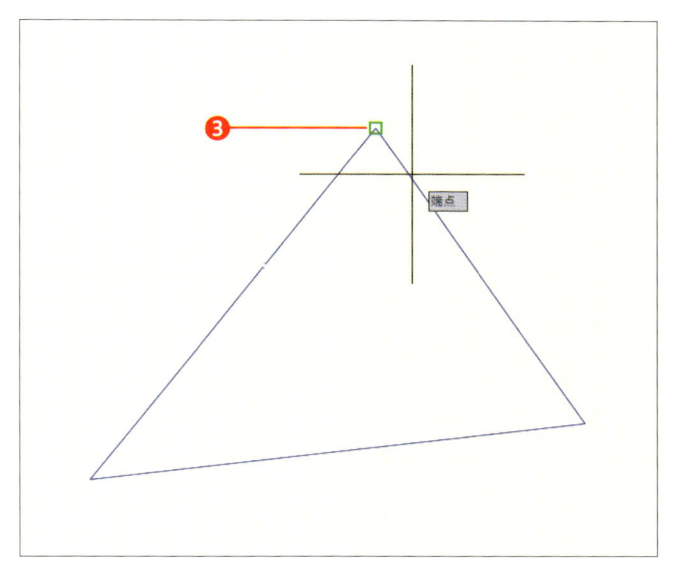

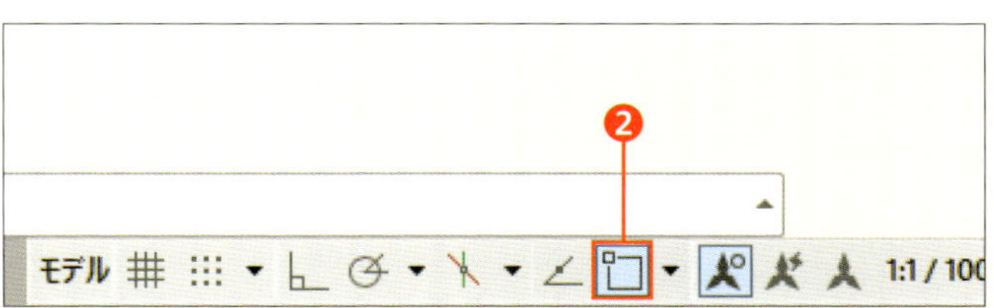

1 線分コマンドを実行する

［線分］をクリックします❶。オブジェクトスナップがオフのときは、F3 キーを押して、［オブジェクトスナップ］をオンにします❷。三角形の頂点にカーソルを近づけ、「端点」のマーカーが出たらクリックします❸。

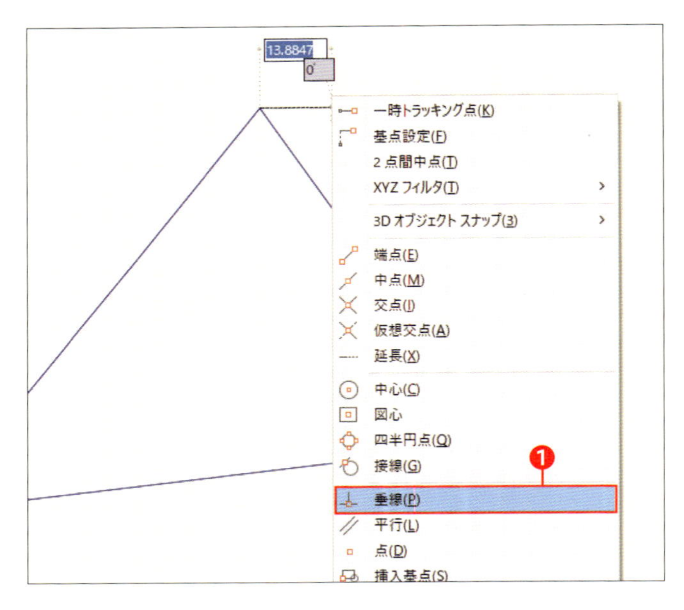

2 一時オブジェクトスナップを使う

Shift キーを押しながら右クリックし、[垂線] をクリックします❶。

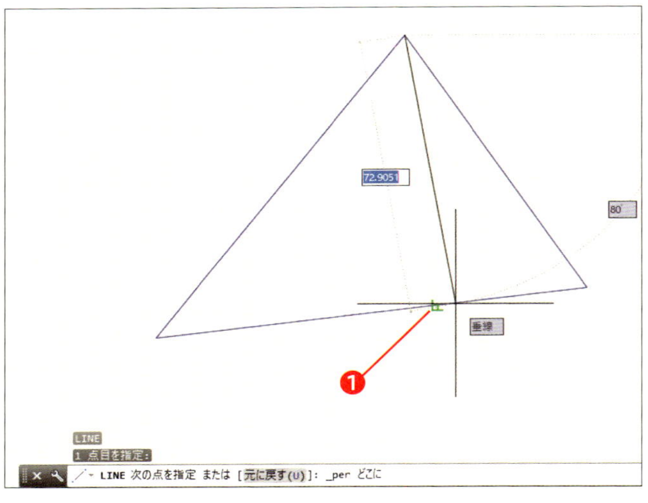

3 底辺の垂線にスナップさせる

底辺にカーソルを近づけ、「垂線」のマーカーが出たらクリックします❶。 Enter キーを押して、コマンドを終了します。

一時オブジェクトスナップ

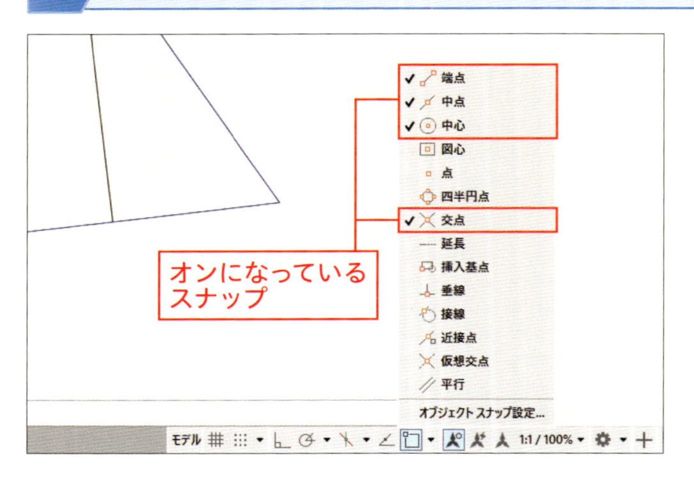

［オブジェクトスナップ］をオンにしたときに自動的にスナップする点は、ステータスバーの［▼］をクリックして表示されるリストでチェックが付いた点です。チェックを付けた点が多いとかえって使いにくくなるので、よく使う点にだけチェックを付け、たまに使う点は一時オブジェクトスナップを使うのがよいでしょう。

Section 12 円の内側に中心線を引く

練習ファイル 0212a.dwg　完成ファイル 0212b.dwg

オブジェクトスナップの「四半円点」は、円周上の上下左右の4つの点にスナップできます。これを利用して、円の内側に中心線を引きましょう。

円に中心線を引く

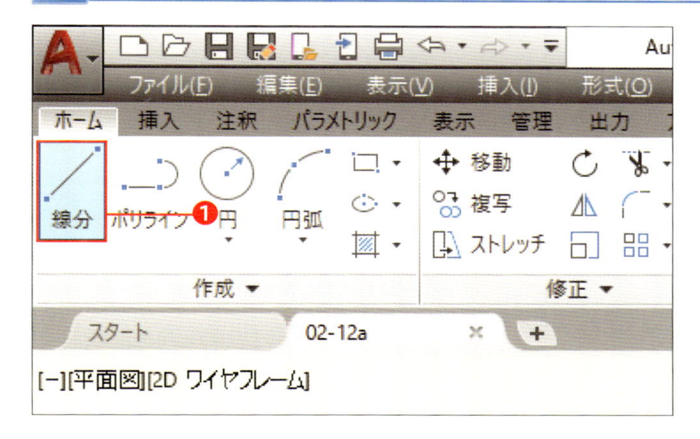

1 線分コマンドを実行する

[線分] をクリックします❶。

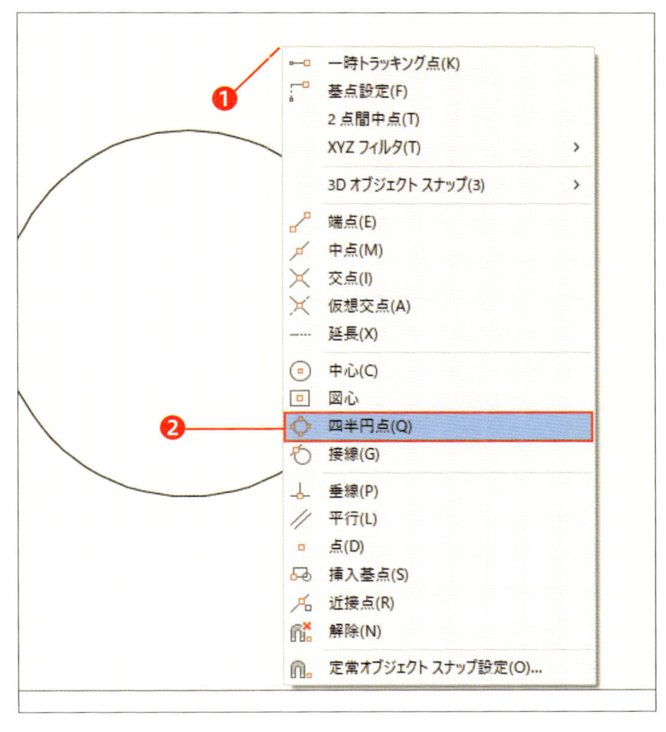

2 一時オブジェクトスナップを使う

Shift キーを押しながら右クリックし❶、[四半円点] をクリックします❷。

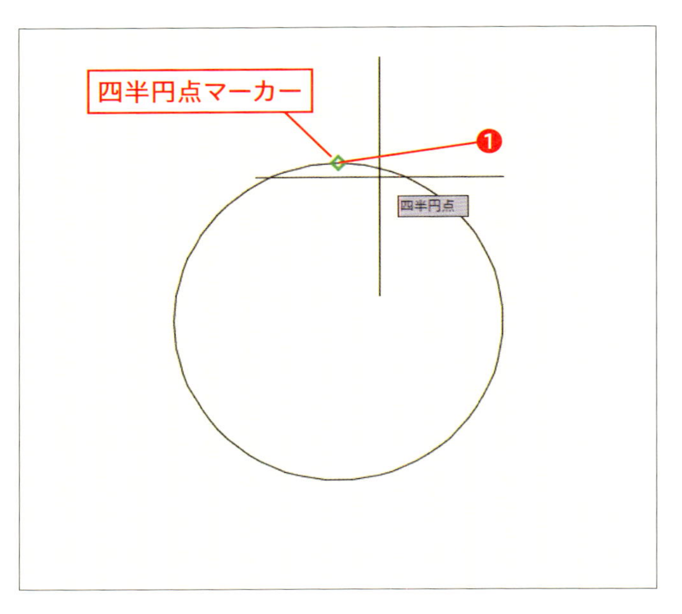

3 四半円点にスナップさせる

円にカーソルを近づけ、「四半円点」のマーカーが出たらクリックします❶。

Check

四半円点は上下左右に4か所あるので、カーソルに一番近い点にマーカーが出ます。

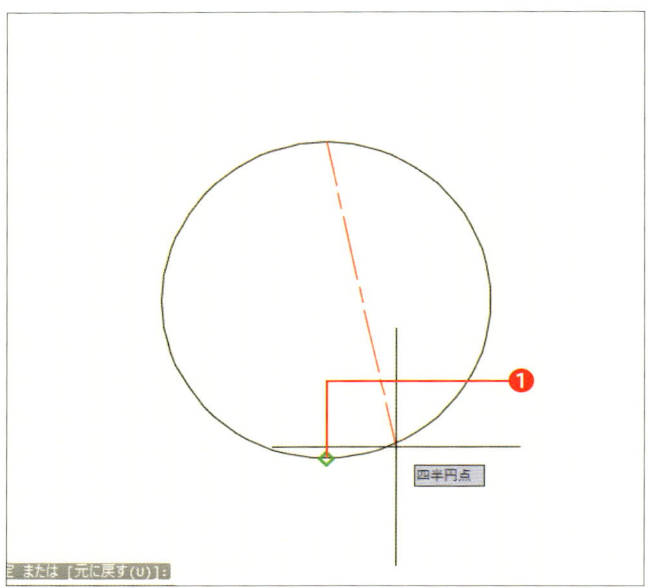

4 真下の四半円点にスナップさせる

手順2と同様に、Shift キーを押しながら右クリックし、[四半円点]をクリックします。円にカーソルを近づけ、「四半円点」のマーカーが出たらクリックします❶。Enter キーを押してコマンドを終了します。

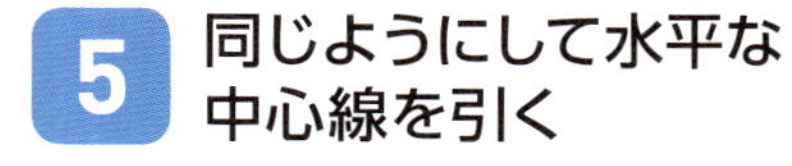

Check

一時オブジェクトスナップは、毎回実行します。

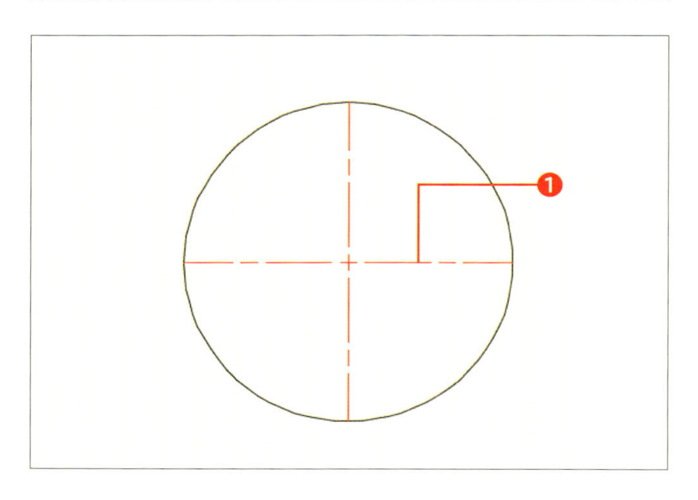

5 同じようにして水平な中心線を引く

同様に、一時オブジェクトスナップで[四半円点]を選択し、中心線を作図します❶。

Section 13

円に接線を引く

練習ファイル 0213a.dwg　完成ファイル 0213b.dwg

AutoCADでは、円に接線を引くために接点を求めるという煩雑な作業が必要ありません。オブジェクトスナップの「接線」を使えば、接点の位置を計算して決めてくれます。

円の中心から別の円に接線を引く

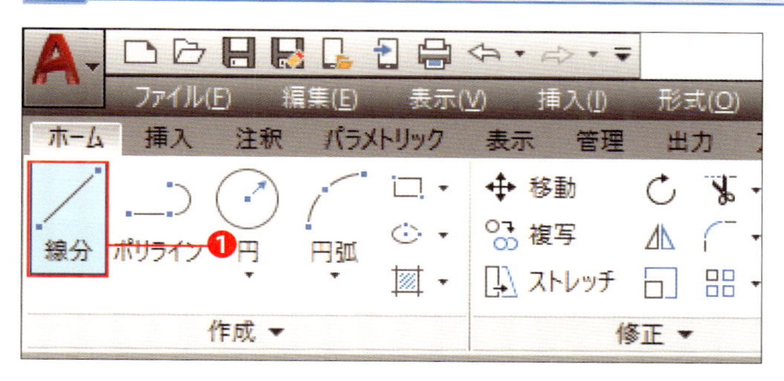

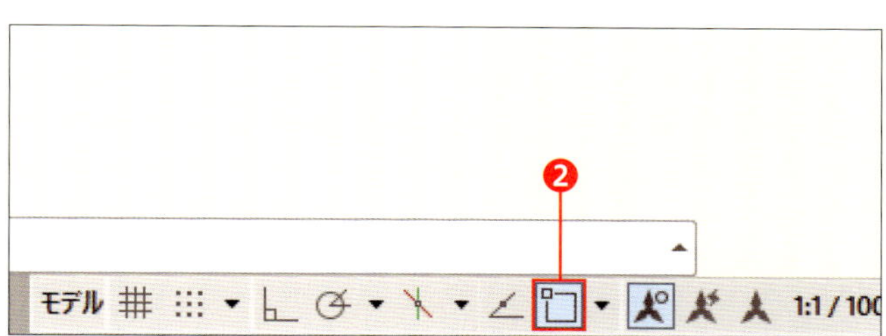

1 線分コマンドを実行する

［線分］をクリックします❶。F3キーを押して、ステータスバーの［オブジェクトスナップ］をオンにします❷。

2 円の中心にスナップさせる

円にカーソルを近づけ、「中心」のマーカーが出たらクリックします❶。

Check

カーソルを円周に近づけると、円を感知して中心にスナップします。

第2章 コマンドの基本操作

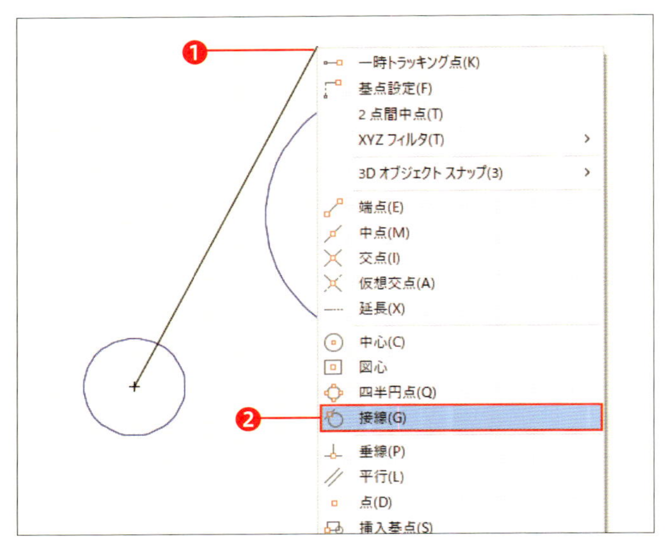

3 一時オブジェクトスナップを呼び出す

Shift キーを押しながら右クリックし❶、［接線］をクリックします❷。

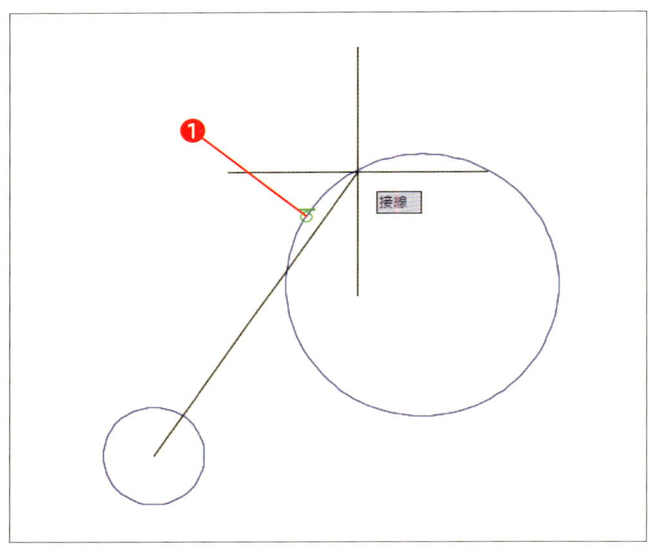

4 円の接点にスナップさせる

もう1つの円にカーソルを近づけ、「接線」のマーカーが出たらクリックします❶。

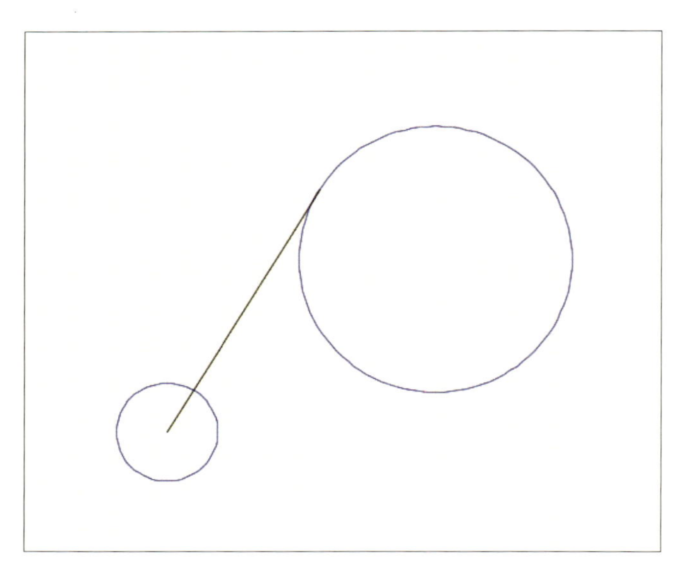

5 接線が引けた

Enter キーを押してコマンドを終了します。

2つの円の接線を引く

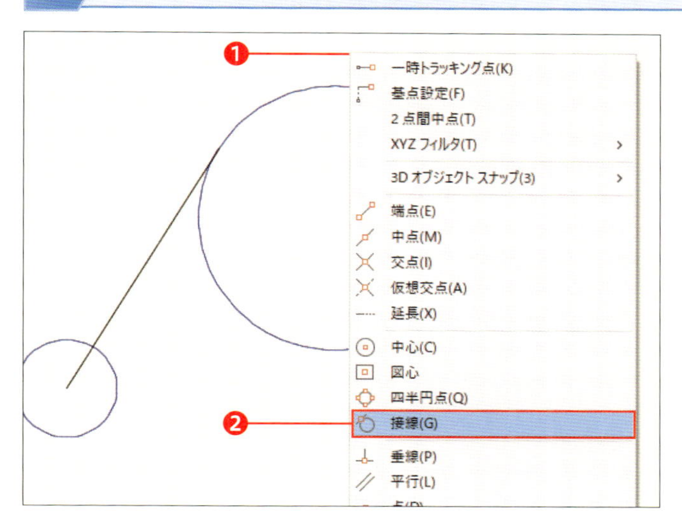

1 線分コマンドを再度実行する

Enter キーを押して、もう一度線分コマンドを実行します。Shift キーを押しながら右クリックし❶、[接線] をクリックします❷。

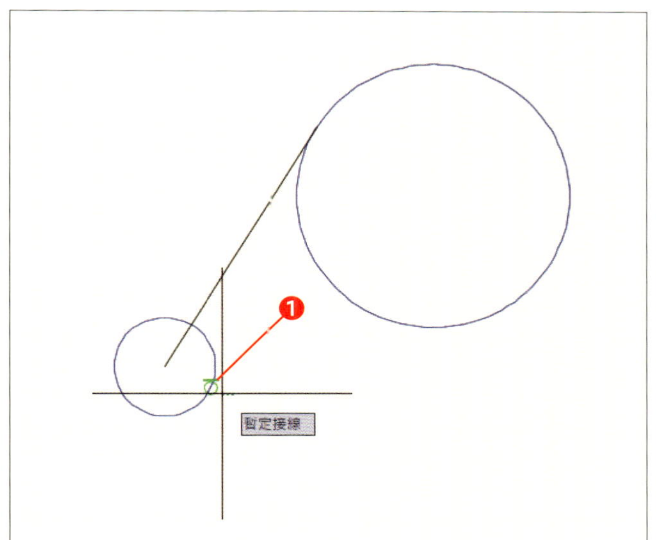

2 1つめの円を選択する

1つめの円にカーソルを近づけ、「暫定接線」のマーカーが出たらクリックします❶。

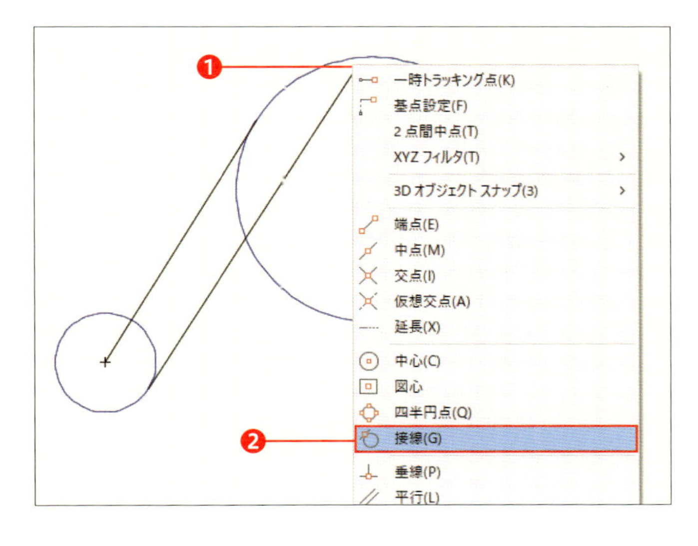

3 一時オブジェクトスナップを呼び出す

Shift キーを押しながら右クリックし❶、[接線] をクリックします❷。

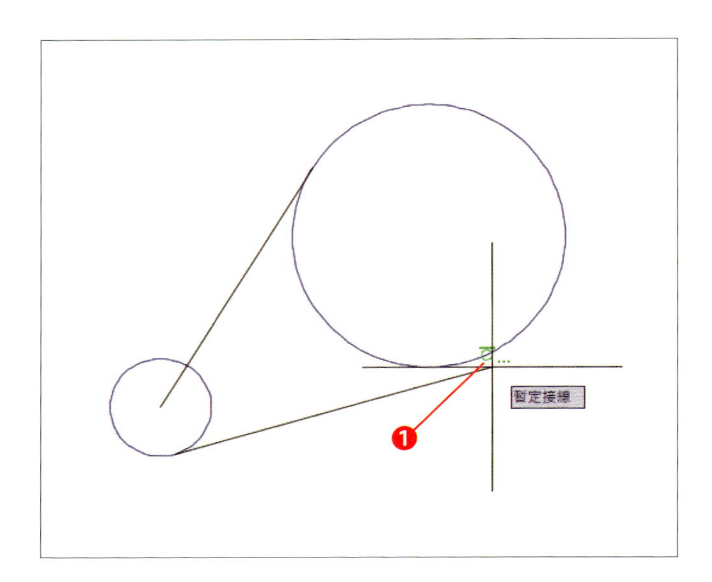

4 2つめの円を選択する

2つめの円にカーソルを近づけ、「暫定接線」のマーカーが出たらクリックします❶。

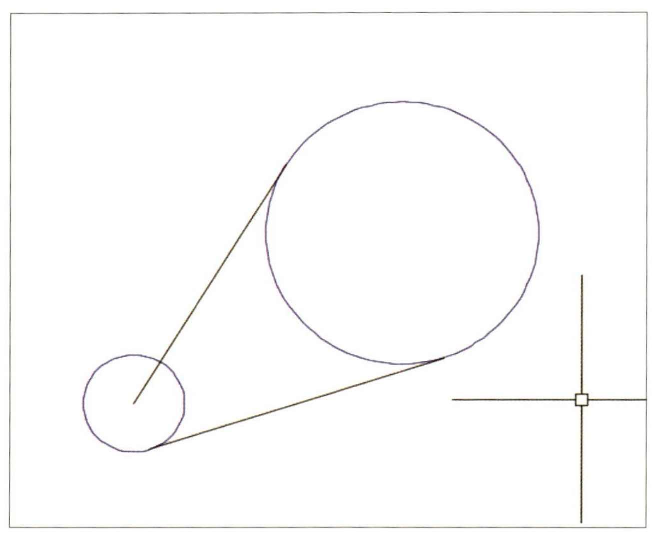

5 接線が引けた

Enter キーを押してコマンドを終了します。

Memo 円と円の接線は4つある

円と円の接線は、2つの円をはさむように2本、接線どうしがクロスする形で2本、合計で4つ存在します。オブジェクトスナップの「接線」は、クリックした位置に最も近い接点が選ばれます。

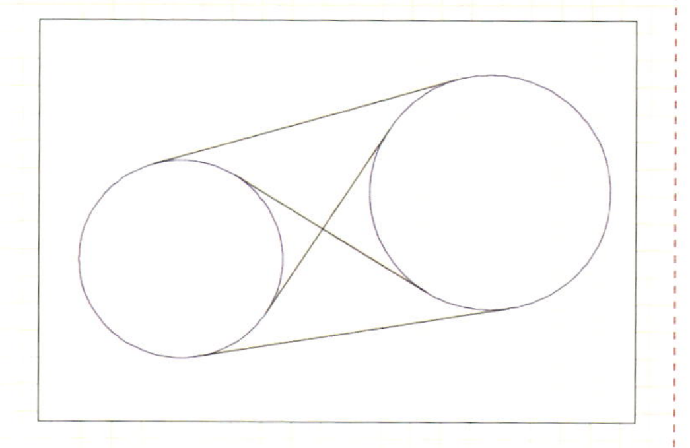

第3章

軸受の図面を作成する

画層（レイヤー）をコントロールする

練習ファイル 0301a.dwg　完成ファイル なし

図形データを管理するために、CADには「レイヤー（画層）」という仕組みがあります。図面を作図する前に、画層の使い方を練習しておきましょう。

画層って何？

図形データをグループに分けて扱えるように、CADソフトにはレイヤーという機能があります。AutoCADでは、レイヤーを「画層」と訳しています。

画層とは何かを理解するために、図を描くシートが何枚もある状態を想像してください。それぞれのシートが画層です。画層には「通り芯」「壁」「建具」「寸法」などの名前を付けて管理します。そして、通り芯は「通り芯」画層に、寸法は「寸法」画層に描くことでCADデータが画層別に分けられます。

画層ごとに表示／非表示を切り替えられるので、「寸法」画層を非表示にして、寸法抜きの図面を印刷したりできます。また、画層をロックすると、その画層に描かれた図形は変更できなくなります。

ただし、実際には図に示したようなシートがあるわけではありません。作図する空間はただ1つで、その中にそれぞれの画層に描かれた図形が混ざり合っています。

AutoCADの画層には、もう一つの役割があります。画層に色や線種などのプロパティを設定しておき、図形のプロパティは画層でコントロールするのです。たとえば「通り芯」画層の色を赤に、線種を一点鎖線に設定すると、「通り芯」画層に描いた図形は、自動的に赤い一点鎖線になります。画層でコントロールできるので、画層のプロパティを変更するだけで、その画層の図形のプロパティを一度に変更できます。

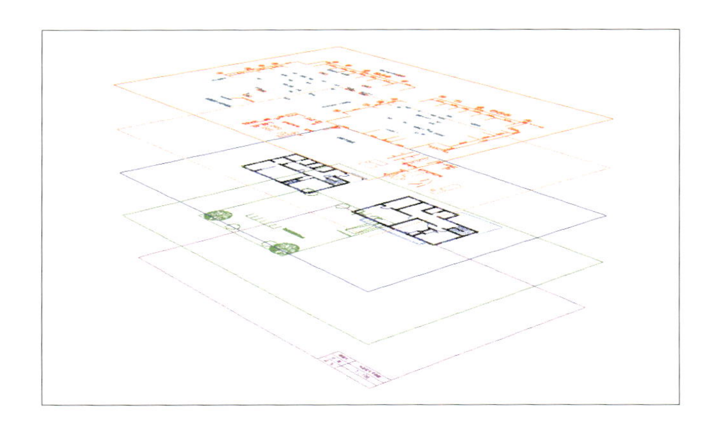

画層を非表示にする

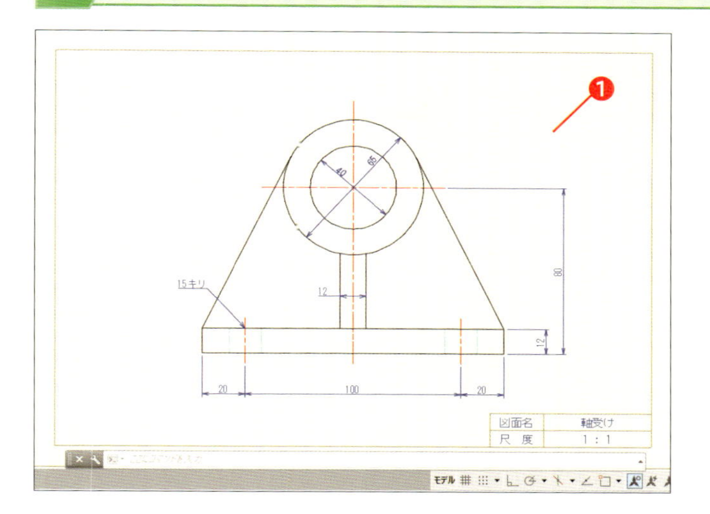

1 ファイルを開く

練習用ファイルを開きます❶。

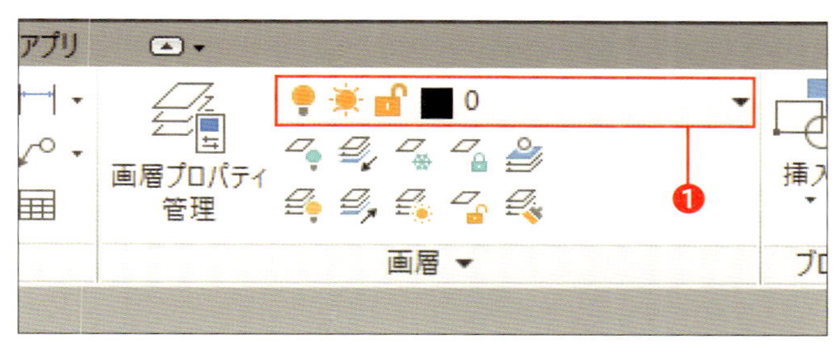

2 画層コントロールを開く

「画層コントロール」をクリックします❶。

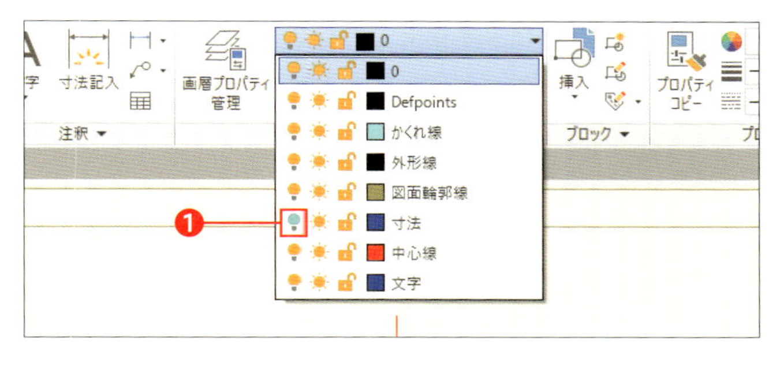

3 画層を非表示にする

「寸法」の電球アイコンをクリックして電気が消えたアイコンにします❶。画面上をクリックしてリストを閉じると、画層が非表示になっていることが確認できます。

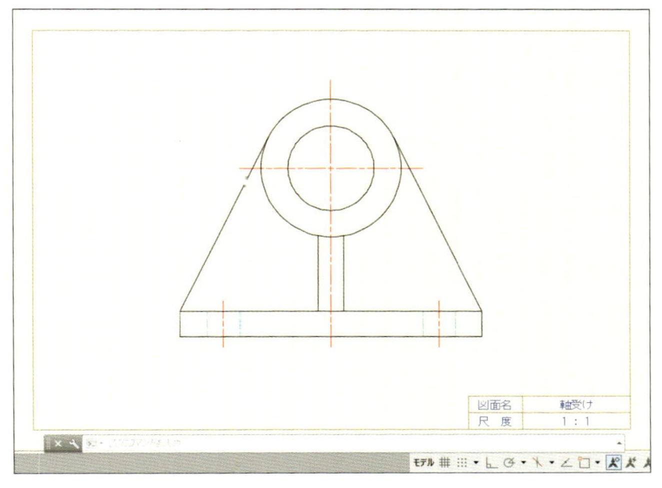

画層をロックする

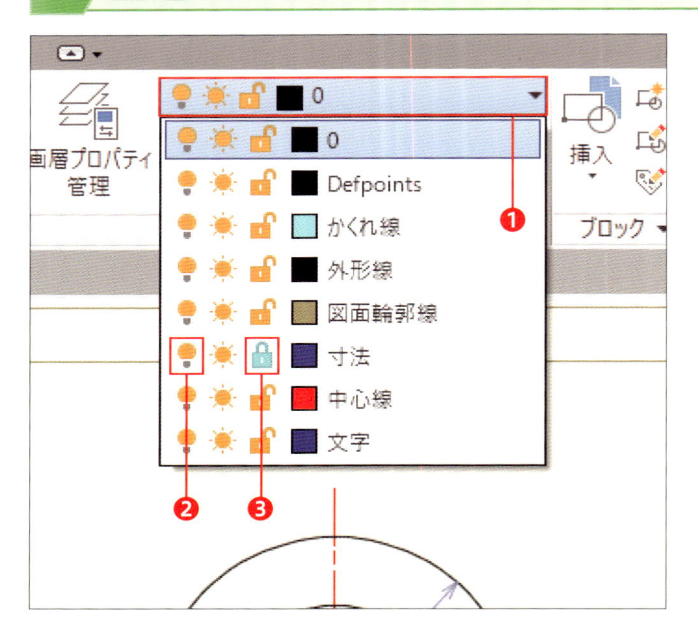

1 画層をロックする

「画層コントロール」をクリックします❶。「寸法」の電球アイコンをクリックして点灯し、寸法を表示します❷。さらに、「寸法」の錠前アイコンをクリックし、画層をロックします❸。

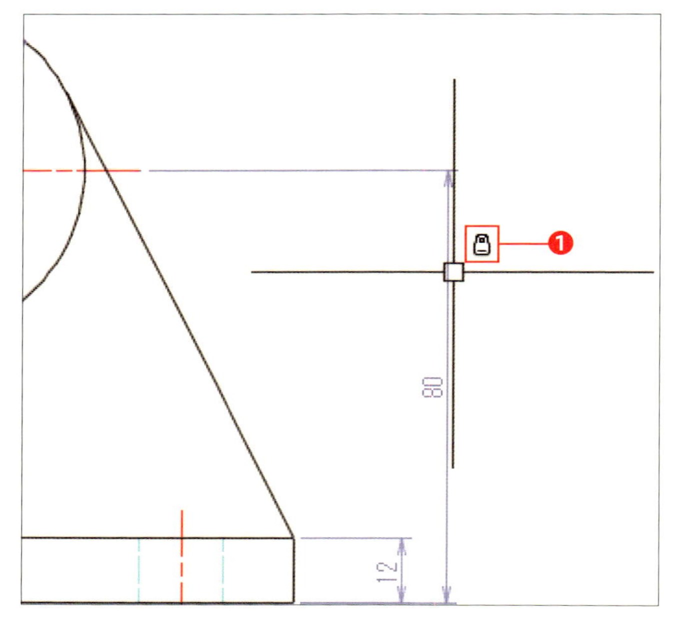

2 ロックされたのを確認する

カーソルを寸法線に近づけます。ロックした画層上にあるので、錠前のアイコンが表示されます❶。

Memo ロックされた画層の図形

ロックされた画層にある図形は、移動や削除などの変更ができません。コマンドラインには、ロックされた画層上にあるとメッセージが表示されます。

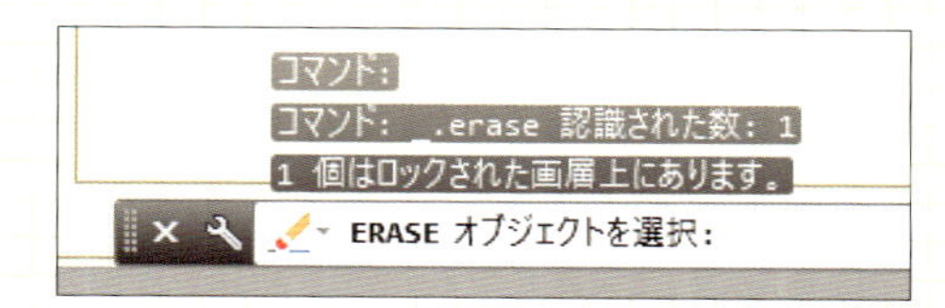

画層の使用状況を確認する

練習ファイル 0302a.dwg　完成ファイル なし

電球アイコンをクリックして、どの画層に何が描かれているかを調べていては手間がかかります。［画層閲覧］コマンドを使うと、もっと簡単に調べられます。また、このコマンドは、画層の表示／非表示状態を設定するときにも役に立ちます。

画層に描かれている図形を確認する

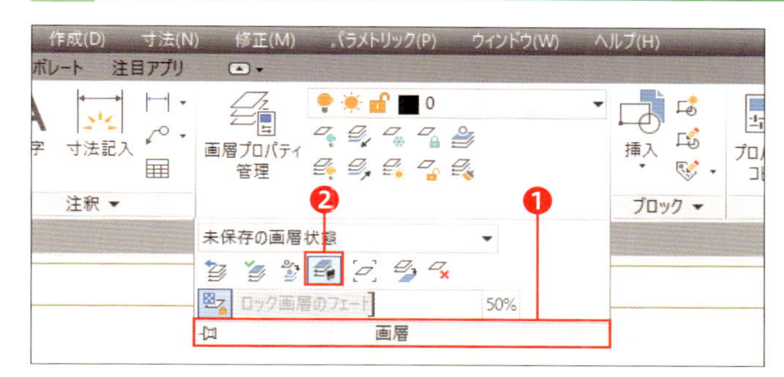

1 「画層閲覧」ウインドウを開く

［ホーム］リボン→［画層］パネルのパネル名をクリックし❶、［画層閲覧］をクリックします❷。「画層閲覧」ウインドウが開きます❸。

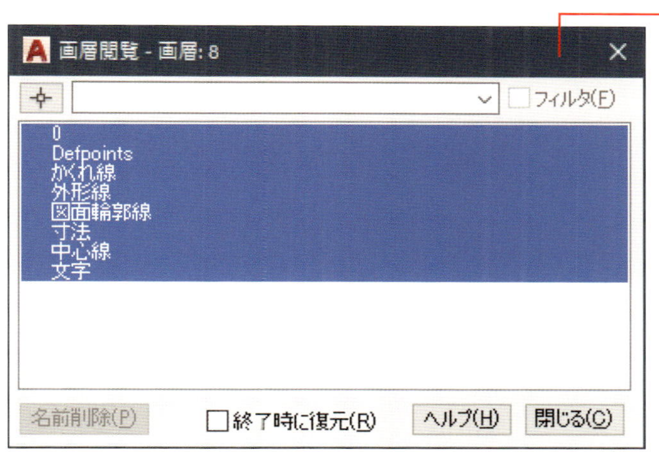

2 表示する画層を選択する

「外形線」をクリックします❶。

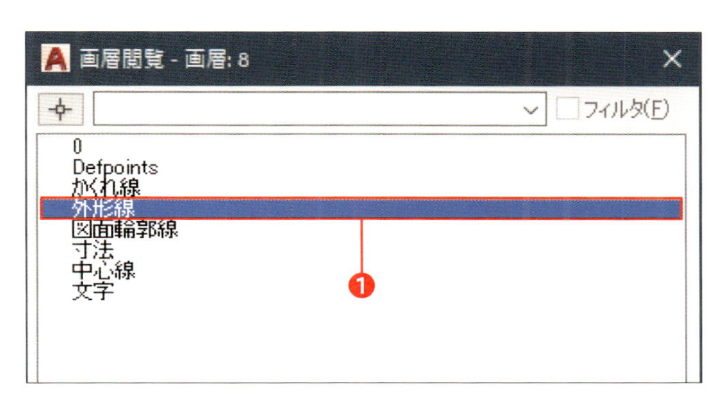

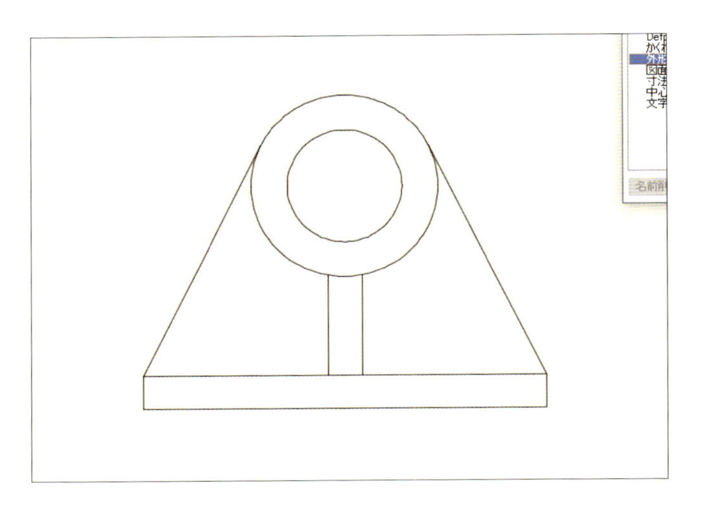

3 表示を確認する

「外形線」画層に描かれた図形だけが表示されます。

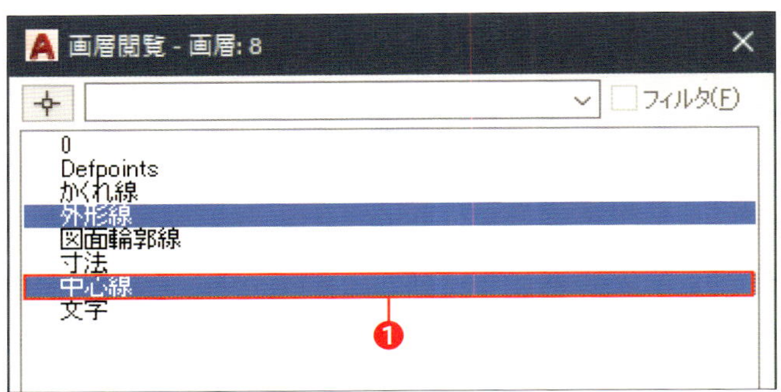

4 複数の画層を選択する

Ctrl キーを押しながら「中心線」をクリックします❶。

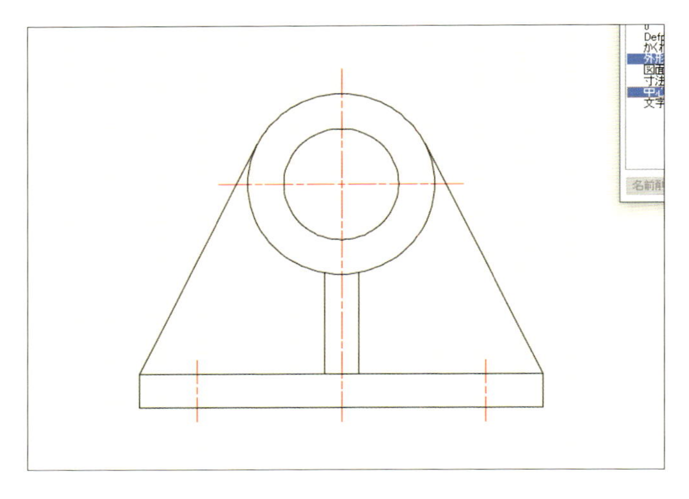

5 表示を確認する

「中心線」画層に描かれた図形も表示されます。

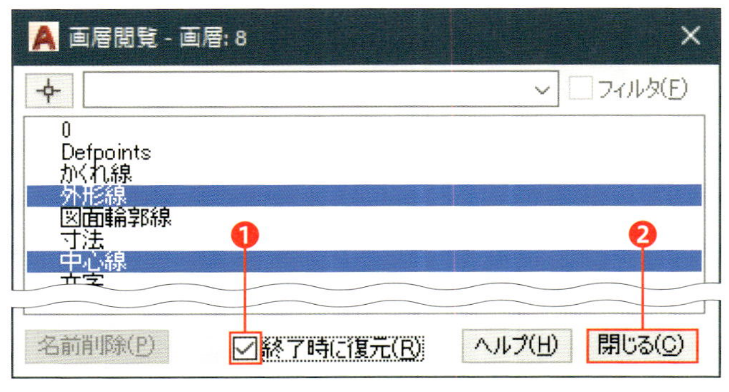

6 設定を戻す

「終了時に復元」をクリックしてチェックを付け❶、[閉じる] をクリックします❷。

Check

「終了時に復元」にチェックを付けて閉じると、[画層閲覧] コマンドを実行する前の画層状態に戻ります。

画層のプロパティを調整する

練習ファイル 0303a.dwg　完成ファイル 0303b.dwg

画層には、色、線種、線の太さなどのプロパティを設定しておきます。図形のプロパティは、作図した画層の設定に従って表示されます。画層のプロパティの一つである色を変更してみましょう。

「画層プロパティ管理」を開く

［ホーム］リボン→［画層］パネルの［画層プロパティ管理］をクリックします❶。「画層プロパティ管理」ウインドウが開きます。それぞれの画層に、プロパティが設定されていることが分かります❷。このウインドウの使い方は第4章で練習しましょう。［×］をクリックしてウインドウを閉じます❸。

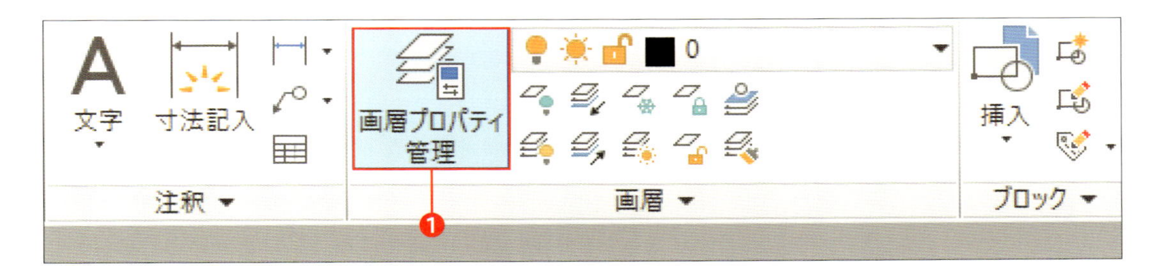

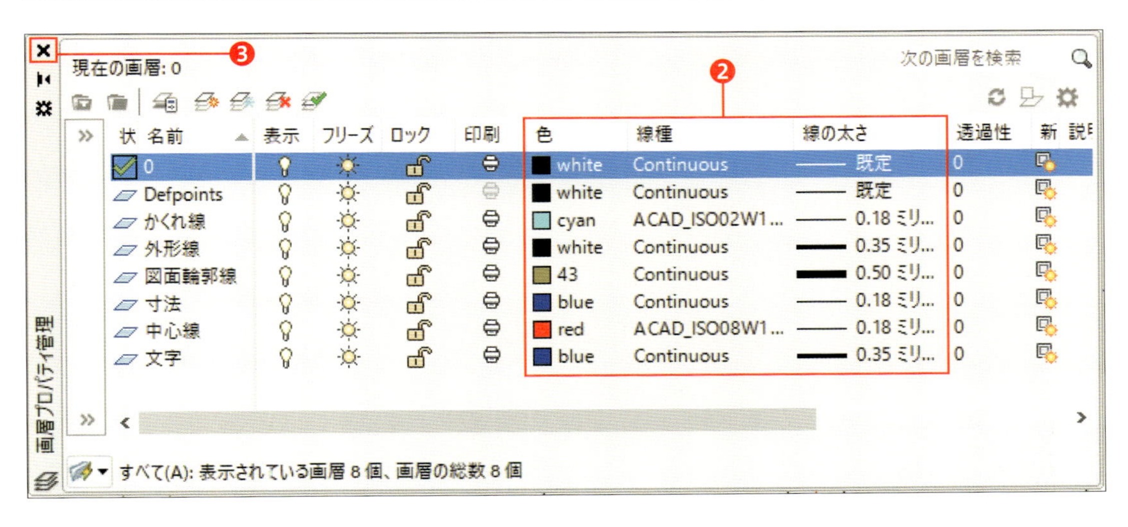

画層の線の色を変更する

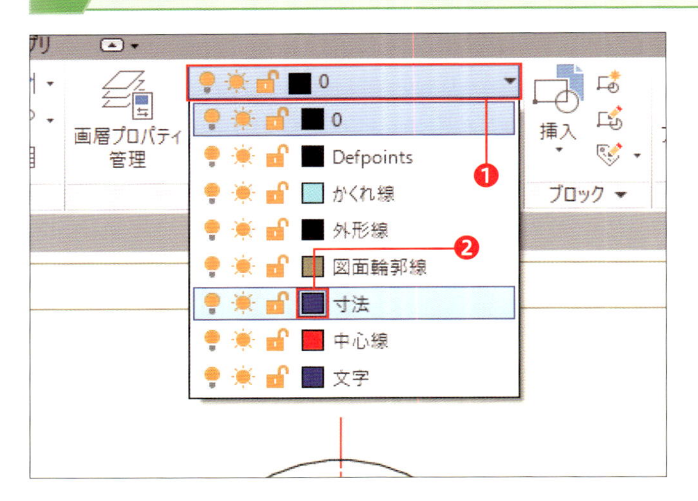

1 「色選択」ダイアログボックスを開く

「画層コントロール」をクリックします❶。「寸法」画層の「色」アイコンをクリックします❷。

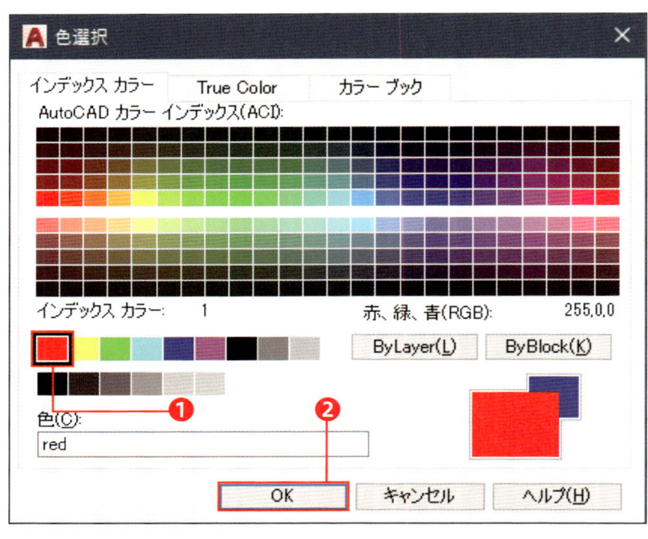

2 色を選択する

色を選択します。ここでは「赤」をクリックしました❶。[OK] をクリックします❷。

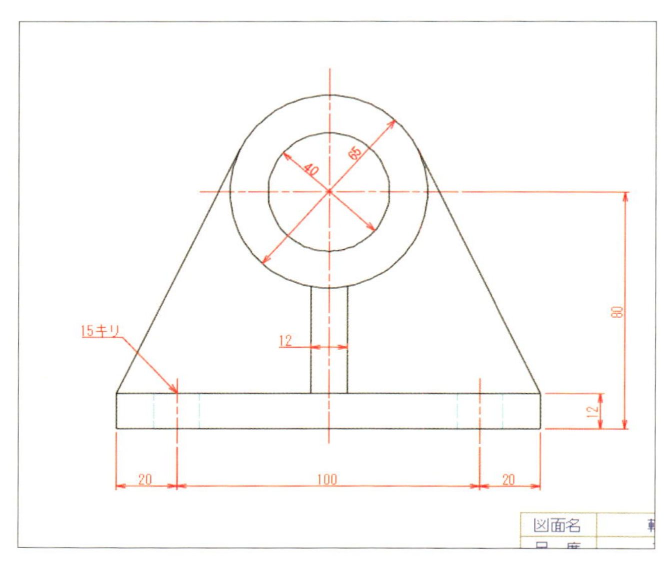

3 寸法の色が変更された

「寸法」画層に描いた寸法の色が赤くなりました。

Section 04

現在層と現在のプロパティを設定する

練習ファイル 0304a.dwg　完成ファイル なし

AutoCADでは、作図対象の画層のことを「現在層」といいます。図形を選択していないときに、「画層コントロール」に表示されている画層名が現在層です。作図するときは「画層コントロール」をチラッと見て、現在層を確認しましょう。ここでは、現在層を変更する方法を練習します。

現在層を設定する

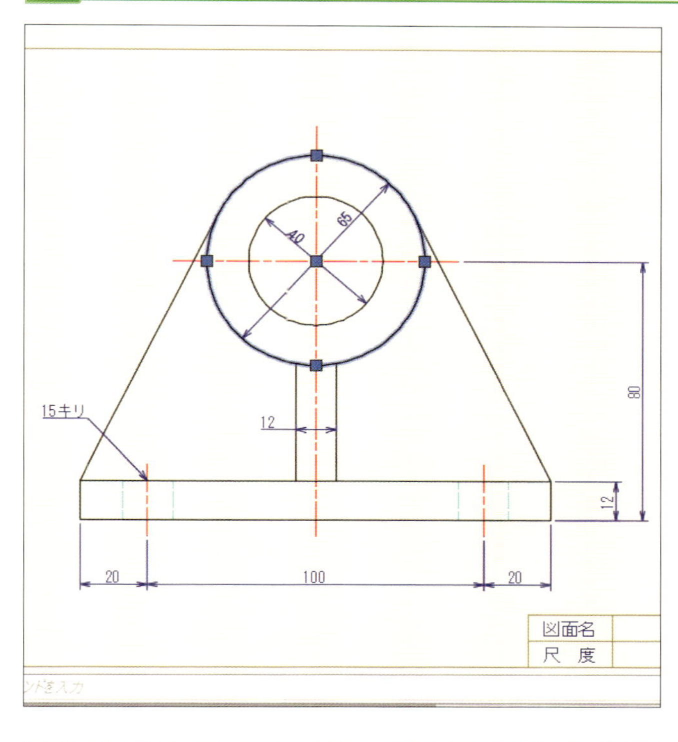

1 図形の選択を解除する

選択中の図形があるときは、Esc キーを押して選択を解除します。

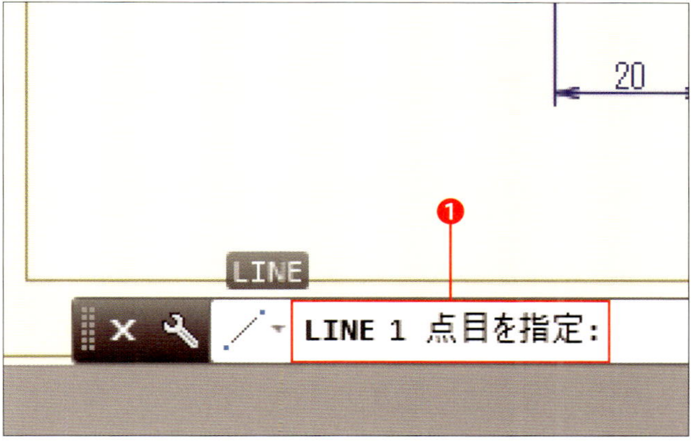

2 コマンド実行中か確認する

コマンドラインを見ます。コマンドが実行中の場合は、Esc キーを押して終了します❶。

Check
コマンドが実行中だと、現在層の変更ができません。

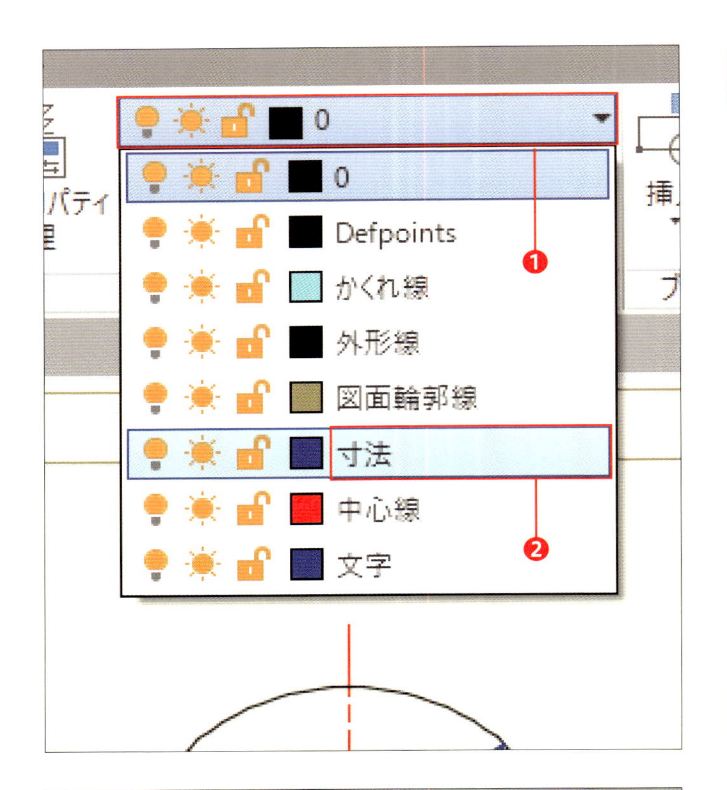

3 現在層を切り替える

「画層コントロール」をクリックします❶。現在層にする画層名をクリックします❷。ここでは「寸法」をクリックしました。

Check
電球などのアイコンではなく、画層名をクリックしましょう。

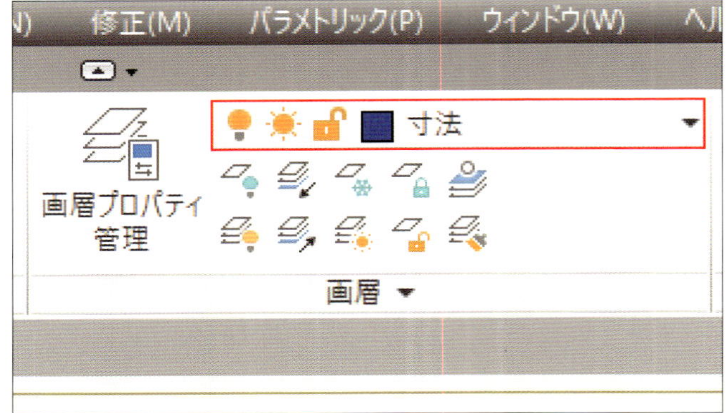

4 現在層が変更された

現在層が「寸法」になりました。

現在のプロパティを確認する

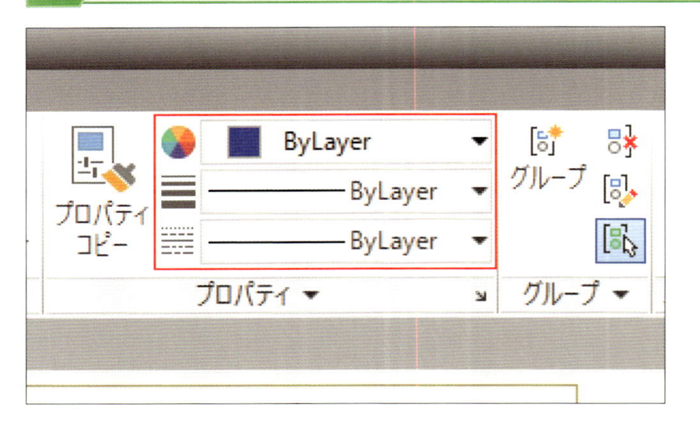

［プロパティ］パネルを見ましょう。上から［色］［線の太さ］［線種］が「ByLayer」になっていることを確認します。

Check
「ByLayer」は画層の設定に従って、色などのプロパティが図形に割り当てられます。原則として、ここの設定は変更しないようにしましょう。

図形の画層を変更する

練習ファイル 0305a.dwg　完成ファイル 0305b.dwg

CAD製図では、現在層図し、あとで画層を変更するほうが効率的なこともあります。また、図形を複写すると、元の画層をこまめに切り替えながら作図するのが原則ですが、いったん同じ画層に作に複写されるので、図形の画層は簡単に変更できるようになっています。ここでは、現在層を切り替えずに描いてしまった寸法を選び、「寸法」画層に変更する練習をします。

画層を移動する

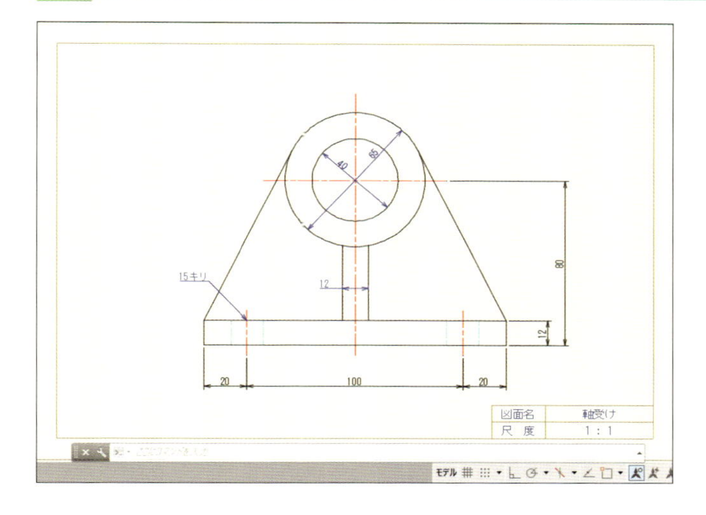

1 ファイルを開く

練習用のファイルを開きます。「寸法」画層以外に書いた寸法があるので変更します。

2 現在層を確認する

現在層を確認しましょう。「寸法」が現在層です。

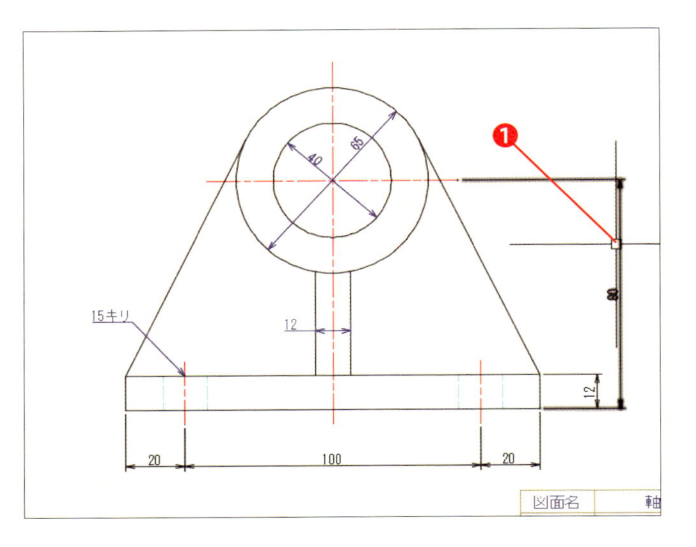

3 寸法を選択する

図の寸法をクリックして選択します❶。

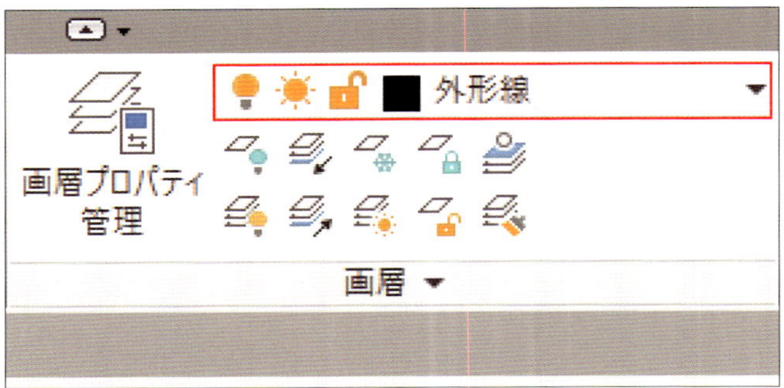

4 図形のある画層が表示される

「画層コントロール」の表示が「外形線」に変わりました。

Check

図形が選択されているときは、「画層コントロール」には現在層ではなく、選択中の図形の画層が表示されます。

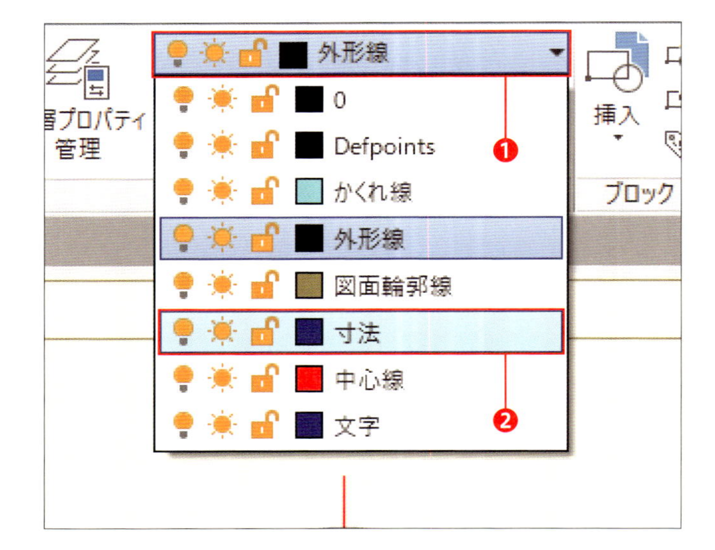

5 図形の画層を移動する

選択を解除せずに、「画層コントロール」の［▼］をクリックし❶、「寸法」画層をクリックします❷。

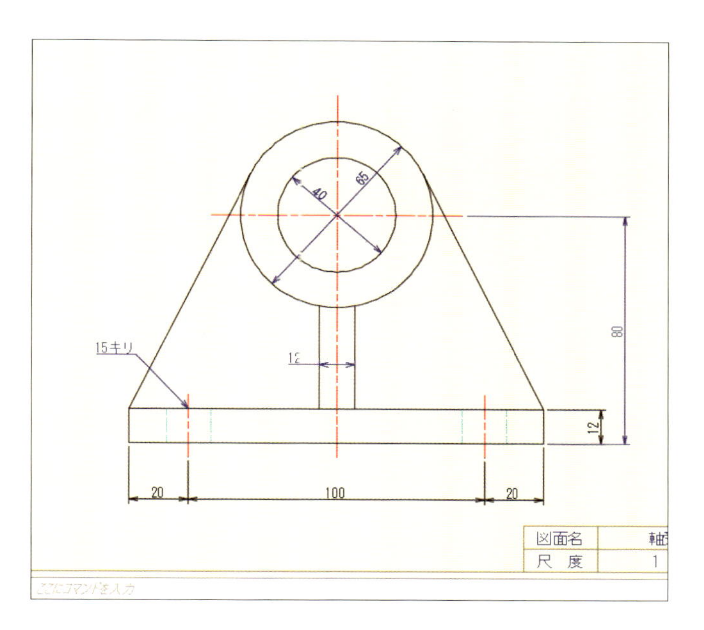

6 図形の選択を解除する

Esc キーを押して選択を解除します。この操作で画層が変更されたので、「寸法」画層の青色に変わりました。「画層コントロール」の表示も現在層の「寸法」に戻ります。

7 寸法を全て選択する

そのほかにも「寸法」画層以外に描いた寸法があるので、全部選択します❶。選択した寸法の画層がまちまちなので、「画層コントロール」の表示は空白になっています。

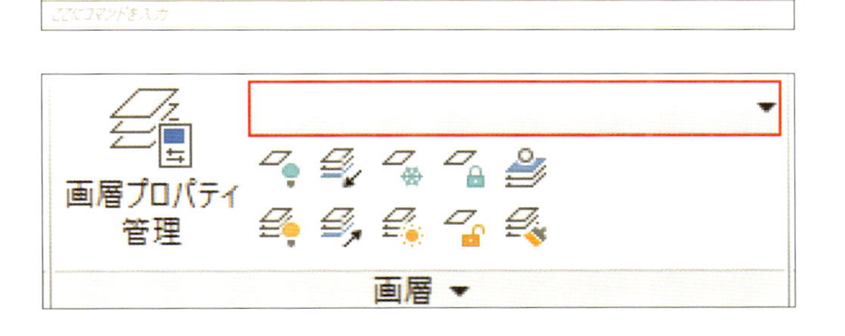

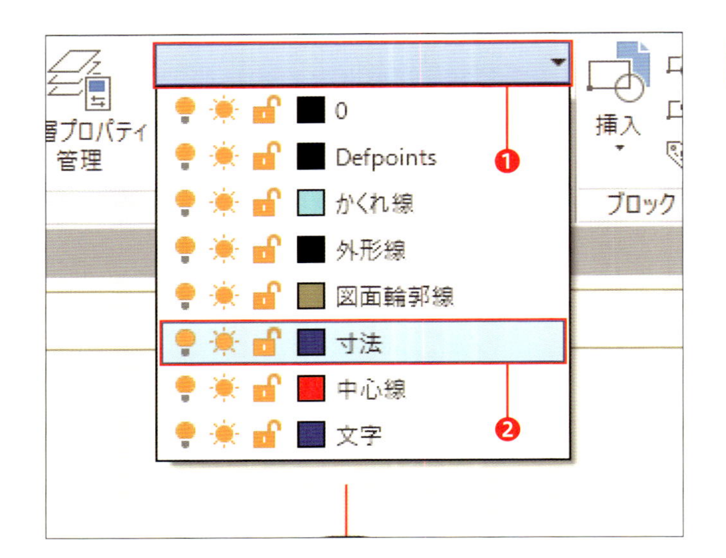

8 「寸法」画層に移動する

選択を解除せずに、「画層コントロール」の［▼］をクリックし❶、「寸法」画層をクリックします❷。

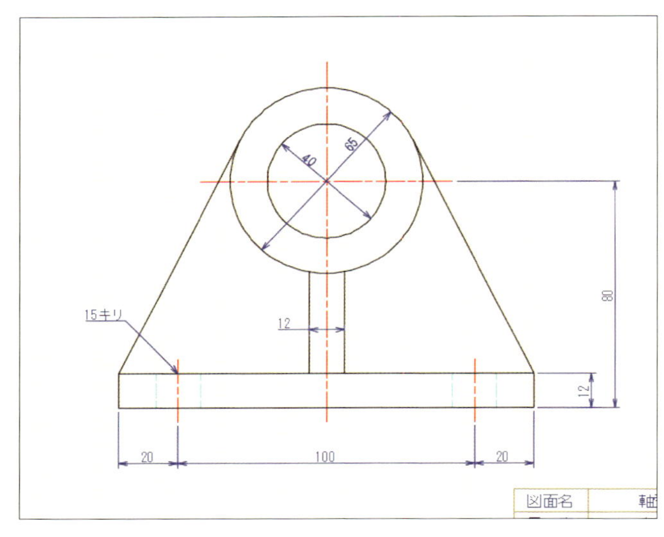

9 選択を解除する

Esc キーを押して選択を解除します。まとめて画層を変更できました。寸法の色が青色に変わりました。

軸受を作図する

練習ファイル 0306a.dwg　完成ファイル 0306b.dwg

軸受の正面図を作図しましょう。寸法はあとで記入するので、ここでは姿図のみを作図します。図面を描くときは、まず基準になる線を引き、その線を平行に複写して全体の形を作っていきます。ここで練習する描き方は、ほかの図面にも応用できる基本的な作図法です。

完成図

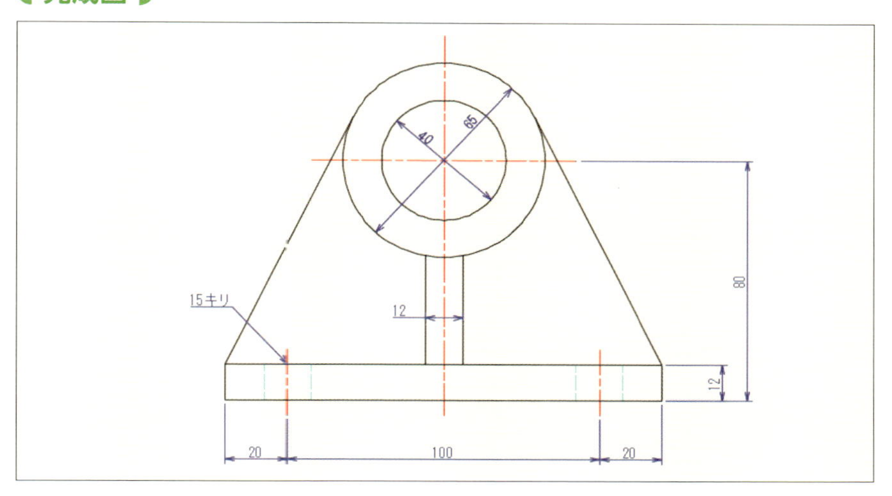

基準線から受台を作図する

練習用のファイルを開きます。2本の基準になる線が作図されています。水平な線は一番下の線、垂直な線は中心線です。どちらも「外形線」画層に描いてあります。

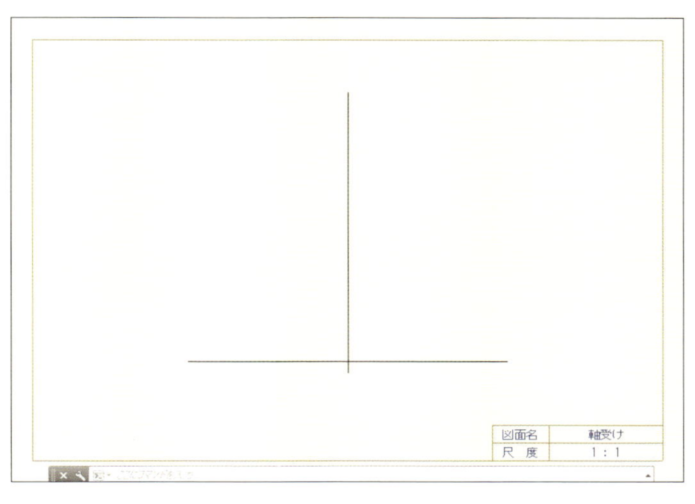

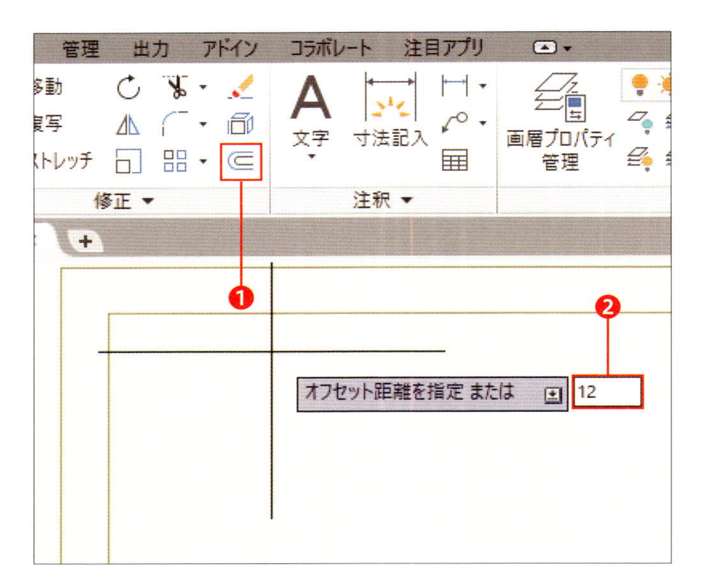

1 「オフセット」コマンドを実行する

［オフセット］をクリックします❶。「オフセット距離を指定」とメッセージが出るので、「12」と入力して Enter キーを押します❷。

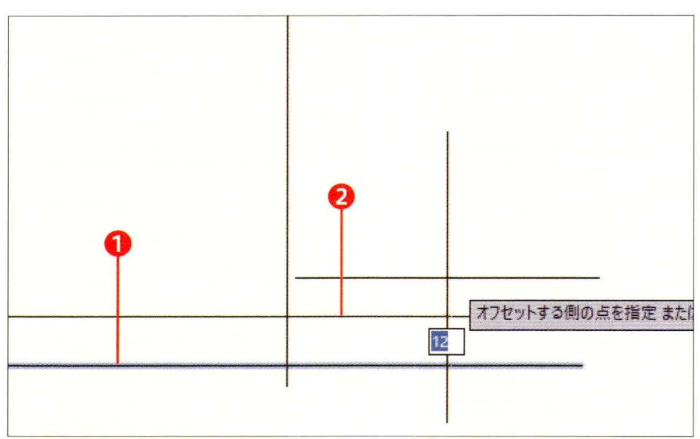

2 水平な線をオフセットする

水平な線をクリックして選択します❶。次に、クリックした線より上のほうをクリックします❷。

Enter キーを押してコマンドを終了します。

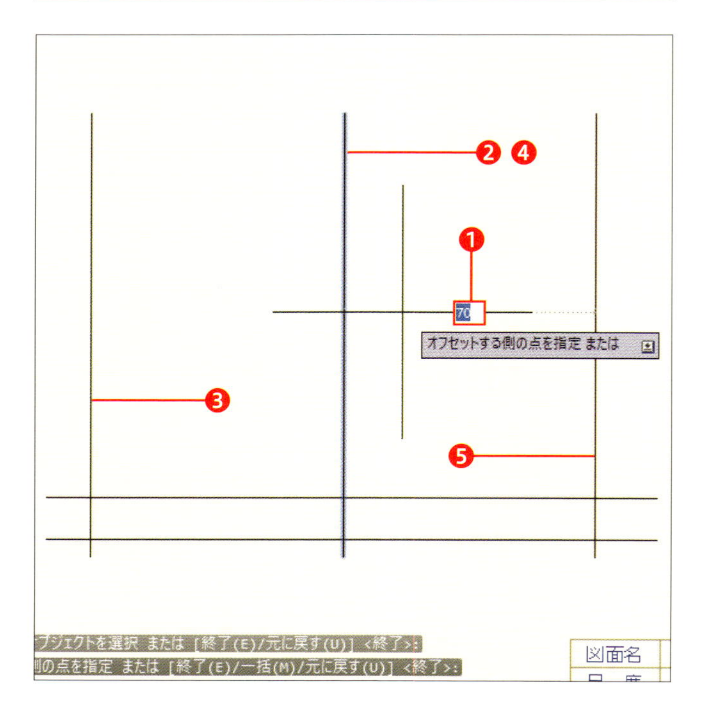

3 垂直な線をオフセットする

続けて Enter キーを押して［オフセット］コマンドを実行します。「オフセット距離を指定」とメッセージが出るので、「70」と入力して Enter キーを押します❶。垂直な線をクリックして選択します❷。次に、クリックした線より左側をクリックします❸。もう一度中心の垂直な線をクリックします❹。その線より右側をクリックします❺。

Enter キーを押してコマンドを終了します。

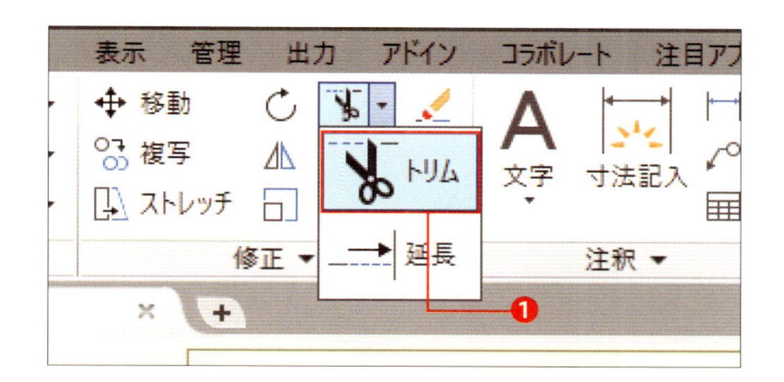

4 「トリム」コマンドを実行する

［トリム］をクリックします❶。

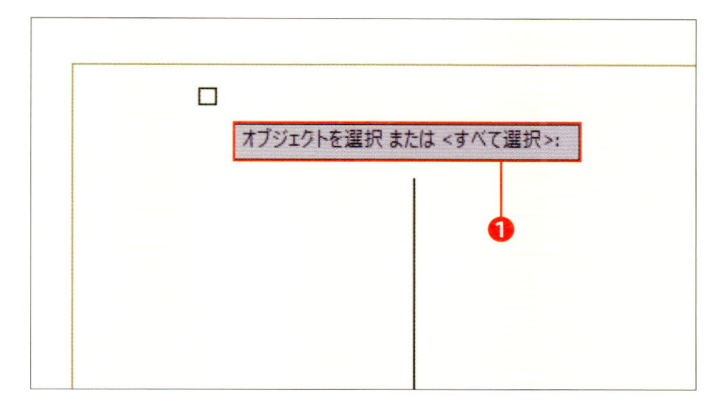

5 オプションを選択する

「オブジェクトを選択」と指示が出ていますが、デフォルトオプションの<すべて選択>を選ぶことにします。ここでは何も入力せずに、 Enter キーだけを押します❶。

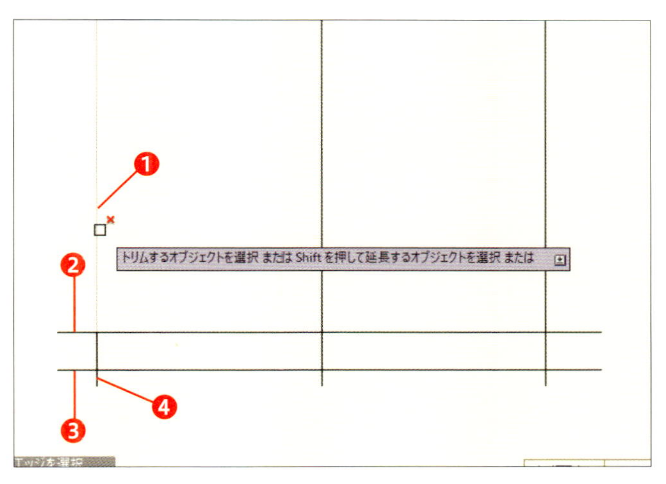

6 線を選択する

はみ出した線を削除して、左側の角を作ります。図の4つの線をクリックします❶❷❸❹。

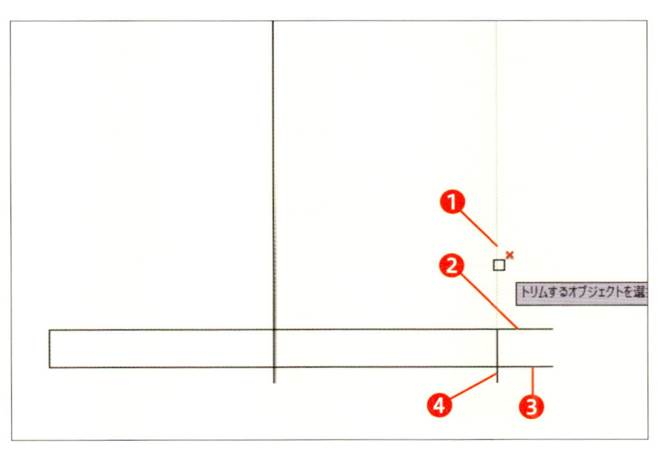

7 線を削除する

続けて、右側のはみ出した線をクリックして削除します❶❷❸❹。 Enter キーを押して、コマンドを終了します。

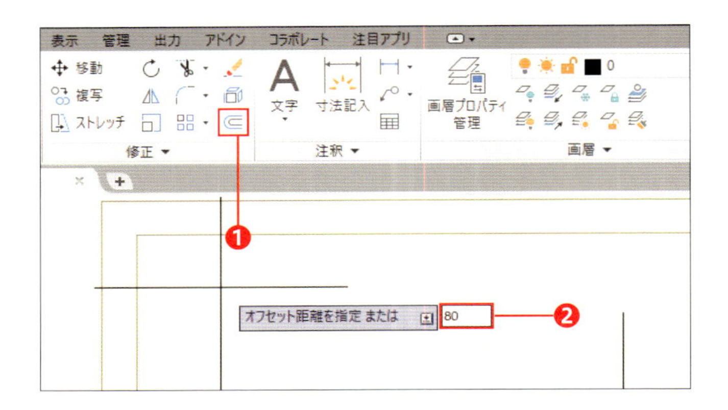

8 「オフセット」コマンドを実行する

[オフセット] をクリックします❶。「80」と入力して Enter キーを押します❷。

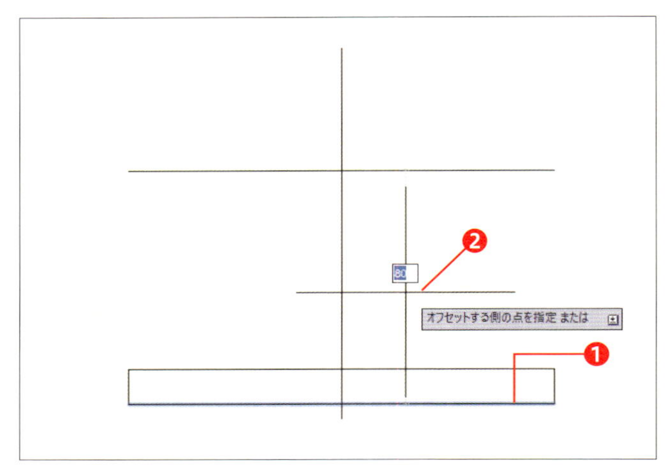

9 水平な線を選択する

一番下の水平な線をクリックします❶。少し上をクリックして、複写方向を指示します❷。Enter キーを押して、コマンドを終了します。

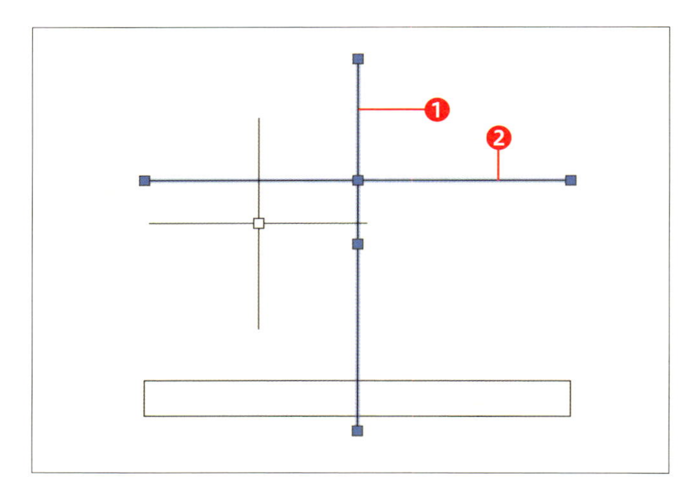

10 線を選択する

画層を変更するために、2つの線を選択します❶❷。

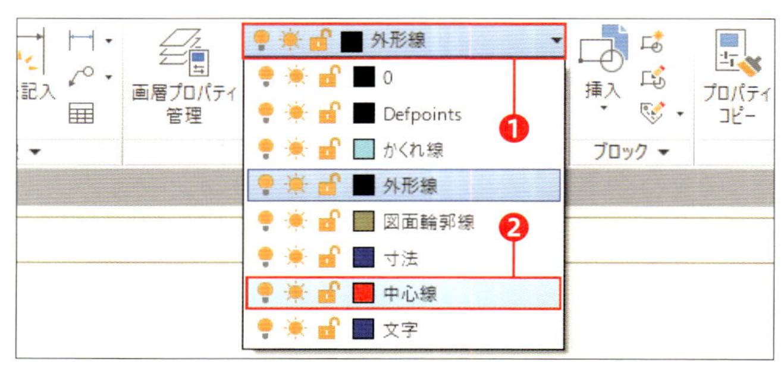

11 「中心線」画層に移動する

「画層コントロール」をクリックし❶、「中心線」をクリックします❷。Esc キーを押して、選択を解除します。

軸受を作図する

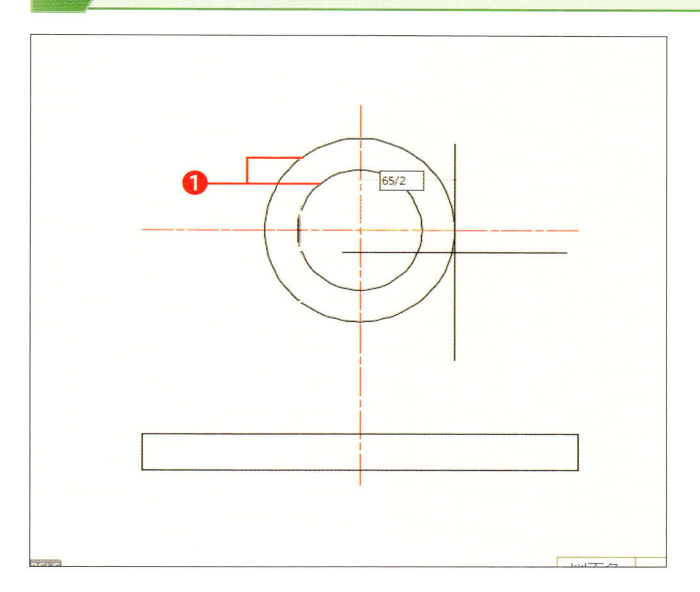

1 円を描く

［円］コマンドを実行します。中心線の交点を円の中心にして、直径40mmと直径65mmの円を描きます❶。ここでは、半径の入力を求められているので、「65/2」と入力しています。

Check

このように割り算で入力できるのは、整数に限られます。

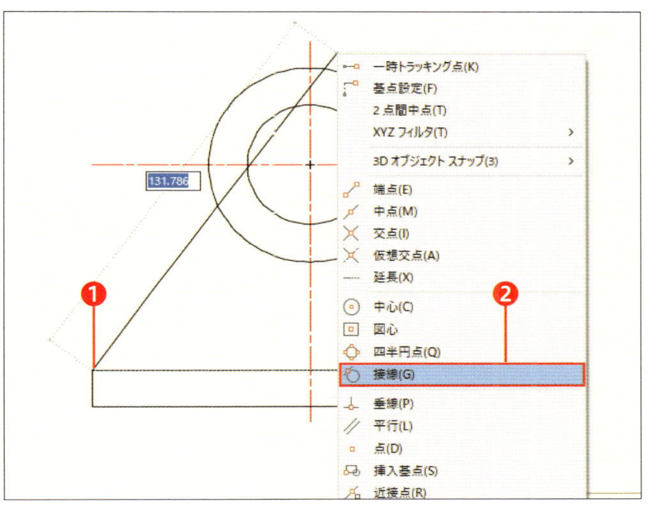

2 「線分」コマンドを実行する

長方形の角から、円に対して接線を引きましょう。［線分］コマンドを実行し、長方形の角を1点目にします❶。次に、Shift キーを押しながら右クリックし、［接線］をクリックします❷。

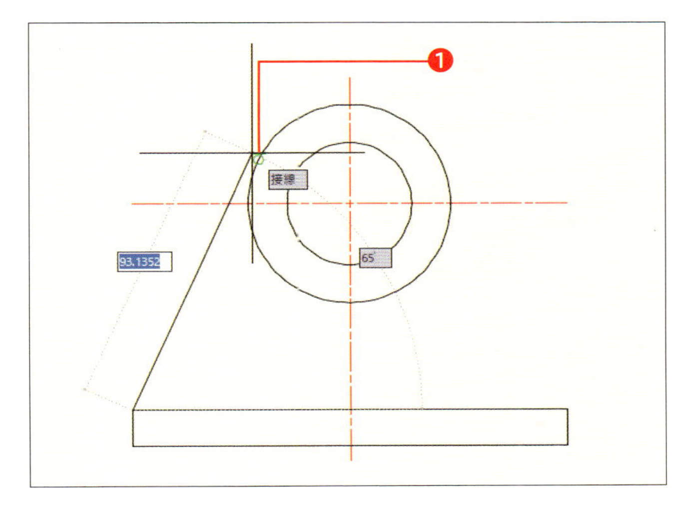

3 円の接線を引く

カーソルを外側の円に近づけ、［接線］のマーカーが表示されたらクリックします❶。

Enter キーを押して、コマンドを終了します。

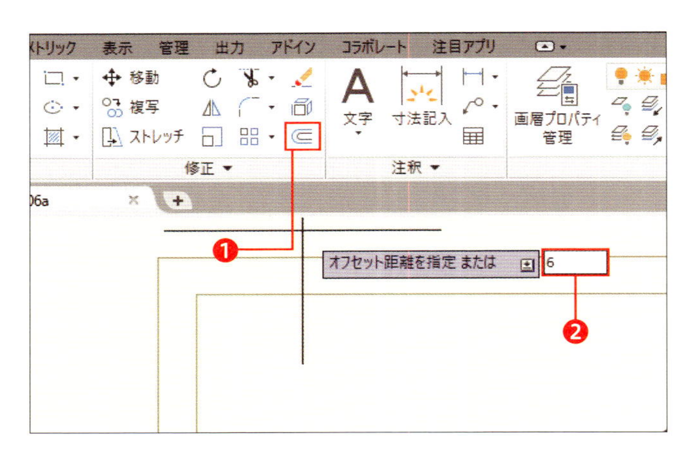

4 「オフセット」コマンドを実行する

［オフセット］をクリックします❶。オフセット距離は「6」と入力して Enter キーを押します❷。

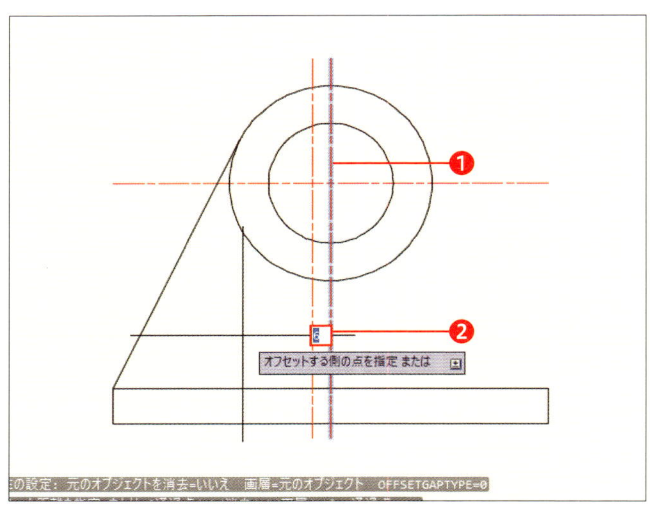

5 中心線をオフセットする

中心線をクリックします❶。続けて、中心線の左側をクリックし、オフセットする側を指定します❷。Enter キーを押して、コマンドを終了します。

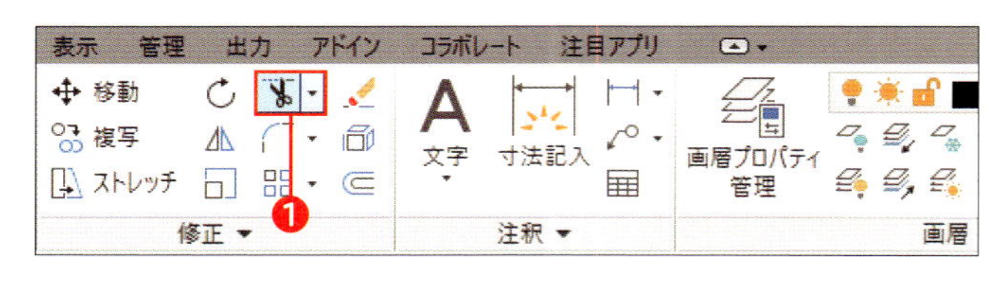

6 「トリム」コマンドを実行する

［トリム］をクリックします❶。

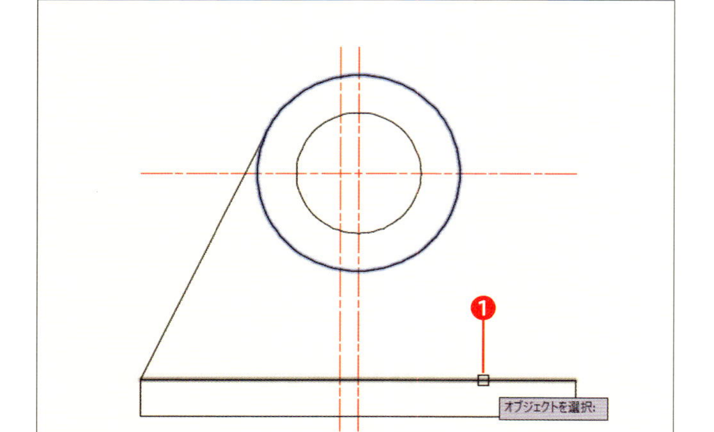

7 トリムの境界を選択する

円と水平な線分をクリックして選択し、Enter キーを押します❶。この2つの線が、このあとで線を切り取るときの境界になります。

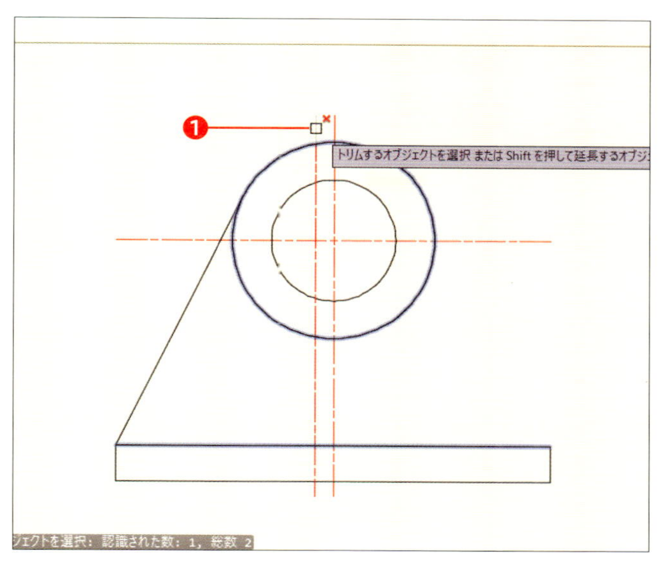

8 線をトリムする

「トリムするオブジェクトを選択」とメッセージが表示されるので、円からはみ出した線をクリックします❶。

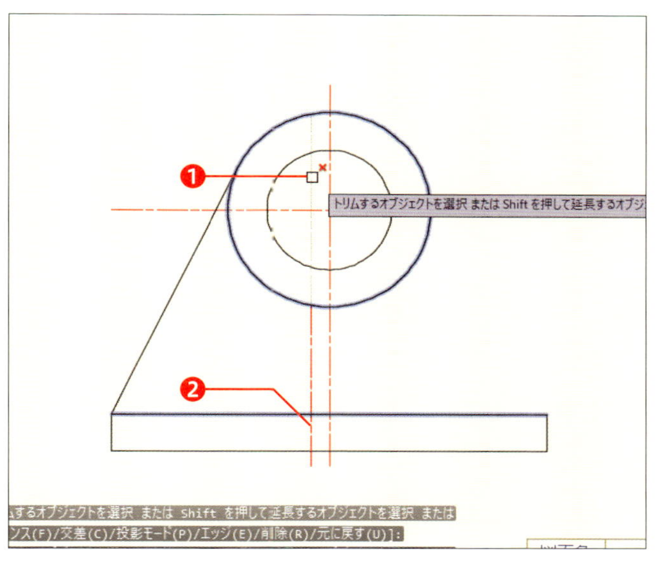

9 さらに不用な線をトリムする

続けて、円の内側の線分と❶、水平な線からはみ出した部分をクリックします❷。

Enter キーを押して、コマンドを終了します。

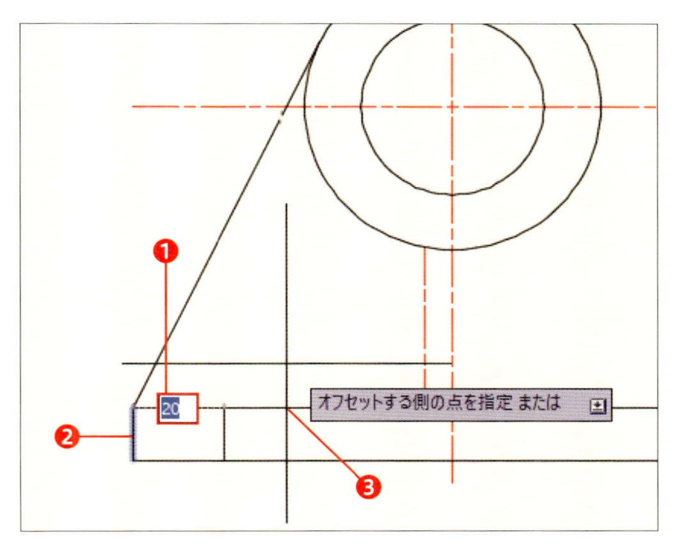

10 垂直線をオフセットする

［オフセット］コマンドを実行します。オフセット距離は「20」と入力し、Enter キーを押します❶。一番左側の垂直線をクリックし❷、さらに、その右側をクリックします❸。Enter キーを押して、コマンドを終了します。

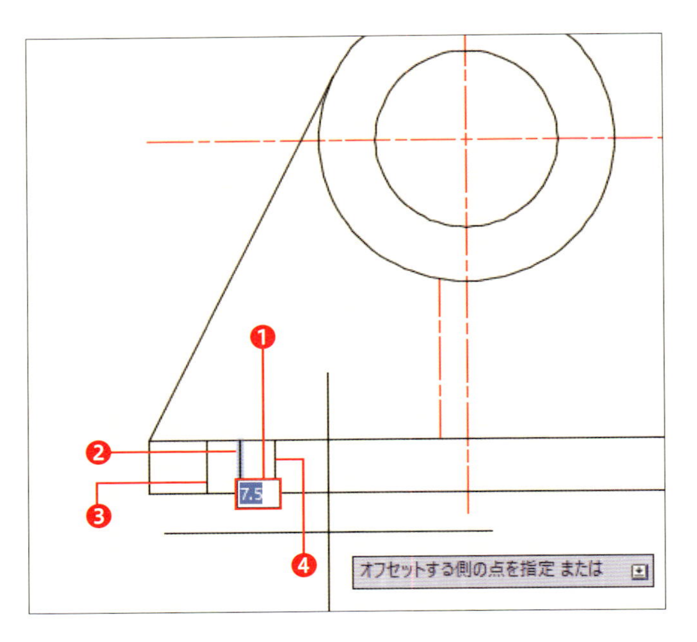

11 さらにオフセットする

何も入力せずに、Enter キーだけを押して、もう一度「オフセット」コマンドを実行します。

オフセット距離は「7.5」と入力し、Enter キーを押します❶。先ほどオフセットした線をクリックし❷、その左側をクリックしてオフセットします❸。続けて同じ距離で右側にもオフセットします❹。Enter キーを押して、コマンドを終了します。

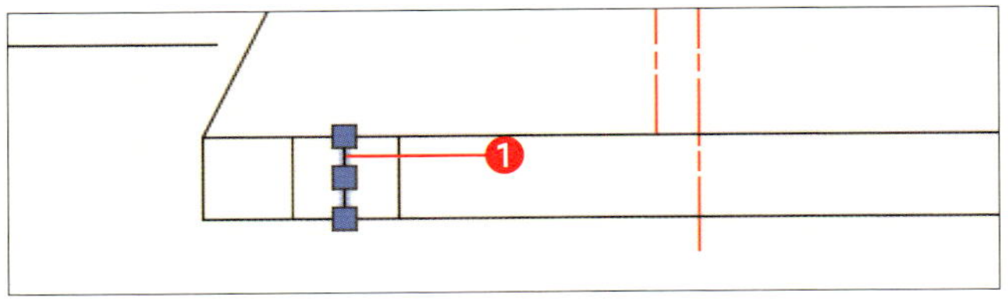

12 線を選択する

中央の線をクリックして選択します❶。

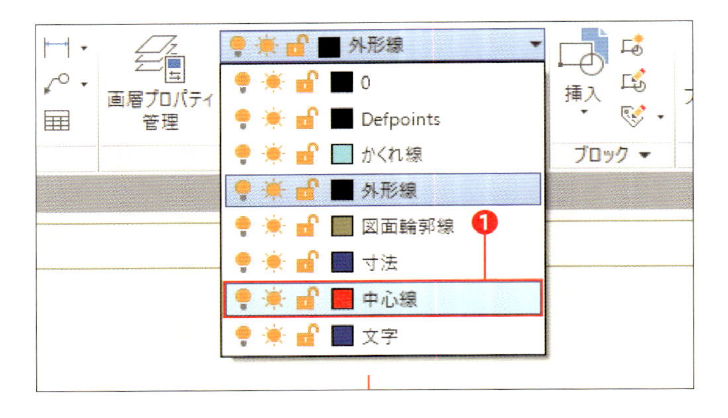

13 線の画層を移動する

「画層コントロール」で「中心線」をクリックし❶、画層を変更します。Esc キーを押して、選択を解除します。同様にして、中心線に変更した線の両側の線を「かくれ線」画層に❷、図面中央の壁の線を「外形線」画層に変更します❸。

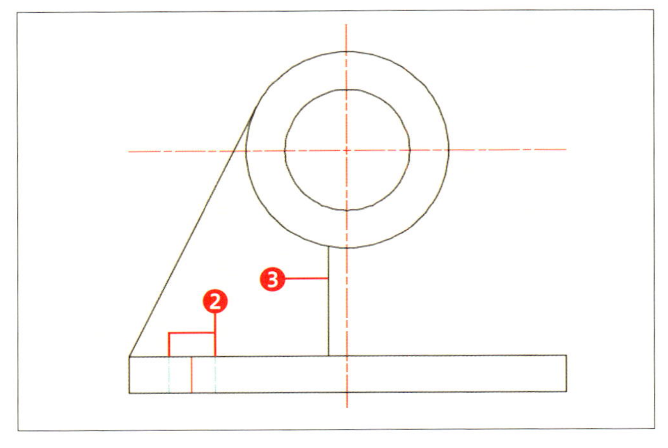

鏡像にして完成させる

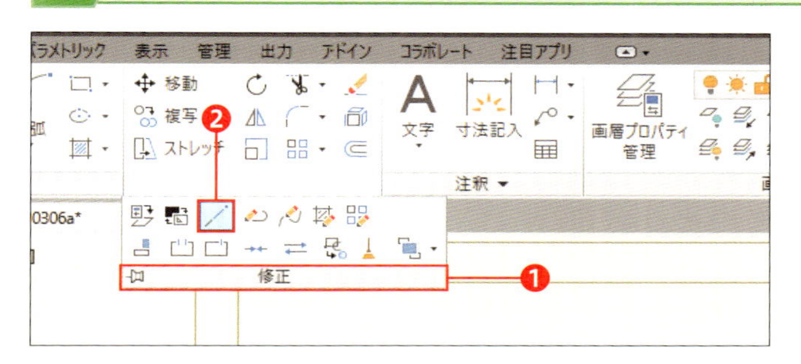

1 「長さ変更」コマンドを実行する

[修正] パネルのパネル名をクリックし❶、[長さ変更] をクリックします❷。

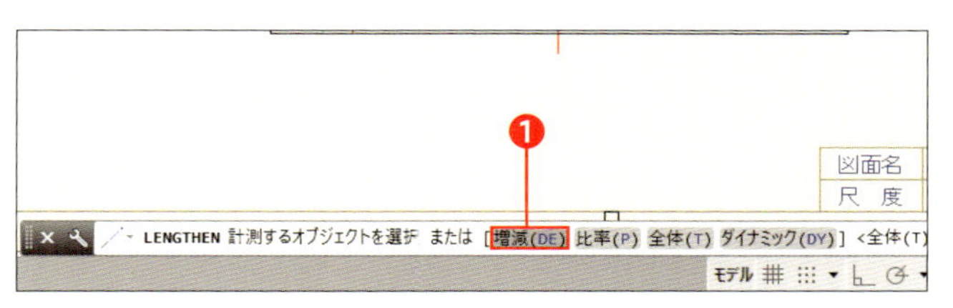

2 「増減」オプションを実行する

コマンドラインに表示された [増減(DE)] をクリックします❶。

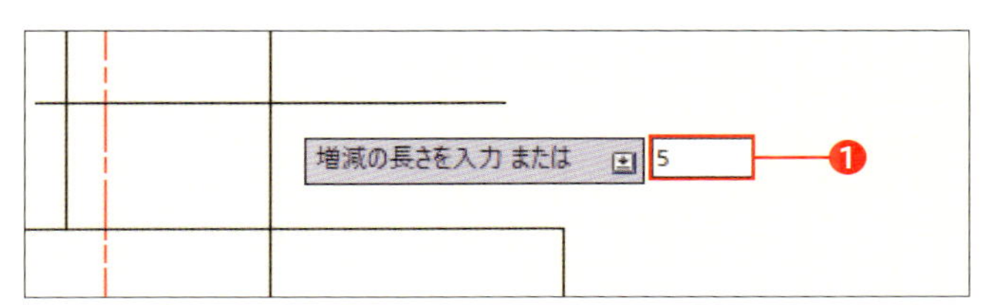

3 増減の長さを設定する

「増減の長さ」は、「5」と入力し、Enter キーを押します❶。

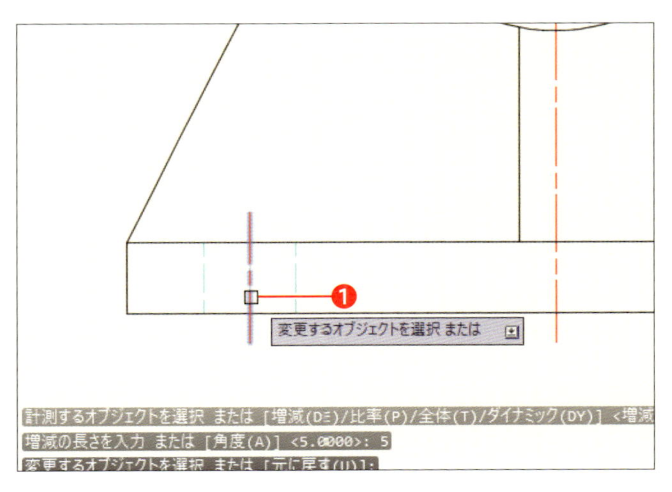

4 中心線を伸ばす

中心線の上下をクリックします❶。1回のクリックで、線が5mm伸びます。

Enter キーを押して、コマンドを終了します。

Check

線を縮めるときは、「増減の長さ」をマイナスの数値にして入力します。

5 線を選択する

左側の図を鏡像にして複写しましょう。まず、図のように選択します❶。

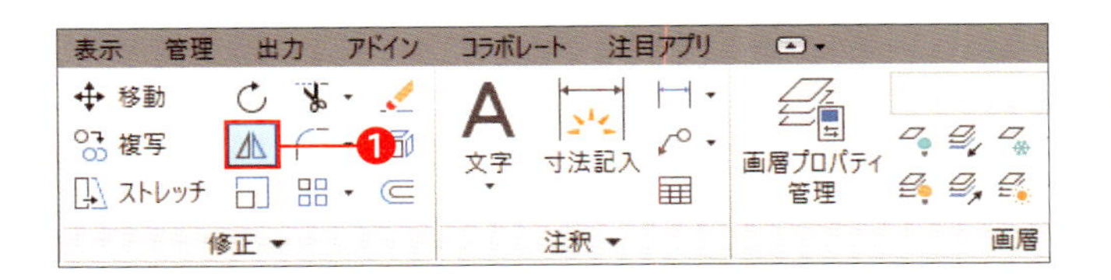

6 「鏡像」コマンドを実行する

［鏡像］をクリックします❶。

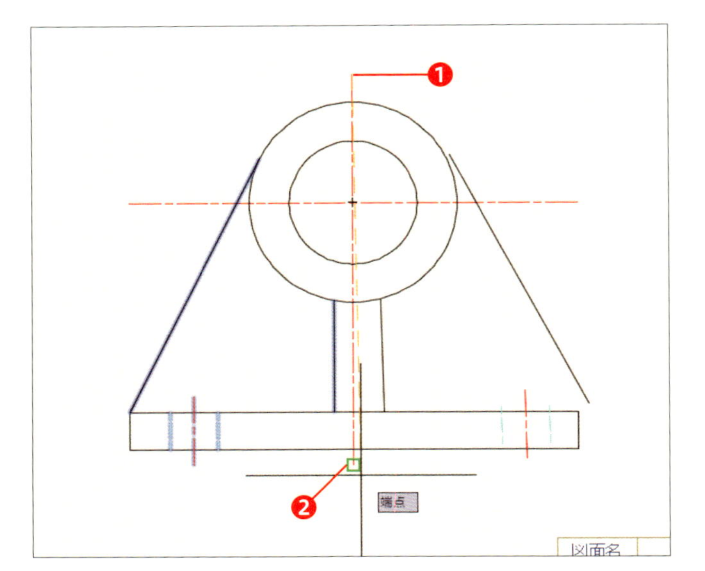

7 対称軸を設定する

中心線の上下の端点をそれぞれクリックします❶❷。この2点で示した線が対称軸になります。

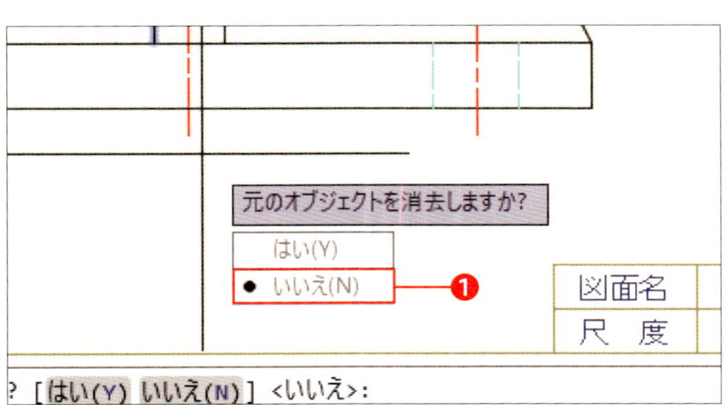

8 鏡像コピーを実行する

「元のオブジェクトを消去しますか？」と聞かれます。デフォルトが「いいえ（N)」になっているので、何も入力せずに Enter キーを押して確定します❶。

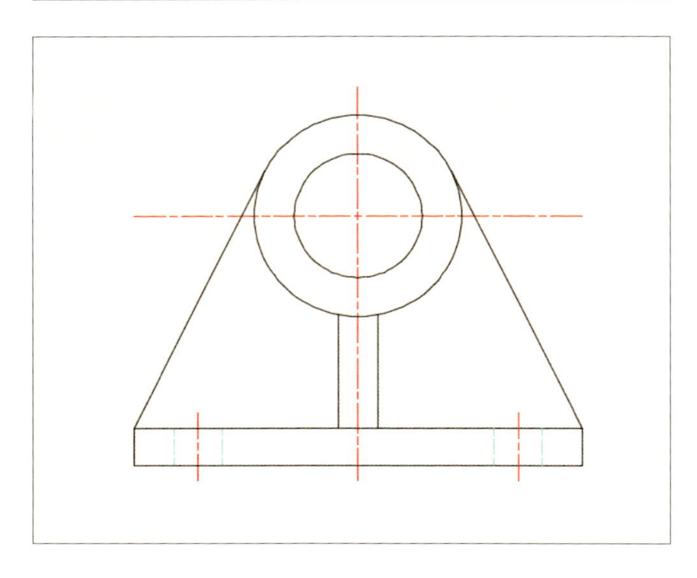

9 図が完成した

軸受の図が完成しました。

「オフセット」コマンド

[オフセット]は、元の線を平行に複写するコマンドです。現在層ではなく、元の線と同じ画層に複写されます。製図では特によく使うコマンドなので、キーボードから短縮コマンドを入力するとすばやく実行でき便利です。コマンドの短縮形は、「O」(フルネームはOFFSET)です。

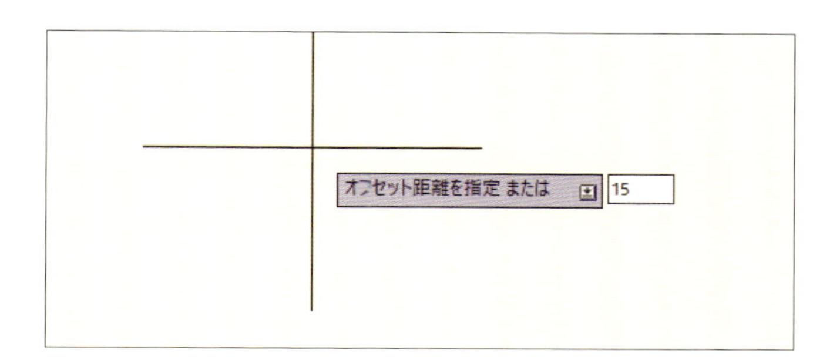

1 キーボードから「o」と入力し、Enter キーを押します。
複写先までの距離を入力します。元の線から直角方向の距離です。

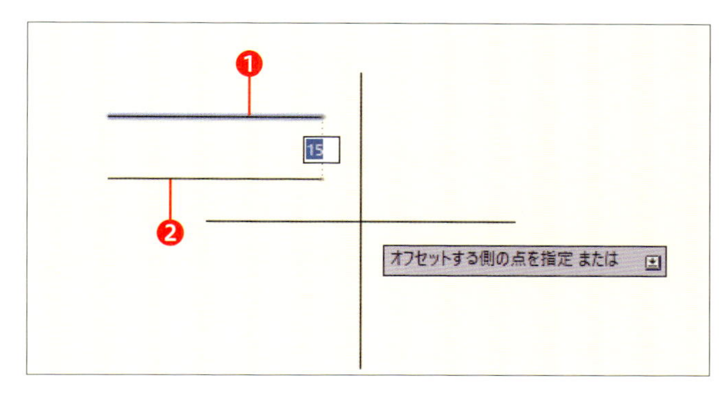

2 複写する線をクリックします❶。複写後の線がプレビュー表示されるので、元の線のどちら側に複写するのかカーソルを動かし、クリックして確定します❷。続けて、複写する線をクリック、複写する側をクリックと繰り返すと、等間隔の線を作図できます。

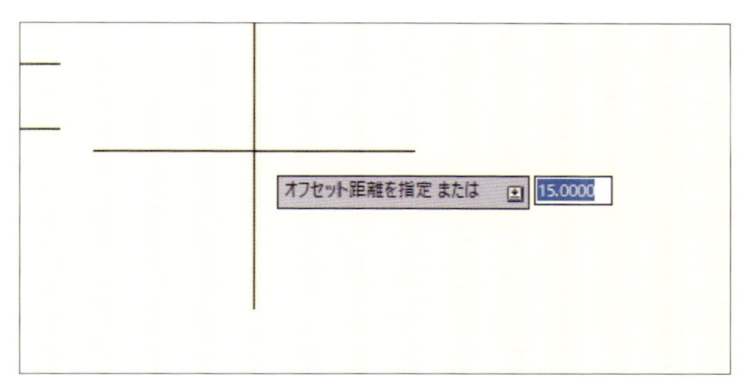

3 距離を変える場合は、Enter キーを押してコマンドを終了し、もう一度 Enter キーを押してコマンドを実行します。オフセット距離の初期値は前回の値なので、何も入力せずに Enter キーを押せば、同じ距離でオフセットできます。

円のオフセット

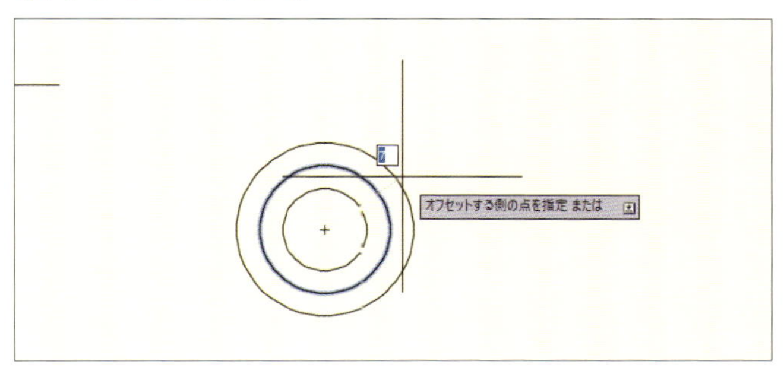

円は同心円でオフセットされます。

ポリラインのオフセット

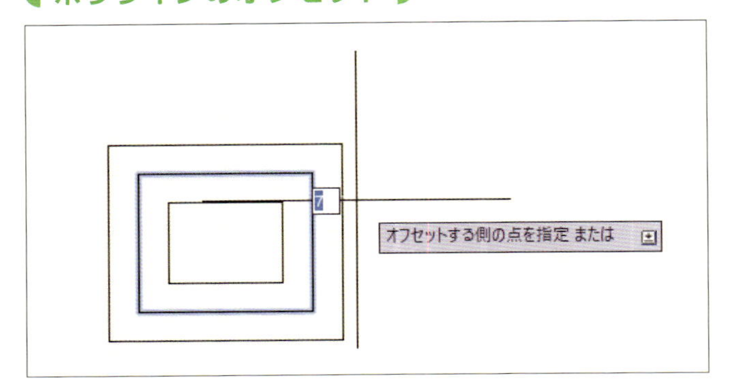

［長方形］コマンドで描いたようなポリラインも、円と同じようなオフセット結果になります。

複写後の位置を指定する

オフセット距離を入力する代わりに、画面上で複写後の位置を指定できます。

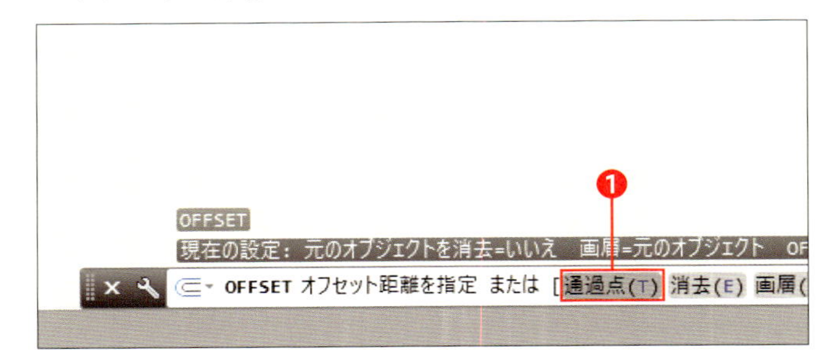

❶［オフセット］コマンドを実行し、コマンドウインドウの［通過点］をクリックします❶。

Check

< >内の初期値が<通過点>の場合は、何も入力せずに Enter キーを押すだけで指定できます。

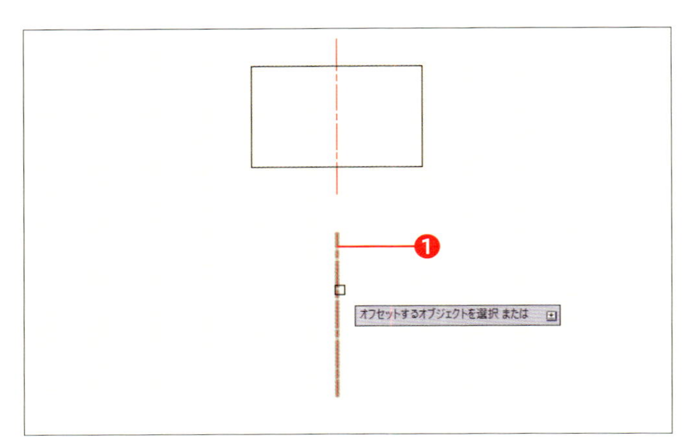

❷ オフセットする元の線をクリックします。ここでは、下の図の中心線をクリックしています❶。

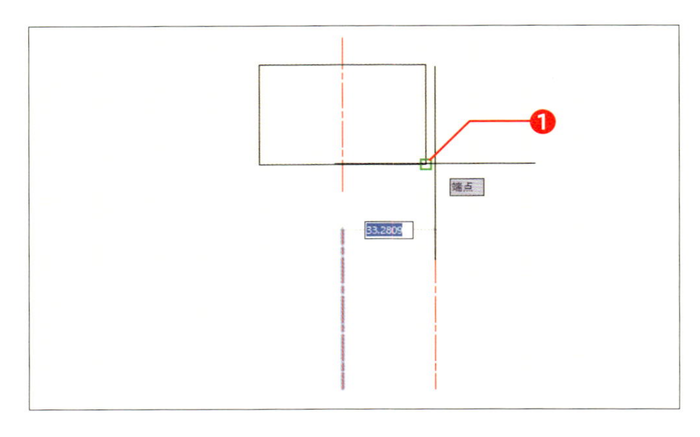

❸ 通過点を聞かれるので、複写先をクリックします。ここでは、上の図の長方形の角をクリックすることで、上下の図を合わせています❶。

複写と移動

［複写］と［移動］は、操作方法が全く同じなので、ここでは［複写］コマンドで解説します。複写先を指定するのに3通りの方法があります。

画面上で複写先を指定する

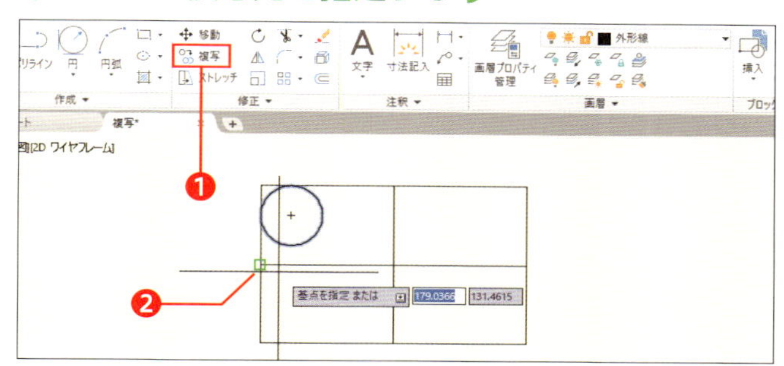

1 複写する図形を選択し、［複写］をクリックします❶。複写の基準点をクリックします❷。

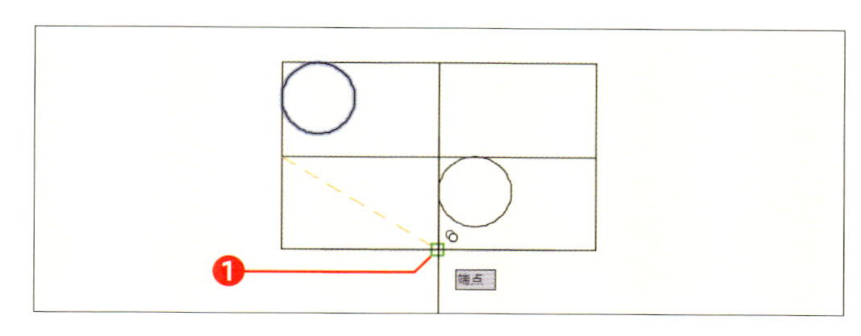

2「2点目を指定」とメッセージが出るので、複写先の点をクリックします❶。

複写先までの距離を入力する

複写の基準点を指定するところまでは、上の例と同じです。複写先を指定するときに、キーボードから距離を入力します。カーソルの向いている方向に複写されるので、直交モードをオンにすると水平や垂直な向きになります。ここでは基準点を円の中心にしていますが、複写先までの距離を指定するときは、どこを基準にしても同じ結果になります。

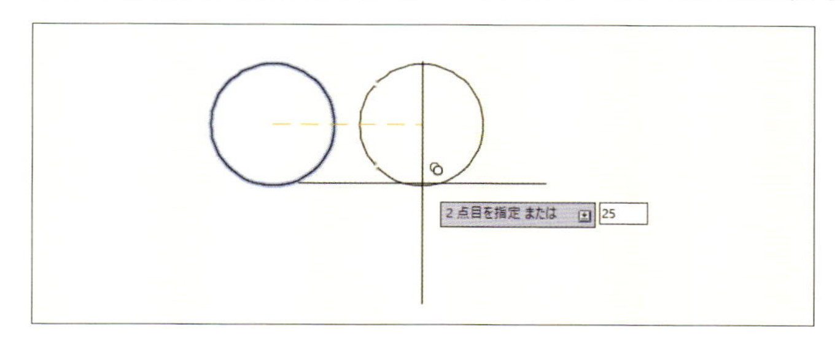

複写先を相対座標で指定する

「2点目を指定」のときに、「@30,20」のように相対座標でも指定できます。この例では、元の位置から横に30、縦に20の位置に複写されます。

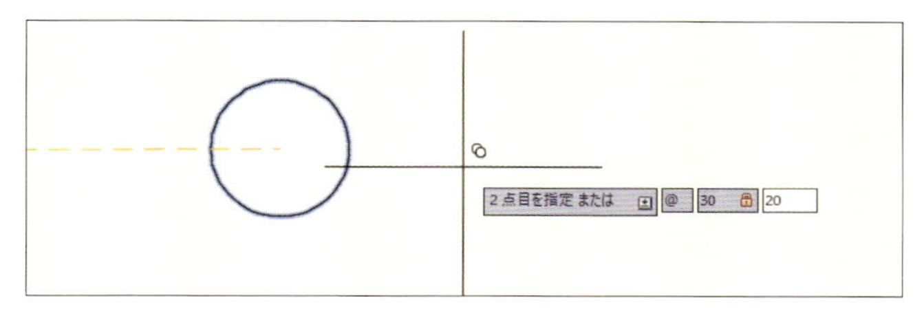

第3章 軸受の図面を作成する

長さ寸法を記入する

練習ファイル 0307a.dwg　完成ファイル 0307b.dwg

前節で作成した軸受の図面に寸法を記入しましょう。最初に長さ寸法から記入します。

図面に長さ寸法を記入する

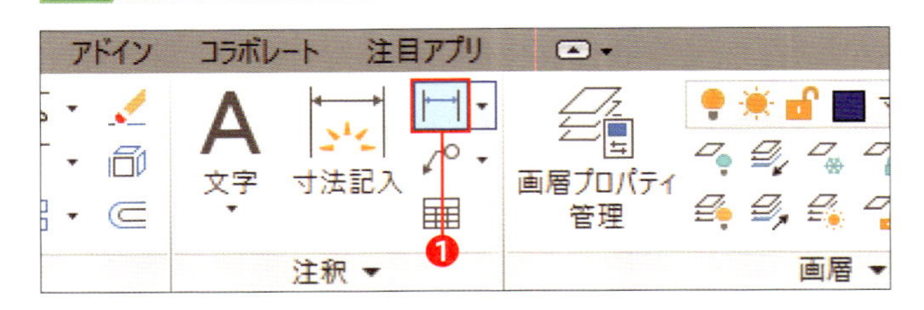

1 「長さ寸法記入」コマンドを実行する

［注釈］パネルの［長さ寸法記入］をクリックします❶。

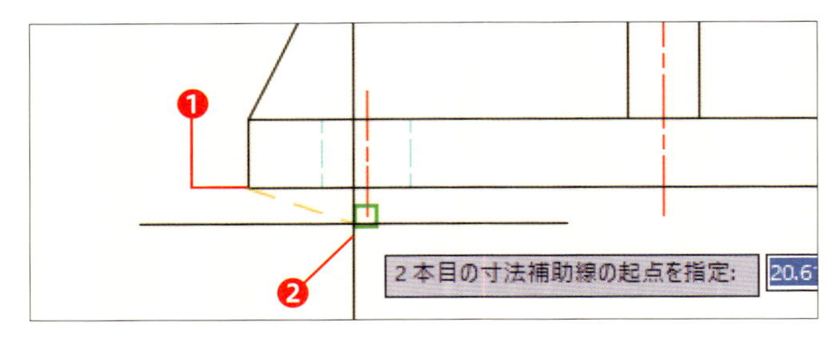

2 寸法を記入する場所を指定する

図の2か所をクリックします❶❷。

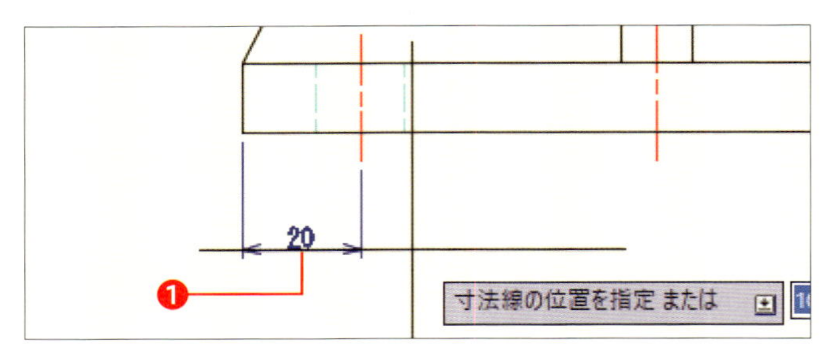

3 寸法線の位置を指定する

寸法線の位置をクリックします❶。

Memo ボタンが［長さ寸法記入］以外のとき

ボタンの表示が［長さ寸法記入］でないときは、［▼］をクリックして展開します。なお、斜め距離の寸法を記入する場合は、［平行寸法記入］を使います。

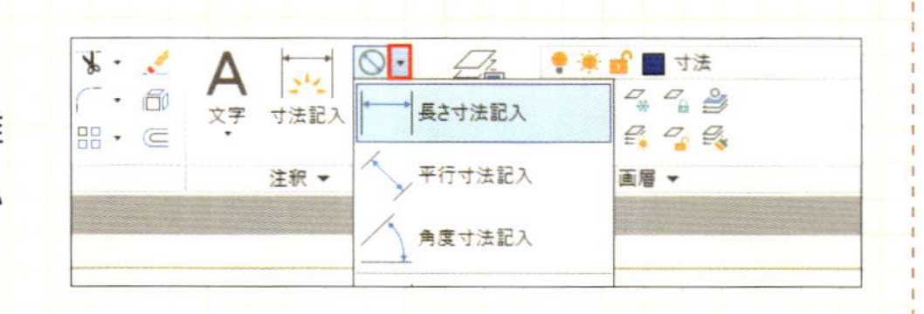

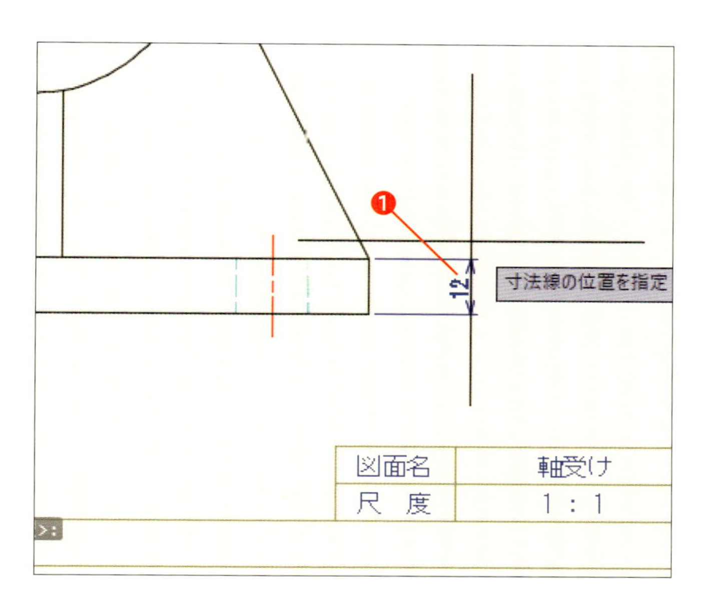

4 縦の寸法も記入する

同様にして、縦方向の寸法も記入します❶。

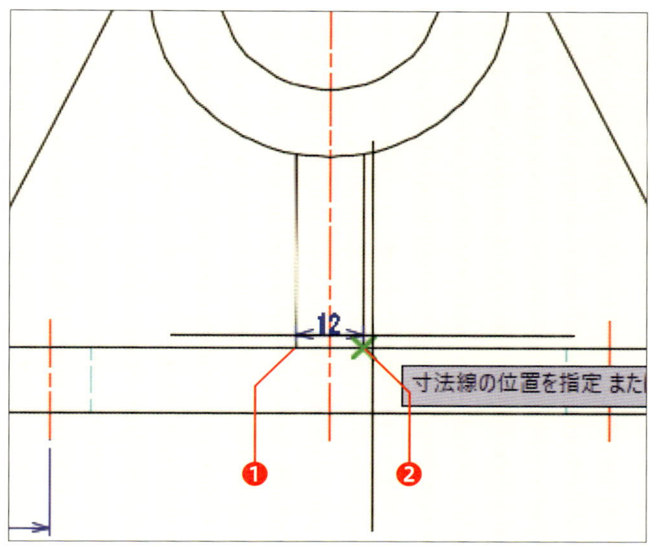

5 「長さ寸法記入」コマンドを実行する

もう一度［長さ寸法記入］コマンドを実行します。2本の縦線の下端をそれぞれクリックします❶❷。

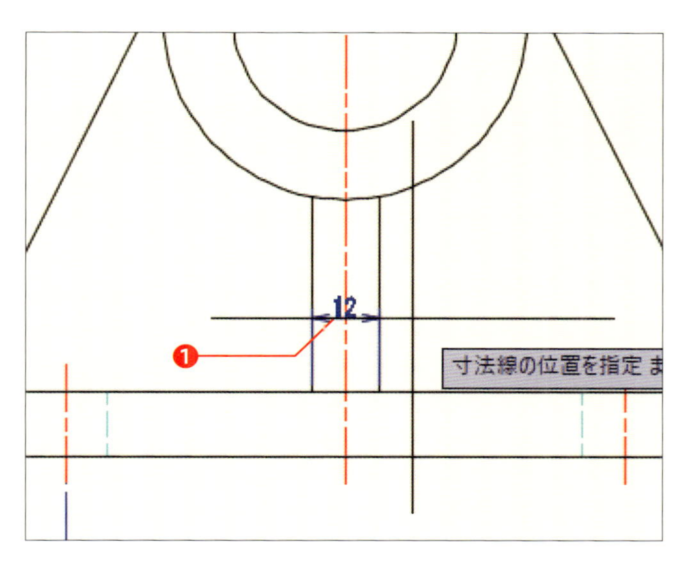

6 寸法線の位置を指定する

寸法線の位置をクリックします❶。

直列寸法を記入する

練習ファイル 0308a.dwg　完成ファイル 0308b.dwg

直列寸法は、連続した寸法で表す記入法です。「直列寸法記入」コマンドを使用するには、基準にする寸法が必要です。ここでは、［長さ寸法記入］で記入した寸法を基準に指定します。

直列寸法を記入する

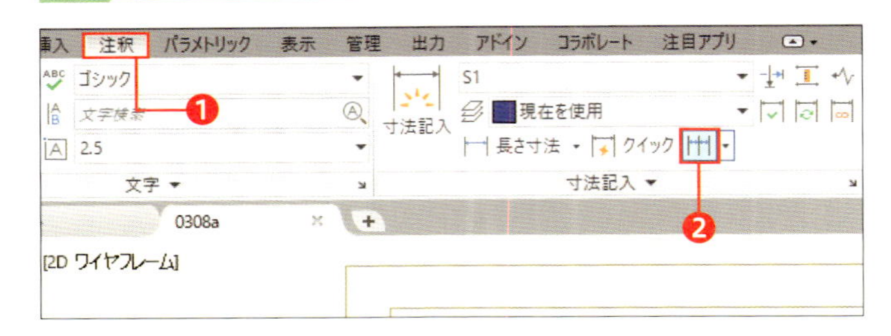

1 「直列寸法記入」コマンドを実行する

［注釈］リボンタブをクリックし❶、［直列寸法記入］をクリックします❷。

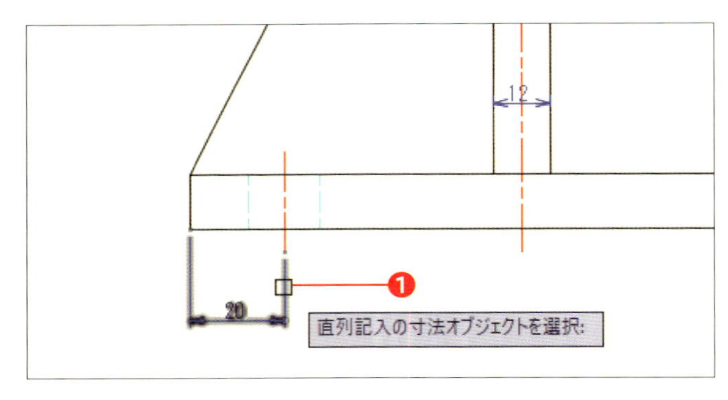

2 基準にする寸法を指定する

基準にする寸法をクリックします❶。このとき、基準にする寸法の右側をクリックします。クリックした側に連続して寸法記入されます。

Memo 直列寸法の基準

［直列寸法記入］コマンドの前に寸法を記入していた場合は、最後に記入した寸法が基準になります。この場合は、何も入力せずに、Enter キーを押すと<選択>のモードになり、ほかの寸法を選べるようになります。

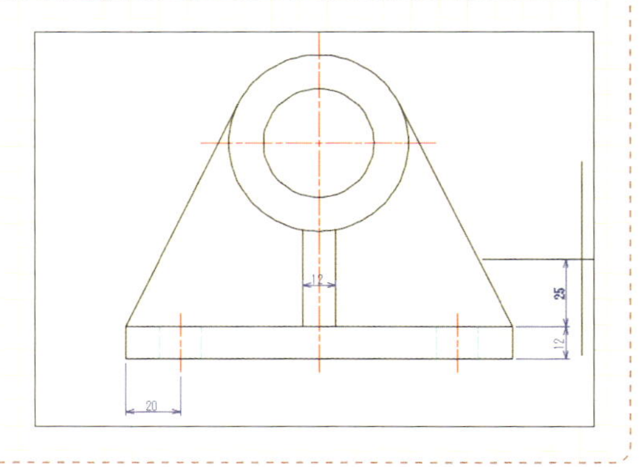

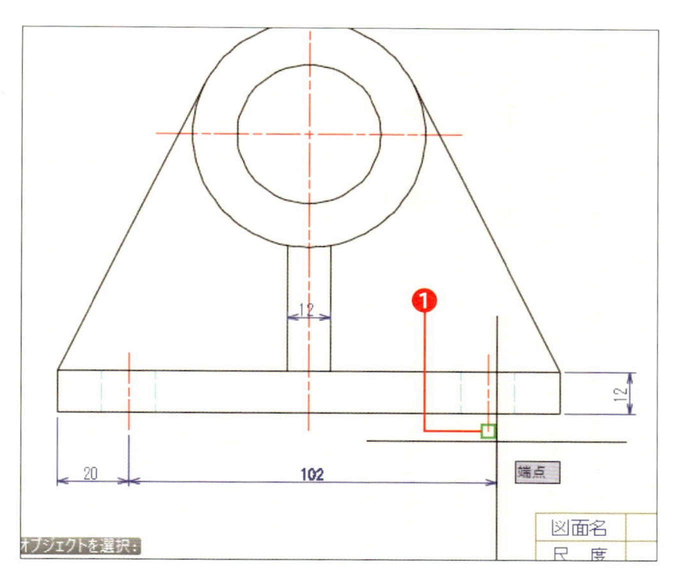

3 1つめの点を指定する

中心線の端点をクリックします❶。

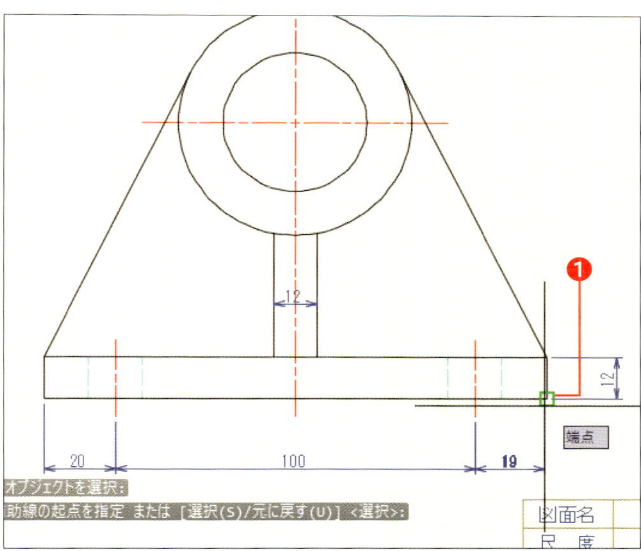

4 2つめの点を指定する

続けて図のコーナーをクリックします❶。

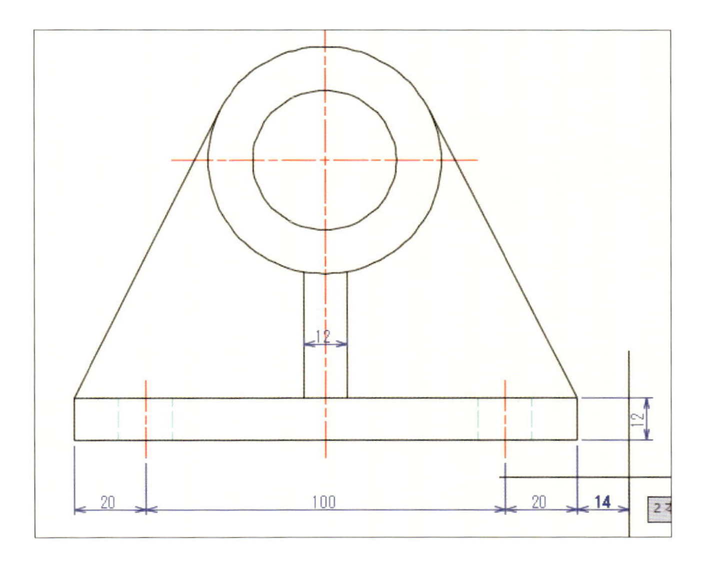

5 直列寸法が記入された

Esc キーを押して、コマンドを終了します。

第3章 軸受の図面を作成する

Section 09 並列寸法を記入する

練習ファイル 0309a.dwg　完成ファイル 0309b.dwg

並列寸法は、基準にする位置を固定し、そこからの距離を指定する記入方法です。「並列寸法記入」コマンドを使用するには、基準にする寸法が必要です。ここでは、［長さ寸法記入］で記入した寸法を基準に指定します。

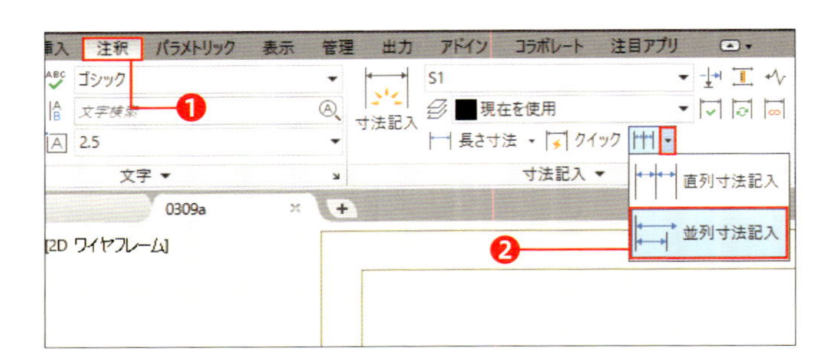

1 「並列寸法記入」コマンドを実行する

［注釈］リボンタブをクリックし❶、［並列寸法記入］をクリックします❷。

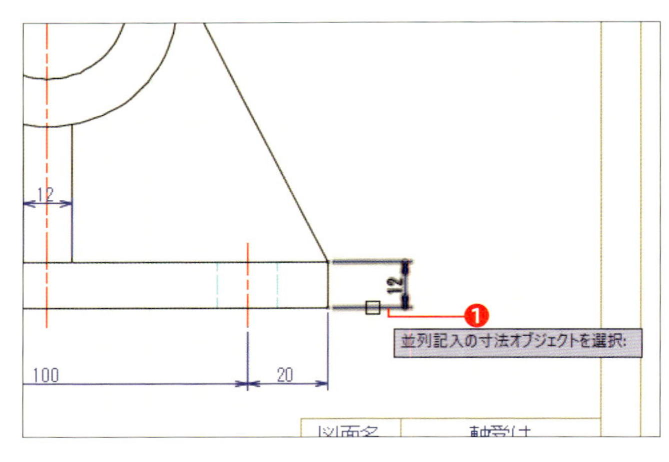

2 基準にする寸法を指定する

基準にする寸法をクリックします❶。このとき、基準にする寸法の下側をクリックします。クリックした側が起点になるように並列寸法が記入されます。

Memo 並列寸法の基準

［並列寸法記入］コマンドの前に寸法を記入していた場合は、最後に記入した寸法が基準になります。この場合は、何も入力せずに Enter キーを押すと<選択>のモードになり、ほかの寸法を選べるようになります。

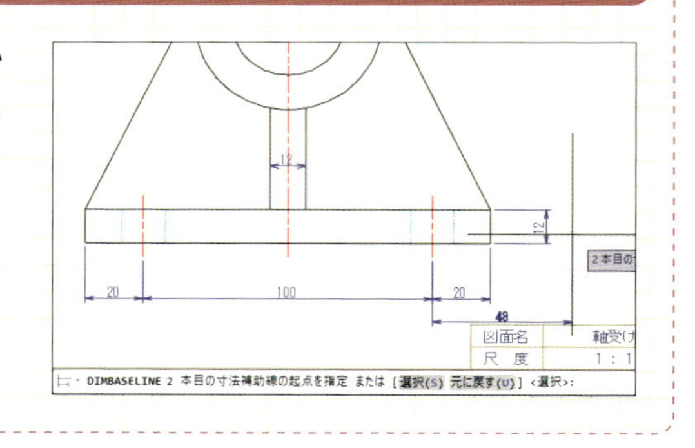

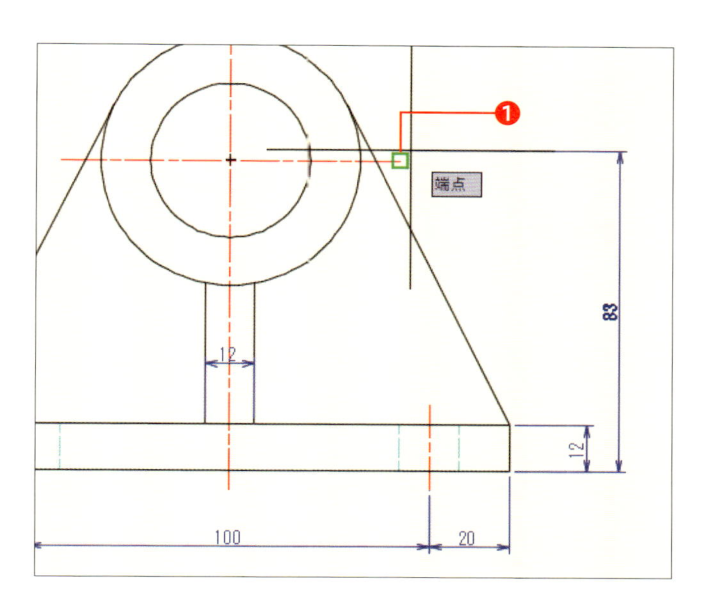

3 寸法の2点目を指定する

円の中心線の端点をクリックします❶。

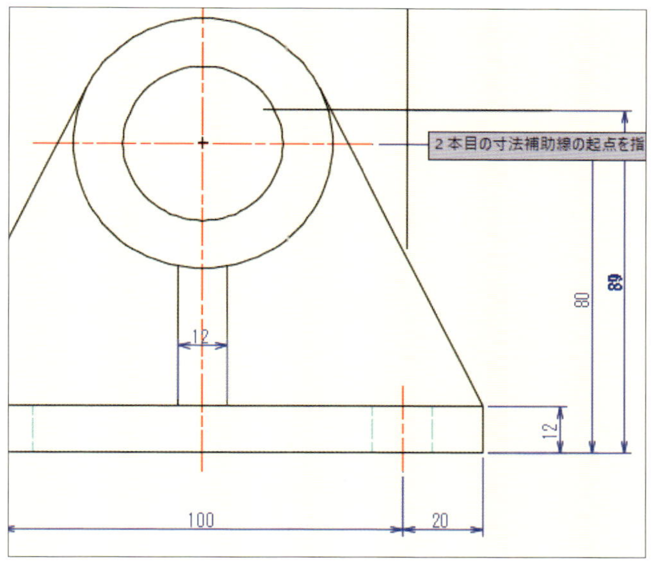

4 並列寸法が記入された

Esc キーを押して、コマンドを終了します。

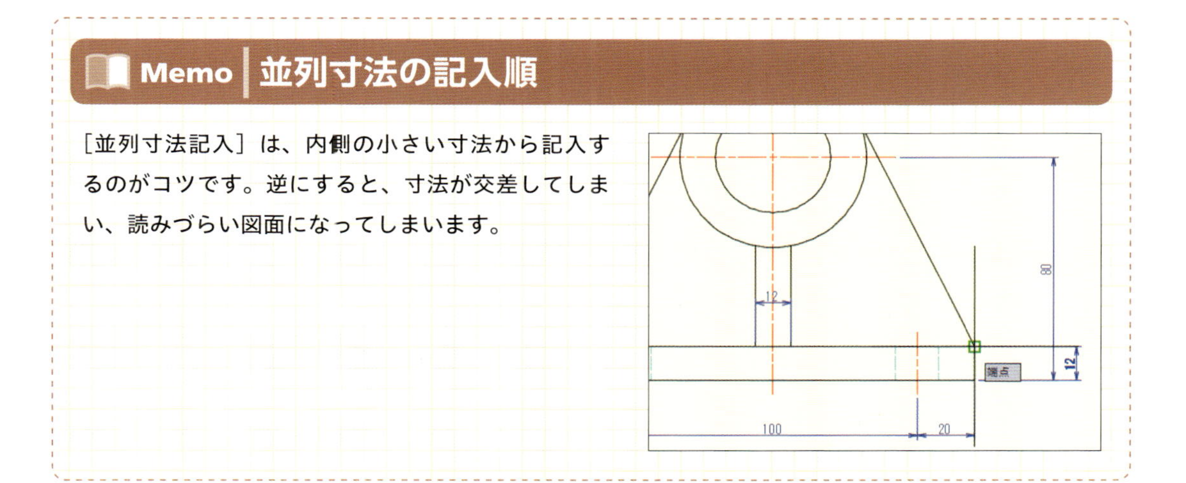

Memo 並列寸法の記入順

［並列寸法記入］は、内側の小さい寸法から記入するのがコツです。逆にすると、寸法が交差してしまい、読みづらい図面になってしまいます。

直径寸法を記入する

練習ファイル 0310a.dwg　完成ファイル 0310b.dwg

円をクリックするだけで、直径寸法は簡単に記入できます。寸法補助記号の「φ」が自動的に追加されるので、JIS規格に従い、記入後に「φ」記号を削除しましょう。

円に直径寸法を記入する

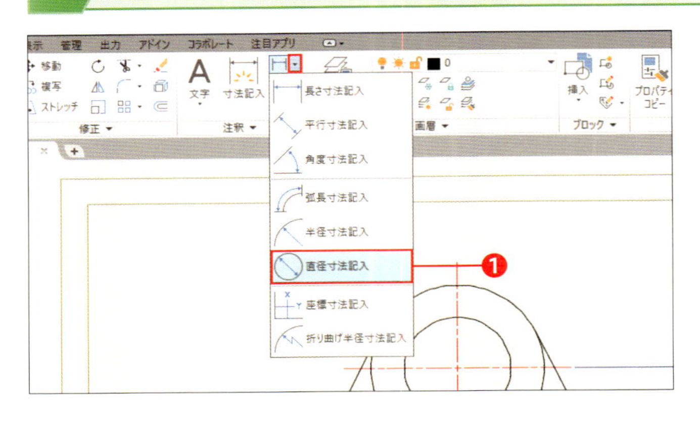

1 「直径寸法記入」コマンドを実行する

［注釈］パネルの［直径寸法記入］をクリックします❶。

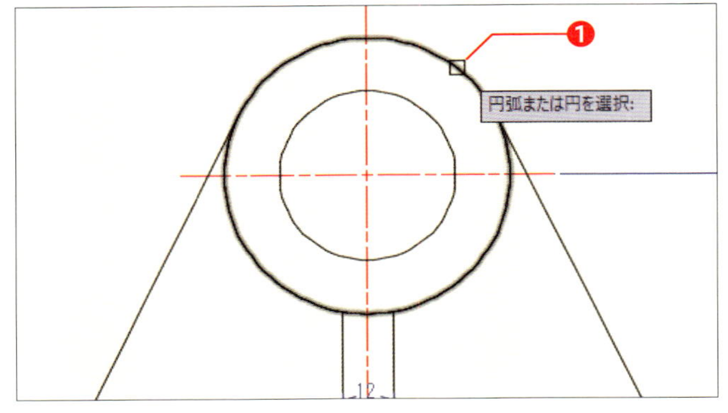

2 寸法を記入する円を指定する

円をクリックします❶。

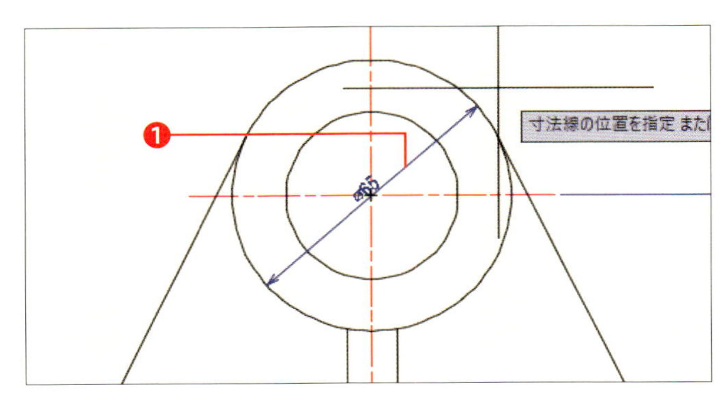

3 寸法の傾きを調整する

カーソルを動かして寸法の傾きを調整し、クリックして確定します❶。

Check

直交モードはオフにしましょう。また、オブジェクトスナップがオンのとき、カーソルを図形に近づけ過ぎると、思わぬ位置にスナップすることがあります。

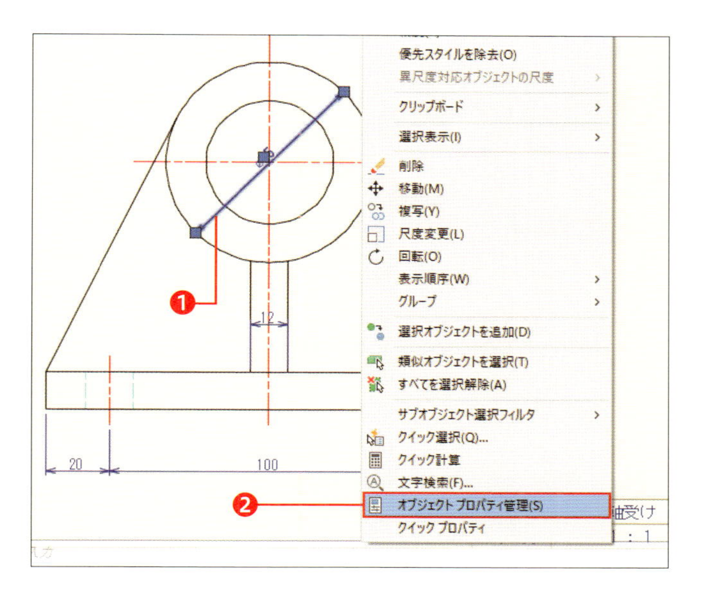

4 「オブジェクトプロパティ管理」を開く

記入した寸法をクリックして選択します❶。右クリックして［オブジェクトプロパティ管理］をクリックします❷。

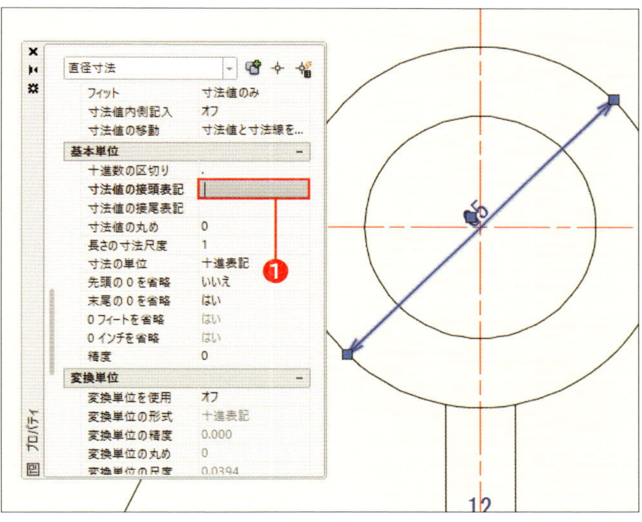

5 寸法補助記号のφを削除する

「寸法の接頭表記」の欄に半角のスペースを入力して Enter キーを押します❶。こうすることで、寸法補助記号の「φ」が消えます。

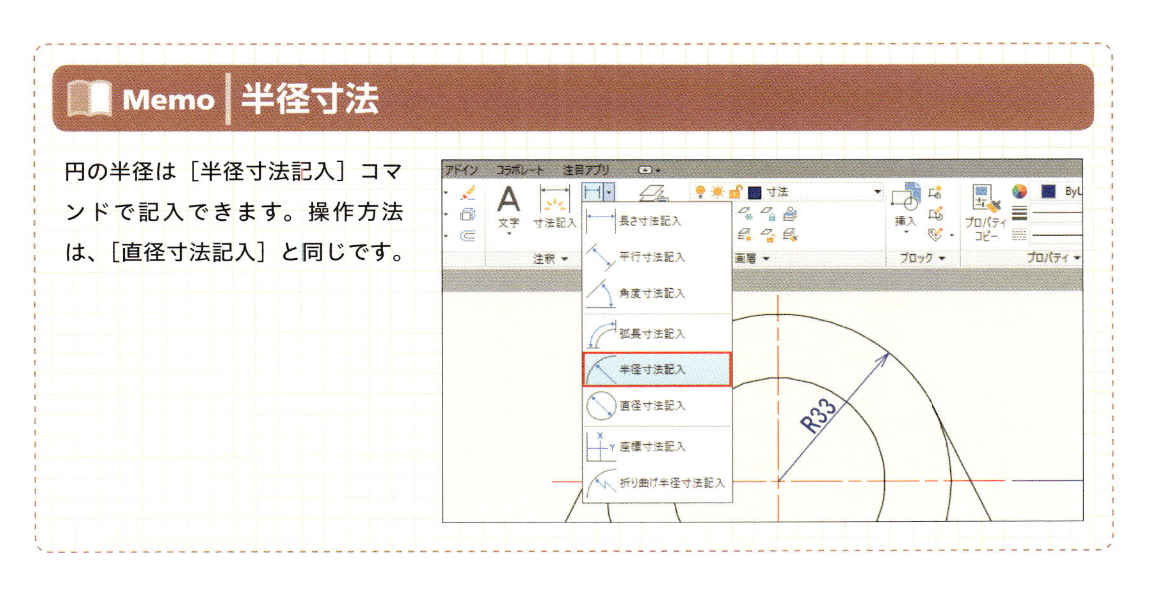

Memo 半径寸法

円の半径は［半径寸法記入］コマンドで記入できます。操作方法は、［直径寸法記入］と同じです。

寸法値を移動する

練習ファイル 0311a.dwg　完成ファイル 0311b.dwg

寸法値が中心線と重なって読みにくいので移動しましょう。図形や寸法を選択したときに表示される青い四角をグリップといいます。ここでは、グリップを使った移動を練習します。

見やすいように寸法値を移動する

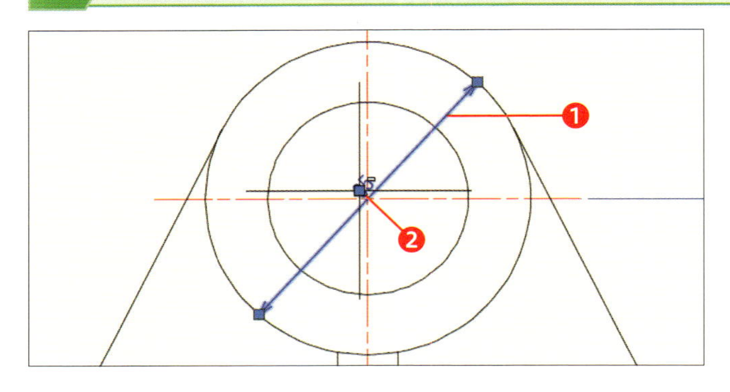

1 直径寸法を選択する

直径寸法をクリックして選択します❶。寸法値の青いグリップをクリックします❷。

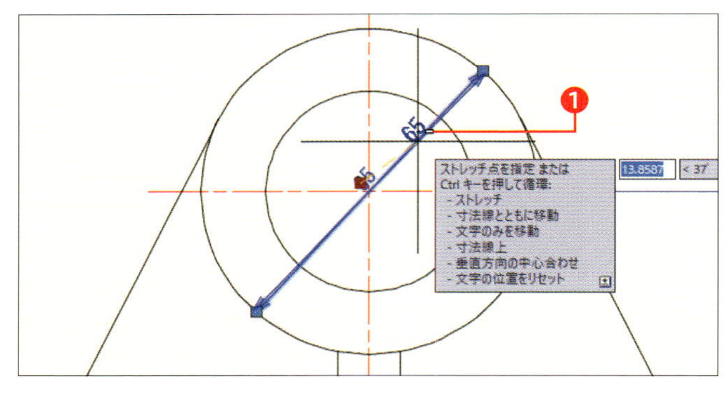

2 寸法値を移動する

文字を移動できるようになるので、適当なところでクリックします❶。このとき、直交モードやオブジェクトスナップはオフにしましょう。Esc キーを押して選択を解除します。

Memo グリップ編集ができないとき

寸法スタイルの設定によっては、グリップ編集では寸法値を移動できないことがあります。そのときは、グリップをクリックせずにカーソルを合わせて少し待ちます。[寸法値とともに移動] または [文字のみを移動] をクリックすると移動できます。また、移動した寸法値を元の位置に戻すには、[文字の位置をリセット] をクリックします。

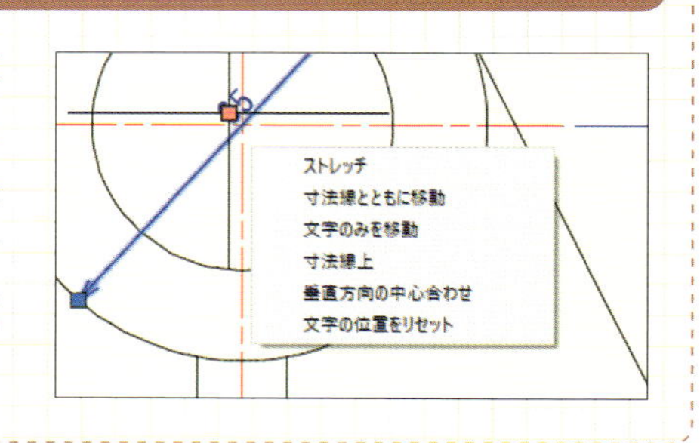

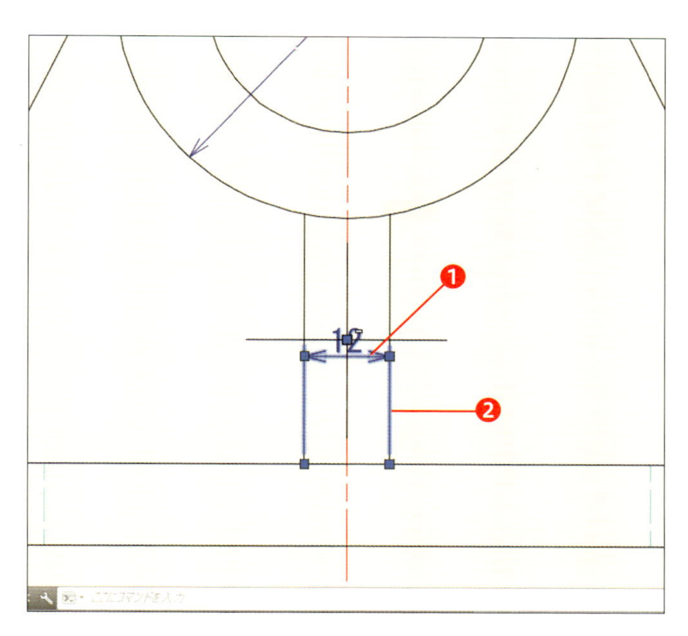

3 長さ寸法を選択する

長さ寸法をクリックして選択します❶。寸法値の青いグリップをクリックします❷。

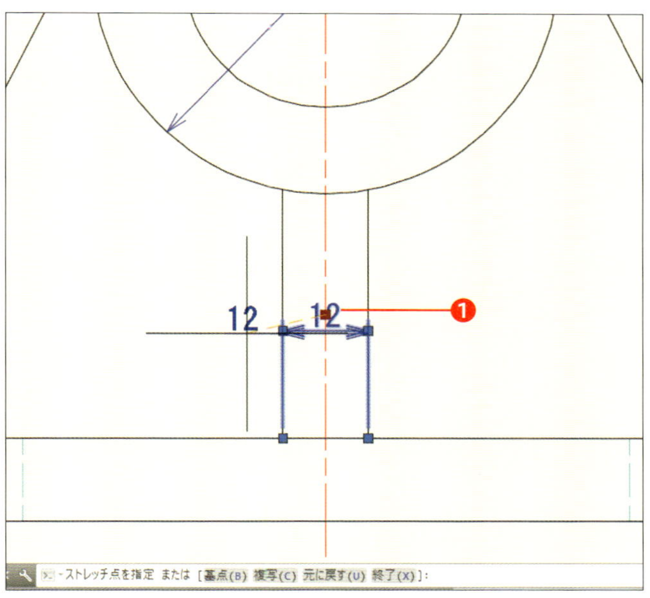

4 寸法値を移動する

文字を移動できるようになるので、適当なところでクリックします❶。

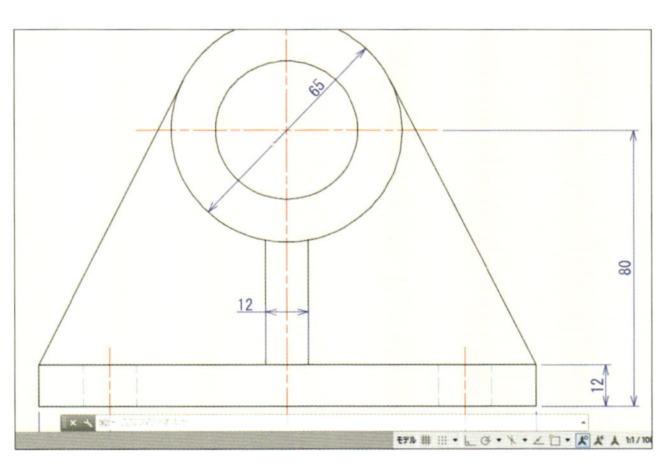

5 寸法値が移動した

寸法が見やすくなりました。

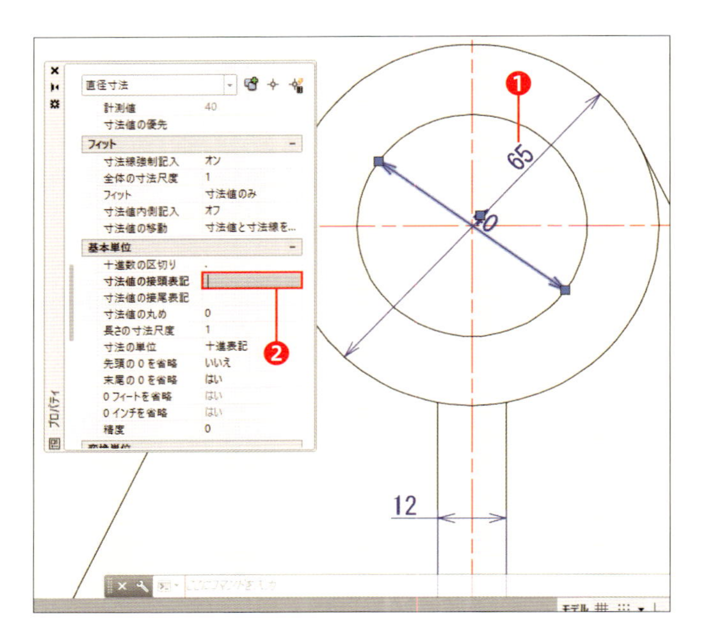

6 直径寸法を記入する

ここまでと同じ手順で、内側の円にも直径寸法を記入します❶。寸法値の接頭表記に半角のスペースを入れ、寸法補助記号「φ」を消します❷。

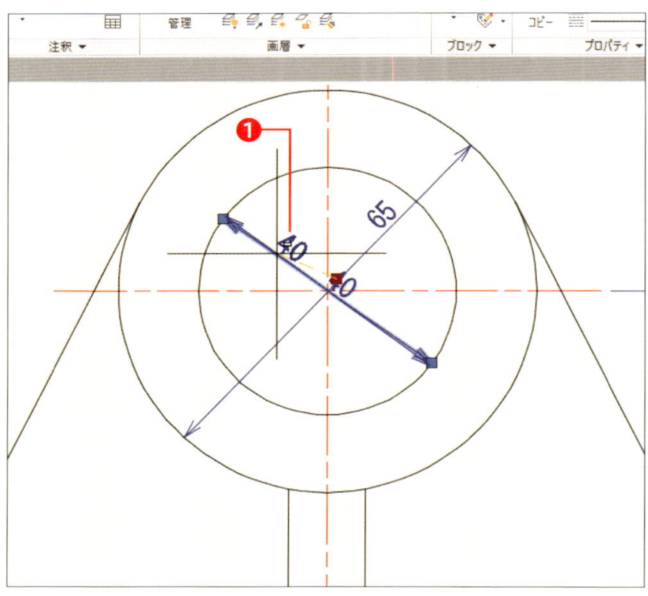

7 寸法値を移動する

グリップを使って寸法値を移動します❶。

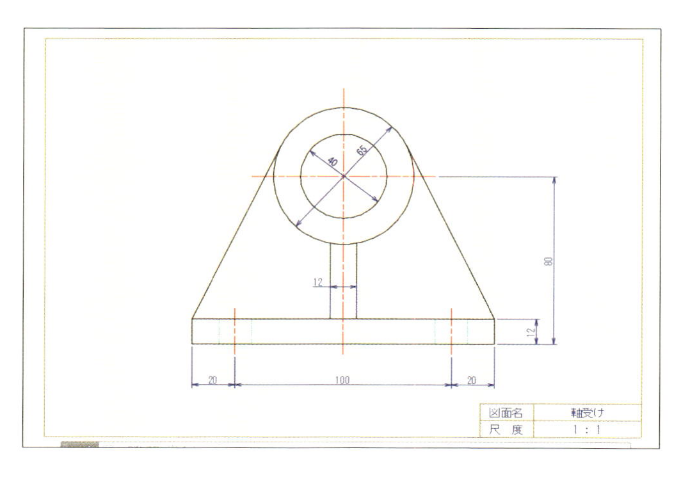

8 図面が完成した

完成しました。

寸法のグリップ編集

寸法を選択したときに表示されるグリップをクリックすると、測る長さを変更したり、寸法線の位置をほかの寸法に合わせたりできます。

参照点を移動する

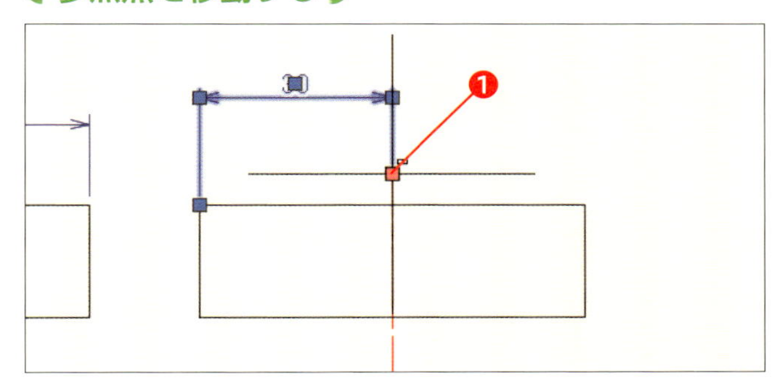

1 寸法の参照点のグリップをクリックします❶。

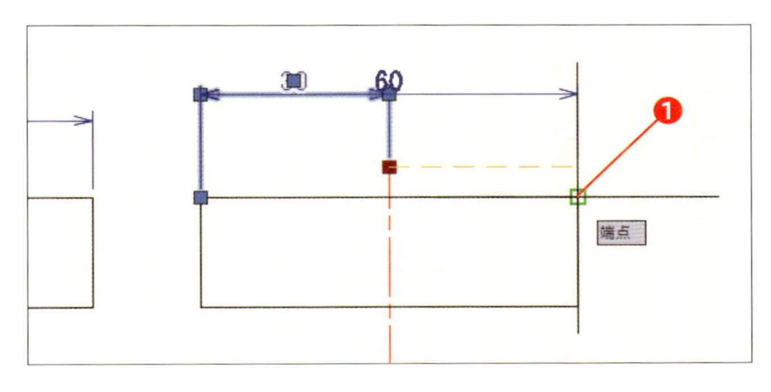

2 ほかの点をクリックして参照する位置を変更すると、寸法値も更新されます❶。

寸法線の位置を合わせる

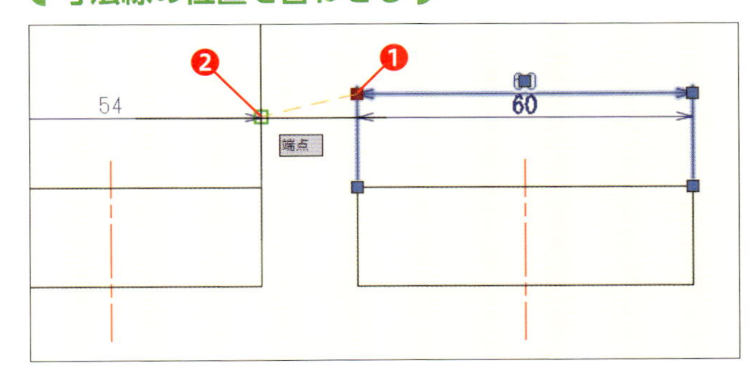

1 矢印先端のグリップをクリックします❶。寸法線を移動できるようになるので、隣の寸法の矢印先端にスナップさせてクリックします❷。

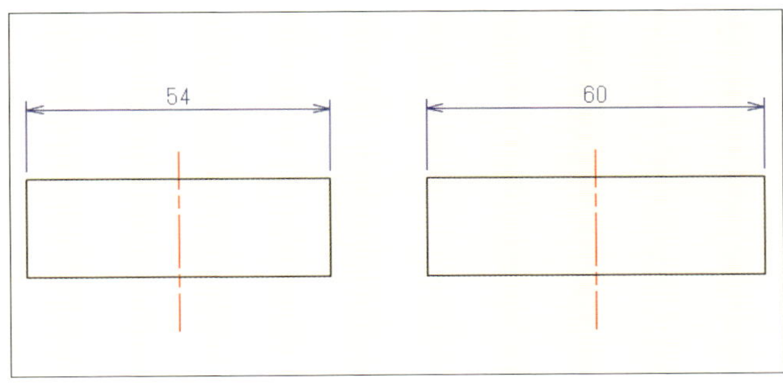

2 隣の寸法線と位置を合わせられました。

引出し線を記入する

練習ファイル 0312a.dwg　完成ファイル 0312b.dwg

穴の寸法「15キリ」を示す引出し線を記入しましょう。「15」は穴の直径、「キリ」はドリルを使用することを意味します。

引出し線で穴の直径を記入する

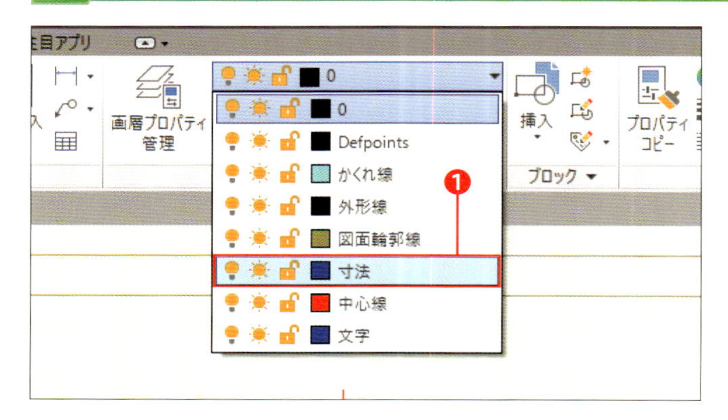

1 「寸法」画層にする

現在層を「寸法」にします❶。

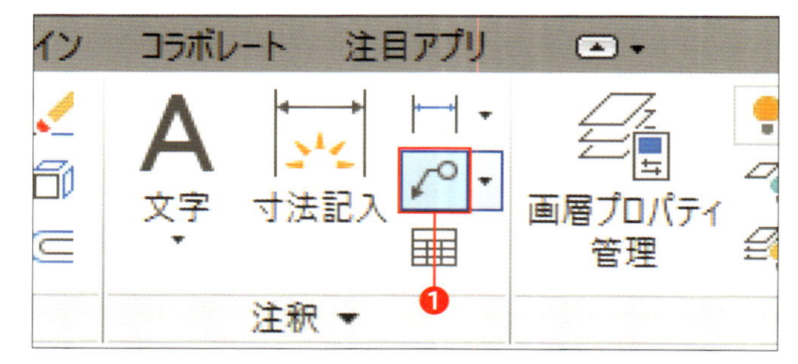

2 「引出し線」コマンドを実行する

［引出し線］をクリックします❶。

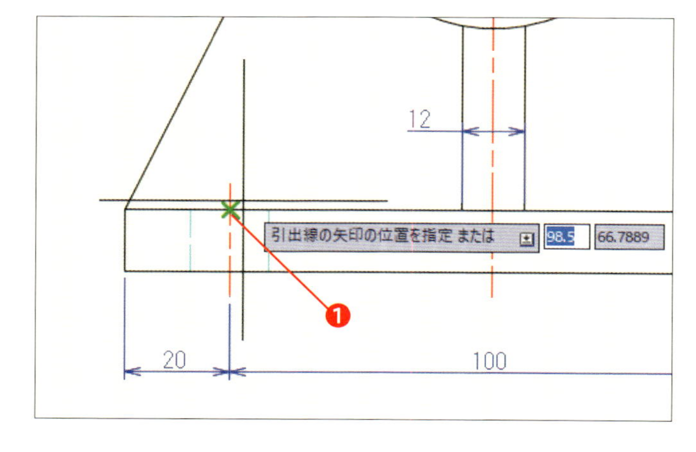

3 引出し線の矢印の位置を指定する

中心線と穴の表面との交点をクリックします❶。

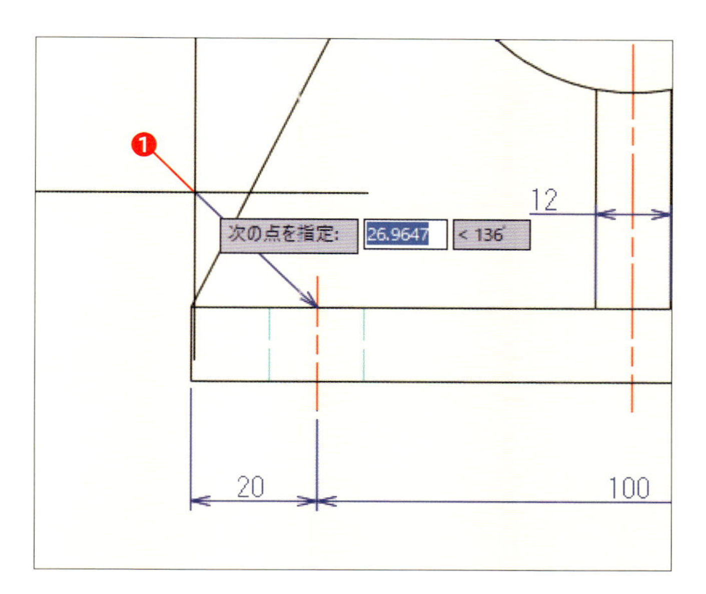

4 2点目を指定する

引出し線の2点目をクリックします❶。図のように、原則として斜めに引き出します。Enter キーを押します。

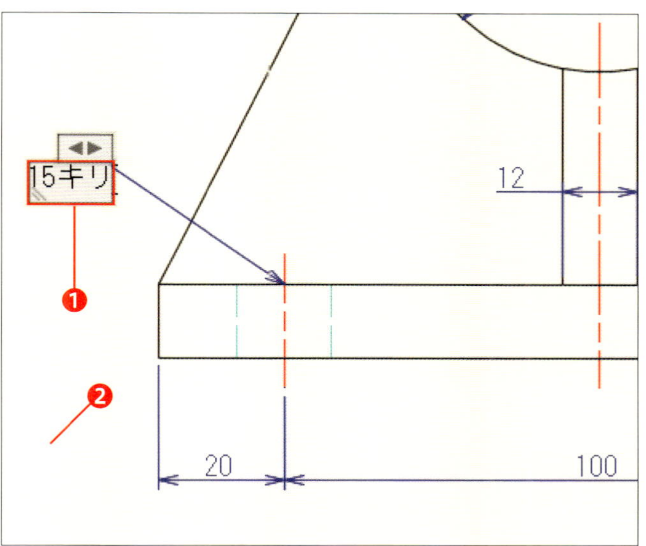

5 引出しの内容を入力する

「15キリ」と入力します❶。Enter キーを押すと改行してしまうので、画面上の何もないところをクリックして終了します❷。

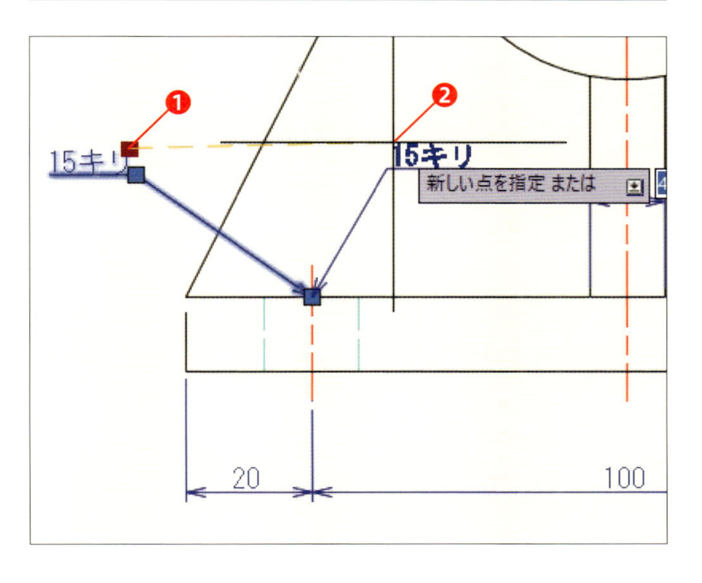

6 位置を調整する

アンダーラインが自動的に引かれます。位置を修正したいときは、引出し線を選択し、文字のグリップをクリックして移動すると❶、引出し線も一緒に移動できます❷。

図面を印刷する

練習ファイル 0313a.dwg　完成ファイル なし

AutoCADは、作図空間を自由に使えるので、どの範囲を印刷するのかなど、さまざまな設定が必要です。

印刷設定をして図面を印刷する

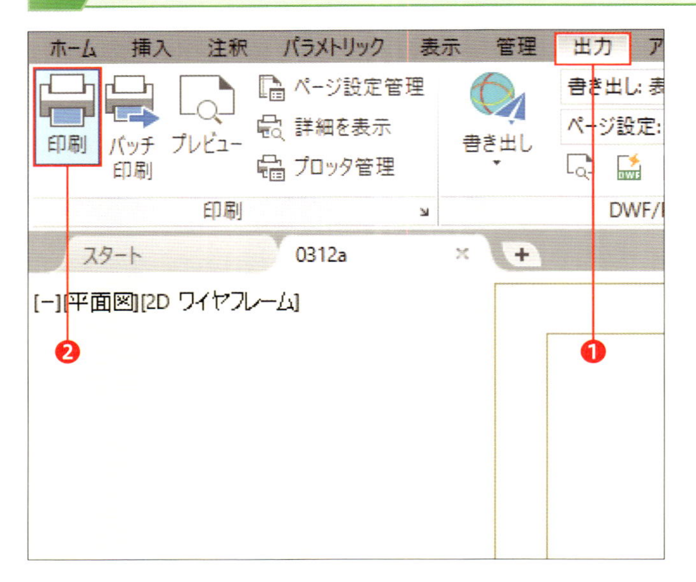

1 「印刷」コマンドを実行する

［出力］リボンタブをクリックし❶、［印刷］をクリックします❷。

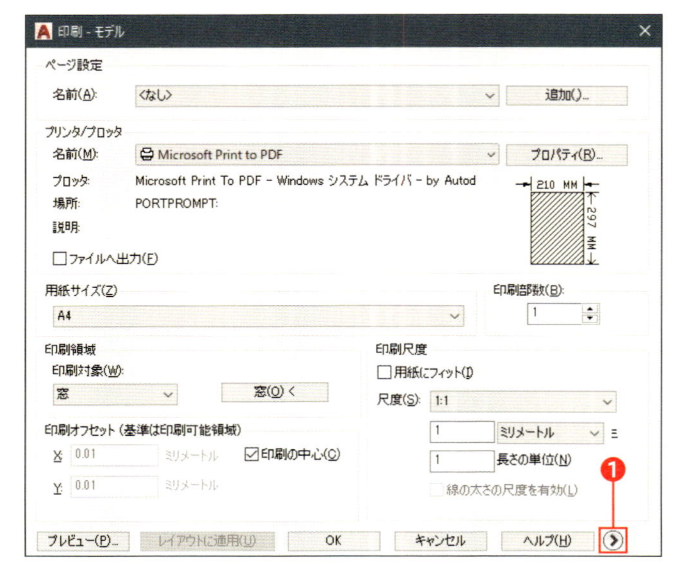

2 オプションを表示する

「印刷」ダイアログボックスが表示されます。［オプションを表示］をクリックします❶。

Check

手順3の画面になっている場合は、この操作は必要ありません。

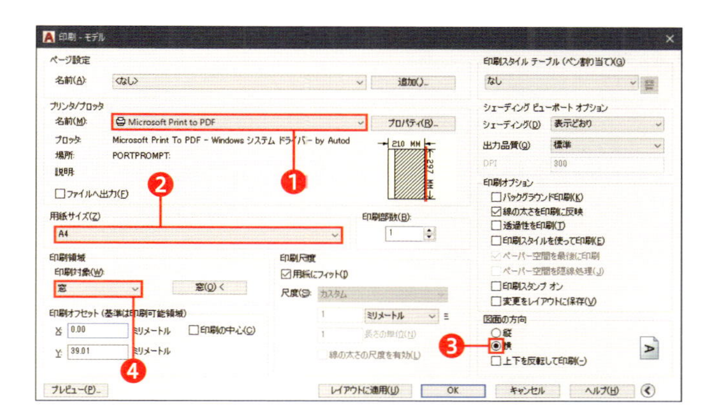

3 プリンターや用紙サイズを設定する

「プリンタ／プロッタ」の「名前」のリストからプリンターを選択します❶。「用紙サイズ」のリストから[A4]を選択します❷。「図面の方向」は「横」にします❸。「印刷対象」の[▼]をクリックし、リストから[窓]を選択します❹。

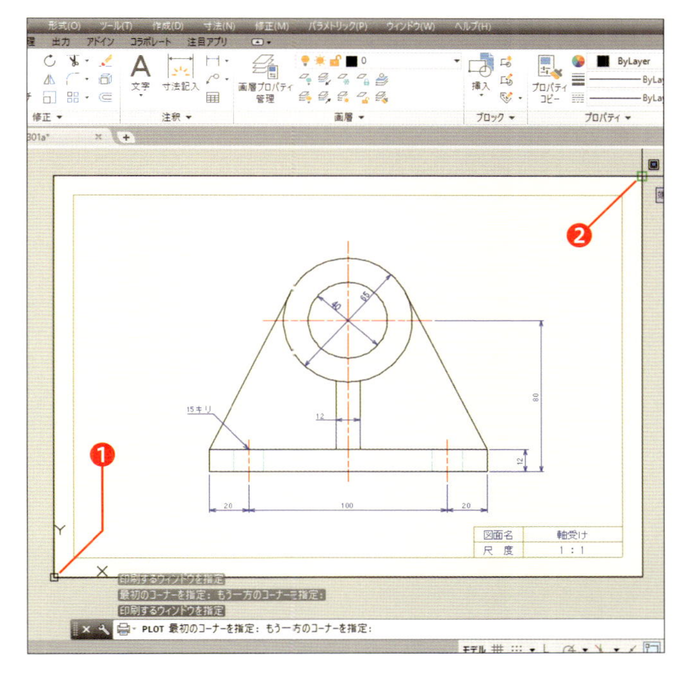

4 用紙の範囲を指定する

作図画面に切り替わるので、オブジェクトスナップをオンにし、用紙を表す長方形（外側の長方形）の対角の2点にスナップさせてクリックします❶❷。

+ Check

切り替わらない場合は、[窓] ボタンをクリックします。

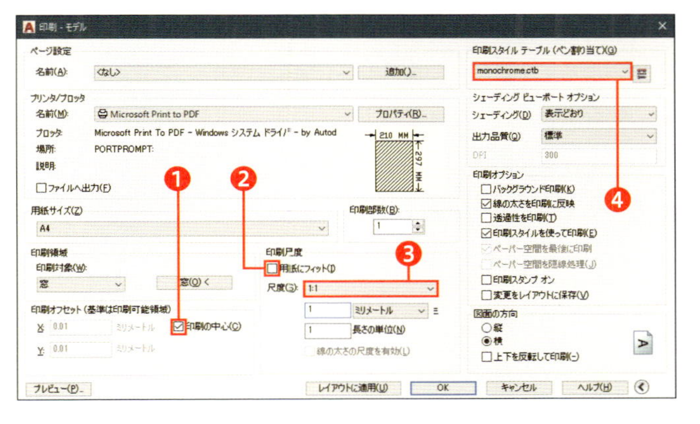

5 尺度や印刷スタイルを設定する

[印刷の中心] にチェックを付けます❶。[用紙にフィット] のチェックをはずし❷、「尺度」のリストから [1:1] を選択します❸。「印刷スタイルテーブル」のリストから [monochrome.ctb] を選択します❹。

+ Check

[monochrome.ctb] は、すべて黒で印刷するための設定です。

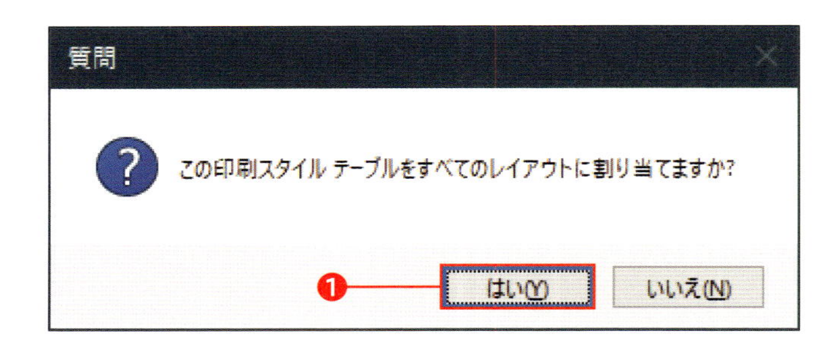

6 印刷スタイルを割り当てる

「この印刷スタイルテーブルをすべてのレイアウトに割り当てますか？」のアラートが出たら、［はい］をクリックします❶。

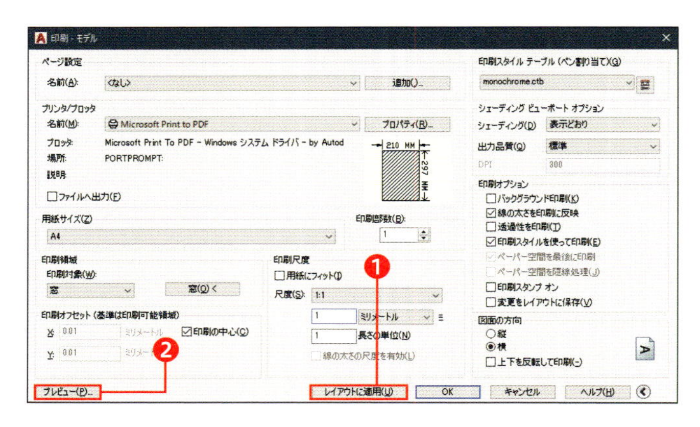

7 プレビューを開く

［レイアウトに適用］をクリックします❶。［プレビュー］をクリックします❷。

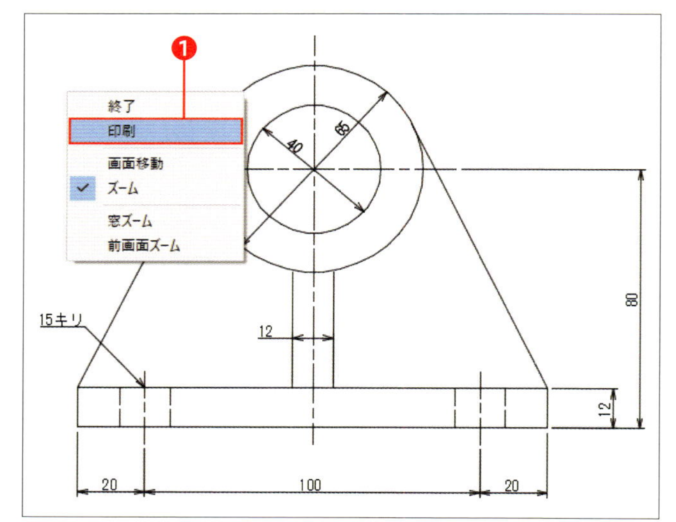

8 印刷を実行する

プレビューが表示されます。画面上で右クリックし、［印刷］をクリックします❶。

Check

右クリックして［終了］を選択すると、「印刷」ダイアログボックスに戻ります。

第4章

図面ファイルを設定する

線種を準備する

実線以外の線種を使うためには、図面ファイルに線形を登録しておく必要があります。AutoCADに用意されているJIS規格の線種を読み込みましょう。読み込んだ線種は、図面と同じファイルに保存されます。

線種を読み込む

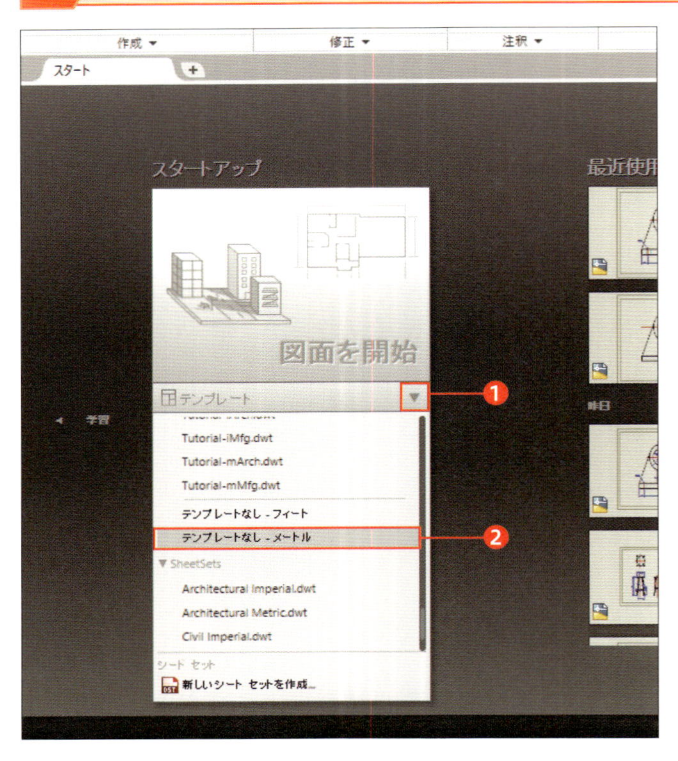

1 テンプレートなしで開始する

[テンプレート] の [▼] をクリックし❶、[テンプレートなし_メートル] をクリックします❷。

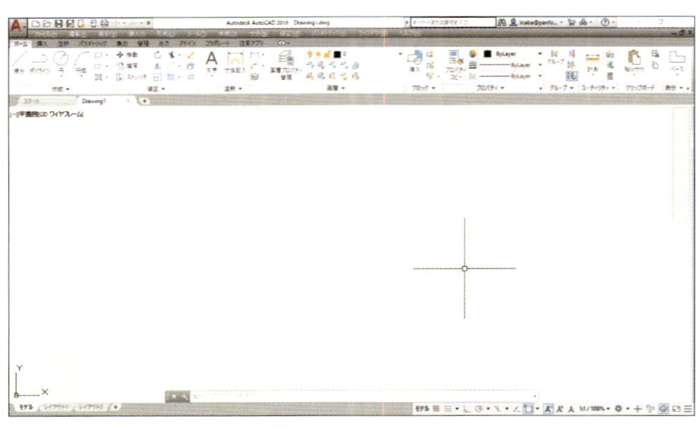

2 ファイルが開く

何も設定されていないファイルが開きます。

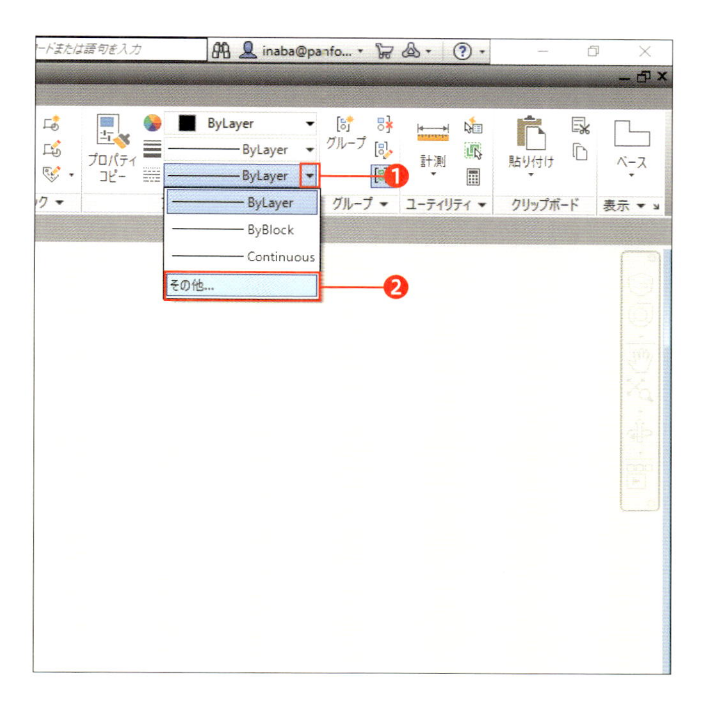

3 「線種管理」ダイアログボックスを開く

［ホーム］リボンタブの［プロパティ］の［▼］をクリックします。［線種］の［▼］をクリックし❶、［その他］をクリックします❷。

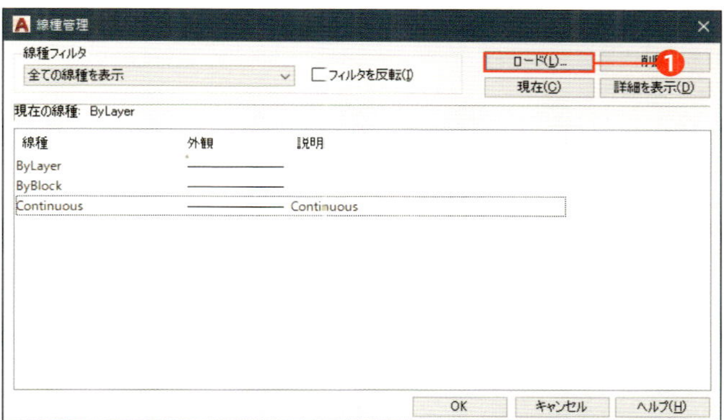

4 線種をロードする

「線種管理」ダイアログボックスが開き、ファイルに読み込まれている線種の一覧が表示されます。［ロード］をクリックします❶。

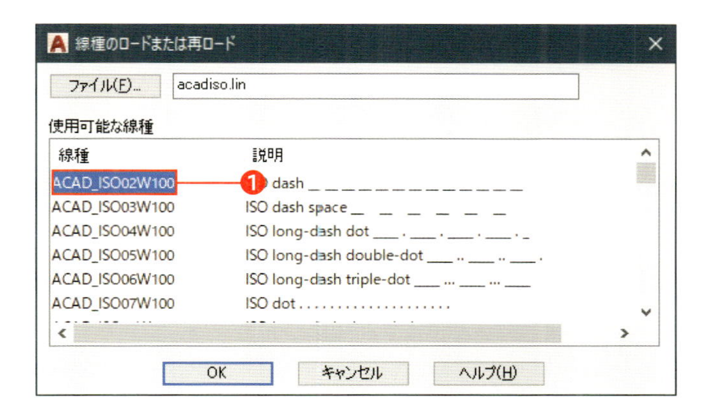

5 ロードする線種を選択する

「ACAD_ISO02W100」をクリックします❶。

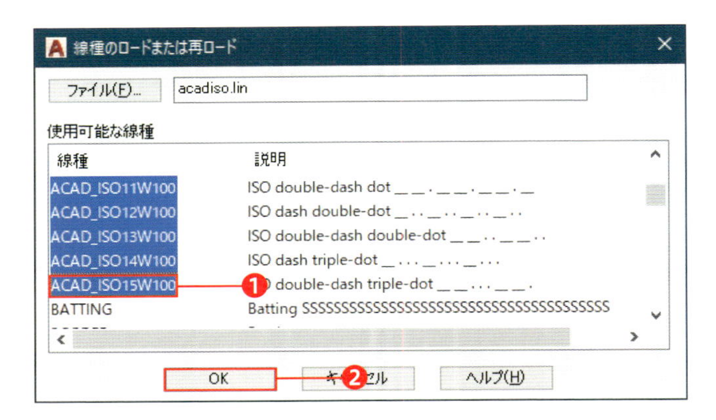

6 まとめて選択する

スクロールバーをドラッグして下にスクロールし、Shift キーを押しながら「ACAD_ISO15W100」をクリックして、その間の線種を全て選択します❶。[OK] をクリックします❷。

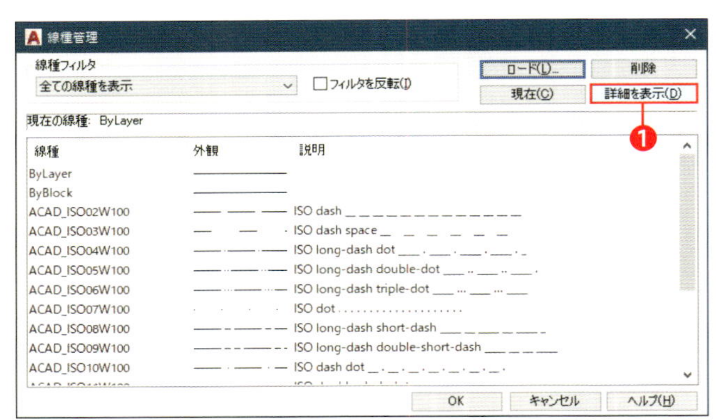

7 詳細な設定を表示する

[詳細を表示] をクリックします❶。

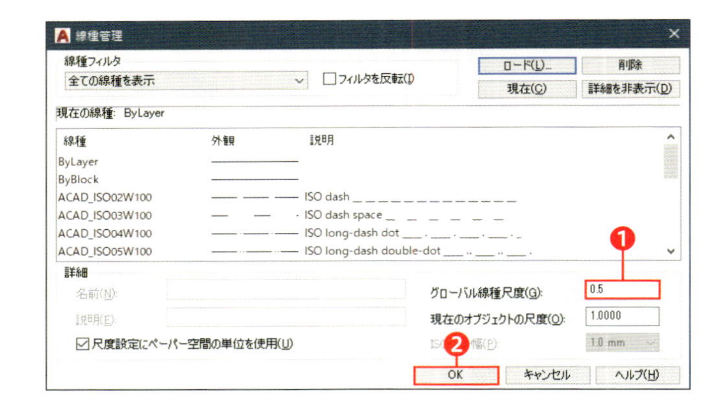

8 グローバル線種尺度を選定する

「グローバル線種尺度」のボックスに「0.5」と入力します❶。[OK] をクリックします❷。なお、「現在のオブジェクトの尺度」は変更しないようにしましょう。

+ Check

「グローバル線種尺度」は、線種の粗さを調整します。数値が小さすぎると隙間がつまって、実線に見えてしまいます。0.2～0.5程度にするとよいでしょう。

線の種類

JIS規格では、実線を含めて15種類の線の基本形（線形）が規定されています。それぞれに呼び方が付いています。

線形番号	線の基本形	呼び方	AutoCADの線種名
01		実線	Continuous
02		破線	ACAD_ISO02W100
03		跳び破線	ACAD_ISO03W100
04		一点長鎖線	ACAD_ISO04W100
05		二点長鎖線	ACAD_ISO05W100
06		三点長鎖線	ACAD_ISO06W100
07		点線	ACAD_ISO07W100
08		一点鎖線	ACAD_ISO08W100
09		二点鎖線	ACAD_ISO09W100
10		一点短鎖線	ACAD_ISO10W100
11		一点二短鎖線	ACAD_ISO11W100
12		二点短鎖線	ACAD_ISO12W100
13		二点二短鎖線	ACAD_ISO13W100
14		三点短鎖線	ACAD_ISO14W100
15		三点二短鎖線	ACAD_ISO15W100

また、「グローバル線種尺度」はコマンドラインからでも設定できます。キーボードから「LTS」と入力して Enter キーを押すと、現在の値が表示されます。正式なコマンド名は「LTSCALE」なので、AutoCADベテランの先輩から、「LTSCALEをいくつにして」などと指示されたときは、グローバル線種尺度を変更しましょう。

LTSCALE LTSCALE 新しい線種尺度を入力 <0.5000>:

画層を作る

練習ファイル 0402a.dwg　完成ファイル なし

テンプレートなしで始めたファイルには、「0」という名前の画層だけが設定されています。ここでは、軸受の図面に用いた画層を作りましょう。画層は、必要な時に必要な数だけ作成できます。前節で線種をロードしているので、線種も選べるようになっています。

必要な画層を作成する

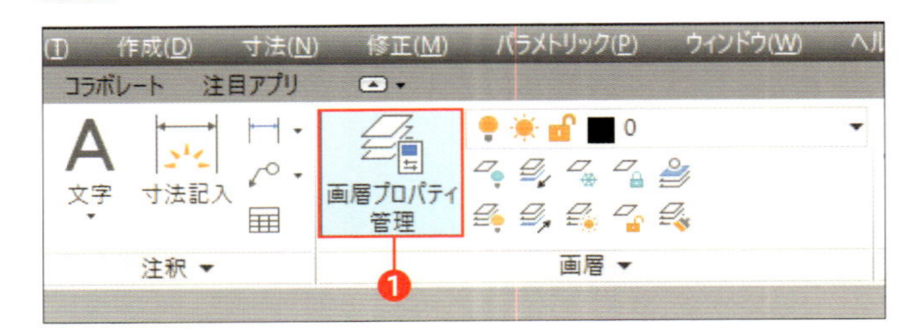

1 「画層プロパティ管理」を開く

[画層プロパティ管理] をクリックします❶。

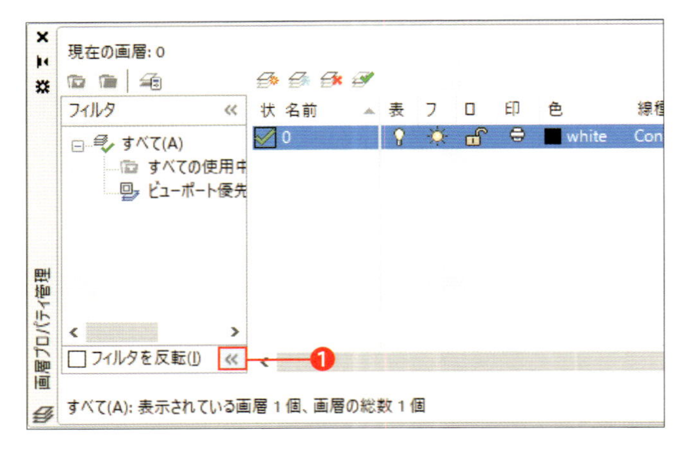

2 「フィルタ」を閉じる

「画層プロパティ管理」パレットが表示されます。[<<] をクリックして❶、「フィルタ」の項目を折りたたみます。

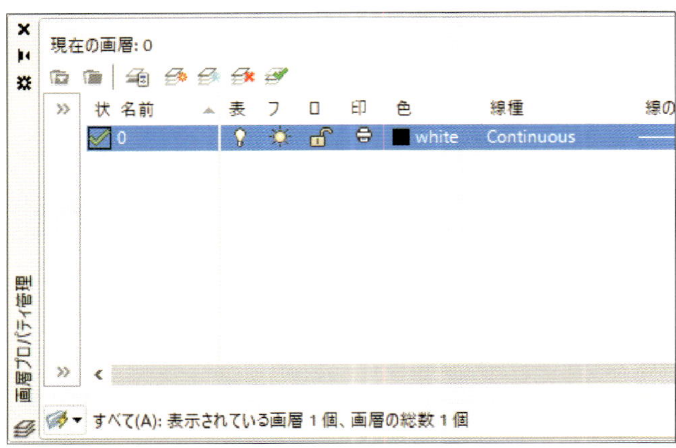

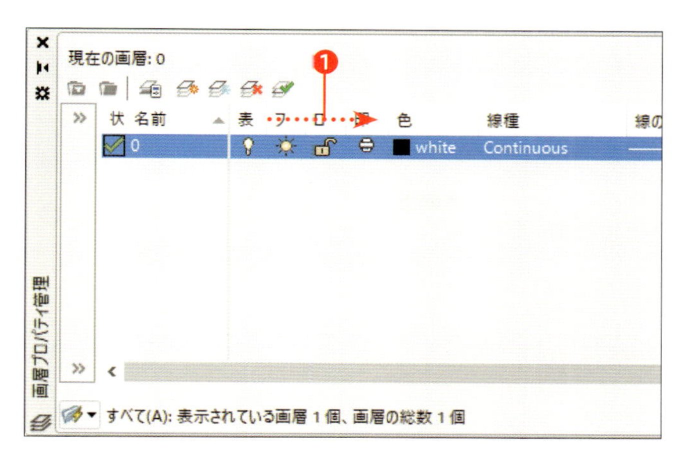

3 項目の幅を調整する

マウスポインターを見出し行の項目の境にあてると、形が変わります❶。その状態でドラッグすると、各項目の幅を変更できます❷。

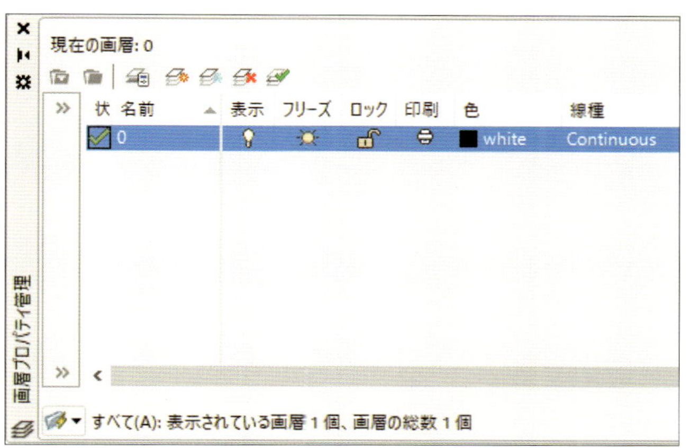

項目名が読みやすくなりました。変更しなくても、操作に差し支えありません。

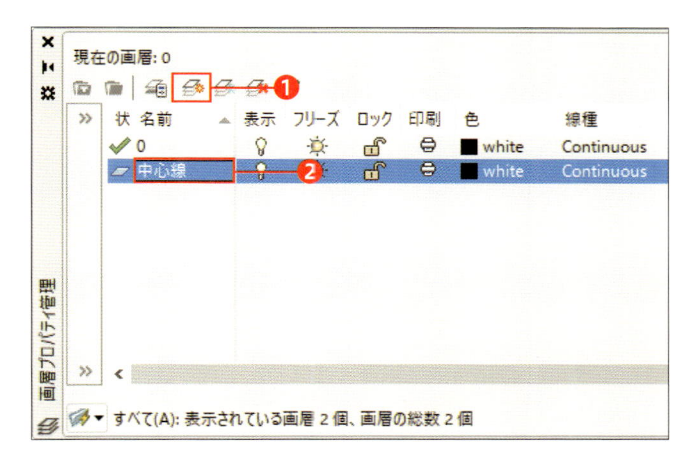

4 画層を新規作成する

［新規作成］をクリックし❶、新しい画層の名前を「中心線」と入力します❷。

Check

画層名には、以下の半角文字が使用できません。画層名の中に、これらの文字が含まれていると警告が出ます。
< > / \ " ; : ? * | , =

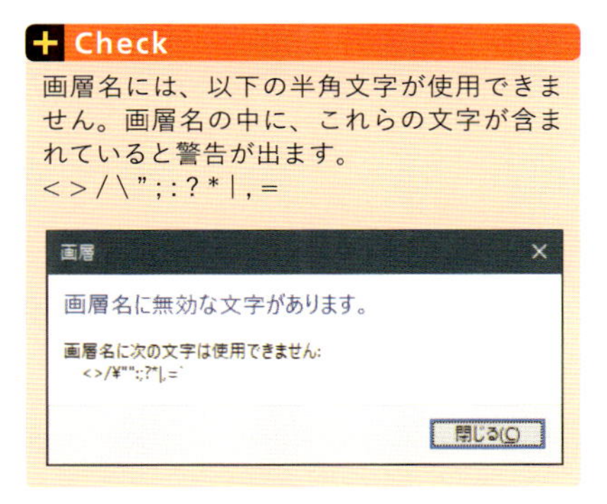

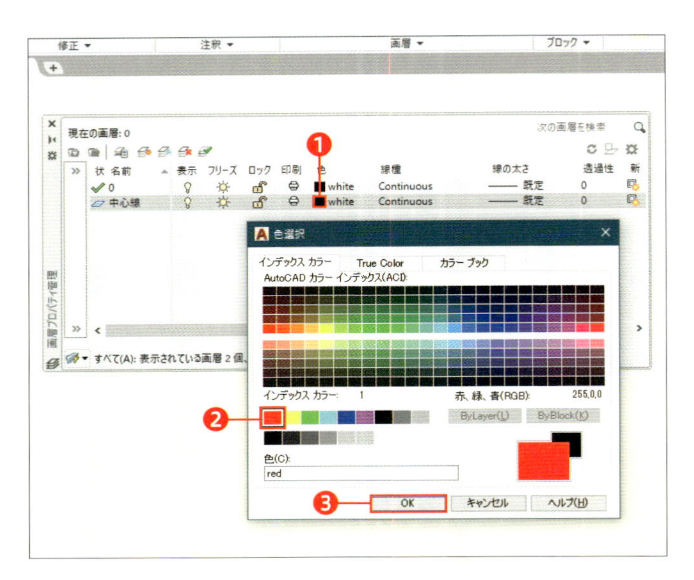

5 色を選択する

「中心線」画層のカラーチップをクリックします①。「色選択」ダイアログボックスで［red］を選択し②、［OK］をクリックします③。

Check

色は「インデックスカラー」から選択します。「True Color」や「カラーブック」から選ぶと、白黒印刷ができません。

6 線種を選択する

線種名をクリックします①。「線種を選択」ダイアログボックスで［ACAD_ISO08W100］を選択し②、［OK］をクリックします③。

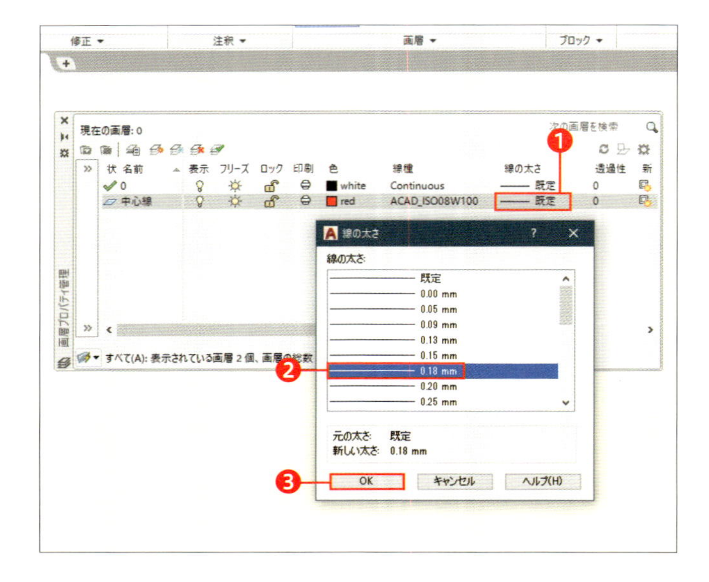

7 線の太さを設定する

「線の太さ」欄の［既定］をクリックします①。「線の太さ」ダイアログボックスで［0.18 mm］を選択し②、［OK］をクリックします③。

「図面輪郭線」画層を作成する

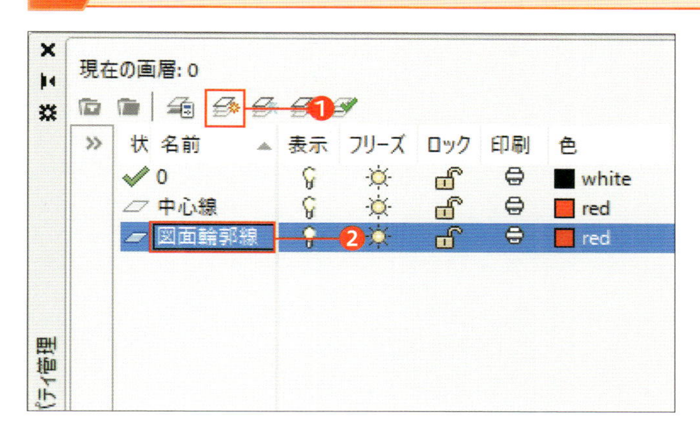

1 画層を作成する

［新規作成］をクリックし❶、新しい画層の名前を「図面輪郭線」と入力します❷。

Check
新しい画層のプロパティは、［新規作成］をクリックしたときに選択されていた画層と同じになります。

2 色を選択する

「図面輪郭線」画層のカラーチップをクリックします❶。「色選択」ダイアログボックスで、43番を選択し❷、［OK］をクリックします❸。

Check
番号が分かっているときは、［色］の欄にキーボードから入力しても設定できます。

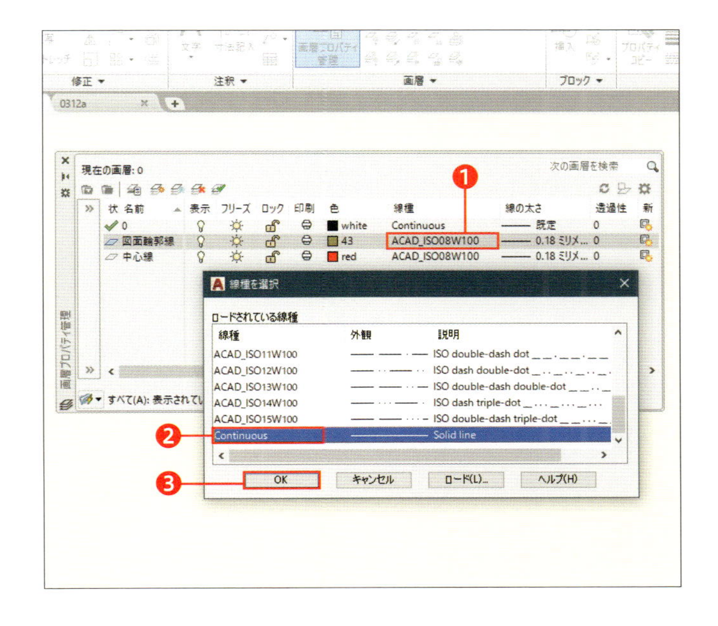

3 線種を設定する

線種名をクリックします❶。「線種を選択」ダイアログボックスで［Continuous］を選択し❷、［OK］をクリックします❸。

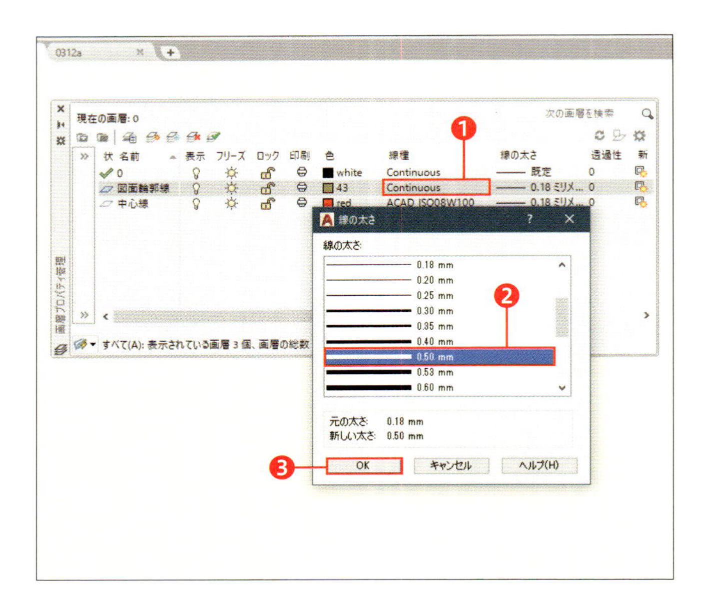

4 線の太さを設定する

「線の太さ」をクリックします❶。「線の太さ」ダイアログボックスで［0.50 mm］を選択し❷、［OK］をクリックします❸。

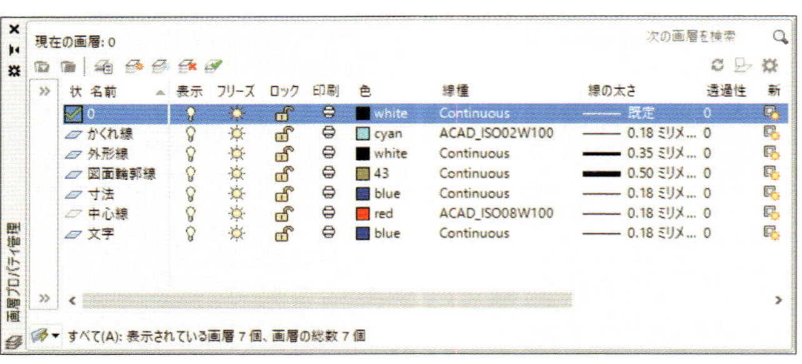

5 そのほかの画層も作成する

同じようにして、そのほかの画層も設定します。

Memo 画層の削除

使わなくなった画層を削除するときは、削除する画層名を選択し、［画層を削除］をクリックします。ただし、現在層になっている画層や「0」画層、図形が描かれている画層など、使用中の画層は削除できません。

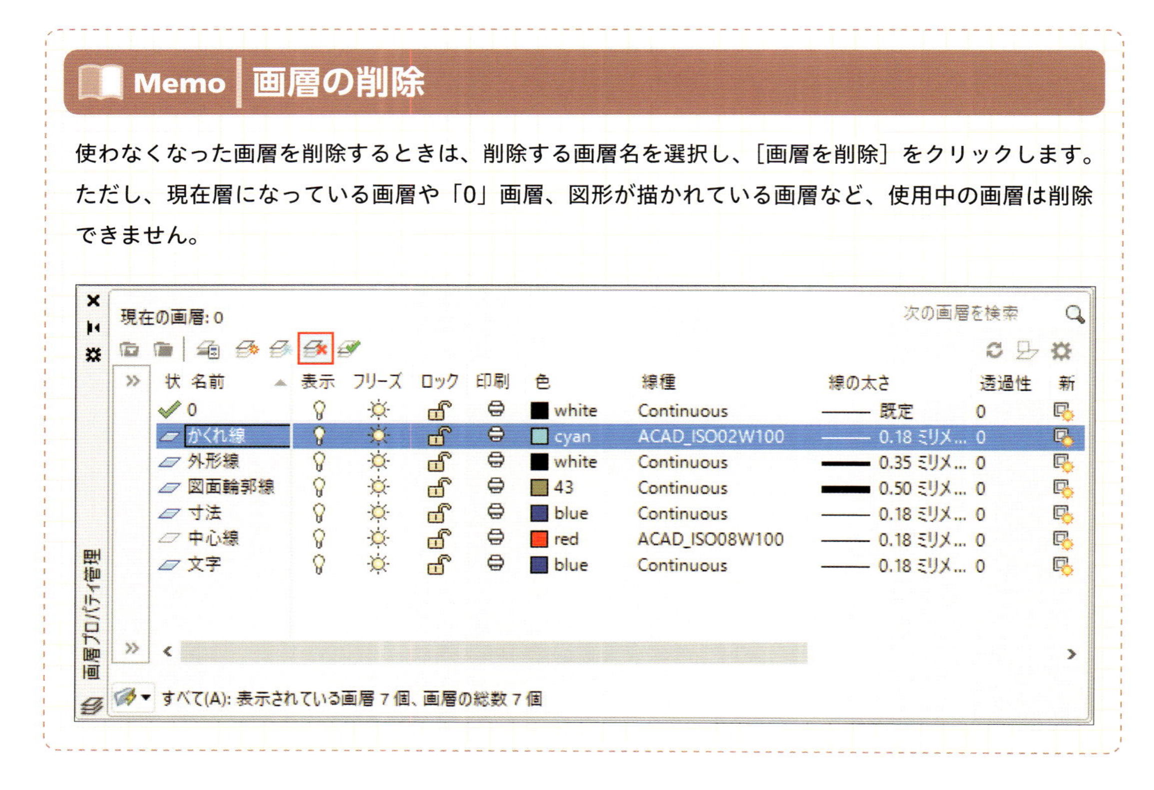

パレットの使い方

「画層プロパティ管理」や「オブジェクトプロパティ管理」など、タイトルバーが横に付いているウインドウをパレットといいます。パレットは表示したまま作図操作ができるほか、以下のような使い方ができます。

タイトルバーだけの表示にする

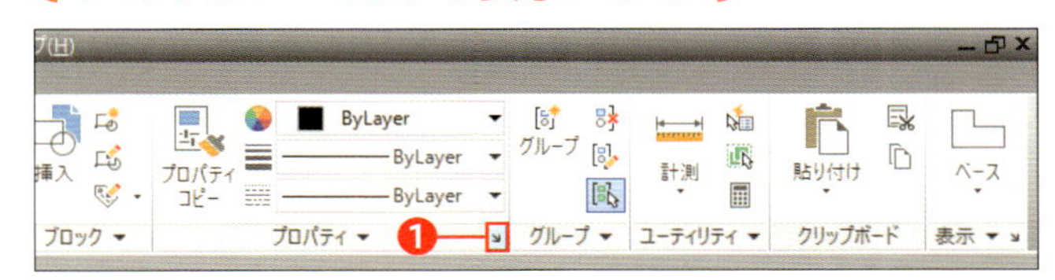

1 ［プロパティ］パネル名の横のボタンをクリックし❶、「オブジェクトプロパティ管理」パレットを表示します。

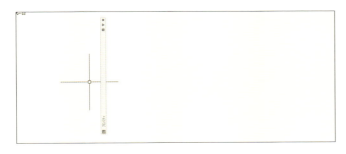

2 タイトルバーを右クリックし❶、［自動的に隠す］をクリックします❷。

3 カーソルがパレットの外に出ると、タイトルバーだけの表示になります。カーソルがタイトルバーに重なると、再びパレットが表示されます。

画面にドッキングする

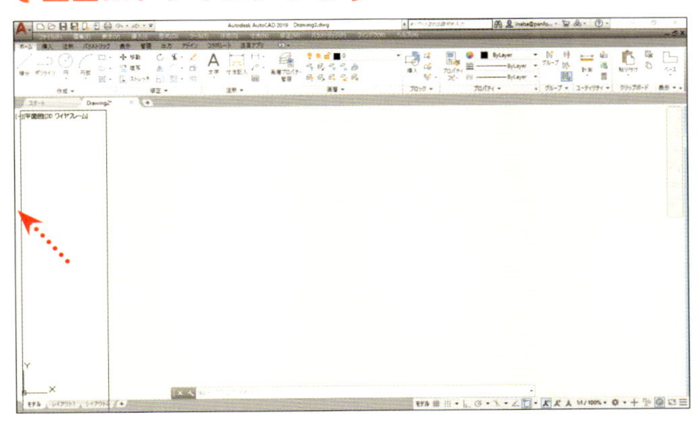

1 タイトルバーをドラッグして、画面の端に押し付けると輪郭の表示が変化します。この表示になったところで、ボタンから指をはなします。

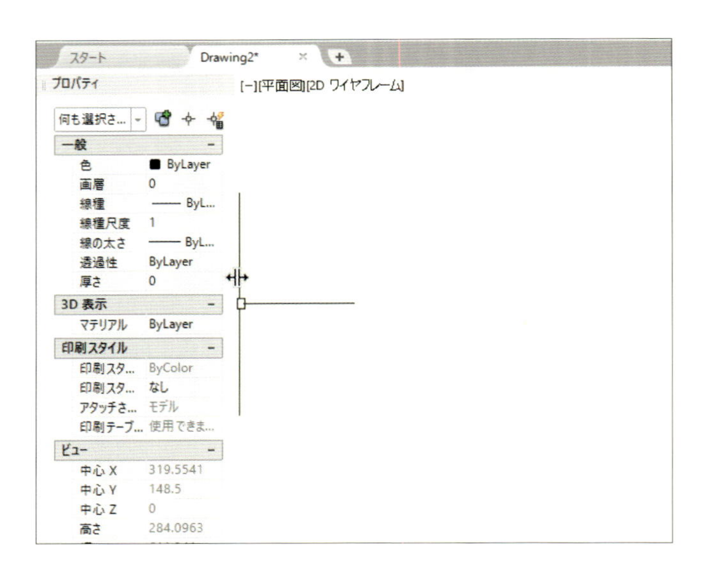

2 パレットの端をドラッグすると、幅を調整できます。

ドッキングを解除する

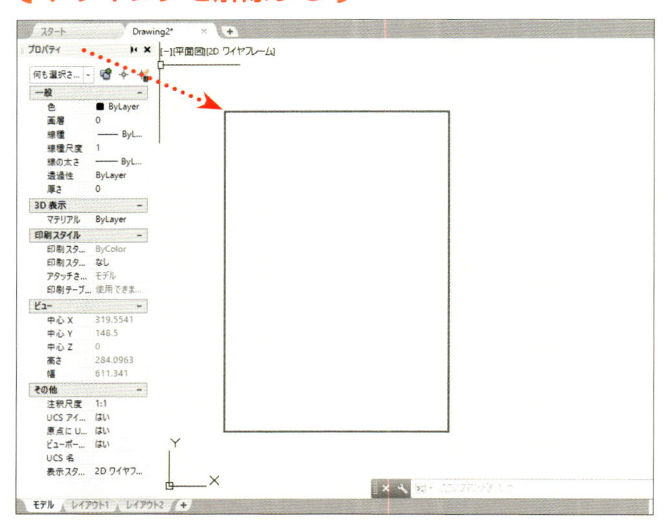

1 タイトルバーを画面の中までドラッグします。輪郭の表示が変化したら、ボタンをはなします。

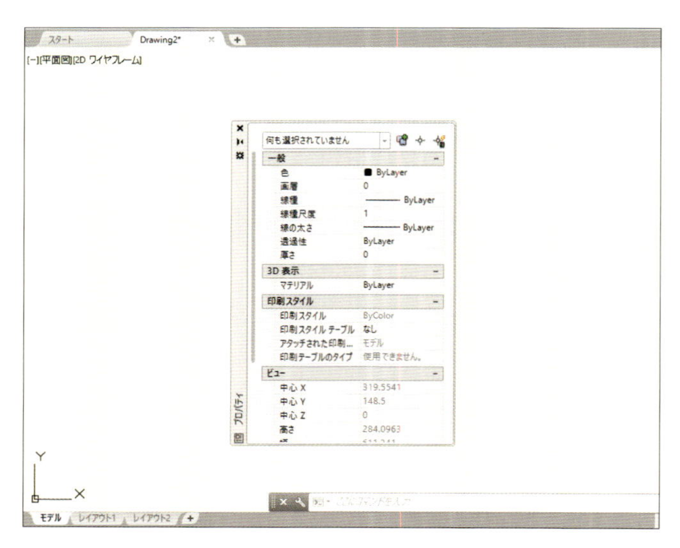

2 画面から切り離されます。

図面用紙を準備する

練習ファイル 0403a.dwg　完成ファイル 0403b.dwg

AutoCADは、製図以外の目的で使うことも考慮しているため、用紙の設定がありません。作図空間のどこに作図してもよいし、印刷する範囲も自由に決められます。そこで、通常の作図コマンドを使って、用紙サイズの長方形を描き、その範囲を用紙として作図します。ここでは、横置きのA4サイズの長方形を描きましょう。

図面の用紙枠を描く

1 画層を切り替える

［画層コントロール］をクリックし❶、「図面輪郭線」を現在層にします❷。

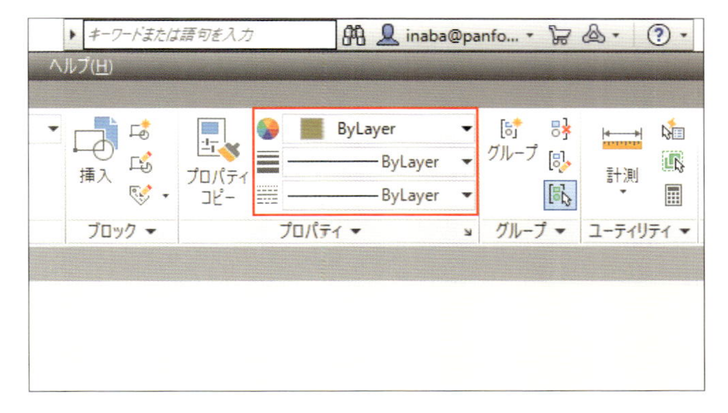

2 画層の設定を確認する

「色」「線の太さ」「線種」がそれぞれ「ByLayer」になっていることを確認します。

Check
これらのプロパティを「ByLayer」にして作図すると、画層の設定で図形のプロパティをコントロールできます。

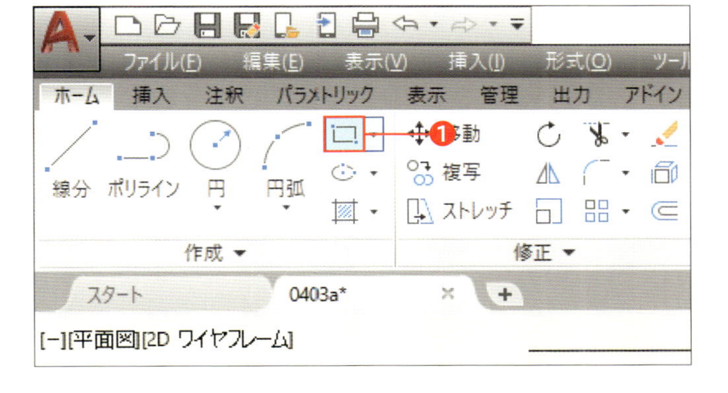

3 「長方形」コマンドを実行する

［長方形］をクリックします❶。

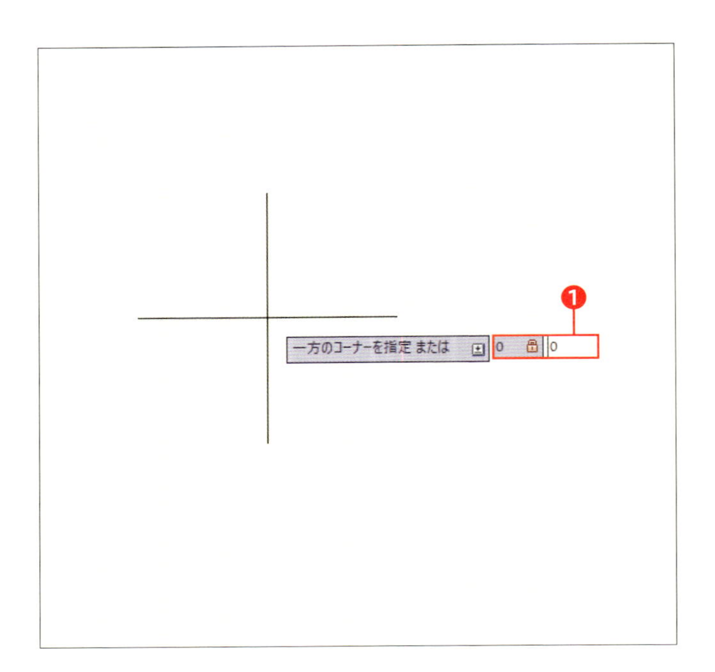

4 1点目を指定する

用紙の左下を原点に合わせましょう。キーボードから「0,0」と入力し、Enter キーを押します❶。

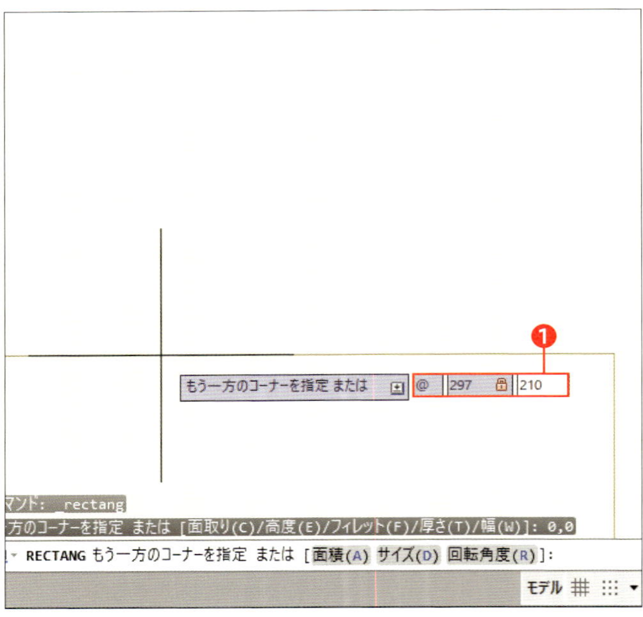

5 2点目を指定する

長方形の2点目は「@297,210」と入力し、Enter キーを押します❶。

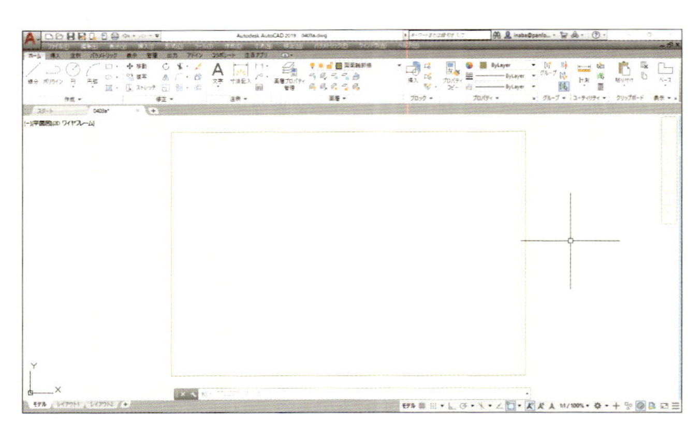

6 全体を表示する

ズームして全体を表示しましょう。

ポリライン

LINE［線分］コマンドは連続して直線を引けますが、でき上がった図形は1本1本バラバラな線になっています。［ポリライン］コマンドは、［線分］コマンドと同じ操作方法で直線を引けますが、でき上がった図形は一つにつながった線になります。なお、［長方形］コマンドで描いた図形も、閉じたポリラインです。

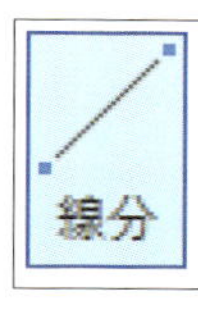

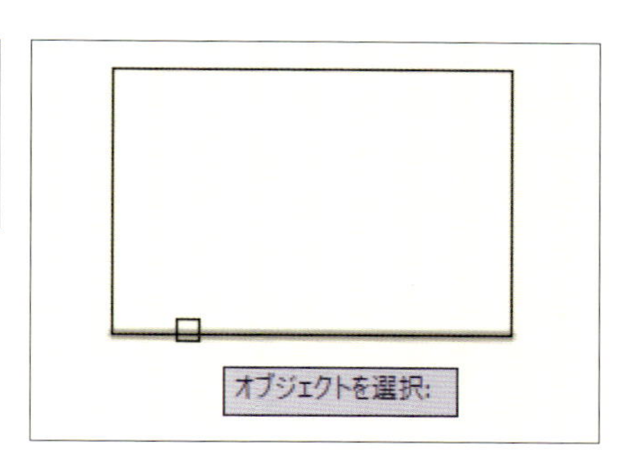

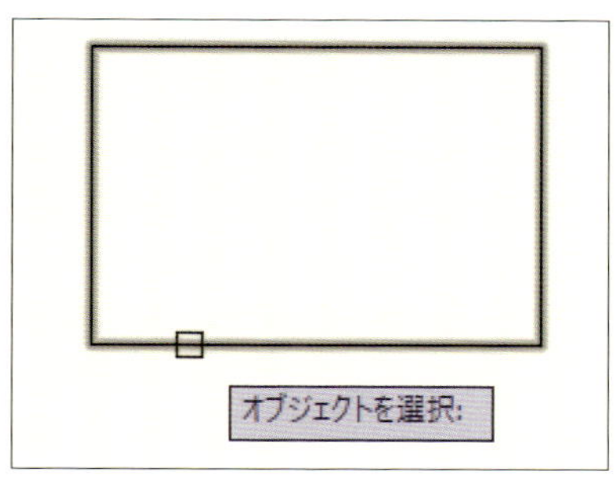

線分や円弧をポリラインにする

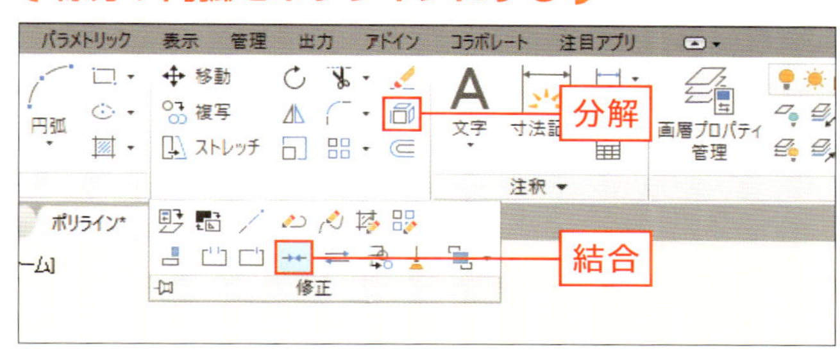

端点が一致している線分や円弧をポリラインにするには、［結合］コマンドを使います。

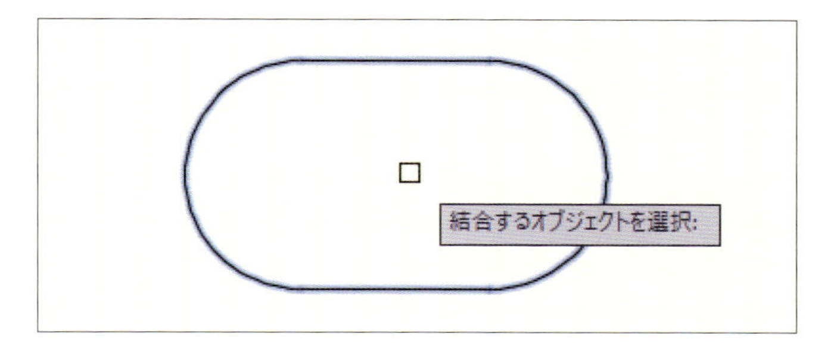

結合したい図形を選択して Enter キーを押すと、ポリラインになります。

ポリラインを分解する

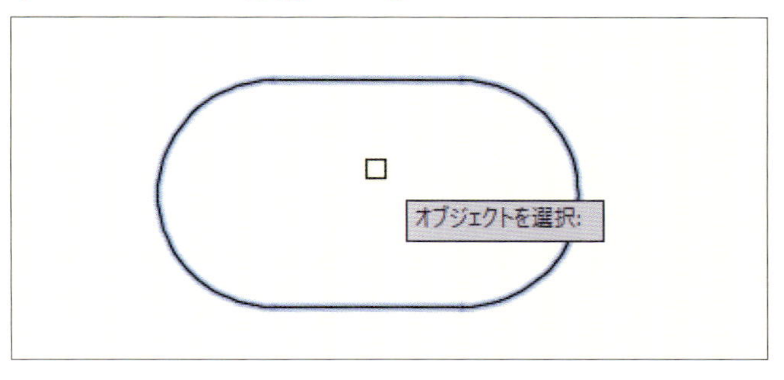

ポリラインを線分や円弧に分解するときは、［分解］コマンドを使い、ポリラインを選択して Enter キーを押します。

正多角形

正多角形を描くための［ポリゴン］というコマンドがあります。［ポリゴン］コマンドは、中心からのサイズを指定する方法と、辺の長さを指定する方法の2通りの描き方があります。このコマンドで作図した図形も閉じたポリラインです。

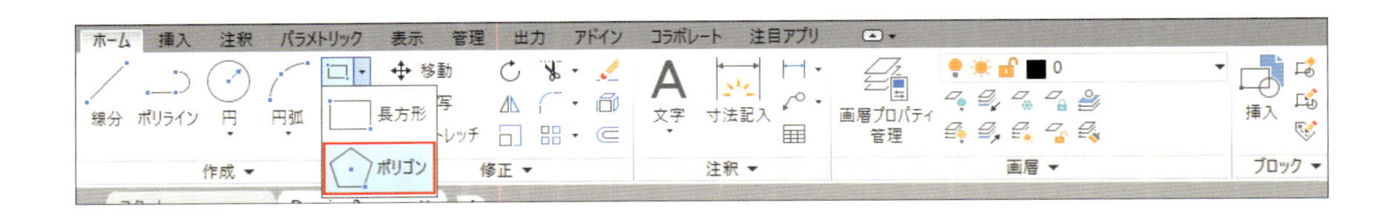

中心と半径（フチまでの距離）を指定して描く

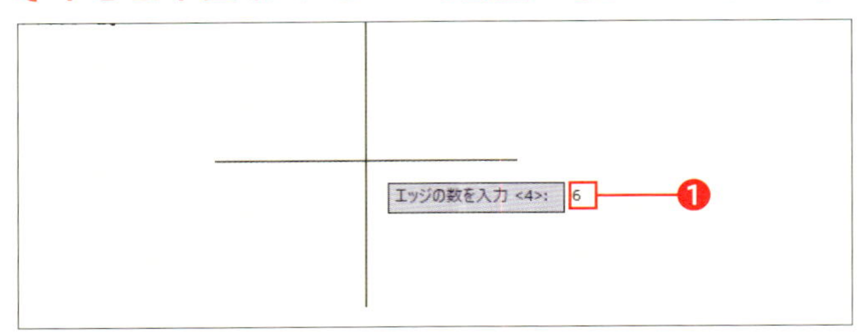

1 エッジ（辺）の数を入力します❶。

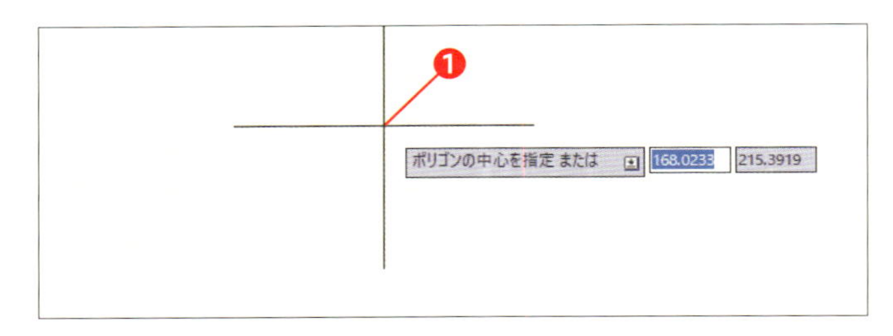

2 中心を指定します❶。

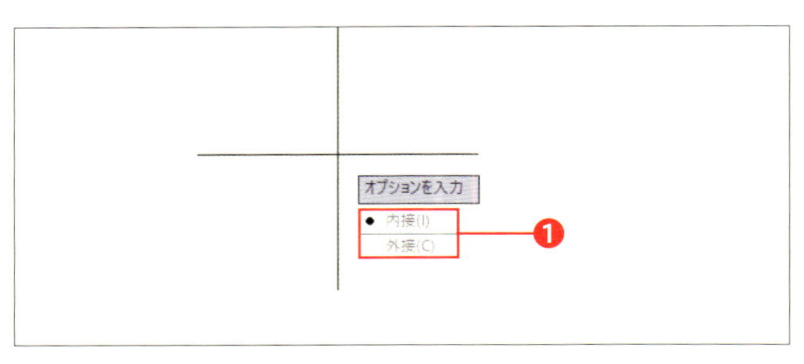

3 円に内接する多角形か、外接する多角形かを指定します❶。

・内接

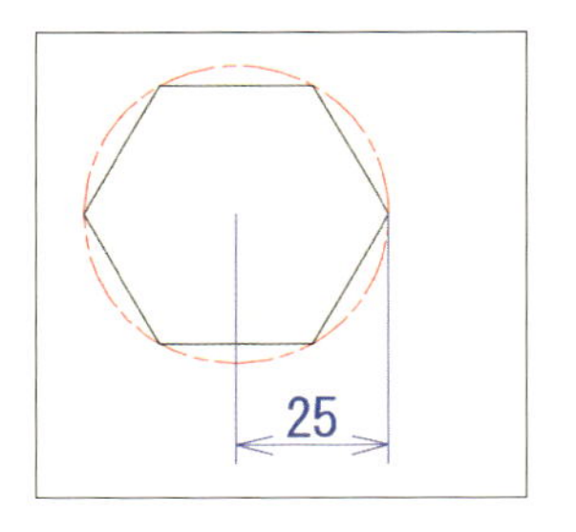

・外接

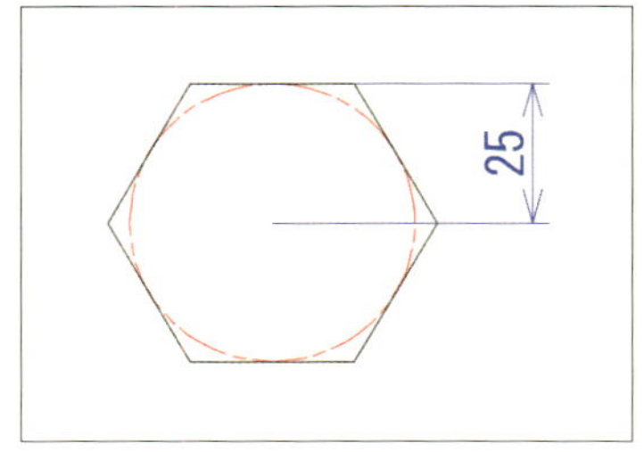

4 半径を入力します。必ずしも円が作図されている必要はないので、ここで入力する半径は、内接の場合は、中心から頂点までの距離、外接の場合は、中心から辺までの距離になります。

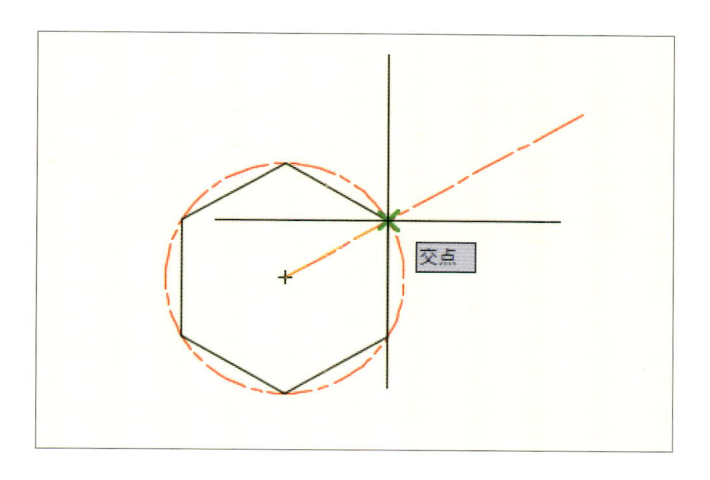

5 キーボードから数値で半径を入力すると、底辺が水平な正多角形になります。半径の位置を画面上でクリックしたり、「@25<30」と入力したりすれば、底辺を傾けた正多角形にできます。

辺の長さを指定して描く

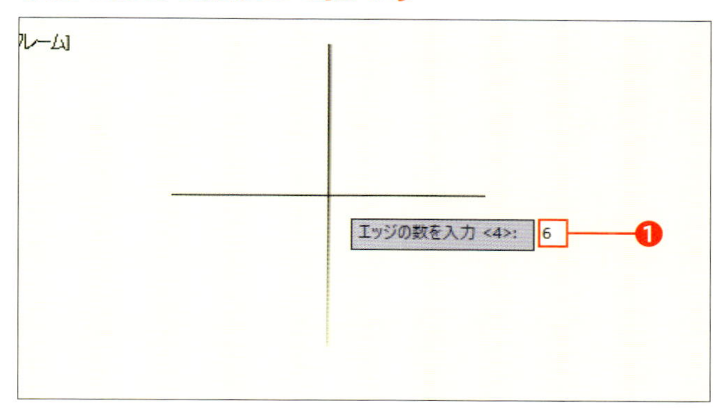

1 エッジ（辺）の数を入力します❶。

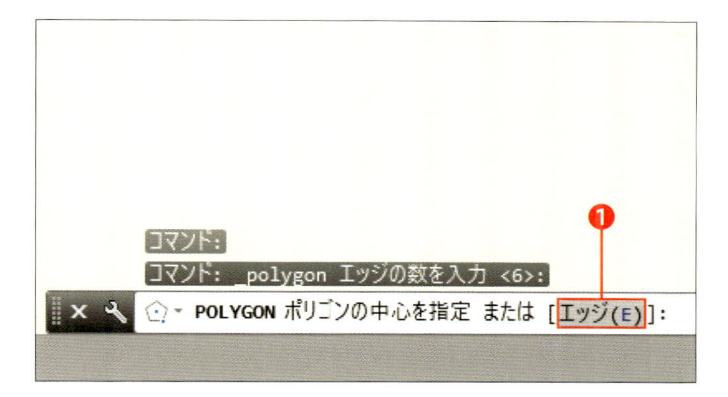

2 ［エッジ］をクリックします❶。

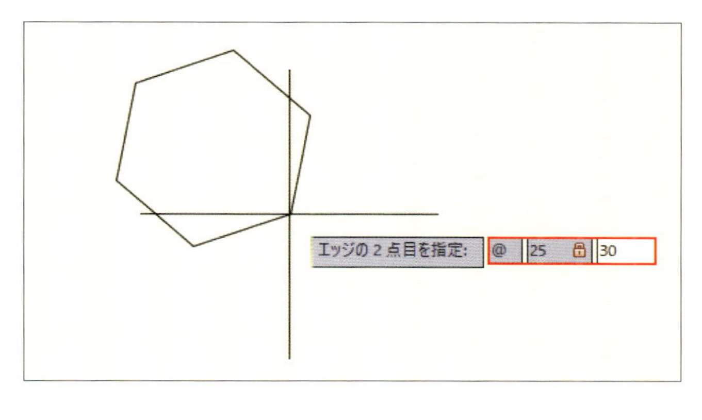

3 2つの点を指定して、辺の位置と長さを指定します。2点目を指定するときに、「@25<30」のように入力すれば、長さと角度を正確に指定できます。

第4章 図面ファイルを設定する

Section 04 # 図面用紙の輪郭線を作る

練習ファイル 0404a.dwg　完成ファイル 0404b.dwg

図面には輪郭線が不可欠です。ここでは、図面用紙のフチから10mmの余白をとって、輪郭線を作りましょう。

輪郭線を作成する

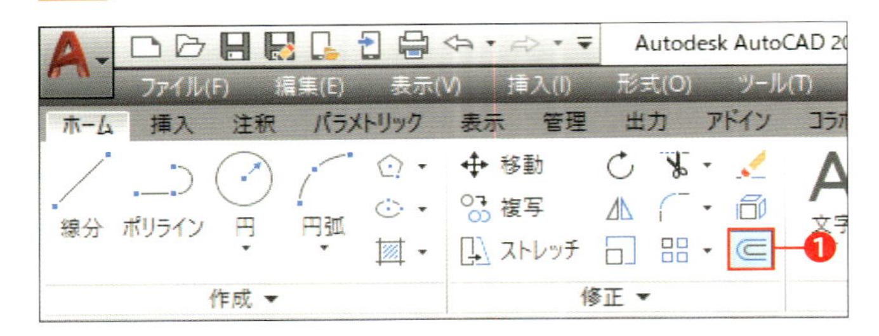

1 「オフセット」コマンドを実行する

［オフセット］をクリックします❶。

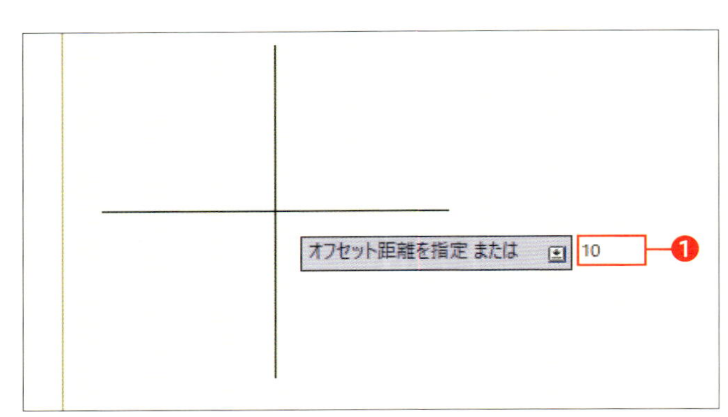

2 オフセット距離を設定する

オフセット距離は「10」と入力します❶。

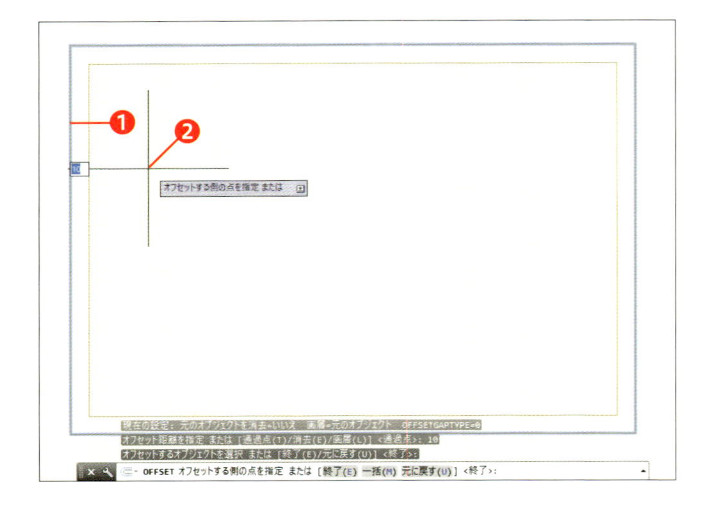

3 長方形を内側にオフセットする

長方形のどこか1か所をクリックして選択し❶、その内側をクリックします❷。Enter キーを押して、コマンドを終了します。

表題欄を作図する

練習ファイル 0405a.dwg　完成ファイル 0405b.dwg

図面用紙の右下に、図のような寸法で表題欄を作図しましょう。表題欄も輪郭線と同じ画層に描くことにします。画面上の線をクリックすると、その線の画層が現在層になる［現在層に設定］コマンドを使ってみましょう。

表題欄の完成図

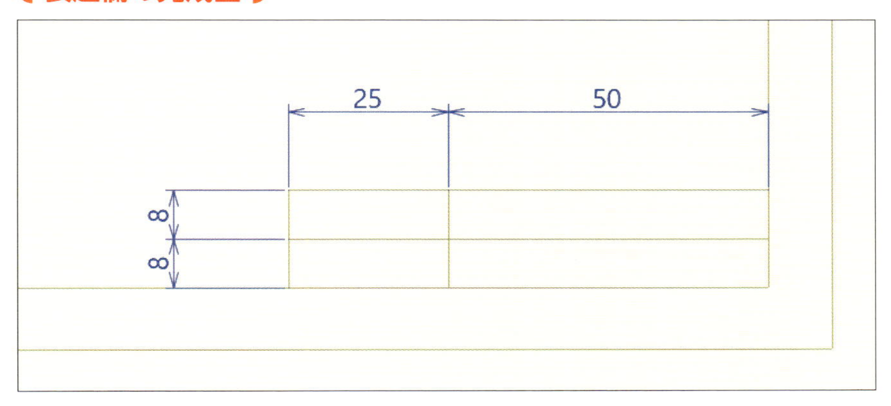

表題欄を作成する

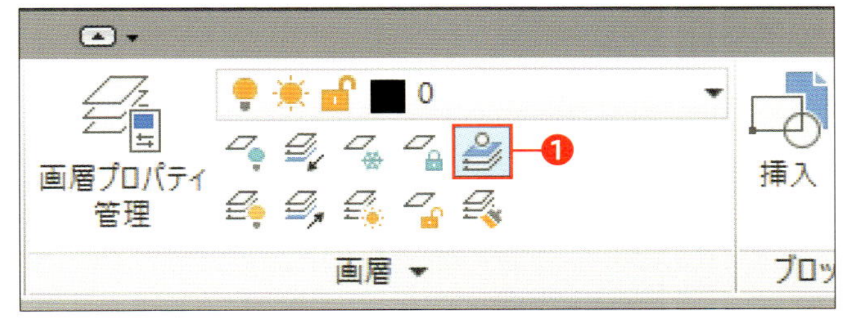

1 現在層に設定する

［現在層に設定］をクリックします❶。

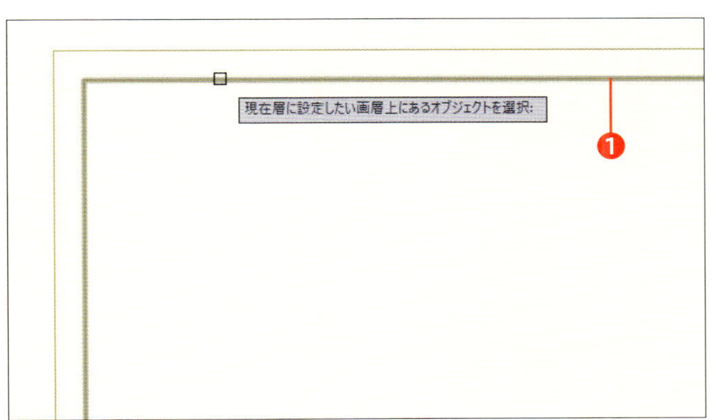

2 輪郭線を選択する

画面上の輪郭線をクリックします❶。

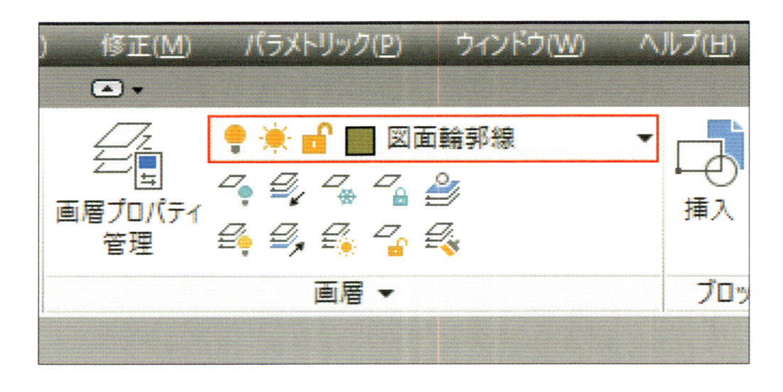

3 現在層が切り替わる

現在層が「図面輪郭線」になりました。

4 「長方形」コマンドを実行する

［長方形］コマンドを実行します❶。

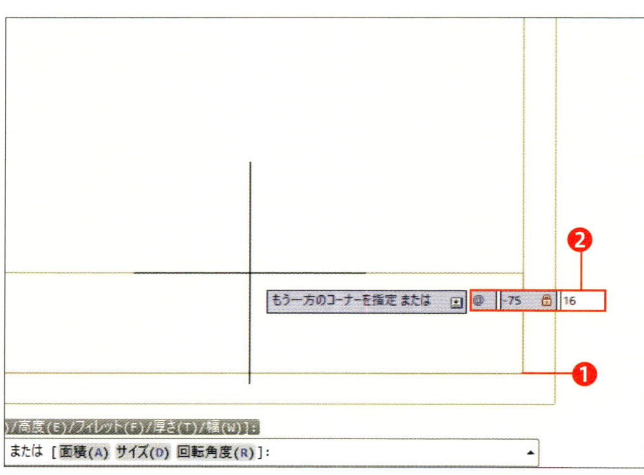

5 長方形を描く

1点目は輪郭線の右下角にスナップさせてクリックします❶。2点目は「@-75,16」と入力します❷。

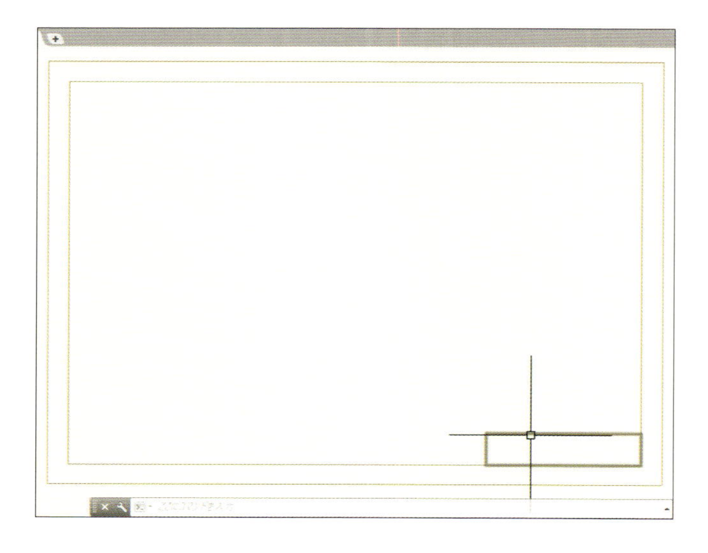

6 表題欄の枠ができた

輪郭線の右下に表題欄の枠ができました。輪郭線の上にダブっている線があるので、重なっている部分だけを削除することにします。

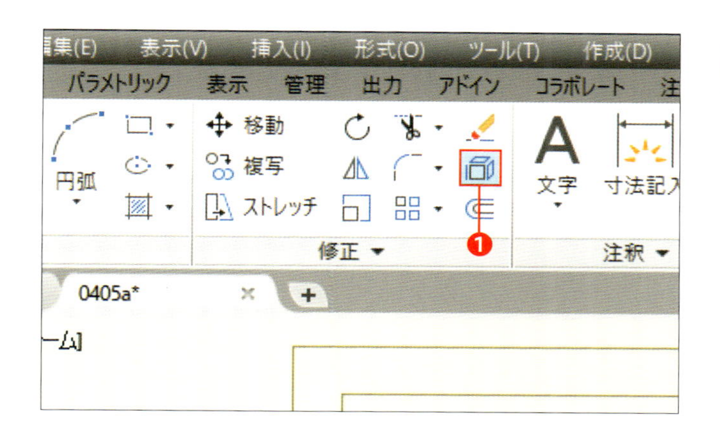

7 「分解」コマンドを実行する

［分解］をクリックします❶。

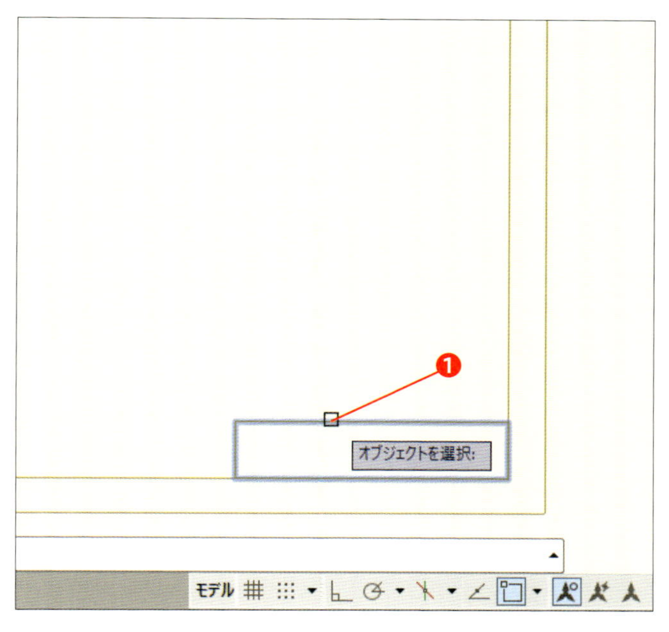

8 表題欄の枠を選択する

表題欄をクリックして選択し、Enter キーを押して確定します❶。

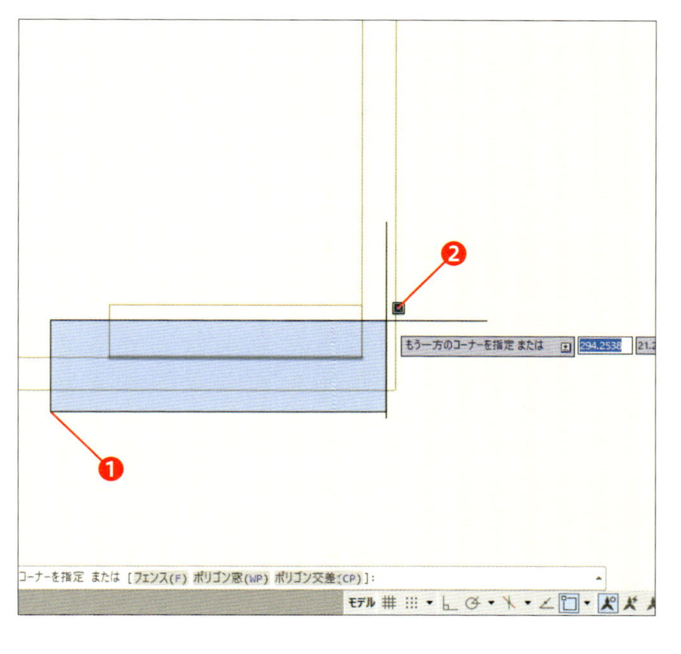

9 短い線だけを選択する

図のように左から右へ囲んで、短い線だけを選択します❶❷。

Check

クリックしても選べるかもしれませんが、重なっている短い線を確実に選ぶときの定番の方法です。

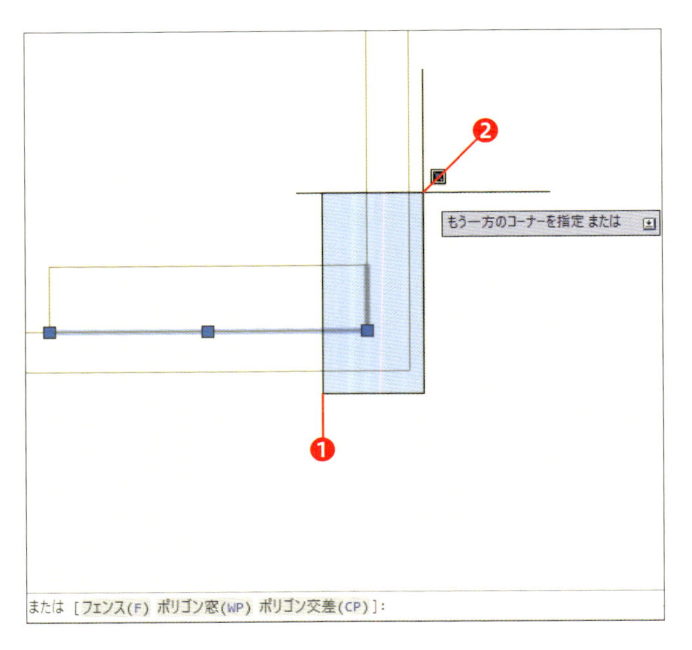

10 縦線も選択する

続けて、短い縦線も選択します❶❷。

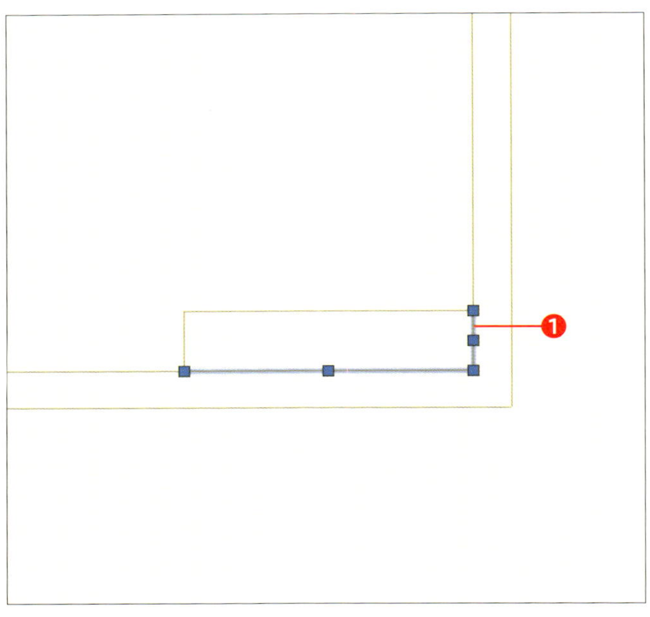

11 線を削除する

Delete キーを押して削除します❶。

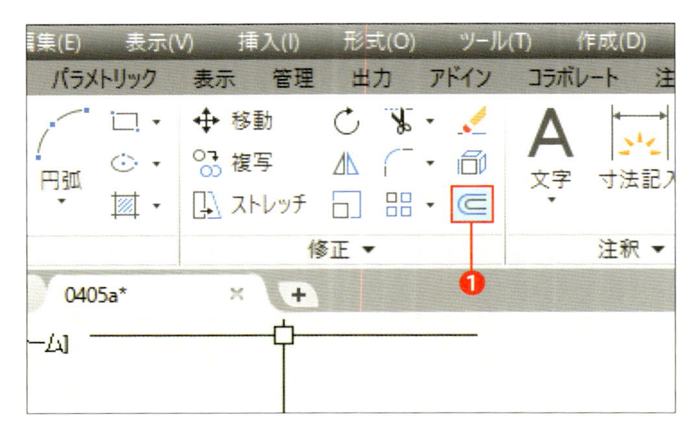

12 「オフセット」コマンドを実行する

[オフセット] コマンドを実行します❶。

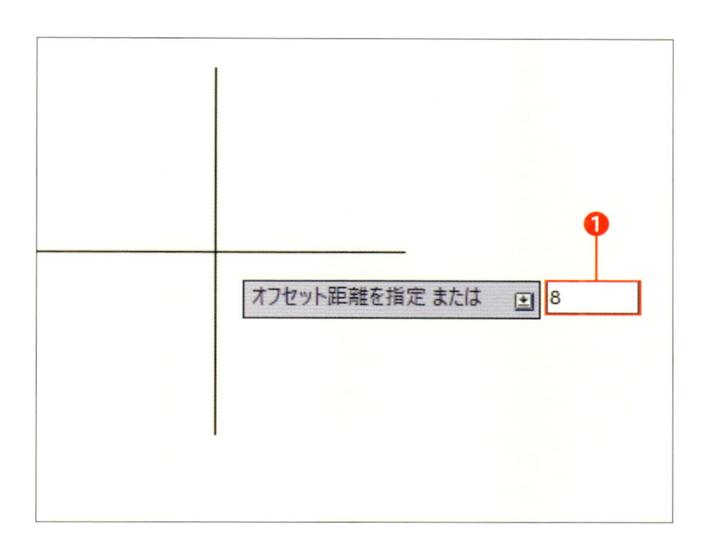

13 オフセット距離を指定する

オフセット距離は「8」と入力します❶。

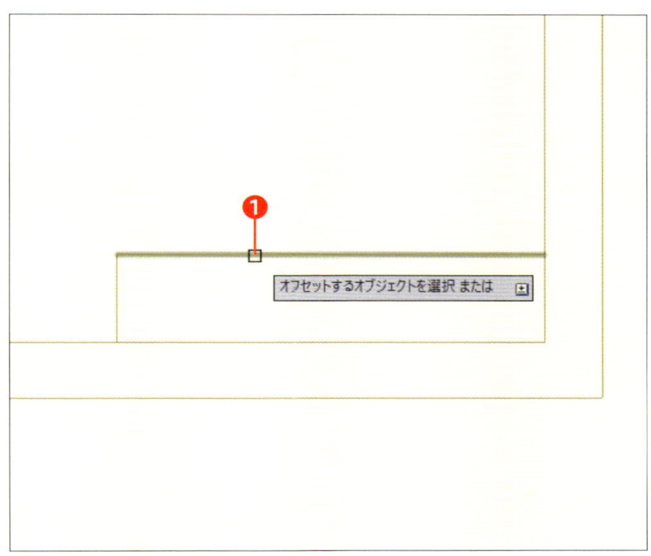

14 オフセットする線を選択する

横線をクリックします❶。

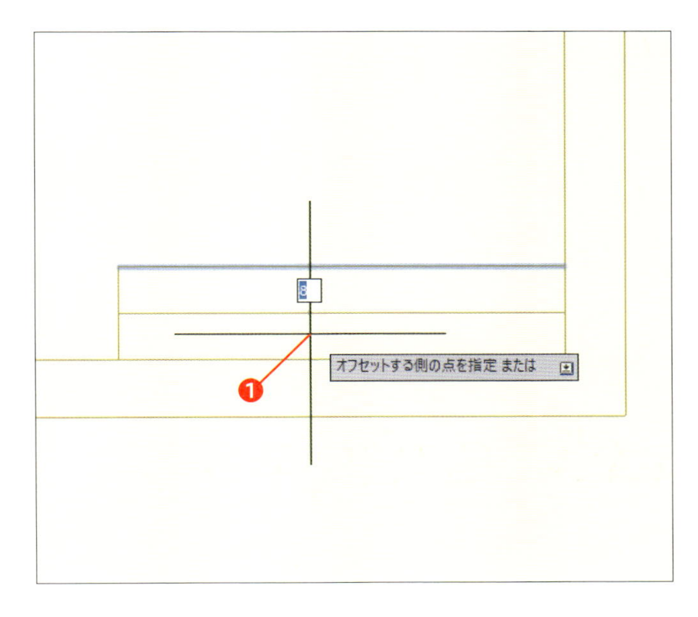

15 下にオフセットする

すぐ下をクリックします❶。Enter キーを押してコマンドを終了します。

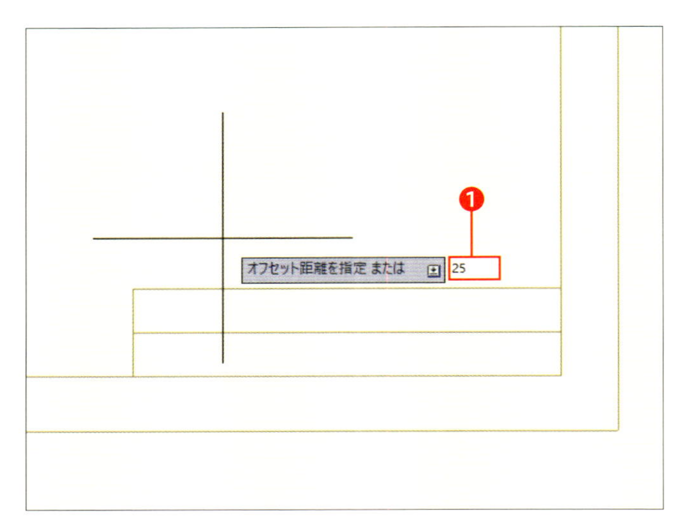

16 「オフセット」コマンドを再実行する

Enter キーを押して［オフセット］コマンドをもう一度実行します。オフセット距離は「25」と入力します❶。

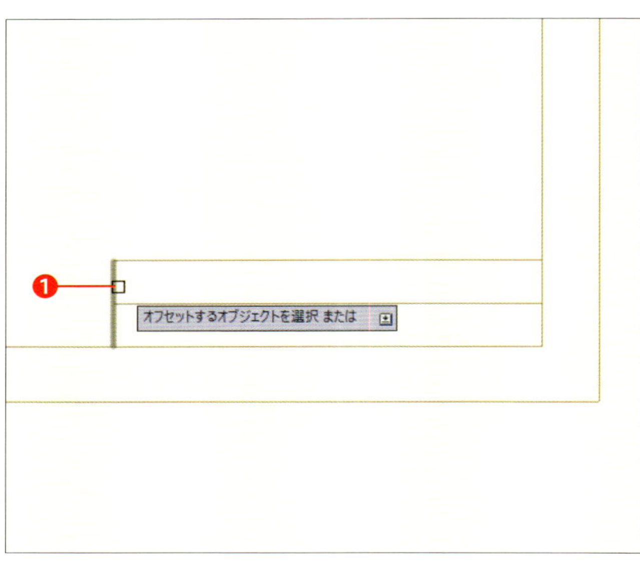

17 縦線を選択する

縦線をクリックします❶。

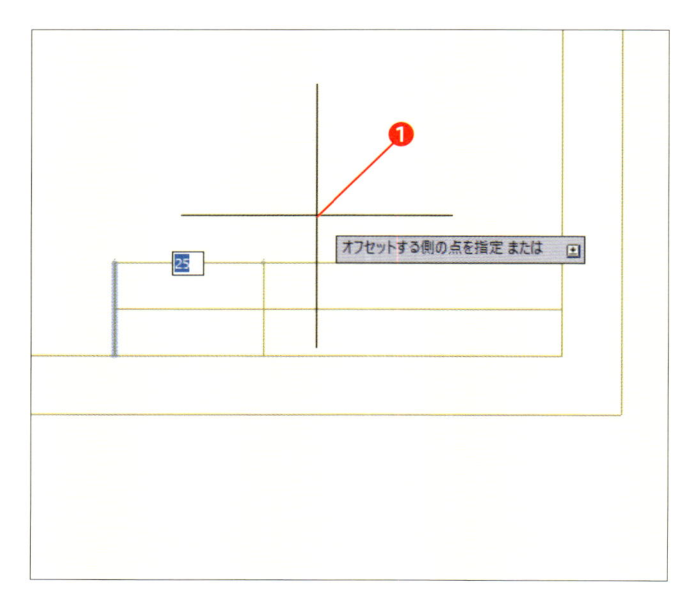

18 右にオフセットする

右側をクリックします❶。Enter キーを押してコマンドを終了します。

Section 06

文字スタイルを設定する

練習ファイル 0406a.dwg　完成ファイル なし

文字を記入するには「文字スタイル」の設定が必要です。「文字スタイル」は、使用するフォントを設定したもので、用途に応じて複数作れます。

文字スタイルを設定する

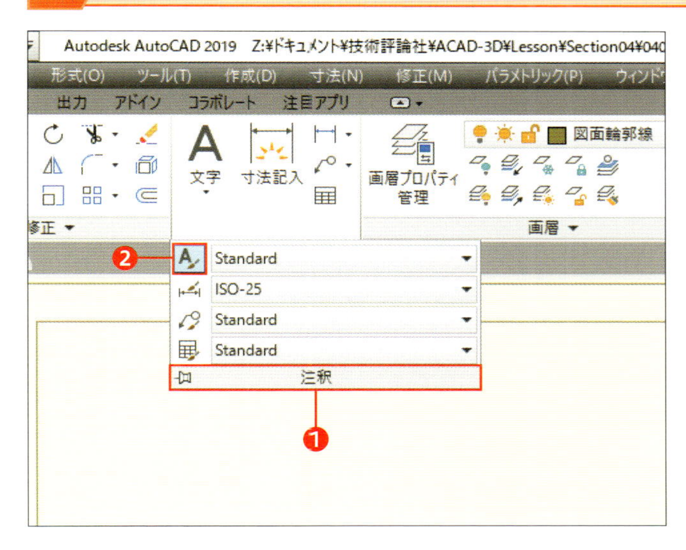

1 「文字スタイル管理」を開く

［ホーム］リボンタブの［注釈］パネルのパネル名をクリックし❶、［文字スタイル管理］をクリックします❷。

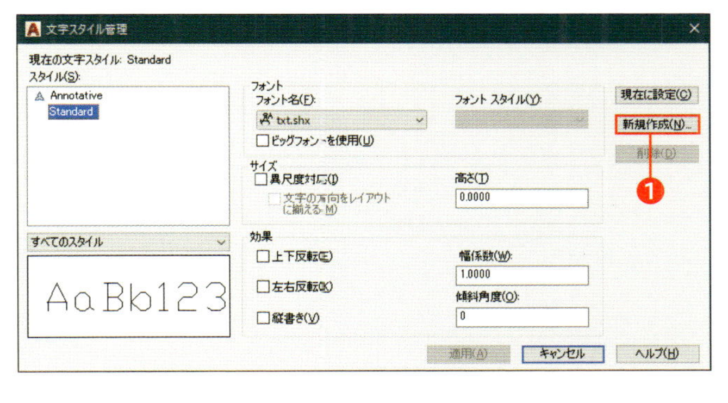

2 文字スタイルを新規作成する

「文字スタイル管理」ダイアログボックスが開きます。用意された文字スタイルがありますが、ここでは、新しい文字スタイルを作ることにします。［新規作成］をクリックします❶。

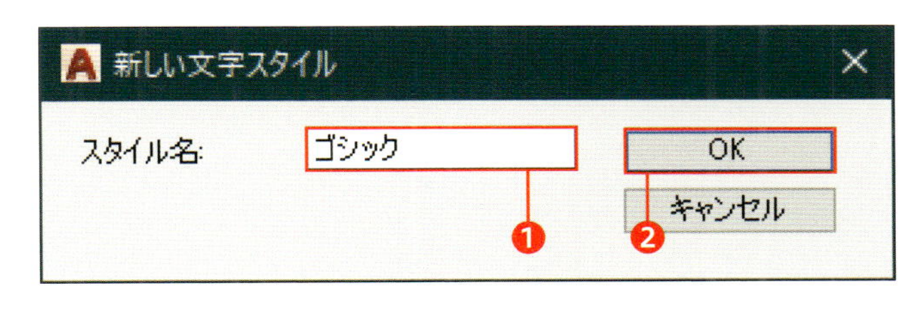

3 スタイル名を入力する

「スタイル名」に「ゴシック」と入力して❶、［OK］をクリックします❷。

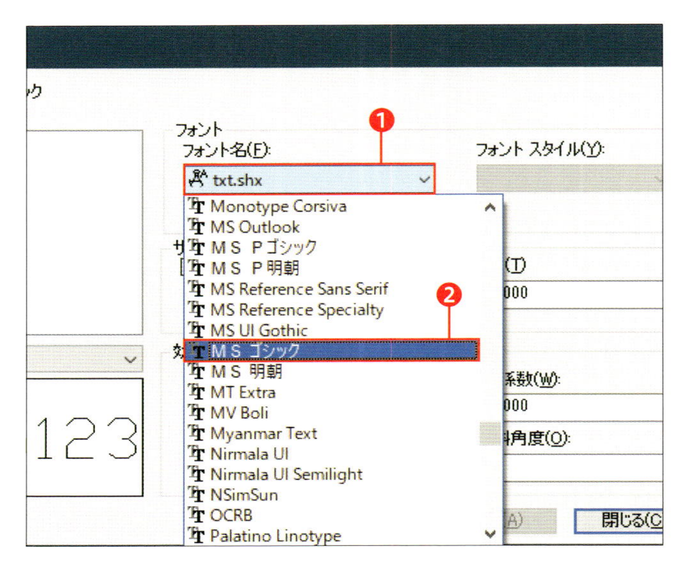

4 フォントを選択する

「フォント名」のリストをクリックし❶、[MSゴシック]を選択します❷。

Check

フォント名が「@」ではじまるフォントは、縦書き用です。また、「MS Pゴシック」というフォントもあるので、間違えないようにしましょう。

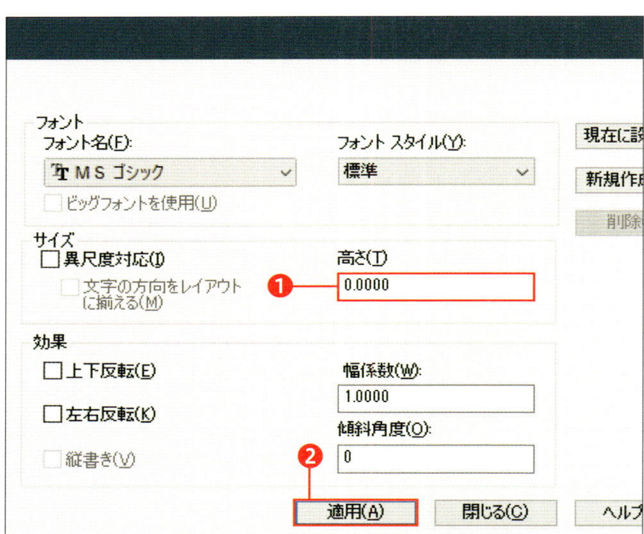

5 文字の高さを設定する

「高さ」が「0」になっていることを確認します❶。[適用]をクリックします❷。

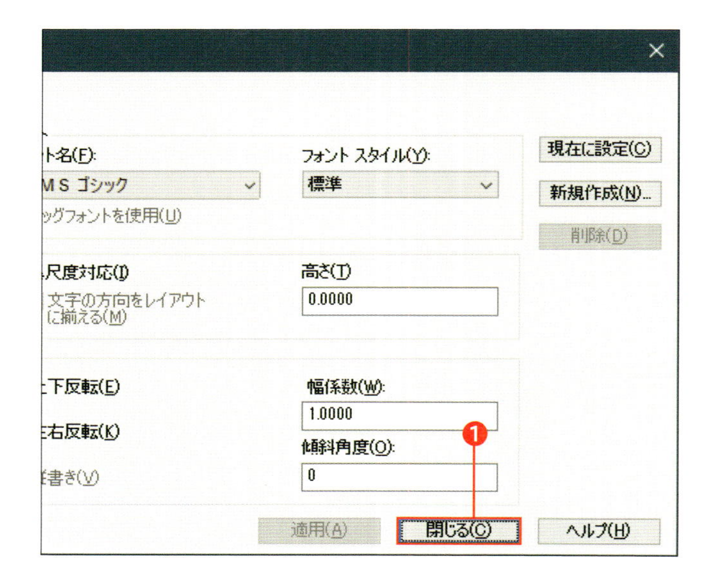

6 「文字スタイル管理」を閉じる

[閉じる]をクリックします❶。

AutoCADで使用できるフォント

AutoCADをインストールすると、AutoCADだけで使用できるフォントも同時にインストールされます。「シェイプ（SHX）フォント」というフォントで、シェイプ図形という特殊な直線で作られた文字です。通常の図形のように、画層に設定された線の太さで表示されます。直線で作られているので、ペンプロッターからの出力にも適しています。

ワープロなどで使用している、Windowsシステムに登録されたフォントも使用できます。システムに登録されているフォントは、「TrueType」という種類のフォントです。AutoCADをインストールしたときに、TrueTypeフォントもいくつかインストールされています。

TrueType

Shape

文字スタイルを設定するときには、フォント名に付いたアイコンの形で種類を見分けられます。コンパスのようなアイコンが「シェイプ（SHX）フォント」、「T」が2つ重なったアイコンが「TrueTypeフォント」です。なお、フォント名が「@」で始まるフォントは縦書き用です。

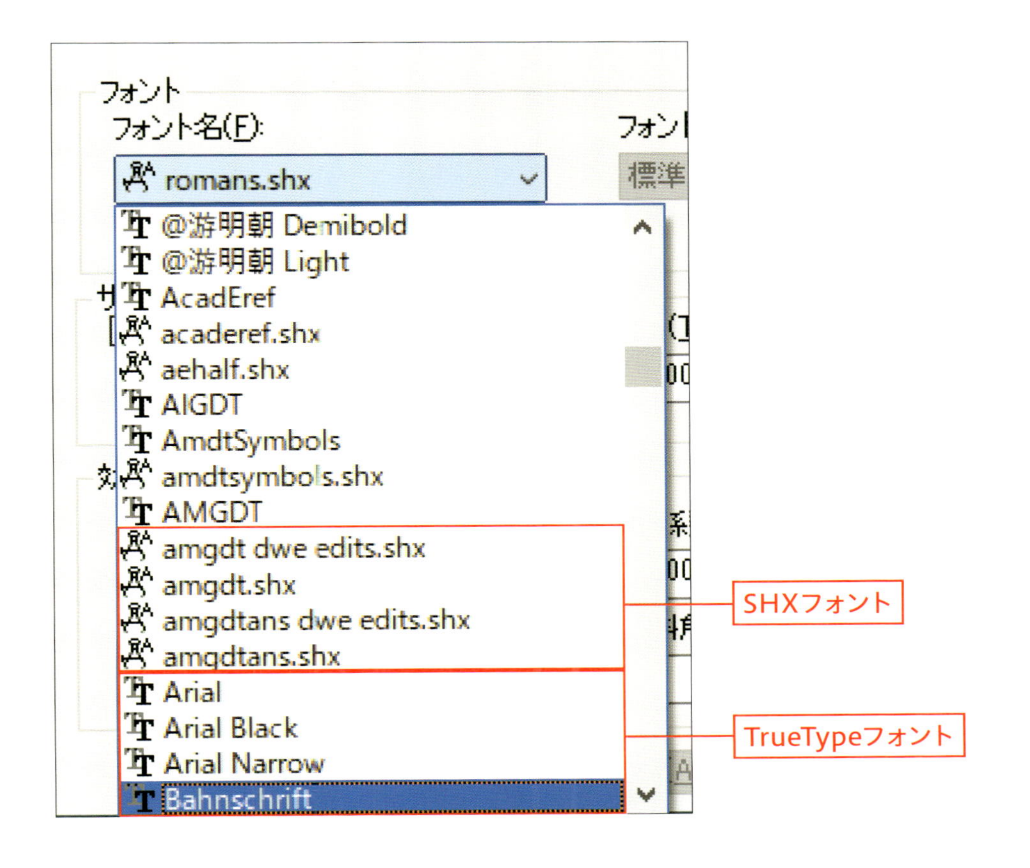

シェイプ（SHX）フォントを設定する

シェイプ（SHX）フォントは、英数字だけが収録されたフォントと、かな漢字だけのフォントに分けられています。そのため、文字スタイルには、英数字用とかな漢字用をそれぞれ設定する必要があります。かな漢字のフォントを設定していない場合、入力はできますが、画面に表示される文字はクエスチョンマーク（?）になります。

英数字用フォントを設定するには、フォント名のリストから、拡張子が「shx」のフォントを選択します。

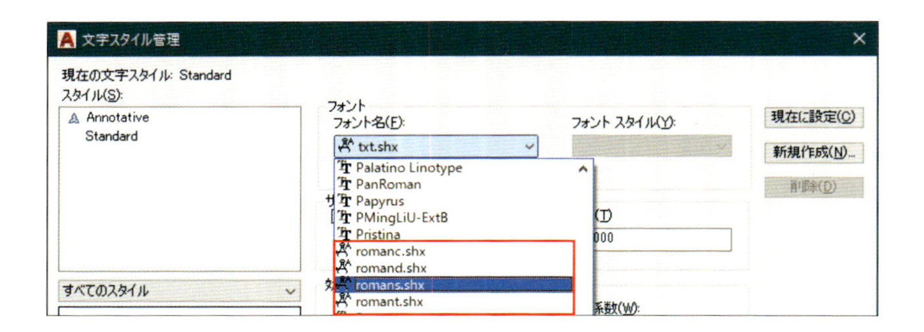

かな漢字用フォントを指定するには、まず［ビッグフォントを使用］にチェックを付けます。「ビッグフォント」の項目が現れるので、リストから日本語用のフォントを選びます。

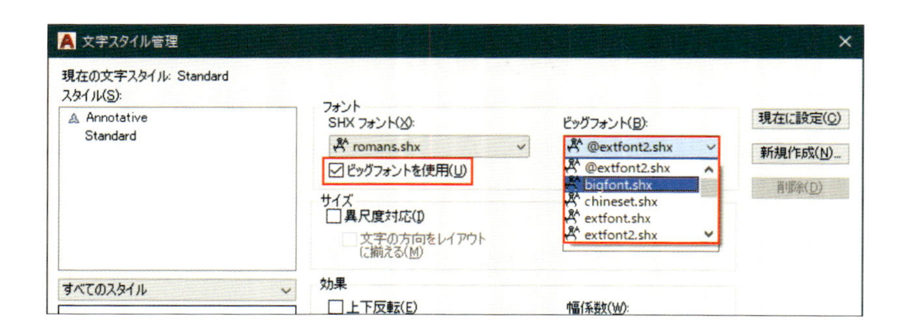

日本語用のフォントは、以下の3種類が用意されています。

bigfont.shx	明朝風のデザインで、第一水準の文字のみが収録されています。
extfont.shx	ゴシック風のデザインで、第一水準、第二水準の文字が収録されています。
extfont2.shx	extfontを基に、一部の文字の字形を1983年改訂のJISに合わせています。

なお、ほかにも「@extfont2.shx」がありますが、これは縦書き用のフォントです。長音記号の向きや句読点の位置が、横書きのフォントと異なります。

表題欄に文字を記入する

練習ファイル 0407a.dwg　完成ファイル 0407b.dwg

表題欄の枠の中央に位置を合わせて、文字を記入しましょう。文字にはダイナミック文字とマルチテキストの2種類ありますが、ここではタイトルなどに使用されることが多いダイナミック文字を使用します。

文字を記入する

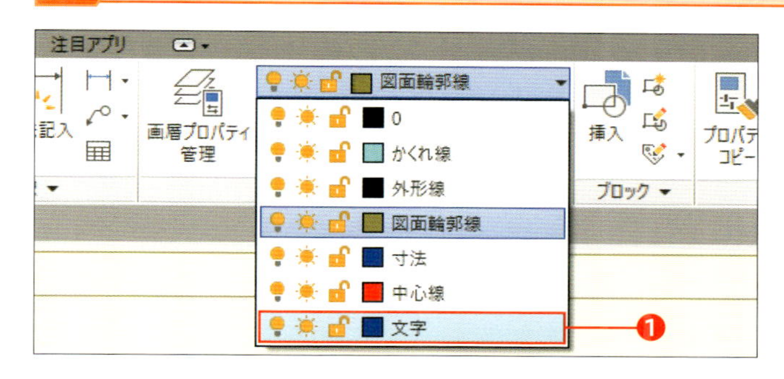

1 現在層を切り替える

現在層を「文字」に変更します❶。

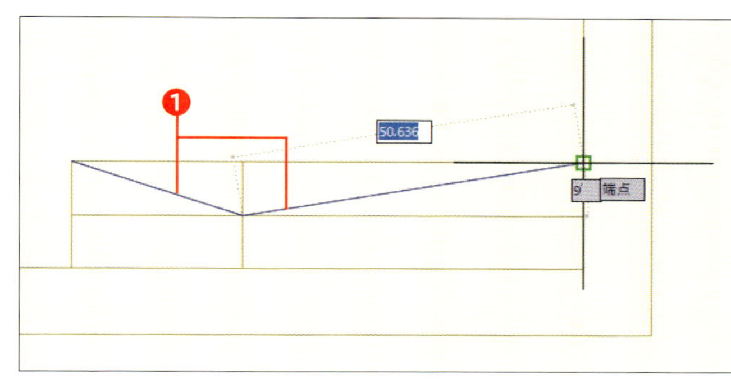

2 対角線を引く

［線分］コマンドを使って、図のように表題欄に対角線を引きます❶。

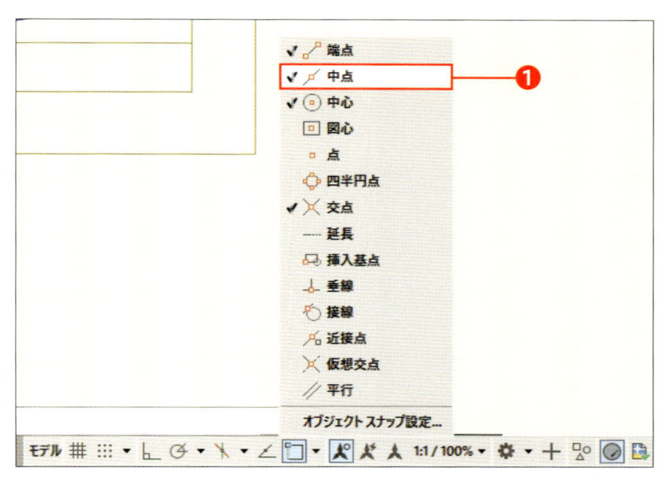

3 オブジェクトスナップを設定する

オブジェクトスナップの［中点］にチェックを付けます❶。

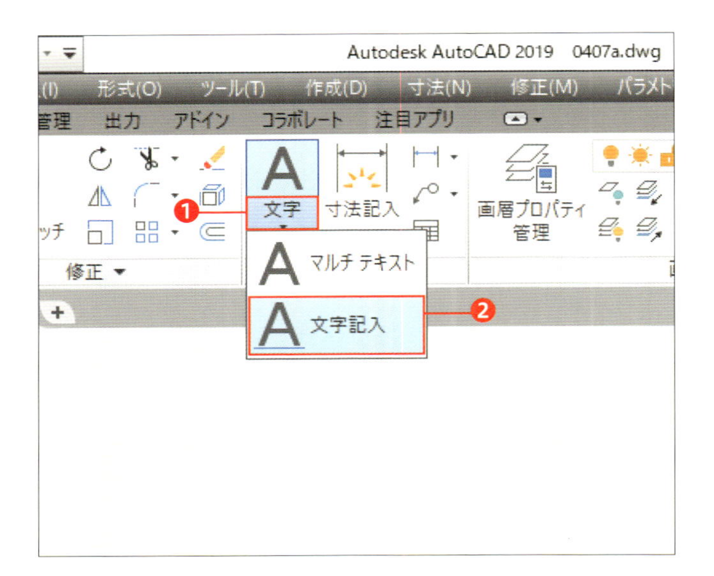

4 「文字記入」コマンドを実行する

［文字］の［▼］をクリックして❶、［文字記入］をクリックします❷。

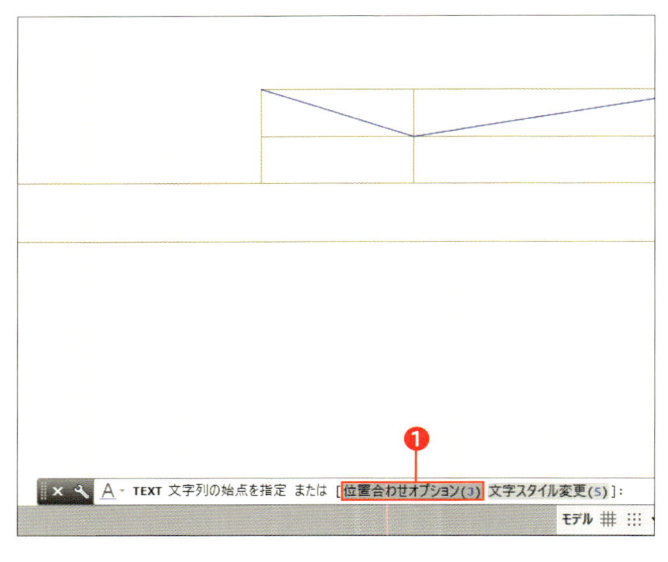

5 オプションを指定する

［位置合わせオプション］をクリックします❶。

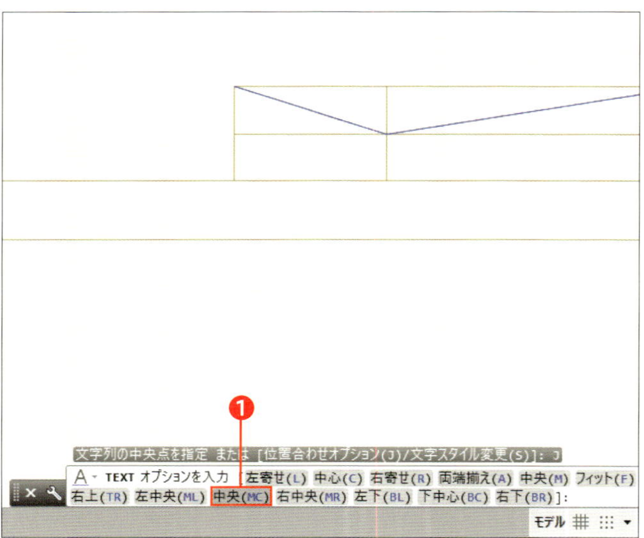

6 位置合わせの位置を指定する

［中央（MC)］をクリックします❶。

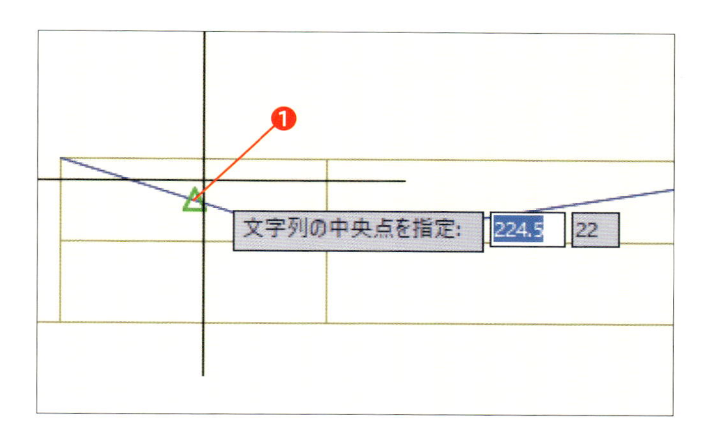

7 対角線の中点に合わせる

対角線の中点にスナップさせてクリックします❶。

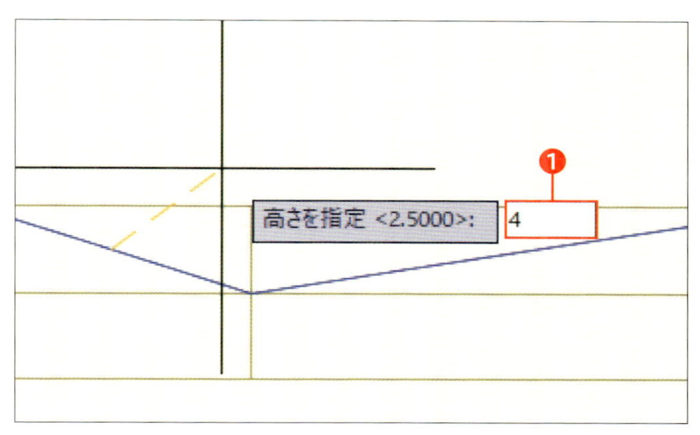

8 文字の高さを指定する

文字の高さを聞かれます。「4」と入力して、Enterキーを押します❶。

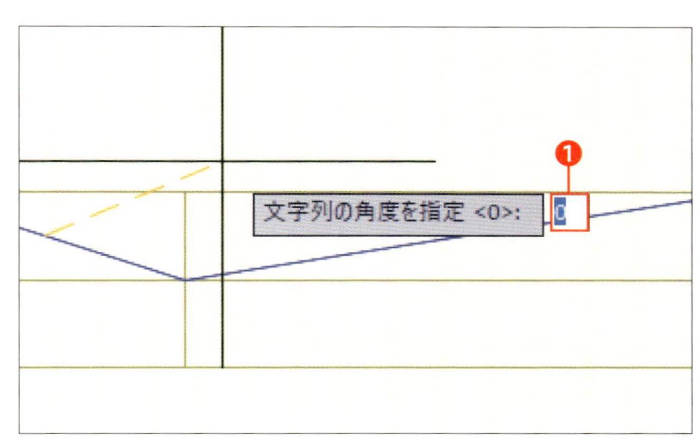

9 角度を指定する

文字を斜めに記入するときは角度を入力します。デフォルトが「0」なので、このままEnterキーを押します❶。

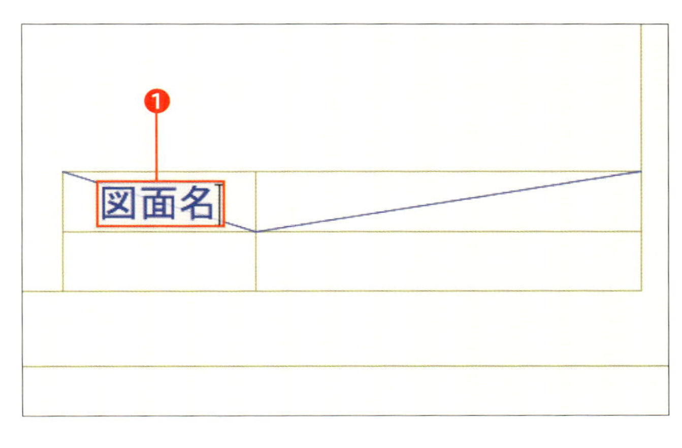

10 文字を入力する

「図面名」と入力してEnterキーを押します❶。

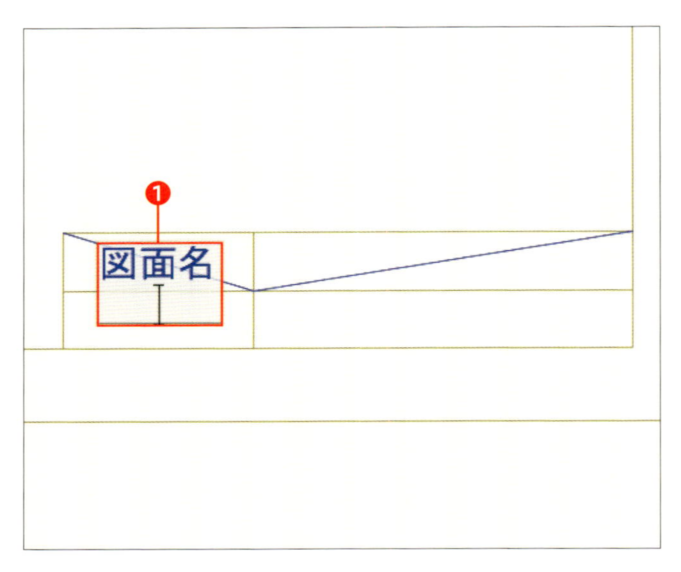

11 コマンドを終了する

改行されるので、もう一度 Enter キーを押してコマンドを終了します❶。

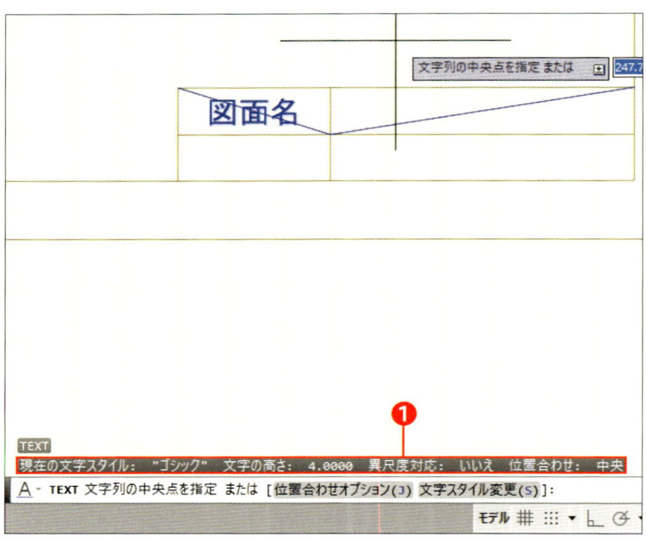

12 「文字記入」コマンドを再実行する

もう一度 Enter キーを押して、同じコマンドを実行します❶。
［文字の高さ］や［位置合わせ］は、前回の設定が残っています。

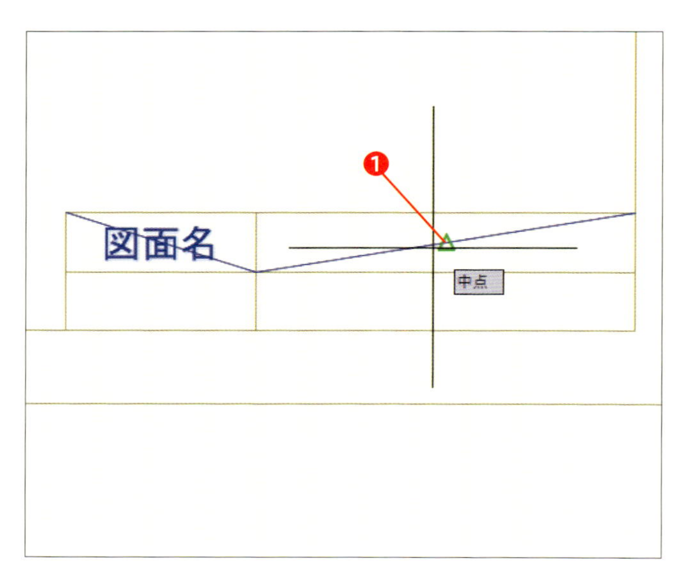

13 位置合わせの位置を指定する

対角線の中点にスナップさせてクリックします❶。

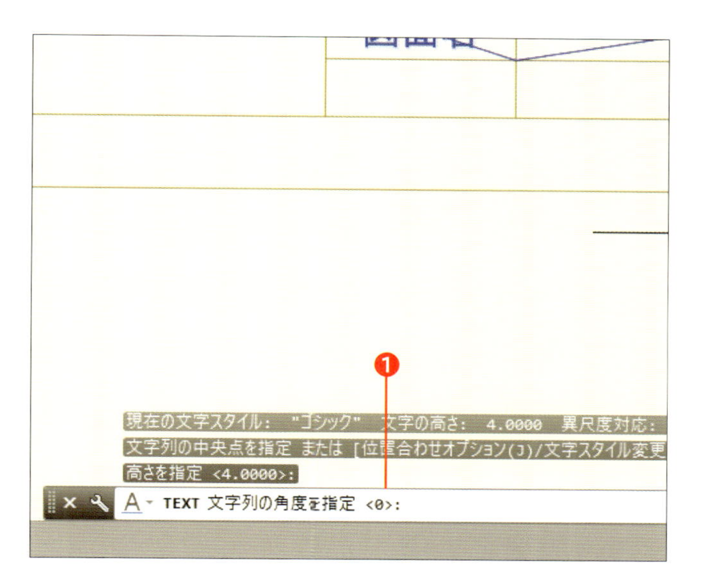

14 文字の高さなどを指定する

[高さ] や [角度] はデフォルトのままでよいので、Enter キーを押して先へ進みます❶。

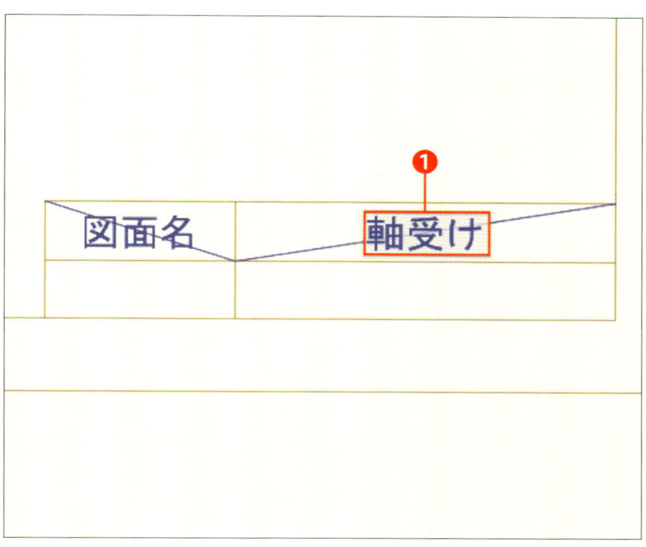

15 文字を入力する

「軸受け」と入力します❶。Enter キーを2回押して、コマンドを終了します。

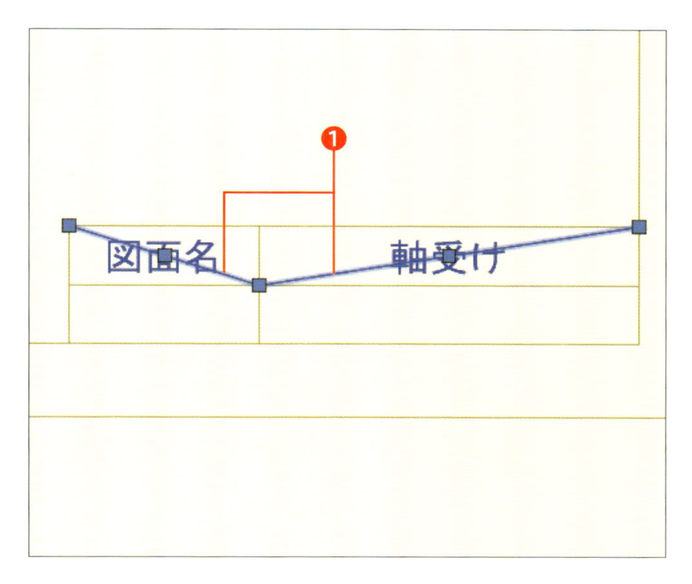

16 対角線を削除する

不用になった対角線を選択し、Delete キーを押して削除します❶。

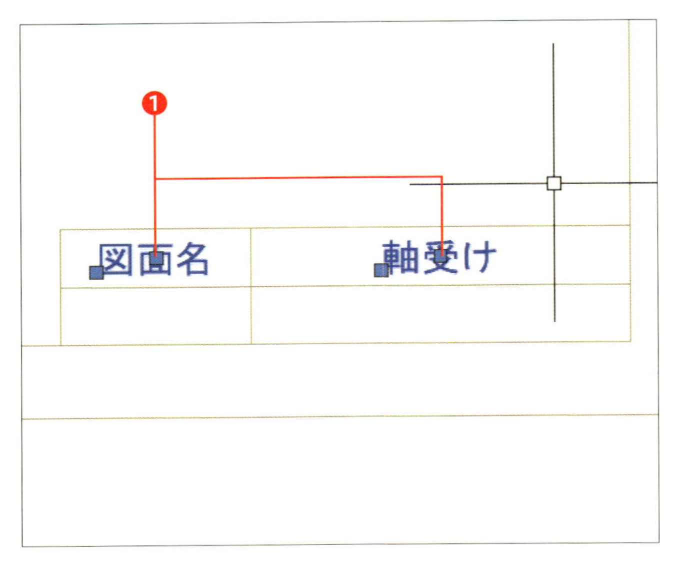

17 文字を選択する

2行目は、文字を複写して書き換えることにします。2つの文字を選択します❶。

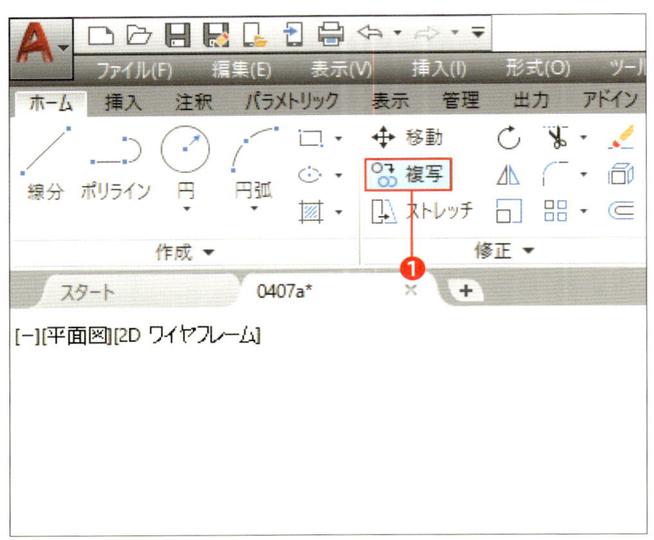

18 「複写」コマンドを実行する

［複写］をクリックします❶。

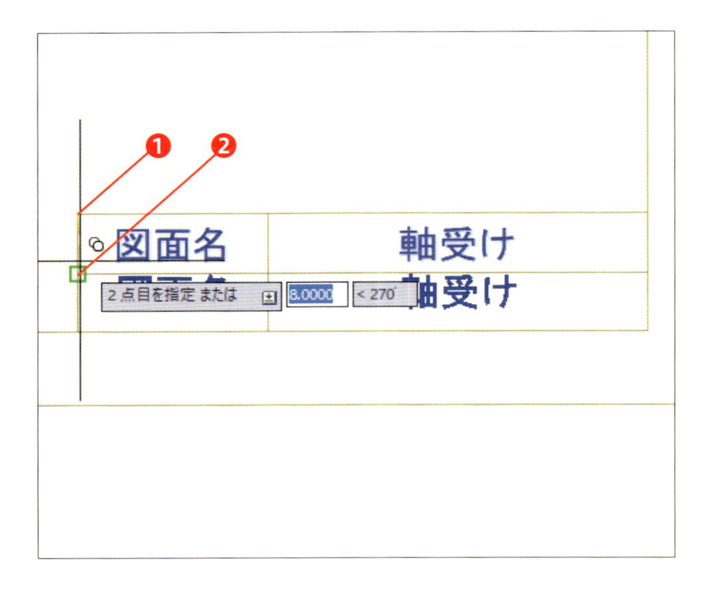

19 文字を複写する

「基点を指定」と聞かれるので、左上の角にスナップさせてクリックします❶。

複写先は、2本目の線の端点にスナップさせてクリックします❷。

Enter キーを押して、コマンドを終了します。

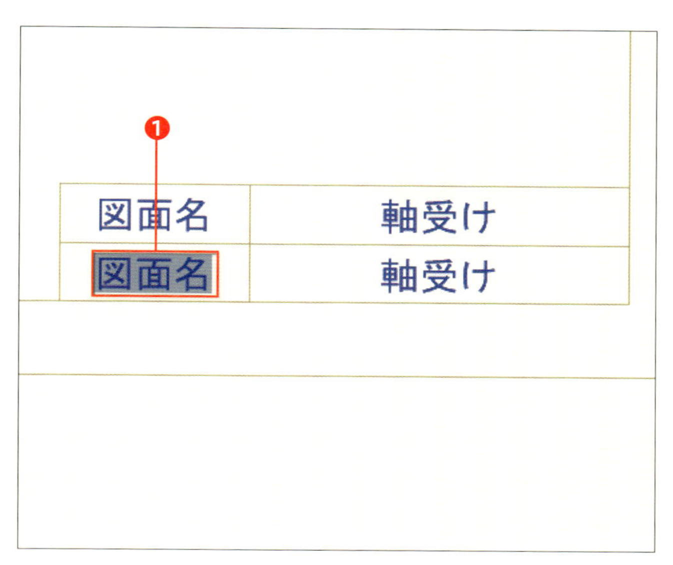

20 文字を編集する

複写した文字を書き換えましょう。左下の文字をダブルクリックします❶。

Check

書き換える必要がない文字をダブルクリックした場合は、文字を選択状態にしたまま、Enter キーを押せばキャンセルできます。

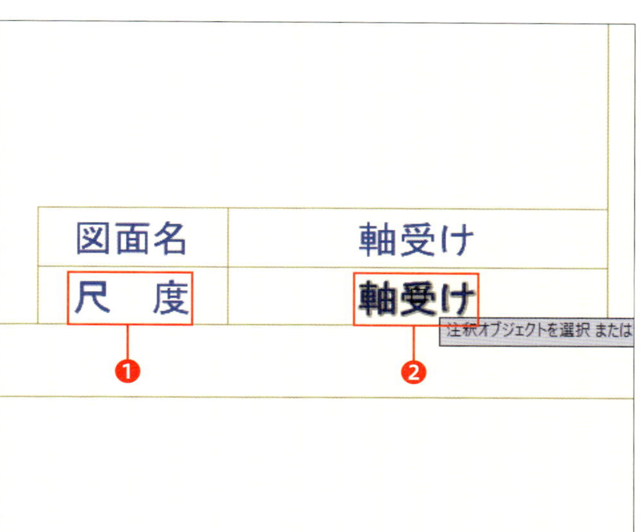

21 文字を書き換える

「尺　度」と入力して Enter キーを押します❶。このとき、元の文字を消す必要はなく、上書きすれば置き換わります。

続けて修正できるので、隣の文字はダブルクリックではなく、1回だけクリックします❷。

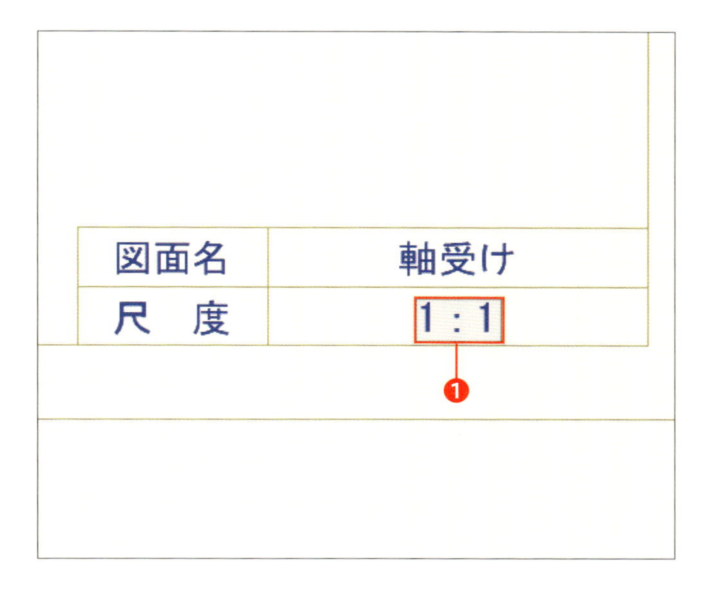

22 文字を書き換えて終了する

「1：1」と入力して Enter キーを押します❶。もう一度 Enter キーを押して、コマンドを終了します。

文字高さと位置合わせ

一般の文書と違い、製図の文字の高さ（h）とは、ベースラインからアルファベットの大文字の高さまでをいいます。AutoCADは、製図規格に従って文字の表示を行っています。

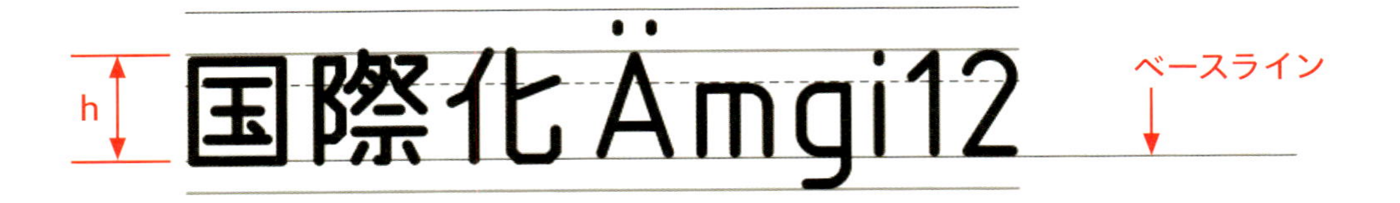

文字の位置合わせの基準点もJIS規格に従っています。以下の9か所がJIS規格の点です。

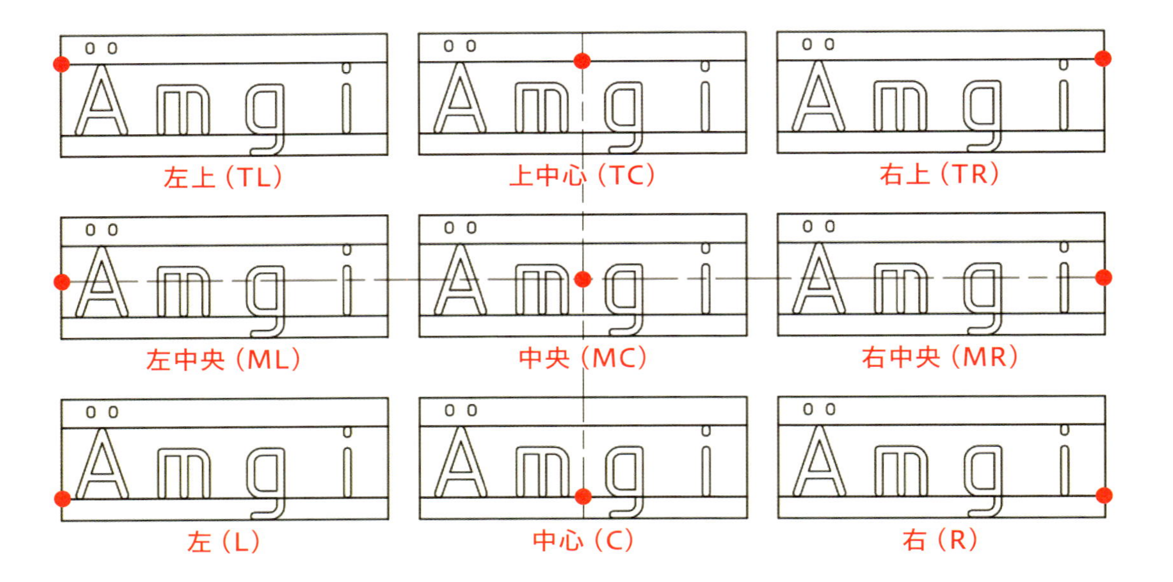

AutoCADは、そのほかの点も基準にできます。ただし、これらの点は、選んだフォントによって多少異なっています。

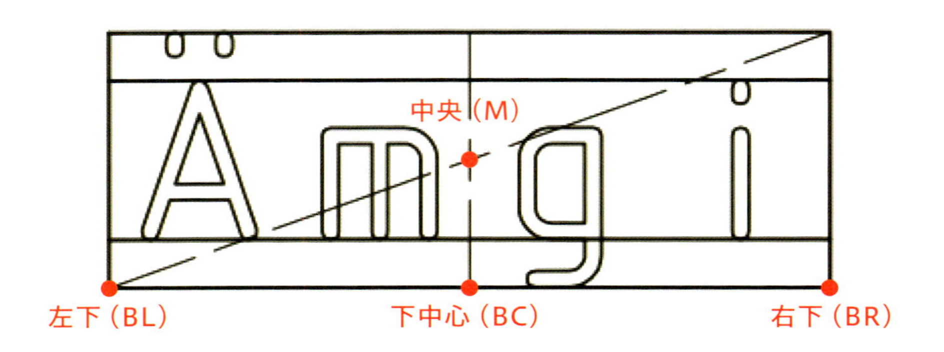

マルチテキスト

マルチテキストは、ワープロのように使用できる文字で、文章を書くのに適しています。表題欄に用いた文字は、1行単位のかたまりになっています。文字高さや色などは、1行全体に適用されます。マルチテキストは、部分的に大きさや色を変えたり、段組みにできたりなど、まさにワープロのような使い方ができます。

マルチテキストの入力

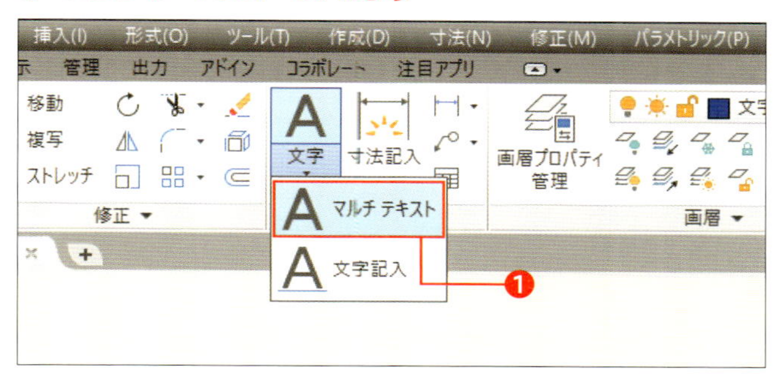

1 [文字] の [▼] をクリックして [マルチテキスト] をクリックします❶。

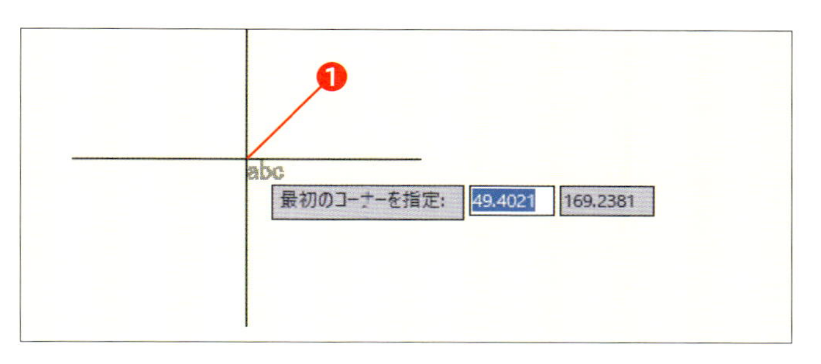

2 マルチテキストの範囲を作ります。まず1点目をクリックします❶。

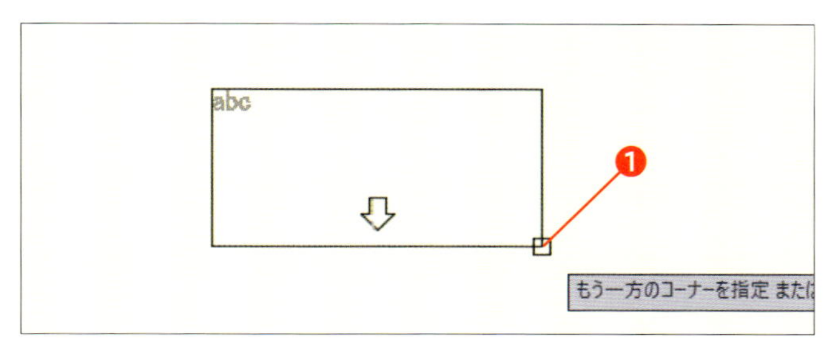

3 2点目をクリックします❶。

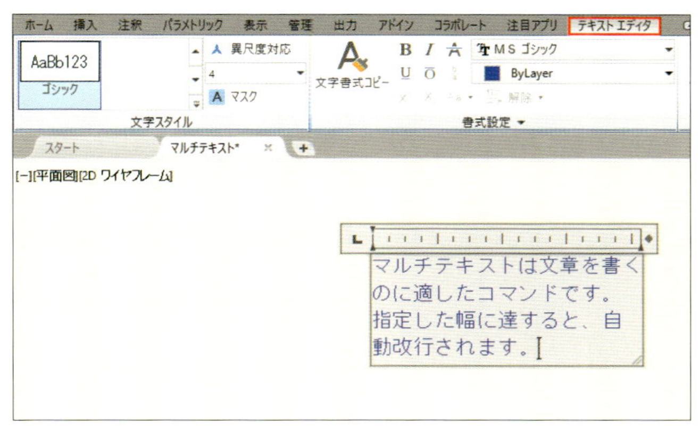

4 リボンに「テキストエディタ」のタブが表示されます。「文字スタイル」パネルで、文字スタイルと文字高さを設定します。

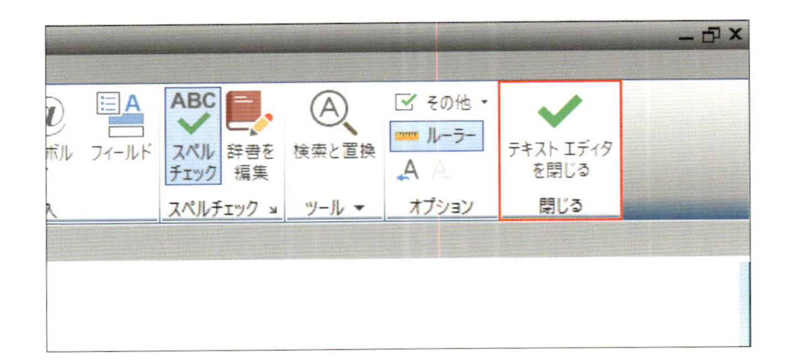

5 コマンドを終えるには、[テキストエディタを閉じる] をクリックするか、画面上の何もないところをクリックします。

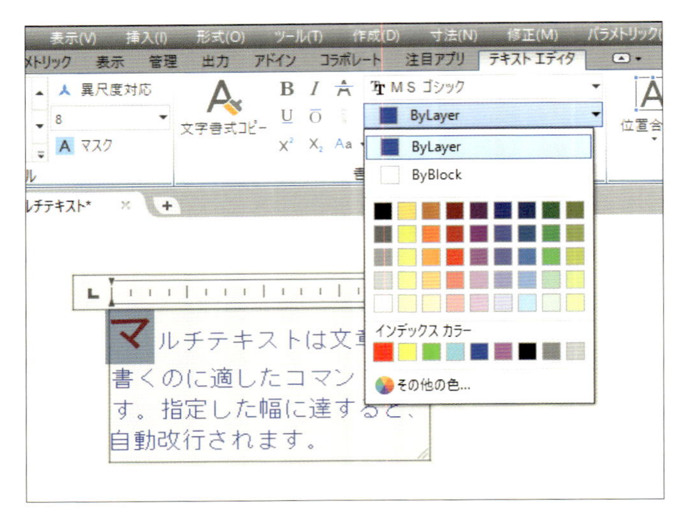

6 特定の文字を選択し、「文字スタイル」パネルで高さの変更や、「書式設定」パネルで色の変更ができます。

マルチテキストの入力

マルチテキストは、全体で一つのかたまりになっており、[分解] コマンドで分解すると、1行単位の文字に変換されます。

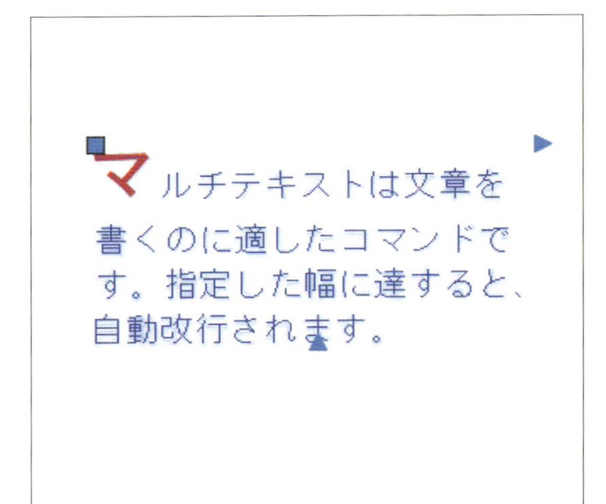

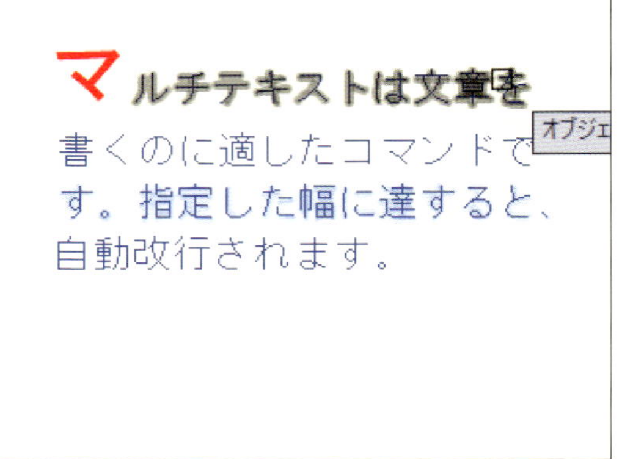

Section 08

寸法スタイルを設定する

練習ファイル 0408a.dwg　完成ファイル 0408b.dwg

寸法線の矢印や寸法補助線などの寸法要素は、「寸法スタイル」に登録します。
設定した寸法スタイルは、図面ファイルに保存されます。

寸法スタイルを作成する

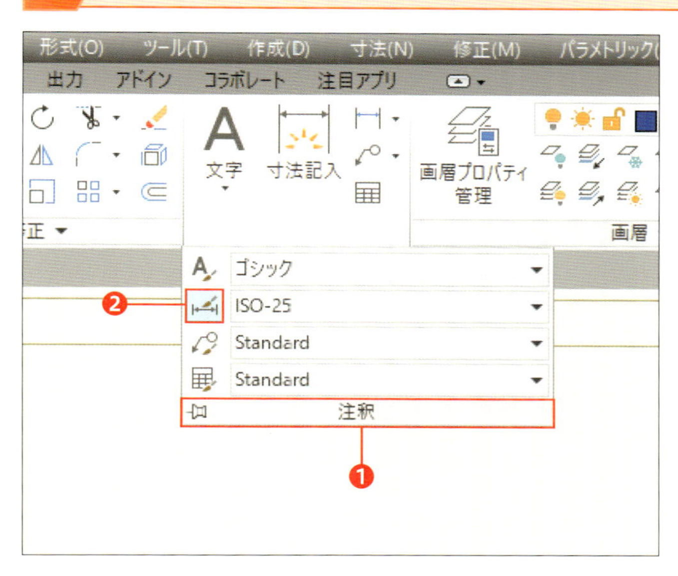

1 「寸法スタイル管理」を開く

[注釈] パネルのパネル名をクリックし❶、[寸法スタイル管理] をクリックします❷。

2 スタイルの名前を変更する

「寸法スタイル管理」ダイアログボックスが表示されます。「ISO-25」の上で右クリックし❶、[名前変更] を選択します❷。

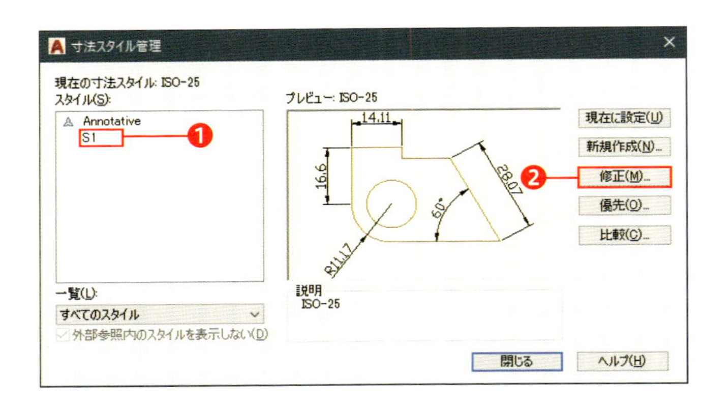

3 スタイルを編集する

「S1」と入力し、Enter キーを押して確定します❶。［修正］をクリックします❷。

Check

寸法スタイルは、図面の尺度に応じて作ります。今回は現尺（1:1）の図に用いるので、「S1」という名前にしました。

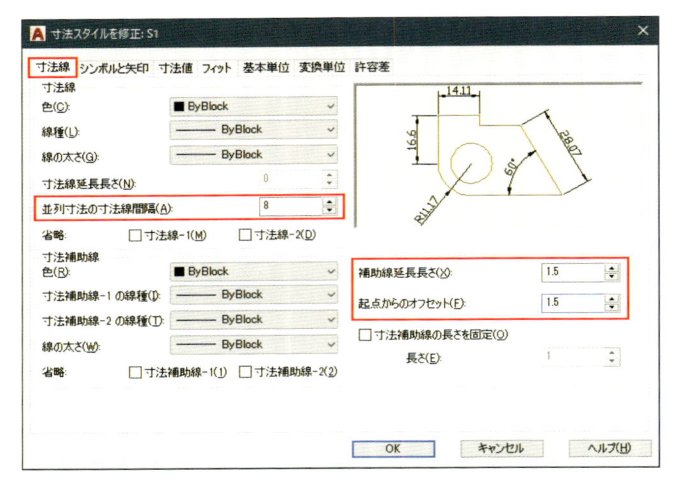

4 寸法線を設定する

［寸法線］タブをクリックして、以下のように設定します。

並列寸法の寸法線間隔	8
補助線延長長さ	1.5
起点からのオフセット	1.5

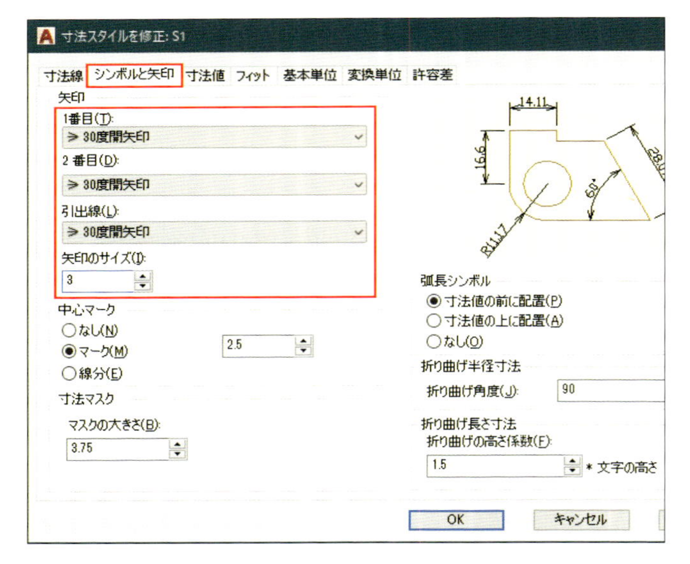

5 矢印を設定する

［シンボルと矢印］タブをクリックして、以下のように設定します。

矢印-1番目	30度開矢印
矢印-2番目	30度開矢印
引出線	30度開矢印
矢印のサイズ	3

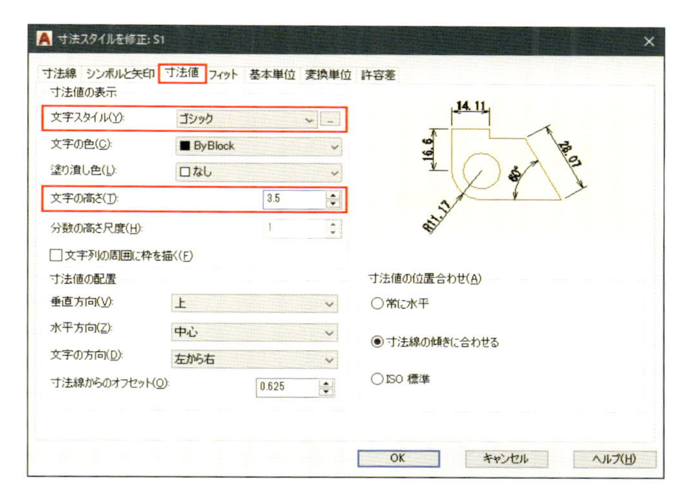

6 寸法値を設定する

［寸法値］タブをクリックして、以下のように設定します。

文字スタイル	ゴシック
文字の高さ	3.5

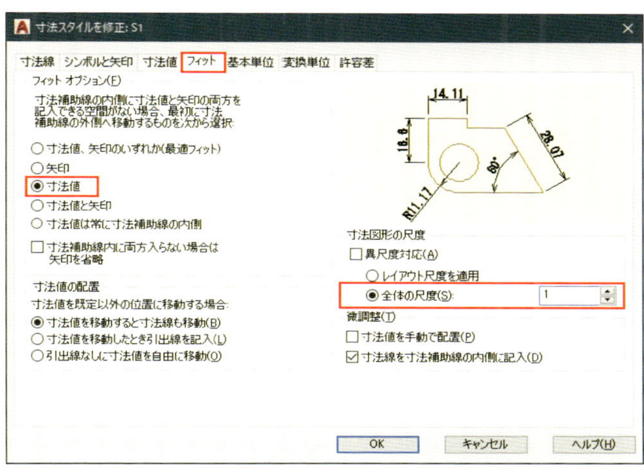

7 フィットと尺度を設定する

［フィット］タブをクリックして、以下のように設定します。

フィットオプション	寸法値
全体の尺度	1

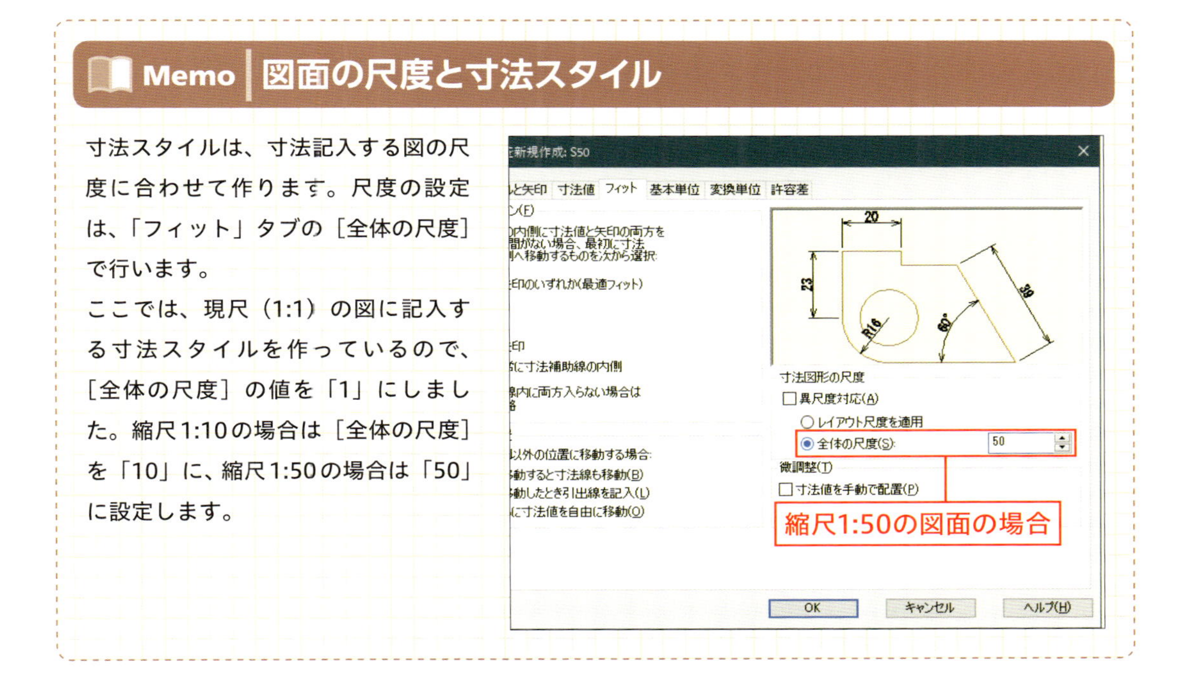

Memo 図面の尺度と寸法スタイル

寸法スタイルは、寸法記入する図の尺度に合わせて作ります。尺度の設定は、「フィット」タブの［全体の尺度］で行います。
ここでは、現尺（1:1）の図に記入する寸法スタイルを作っているので、［全体の尺度］の値を「1」にしました。縮尺1:10の場合は［全体の尺度］を「10」に、縮尺1:50の場合は「50」に設定します。

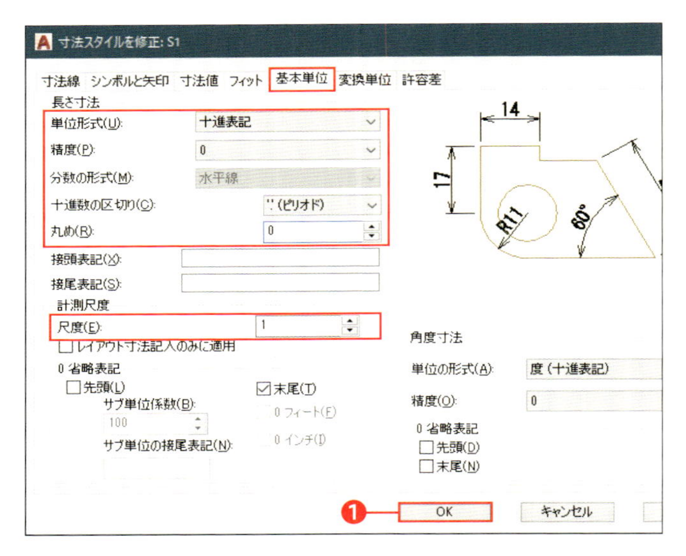

8 数値の形式を設定する

［基本単位］タブをクリックして、以下のように設定します。［OK］をクリックします❶。

単位形式	十進表記
精度	0
十進数の区切り	ピリオド
丸め	0
計測尺度：尺度	1

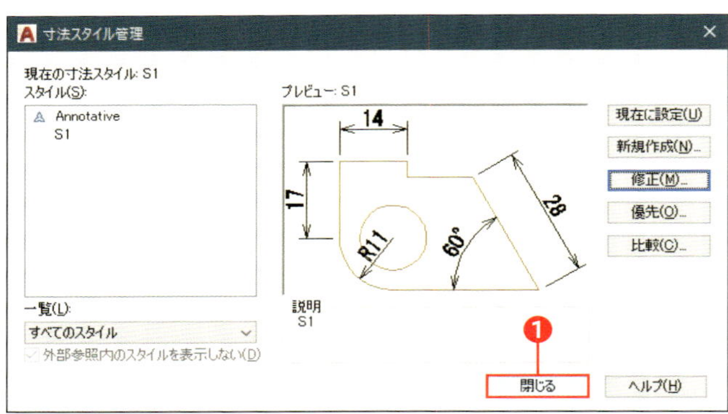

9 「寸法スタイル管理」を閉じる

［閉じる］をクリックし❶、「寸法スタイル管理」ダイアログボックスを閉じます。

「基本単位」タブの設定項目

- **精度**

「0」にすると整数、「0.0」は小数第1位に、「0.00」は小数第2位に四捨五入して表示します。

- **十進数の区切り**

小数点の記号をピリオド、カンマ、スペースから選択します。

- **丸め**

通常は「0」にして、読み取った長さをそのまま表示します。123を5単位に丸めて、125と表示させたいときは「5」と入力します。

- **接頭表記、接尾表記**

数値の前後に文字を表示させたいときに使用します。たとえば長さ1250に対し「L=1250m」と表示させるときは、接頭表記を「L=」とし、接尾表記を「m」にします。

- **計測尺度**

通常は「1」にします。読み取った長さに係数を掛けたいときに、数値を入れます。

- **0省略表記**

0.13を.13に、12.0を12.と表示させたいときに設定します。

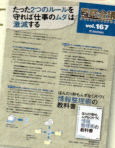

Section 09

マルチ引出線スタイルを設定する

練習ファイル 0409a.dwg　完成ファイル 0409b.dwg

引出線の矢印なども、寸法スタイルと同じように「マルチ引出線スタイル」に登録します。矢印の形状やサイズなどを寸法スタイルに合わせて設定しましょう。

マルチ引出線スタイルを設定する

1 「マルチ引出線スタイル管理」を開く

[注釈] パネルのパネル名をクリックし❶、[マルチ引出線スタイル管理] をクリックします❷。

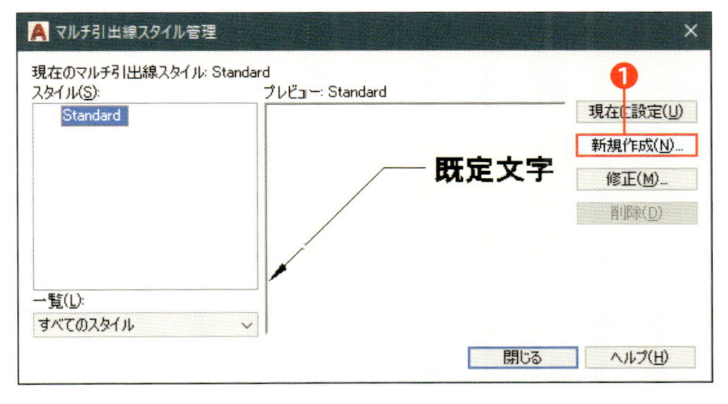

2 スタイルを新規作成する

「マルチ引出線スタイル管理」ダイアログボックスが表示されます。[新規作成] をクリックします❶。

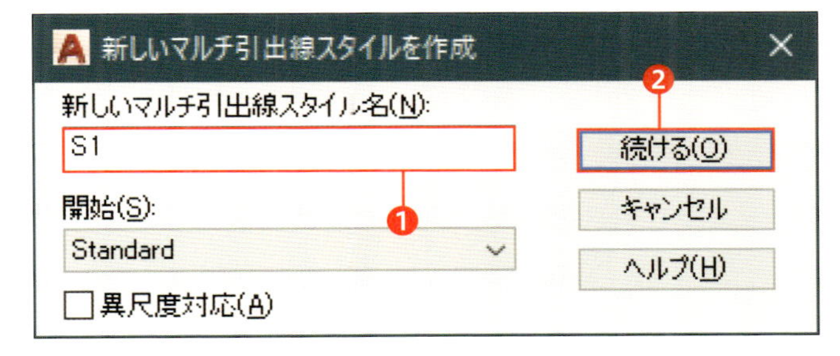

3 スタイルの名前を入力する

寸法スタイルと同じく、尺度がわかる名前にしましょう。「S1」と入力し❶、[続ける] をクリックします❷。

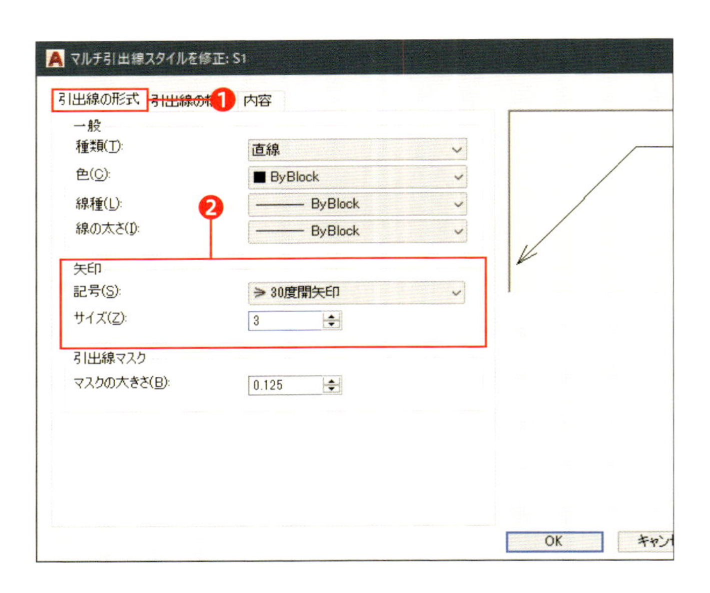

4 矢印の種類やサイズを設定する

［引出線の形式］タブをクリックします❶。［矢印］の［記号］を「30度開矢印」に、［サイズ］を「3」にします❷。

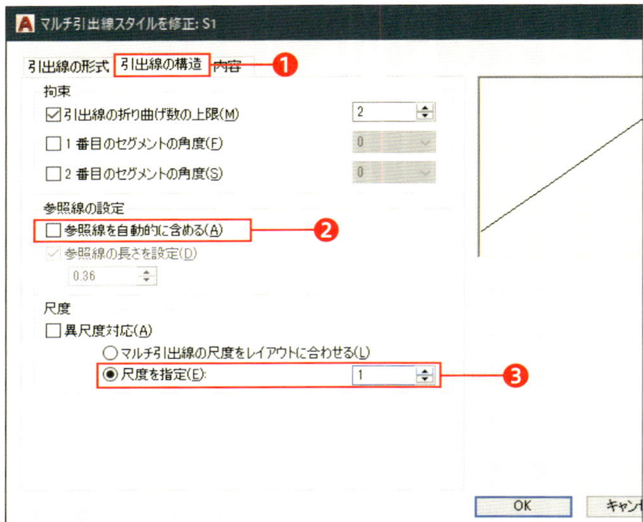

5 引出線の尺度などを設定する

［引出線の構造］タブをクリックします❶。［参照線を自動的に含める］をクリックしてチェックを外します❷。［尺度を指定］の値を「1」にします❸。

Check

参照線とは、文字の前に挿入される水平な線のことです。

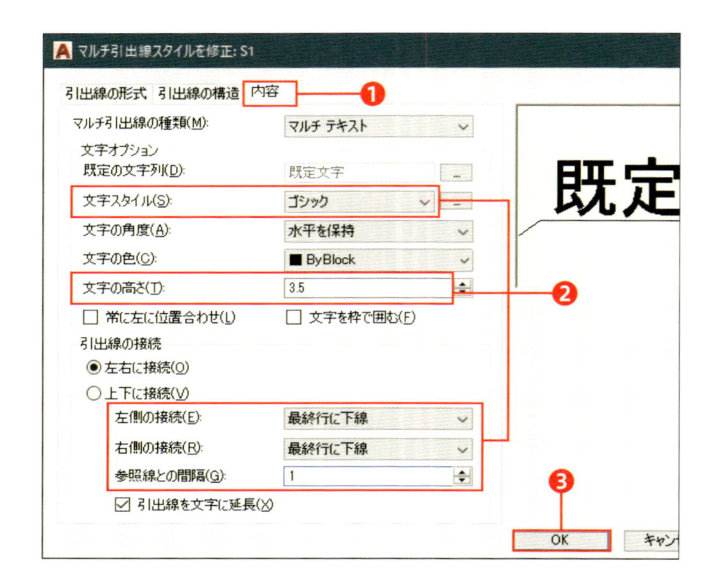

6 文字の設定をする

［内容］タブをクリックして❶、以下のように設定し❷、［OK］をクリックします❸。

文字スタイル	ゴシック
文字の高さ	3.5
左側の接続	最終行に下線
右側の接続	最終行に下線
参照線との間隔	1

第5章

丸椅子の図面を作成する

尺度1:5の図面用紙を設定する

練習ファイル 0501a.dwg　　完成ファイル 0501b.dwg

尺度１：１に設定してある練習用ファイルを開き、それを基にして尺度１：５の図面用紙を作りましょう。

尺度を変更した図面用紙を作成する

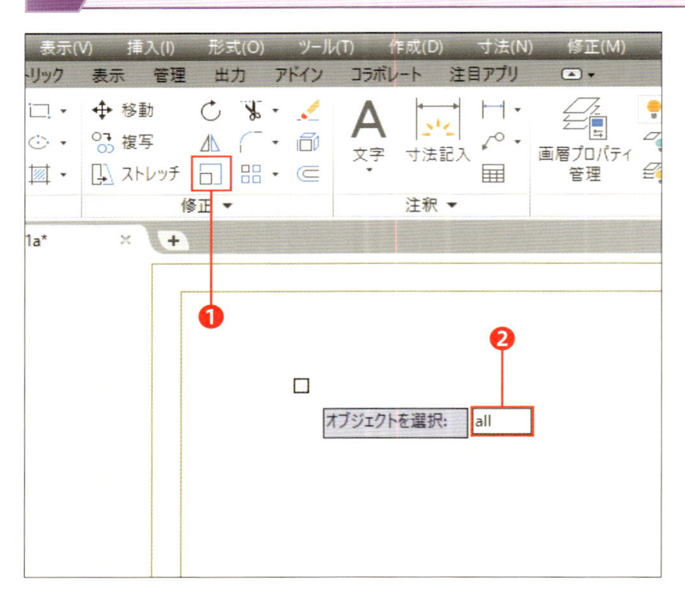

1 「尺度変更」コマンドを実行する

練習用ファイルには、現尺（1:1）のA3用紙が作図されています。［ホーム］リボンタブの［修正］パネルで［尺度変更］をクリックします❶。「ALL」と入力して Enter キーを押します❷。さらに Enter キーを押して、選択を確定します。

Check

尺度変更コマンドは、図形や文字を拡大／縮小します。図面の尺度は変わりません。

2 尺度を指定する

「基点」は、「0,0」と入力して、Enter キーを押します❶。「尺度」は、「5」と入力して、Enter キーを押します❷。ホイールボタンをダブルクリックして、図面全体を表示しましょう。

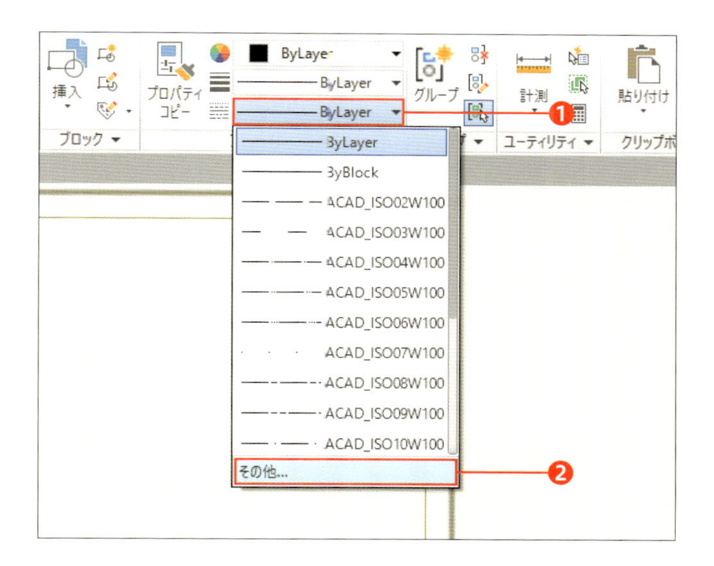

3 「線種管理」を開く

［線種コントロール］の［▼］をクリックし❶、［その他］を選択します❷。

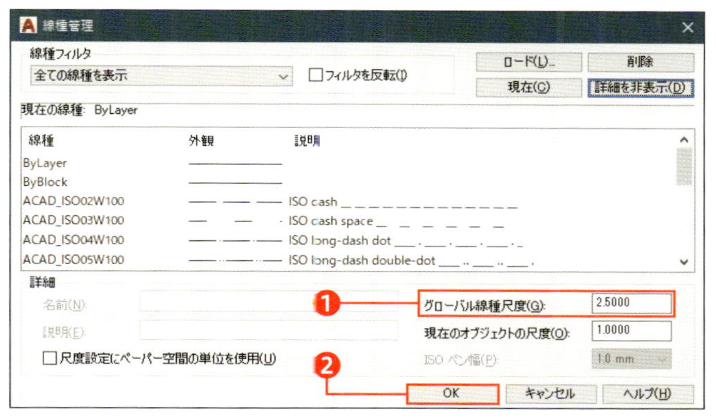

4 線種尺度を変更する

「グローバル線種尺度」に「2.5」と入力します❶。［OK］をクリックして❷、「線種管理」ダイアログボックスを閉じます。

> **Check**
>
> 入力欄が隠れているときは、［詳細を表示］をクリックします。ここでは、現尺のときの値を「0.5」にしているので、尺度が1：5のときは5倍の「2.5」にしました。

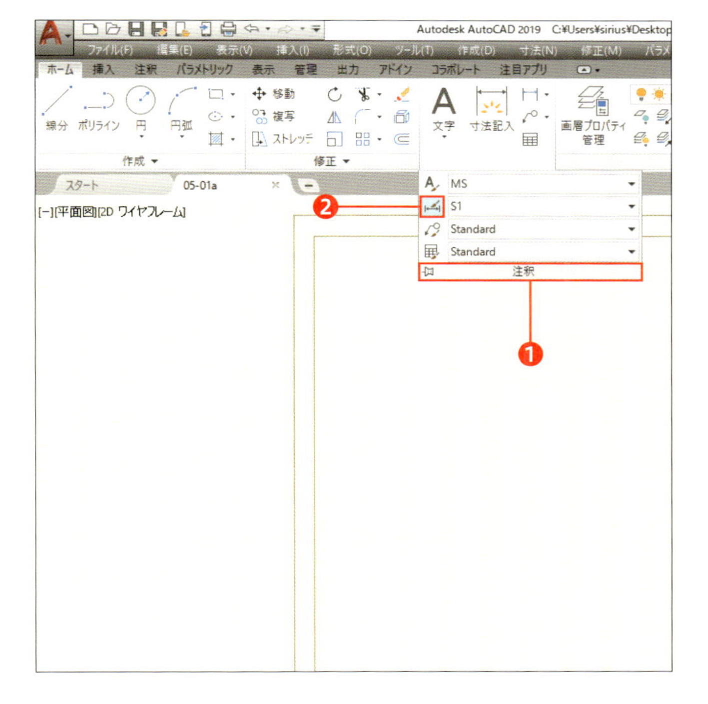

5 「寸法スタイル管理」を開く

［注釈］パネルのパネル名をクリックし❶、［寸法スタイル管理］をクリックします❷。

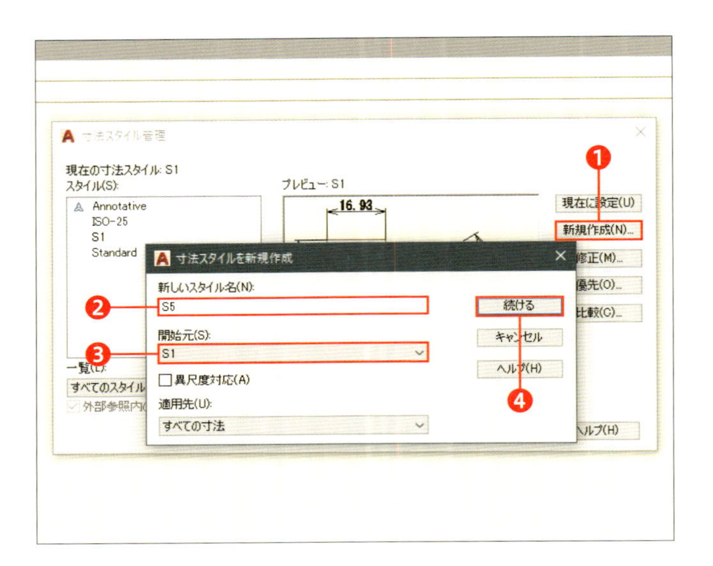

6 スタイルを新規作成する

［新規作成］をクリックします❶。「新しいスタイル名」に「S5」と入力します❷。「開始元」は［S1］を選択します❸。［続ける］をクリックします❹。

Check

「開始元」に指定した「S1」のコピーが作られます。

7 尺度を変更する

［フィット］タブをクリックし❶、「全体の尺度」に「5」と入力します❷。［OK］をクリックします❸。

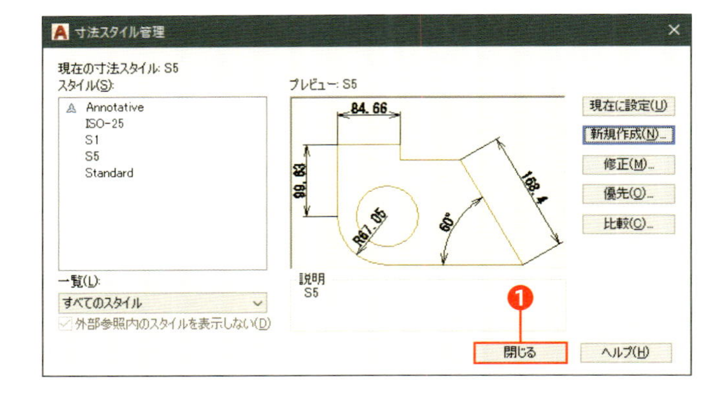

8 「寸法スタイル管理」を閉じる

［閉じる］をクリックして、「寸法スタイル管理」ダイアログボックスを閉じます❶。

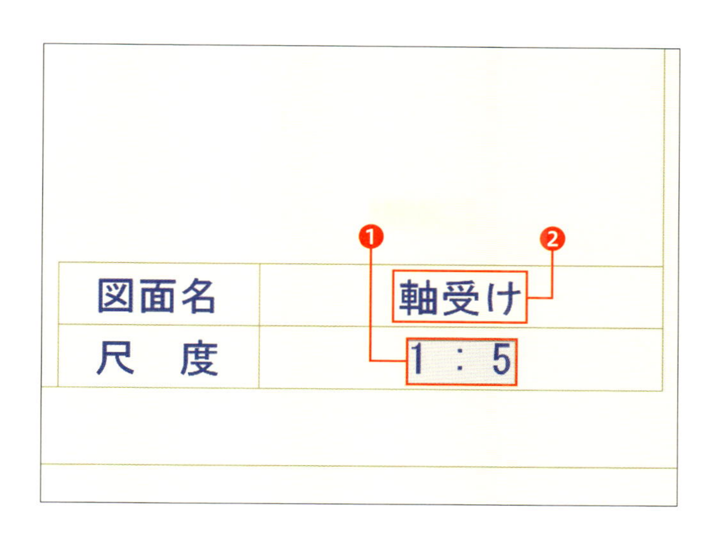

9 表題欄を書き換える

表題欄の「1：1」をダブルクリックし、「1：5」と入力して Enter キーを押します❶。続けて修正できるので、「軸受け」をクリックして「丸椅子」と入力して Enter キーを押します❷。もう一度 Enter キーを押して、コマンドを終了します。

尺度と用紙の関係

CADでは、長さ100ミリの線分は尺度とは無関係に、実物大の長さ「100」で作図します。

一方、図面用紙や表題欄は、尺度を考慮したサイズにします。縮尺1:5の図面用紙は5倍のサイズ、縮尺1:10の図面用紙は10倍のサイズにします。文字や寸法の矢印、線種の粗さも用紙と同じ倍率にします。

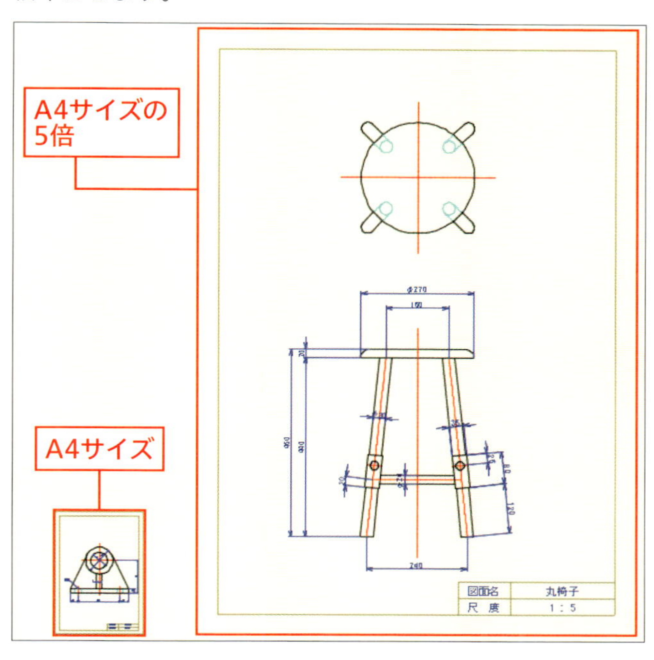

印刷すると

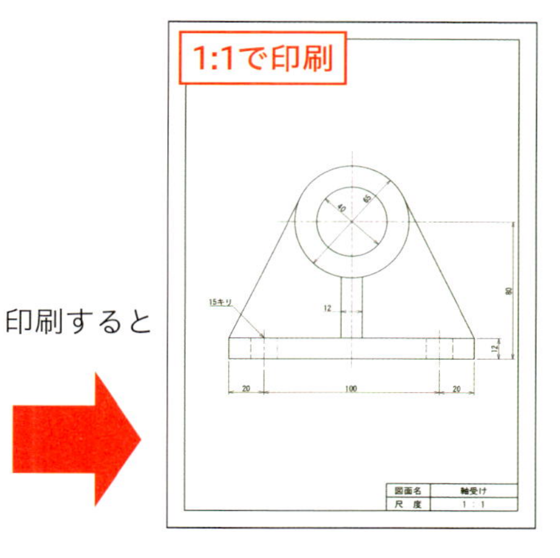

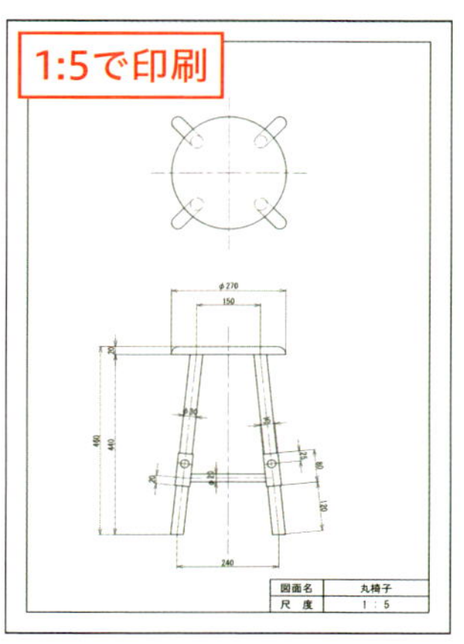

第5章 丸椅子の図面を作成する

丸椅子正面図の座部を作図する

練習ファイル 0502a.dwg　　完成ファイル 0502b.dwg

練習用ファイルには作図の基準になる線を描いてあります。その線を基にして丸椅子の座部を作図しましょう。

完成図

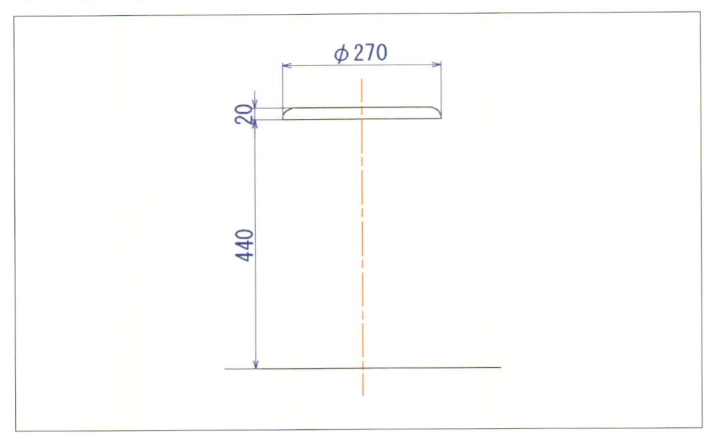

座部を作図する

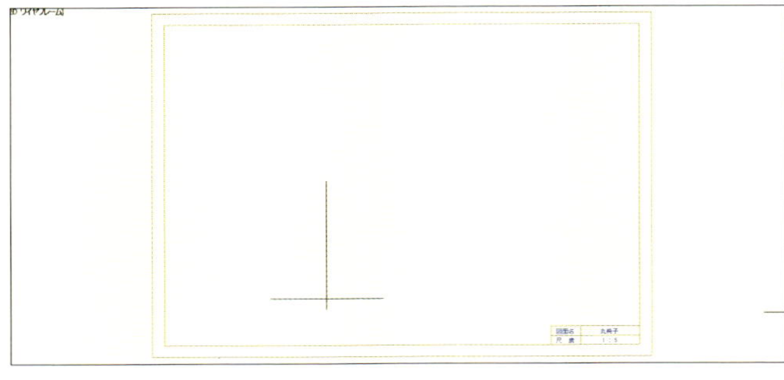

1 ファイルを開く

練習用ファイルを開きます。

2 現在層を切り替える

現在層を「外形線」にしておきます❶。

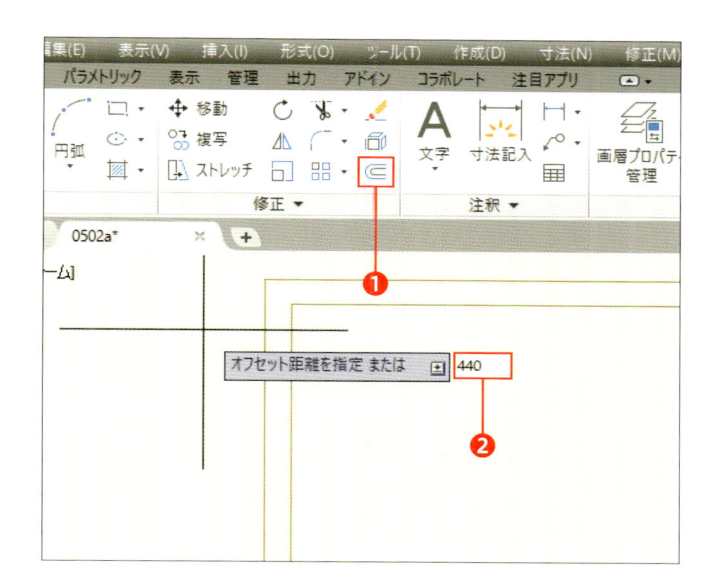

3 「オフセット」コマンドを実行する

[オフセット] コマンドを実行します❶。オフセット距離は「440」と入力します❷。

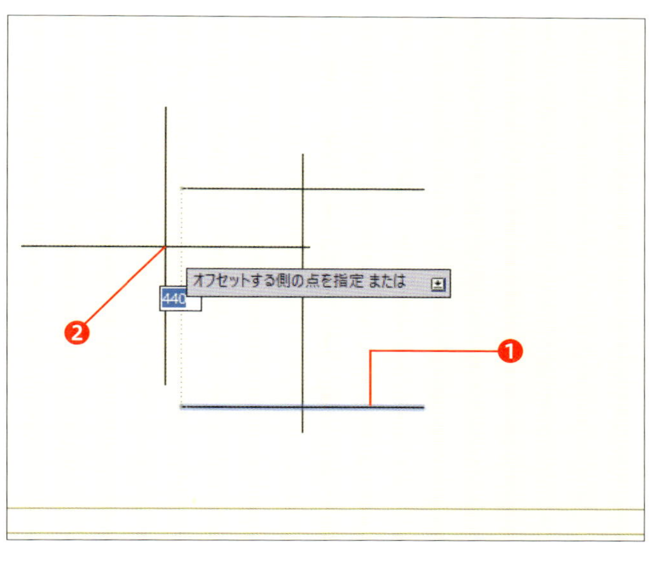

4 水平線をオフセットする

水平な線をクリックし❶、その上をクリックします❷。Enter キーを押して、コマンドを終了します。

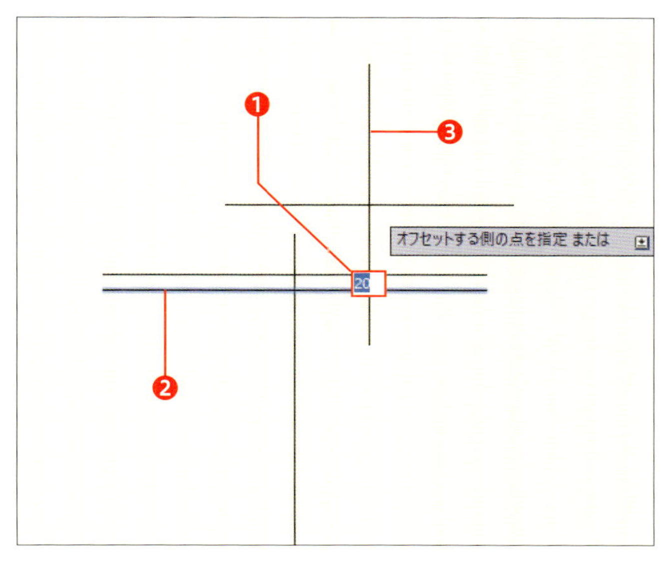

5 水平線を再度オフセットする

Enter キーを押して、[オフセット] コマンドをもう一度実行します。オフセット距離は「20」と入力します❶。

上の水平な線をクリックし❷、さらに、その上をクリックします❸。Enter キーを押して、コマンドを終了します。

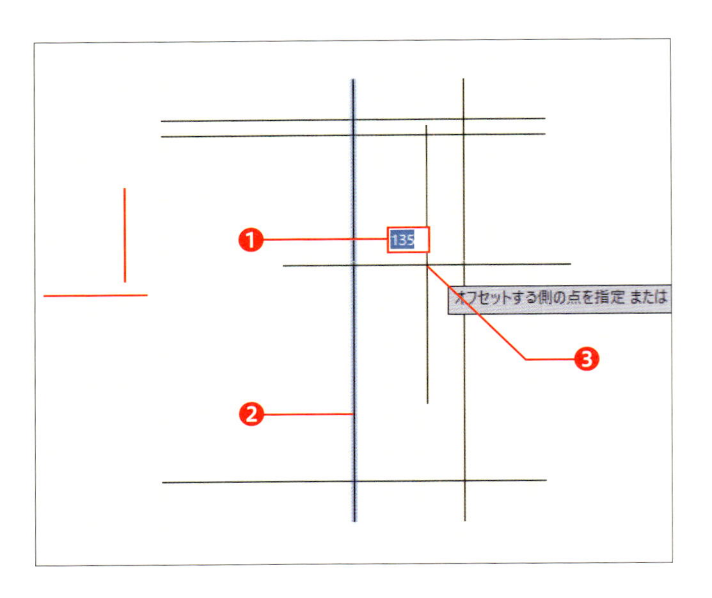

6 縦線をオフセットする

Enter キーを押して、[オフセット]コマンドをもう一度実行します。オフセット距離は「270/2」と入力します❶。縦線をクリックし❷、その右側をクリックします❸。

Check

このように割り算で入力できるのは、整数のみです。

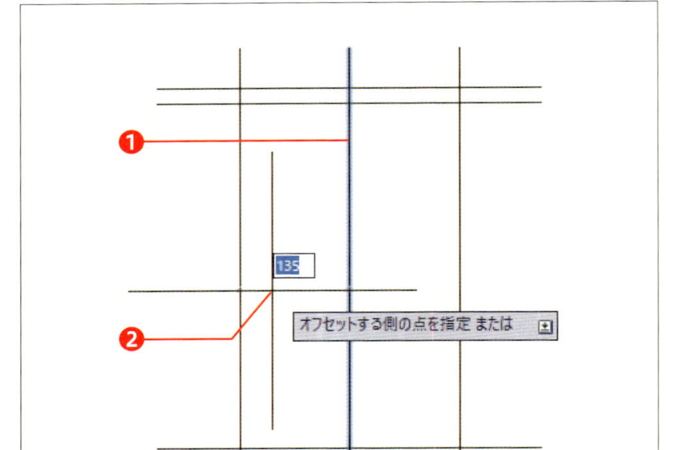

7 縦線をさらにオフセットする

もう一度同じ縦線をクリックし❶、その左側をクリックします❷。Enter キーを押して、コマンドを終了します。

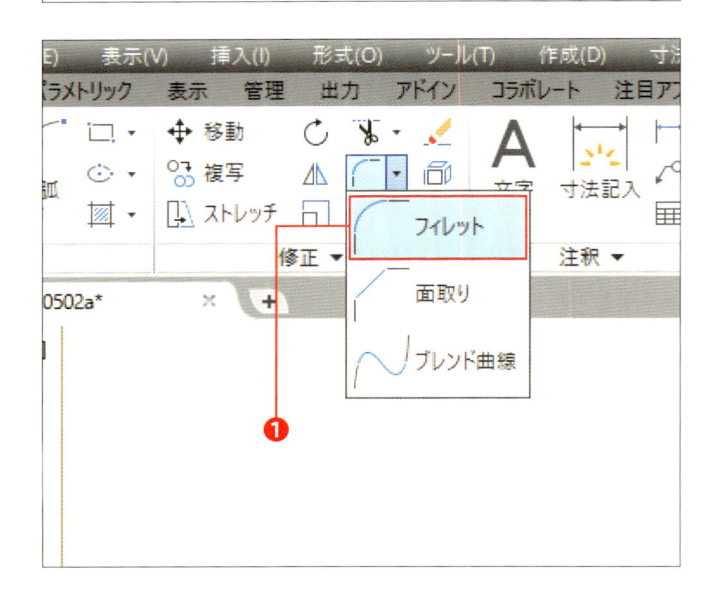

8 「フィレット」コマンドを実行する

[修正]パネルの[フィレット]をクリックします❶。

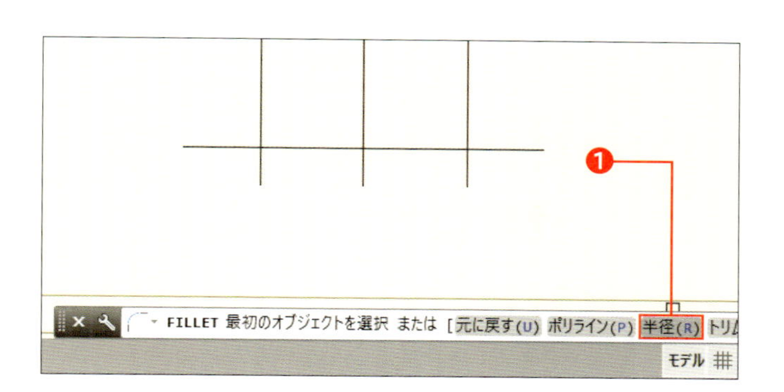

9 「半径」オプションを選択する

[半径（R)] をクリックします❶。

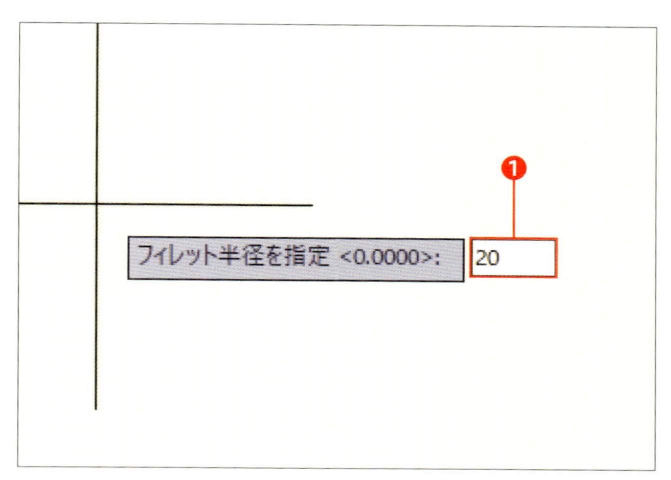

10 フィレット半径を指定する

半径は「20」と入力します❶。

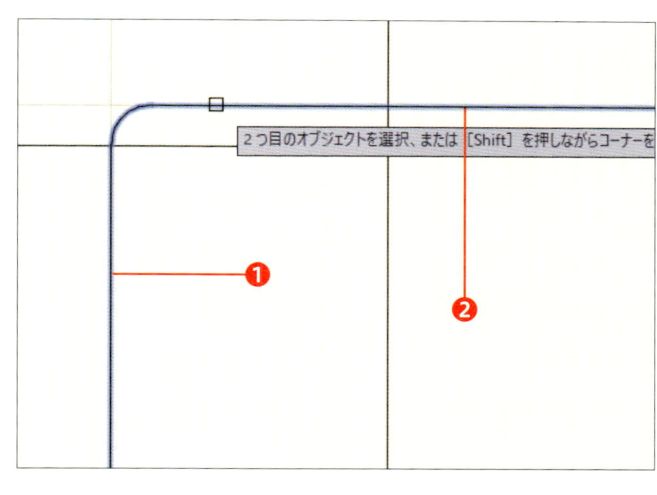

11 角をフィレットする

左側の縦線をクリックし❶、一番上の水平な線をクリックします❷。

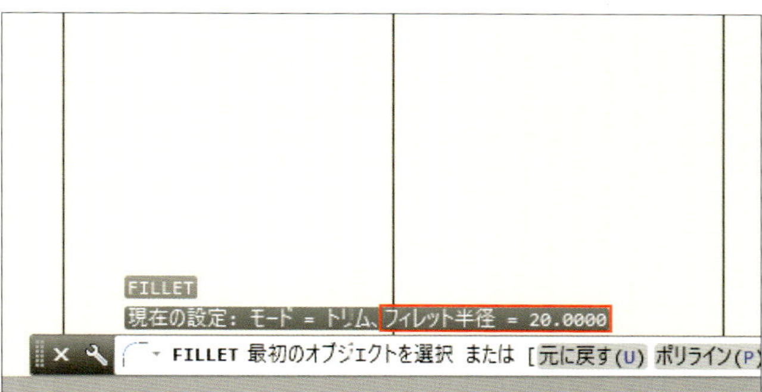

12 「フィレット」コマンドを再実行する

Enter キーを押して、[フィレット] コマンドをもう一度実行します。「フィレット半径」は、前回の値が残っています。

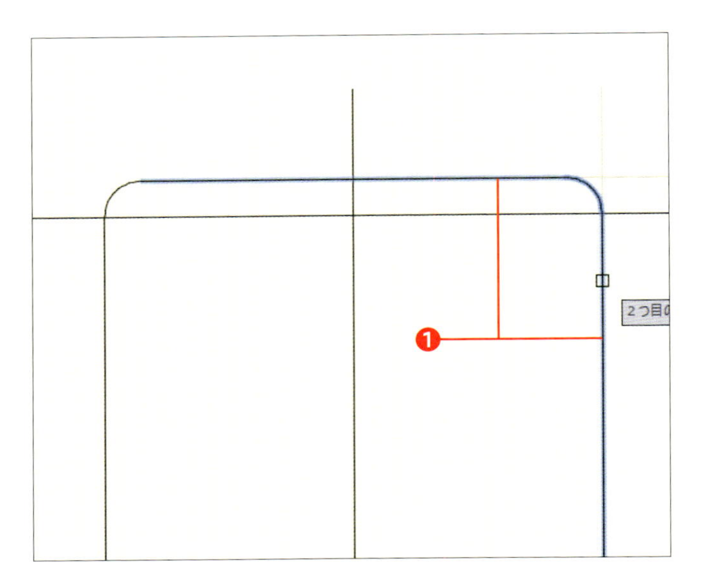

13 反対の角もフィレットする

縦と横の2つの線をクリックして、角をフィレットします❶。

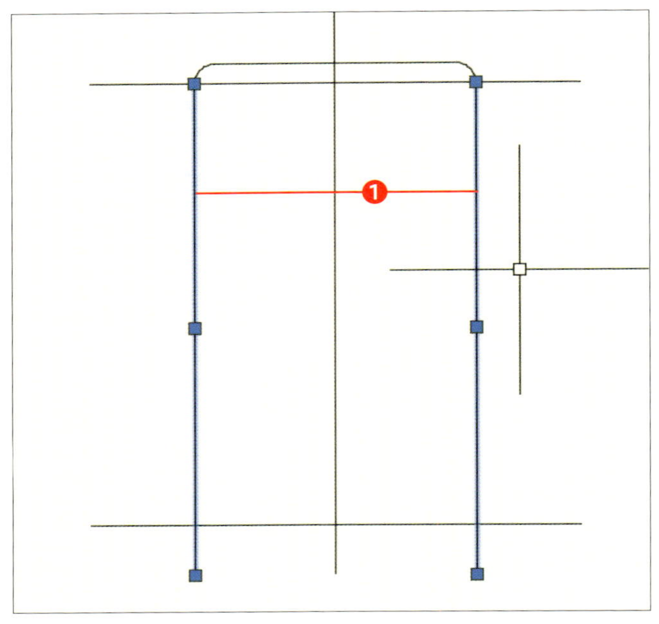

14 不要な線を削除する

2本の線をクリックし、Delete キーを押して削除します❶。

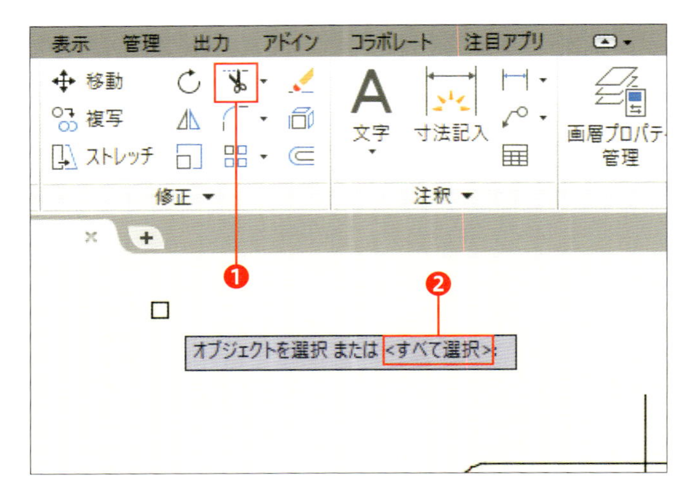

15 「トリム」コマンドを実行する

［トリム］コマンドを実行します❶。Enter キーを押し、デフォルトの＜すべて選択＞にします❷。

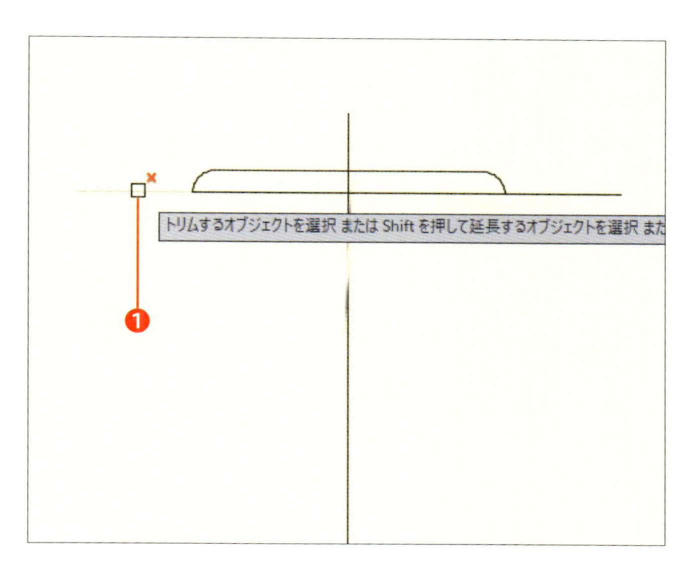

16 不要な線をトリムする

はみ出した線をクリックして削除します❶。

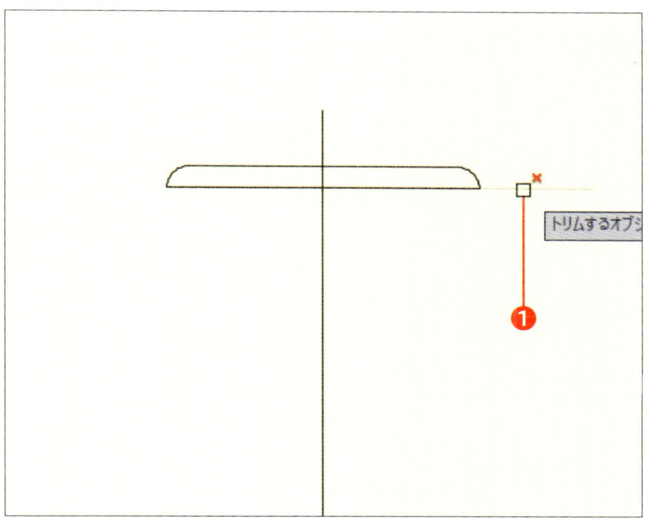

17 反対側の線もトリムする

続けて、反対側もクリックして削除します❶。Enter キーを押して、コマンドを終了します。

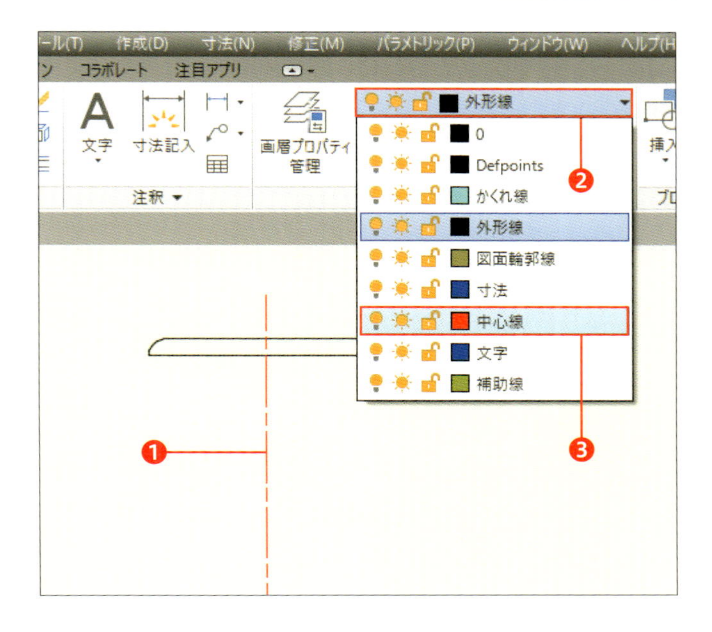

18 中心線の画層を変更する

中心線（縦線）クリックして選択します❶。［画層コントロール］をクリックし❷、「中心線」を選んで画層を変更します❸。Esc キーを押して選択を解除します。

丸椅子正面図の脚を作図する

練習ファイル 0503a.dwg　完成ファイル 0503b.dwg

ここでは、丸椅子の脚を片側だけ作図します。

完成図

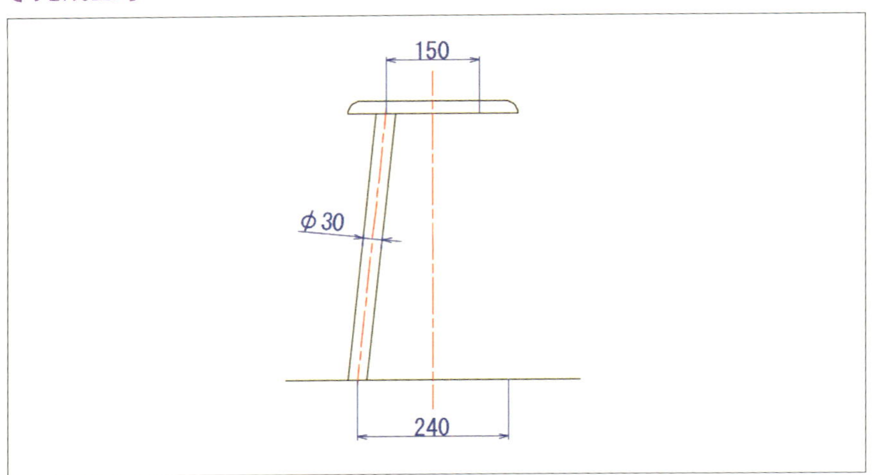

脚を作図する

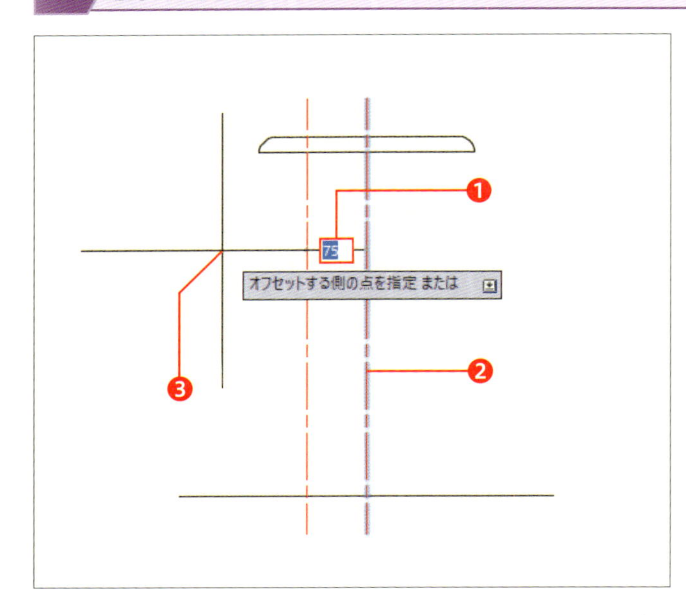

1 中心線をオフセットする

［オフセット］コマンドを実行します。オフセット距離は「150/2」と入力します❶。

中心線をクリックし❷、左へオフセットします❸。Enter キーを押して、コマンドを終了します。

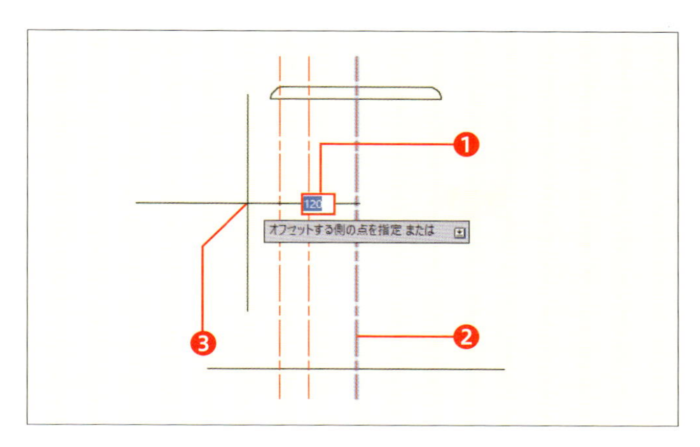

2 中心線を再度オフセットする

Enter キーを押して、［オフセット］コマンドをもう一度実行します。オフセット距離は「240/2」と入力します❶。

中心線をクリックし❷、左へオフセットします❸。Enter キーを押して、コマンドを終了します。

3 斜めの線を引く

［線分］コマンドを実行し、上で描いた補助線の交点を利用して、斜めに線を引きます❶。

4 補助線を削除する

2本の補助線を選択し、Delete キーを押して削除します❶。

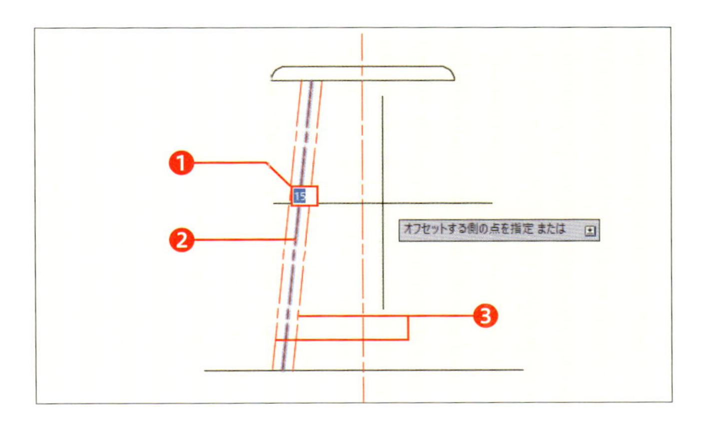

5 脚の中心線をオフセットする

［オフセット］コマンドを実行します。オフセット距離は「15」と入力します❶。脚の中心線をクリックし❷、両側にオフセットします❸。

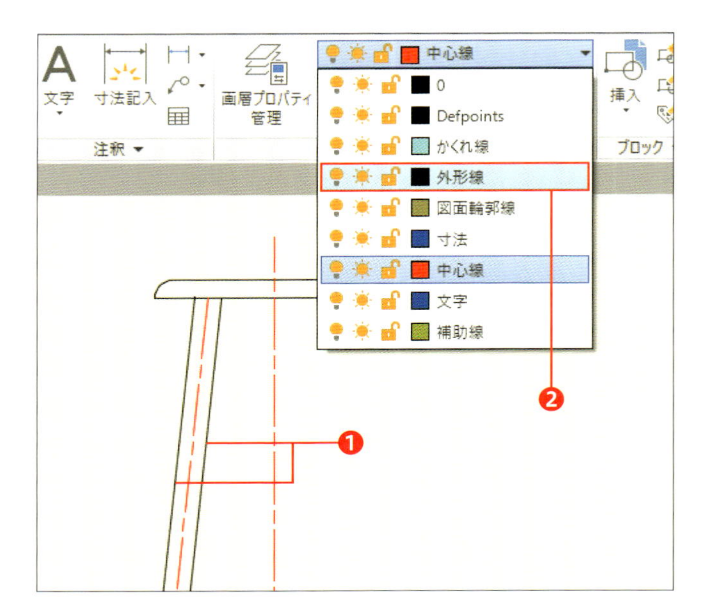

6 オフセットした線の画層を変更する

オフセットした2本の線を選択し❶、画層を「外形線」に変更します❷。

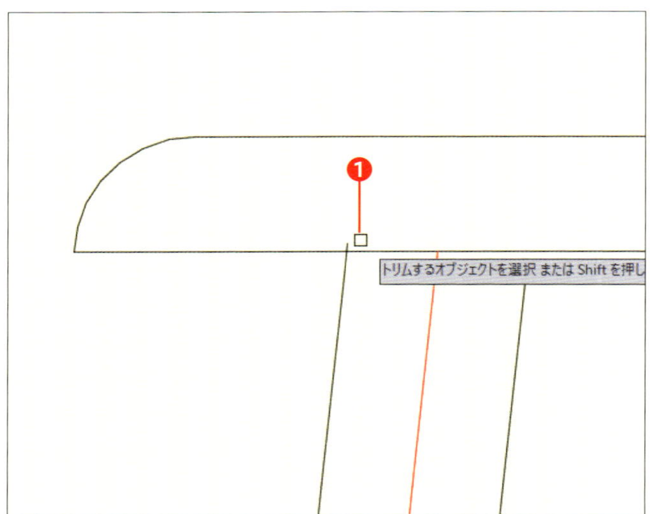

7 不要な線をトリムする

脚の端部を仕上げましょう。[トリム] コマンドを実行します。Enter キーを押して、すべての線を指定します。

十分に拡大します。はみ出した線をクリックします❶。

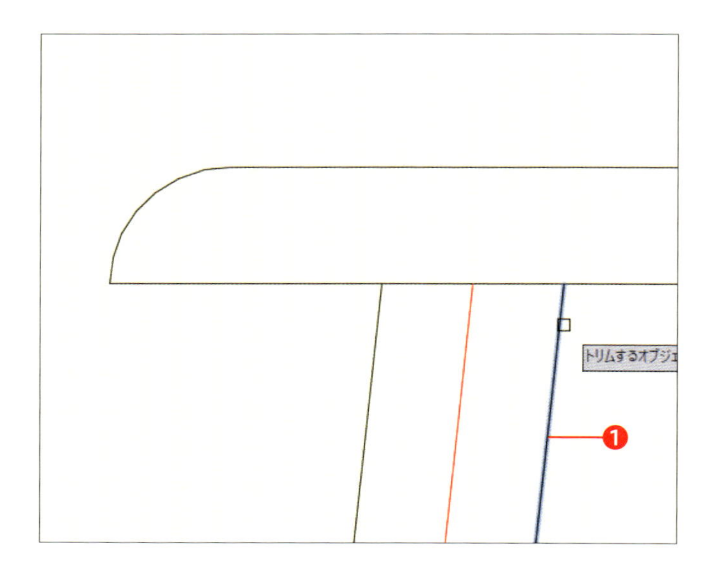

8 線を延長する

もう1本の線は長さが足りません。Shift キーを押しながらクリックします❶。Enter キーを押してコマンドを終了します。

Check

Shift キーを押している間は、[延長] になります。

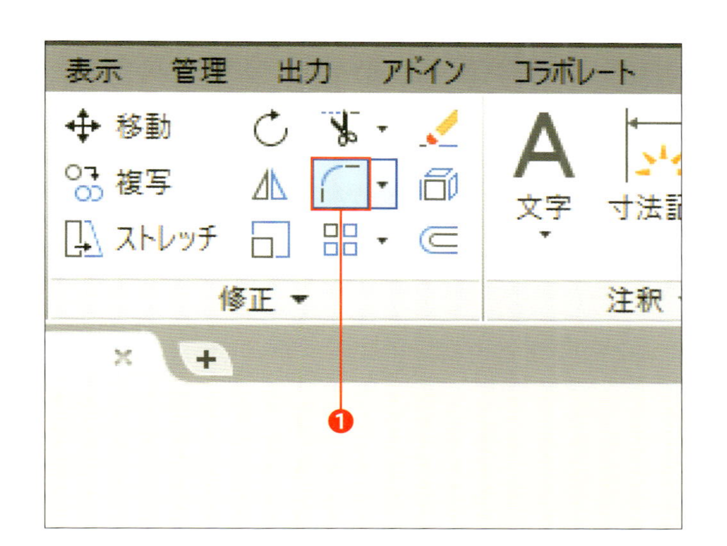

9 「フィレット」コマンドを実行する

［フィレット］コマンドをクリックします❶。

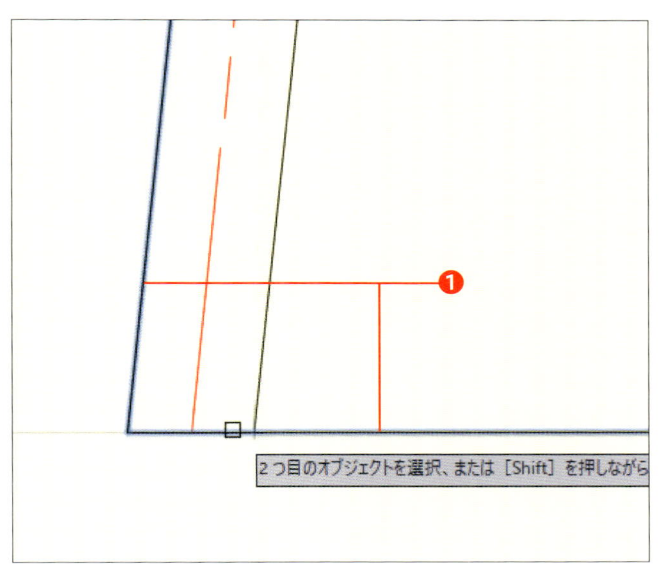

10 線を選択する

2本の線をクリックします❶。2つ目の線は、Shift キーを押しながらクリックすると、円が挿入されずに角が作られます。

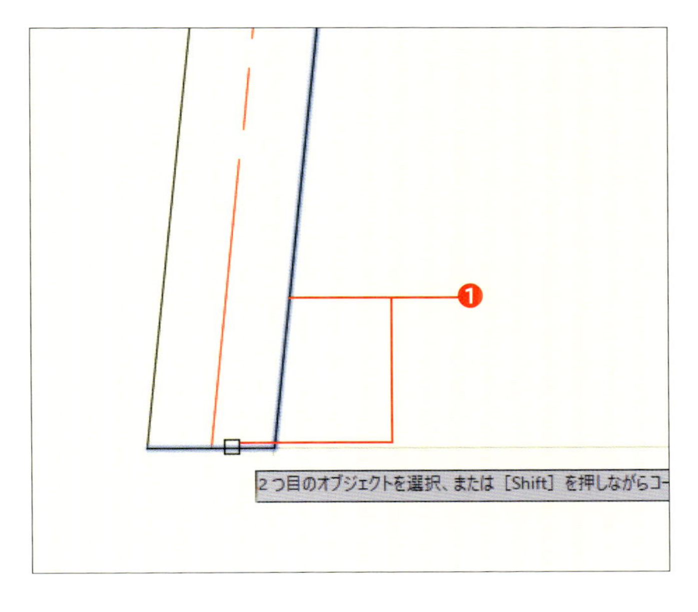

11 別の角もフィレットする

Enter キーを押して、［フィレット］コマンドを実行します。2つ目の線は、Shift キーを押しながらクリックして角を作ります❶。

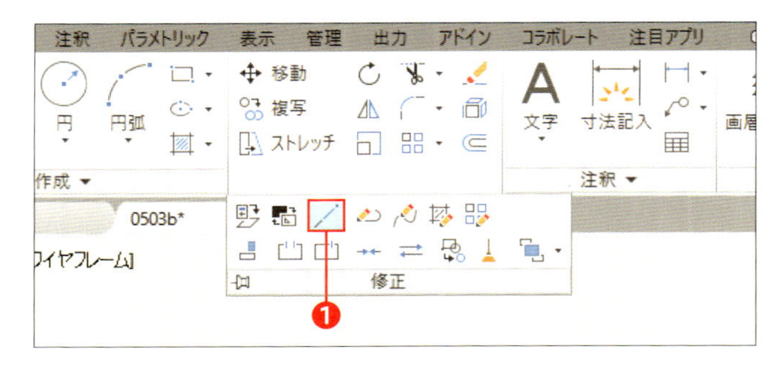

12 「長さ変更」コマンドを実行する

［長さ変更］をクリックします❶。

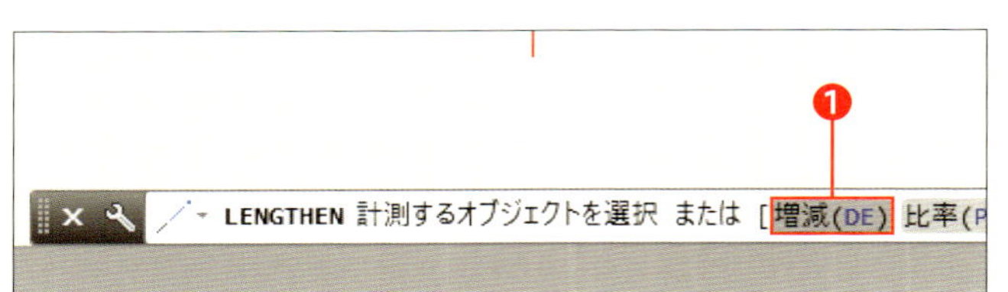

13 「増減」オプションを選択する

［増減（DE)］をクリックします❶。

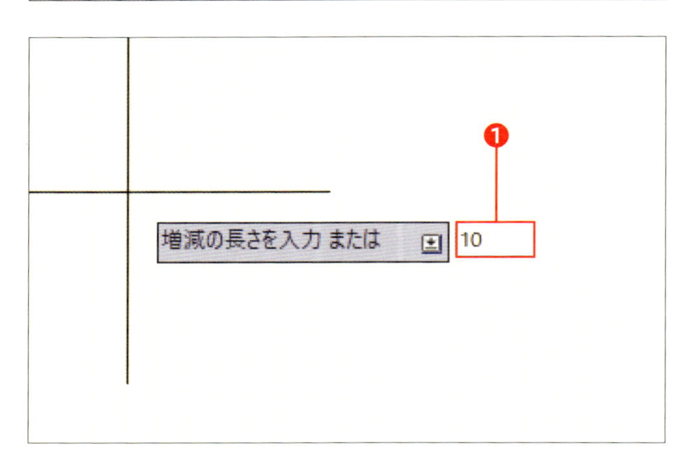

14 増減の長さを設定する

増減の長さは「10」と入力します❶。

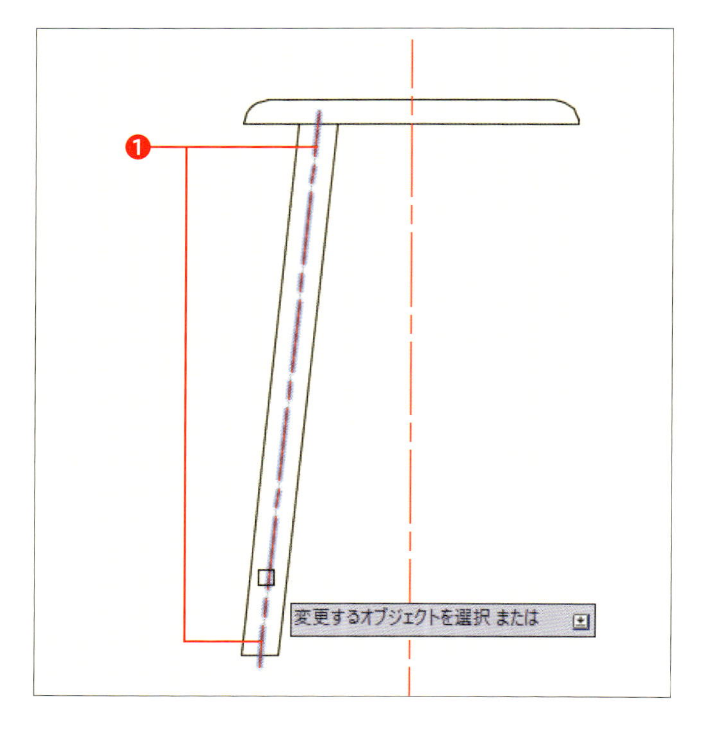

15 脚中心線を延長する

脚中心線の上のほうと、下のほうをそれぞれ1回クリックし❶、10mmずつ伸ばします。Enter キーを押してコマンドを終了します。

Section 04
丸椅子正面図のジョイントを作図する

練習ファイル 0504a.dwg　完成ファイル 0504b.dwg

ジョイントを作図して、丸椅子の正面図を完成させましょう。脚が傾いていますが、ジョイントは傾けずに作図して、あとから脚の角度に合わせます。

完成図

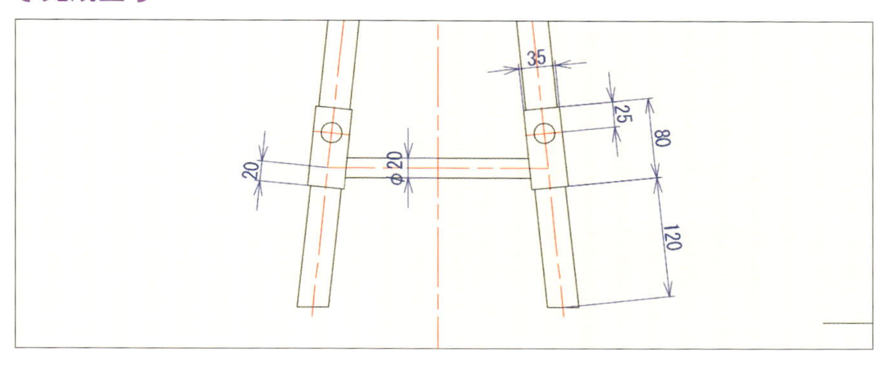

ジョイントを作図する

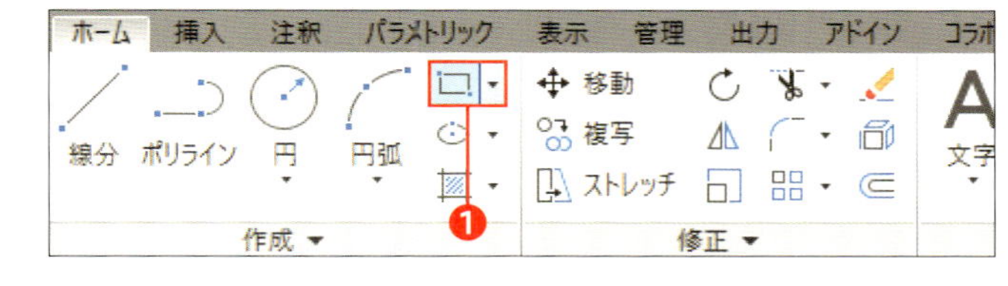

1 「長方形」コマンドを実行する

[長方形] コマンドをクリックします❶。

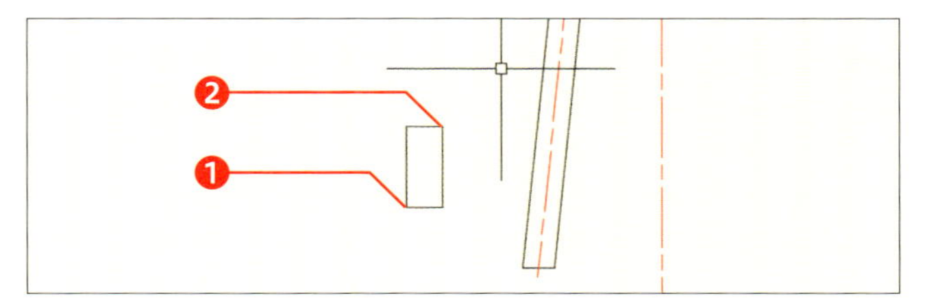

2 長方形を描く

1点目は任意の位置をクリックします❶。2点目は「@35,80」と入力し、Enter キーを押します❷。

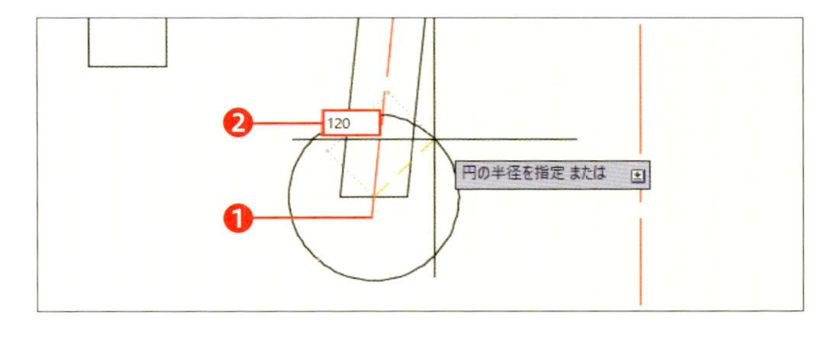

3 補助円を描く

ジョイントの配置位置を押えるための補助線を作図します。中心線と脚との交点を中心にして❶、半径「120」の円を描きます❷。

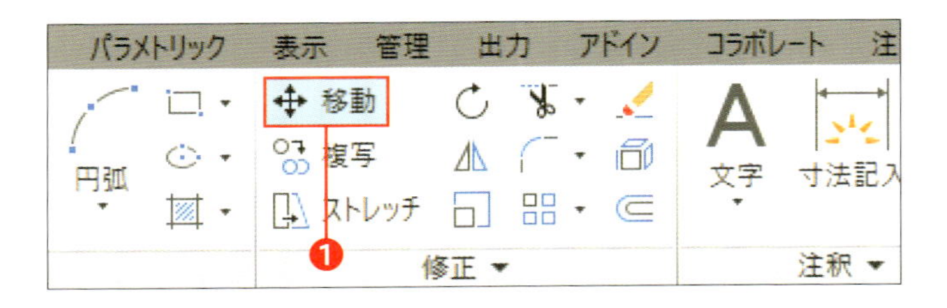

4 「移動」コマンドを実行する

さきほど描いた長方形を選択し、[移動] コマンドを実行します❶。

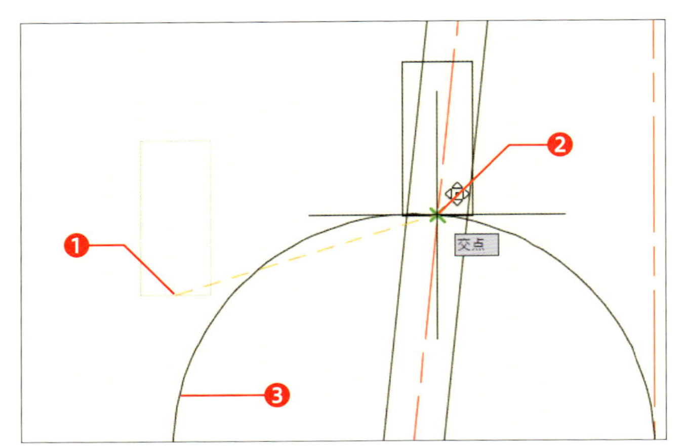

5 長方形を移動する

移動の基点は底辺の中点に❶、移動先は円と中心線との交点にします❷。補助線に使った円を削除します❸。

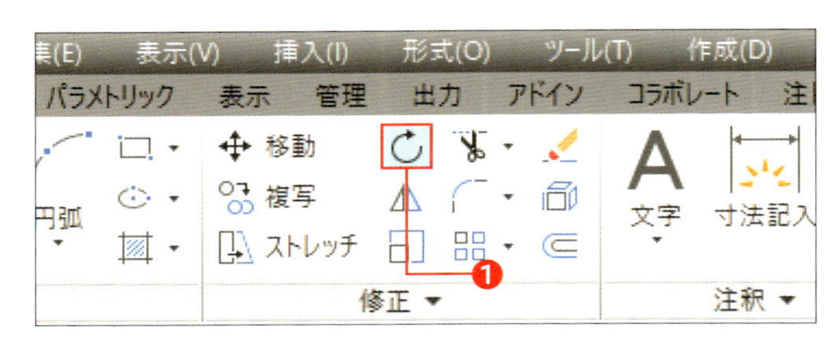

6 「回転」コマンドを実行する

脚の傾きに合わせて、長方形を回転させましょう。まず、長方形を選択し、[回転] コマンドを実行します❶。

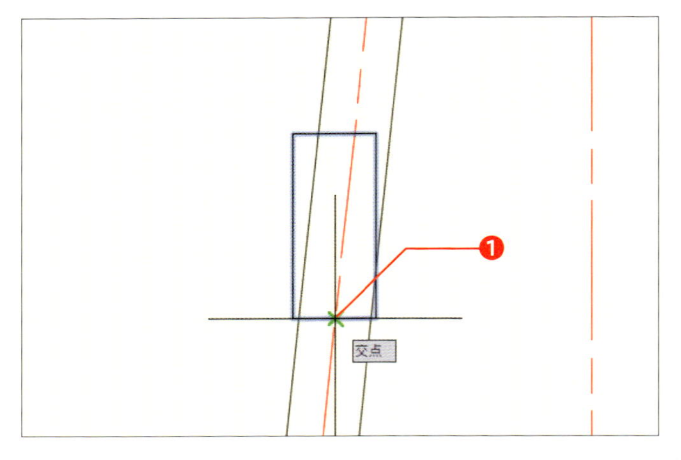

7 回転の基点を指定する

回転の基点は、底辺と中心線との交点を選びます❶。中点にスナップする場合は、中点でもかまいません。

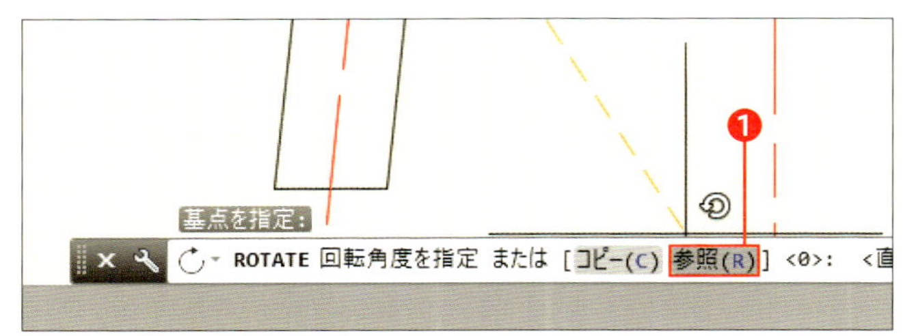

8 「参照」オプションを選択する

回転の動きが分かるように、直交モードはオフにしましょう。[参照(R)] をクリックします❶。

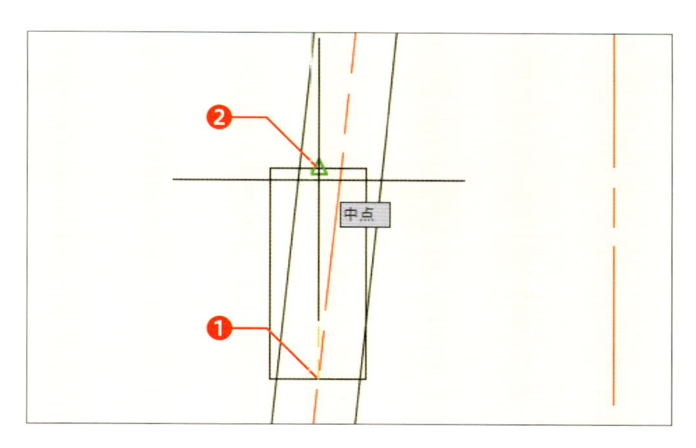

9 元の角度を指定する

2つの点をクリックして、元の角度を読み取らせます。1点目は底辺と中心線との交点（基点と同じ点）をクリックします❶。2点目は上の辺の中点をクリックします❷。

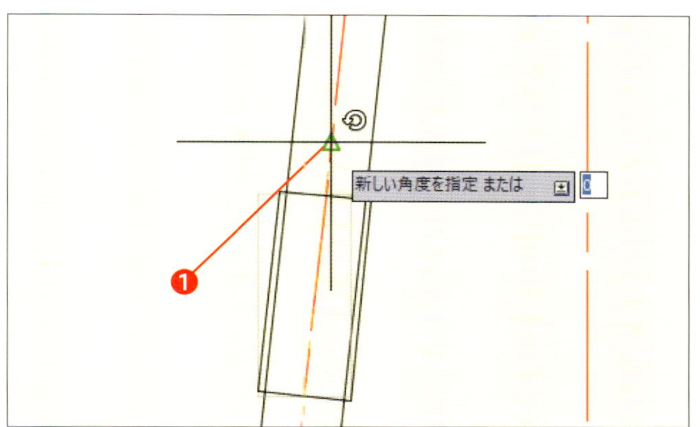

10 回転後の角度を指定する

回転後の角度を聞かれます。ここでは画面上でクリックしましょう。中心線の中点にスナップして、クリックします❶。

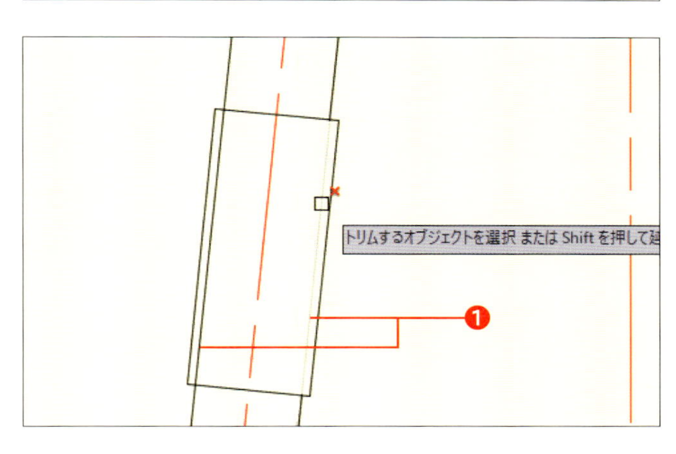

11 不要な線をトリムする

［トリム］コマンドを実行し、Enter キーを押して、すべての線を切り取りエッジにします。長方形の内側にある、2本の脚の線をクリックして削除します❶。

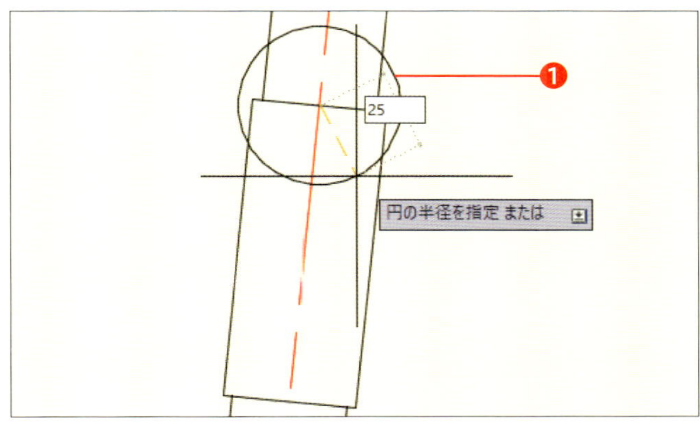

12 補助円を描く

円を描いて補助線にします。長方形（ジョイント）と中心線との交点を中心にして、半径25の円を描きます❶。

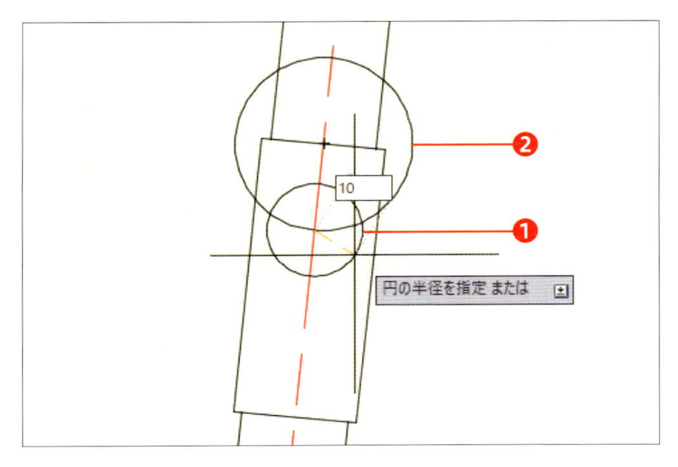

13 円を描く

補助線の円と中心線との交点を中心にして、半径10の円を描きます❶。補助線にした円を削除します❷。

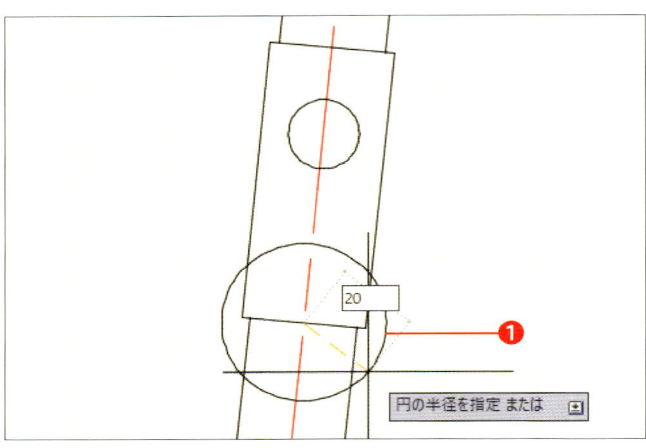

14 補助円を描く

ジョイント下部と中心線との交点を中心にして、半径20の円を描きます❶。この円も、あとで使用する補助線です。

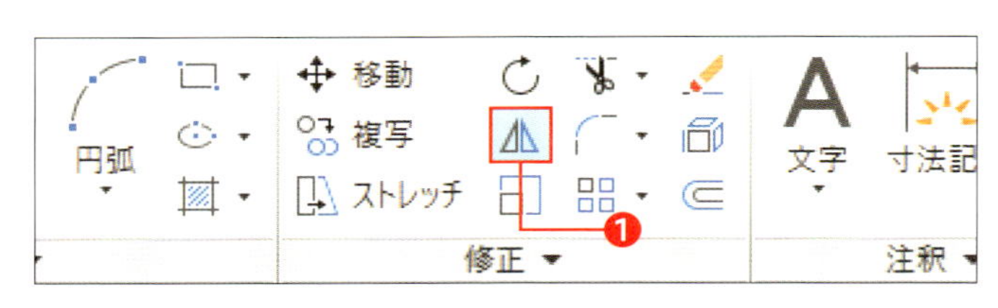

15 「鏡像」コマンドを実行する

［鏡像］コマンドをクリックします❶。

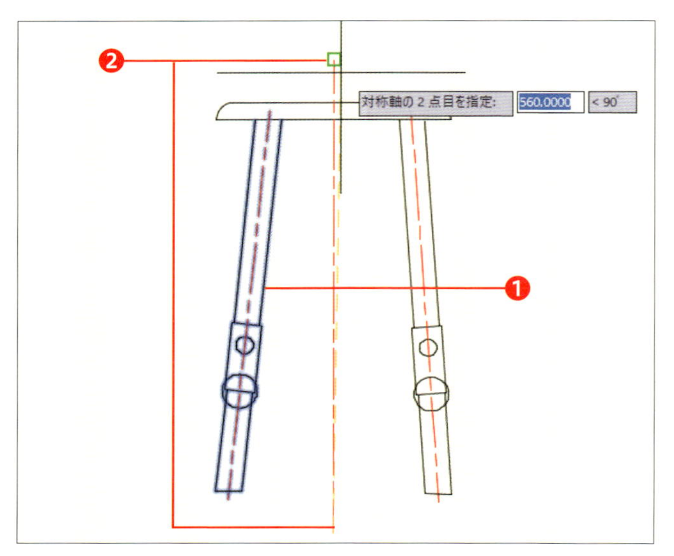

16 対称軸を指定する

脚を選択し、Enter キーを押します❶。中心線の上下の端点をそれぞれクリックし、鏡像の対称軸にします❷。

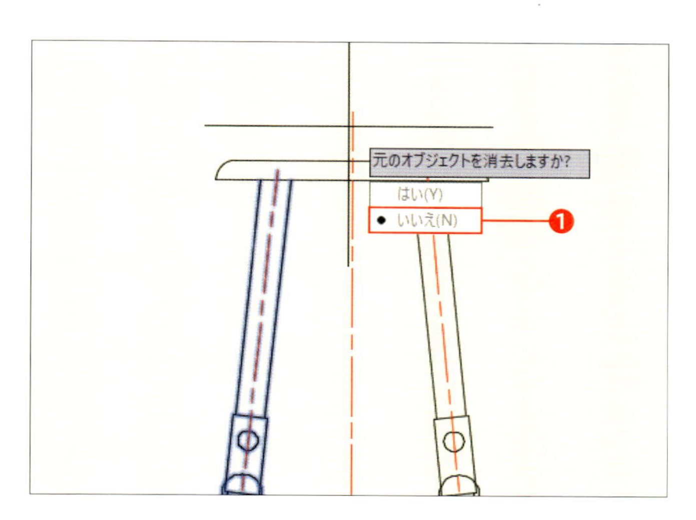

17 元のオブジェクトを削除するか指定する

「元のオブジェクトを削除しますか？」と聞かれます。「いいえ」がデフォルトなので、Enter キーを押して終了します❶。

18 現在層を切り替える

現在層を「中心線」にします❶。

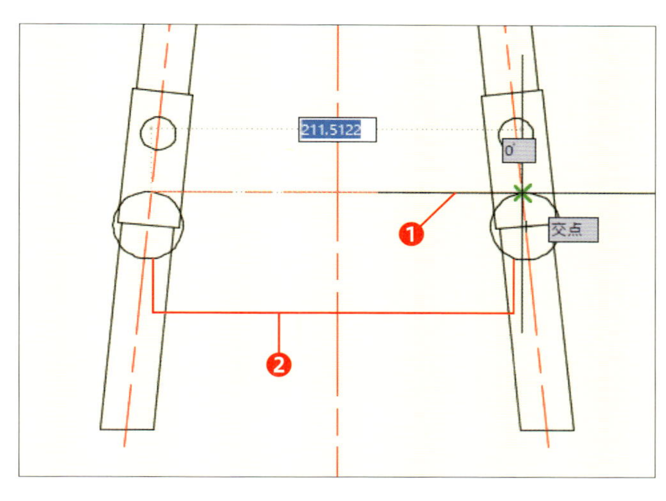

19 貫の中心線を引く

［線分］コマンドを使って、円と中心線との交点をそれぞれ結びます❶。これが貫の中心線になります。補助線にした円を削除します❷。

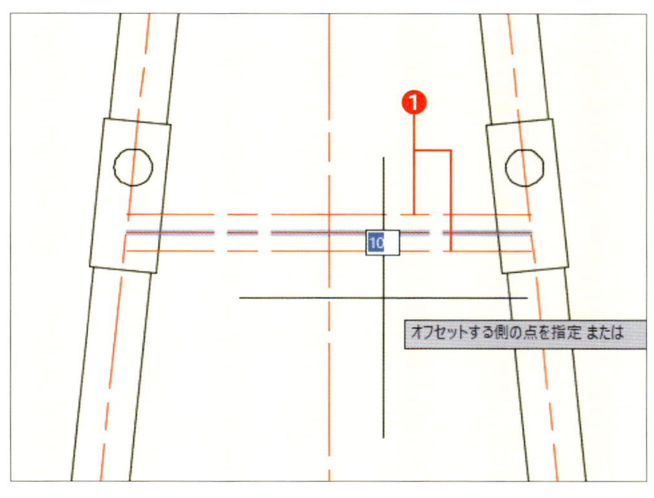

20 貫の中心線をオフセットする

オフセット距離「10」で、貫の中心線を上下にオフセットします❶。

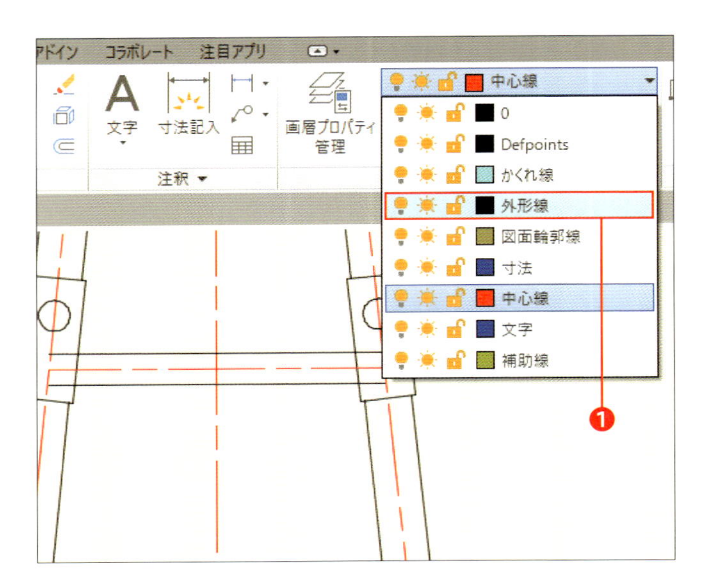

21 貫の線の画層を変更する

オフセットした貫の線の画層を「外形線」に変更します❶。

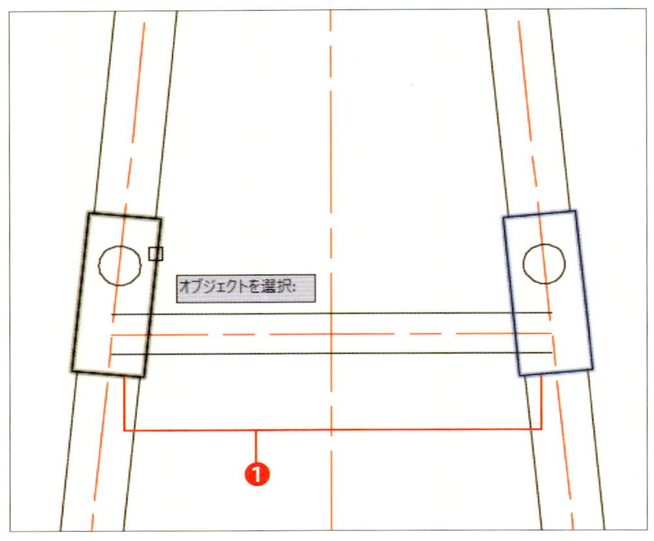

22 「トリム」コマンドを実行する

［トリム］コマンドを実行し、ジョイントの枠線を選択します❶。Enter キーを押して確定します。

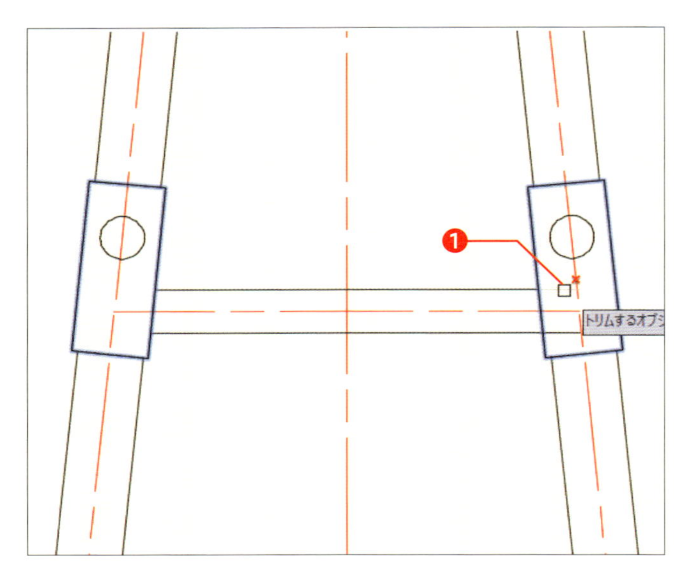

23 ジョイント内の線をトリムする

ジョイントの内側に入っている線をクリックしてトリムします❶。Enter キーを押して、コマンドを終了します。

丸椅子の側面図を作図する

練習ファイル 0505a.dwg　完成ファイル 0505b.dwg

丸椅子の側面図は正面図とほぼ同じなので、正面図を複写して、部分的な修正で仕上げましょう。

側面図を作図する

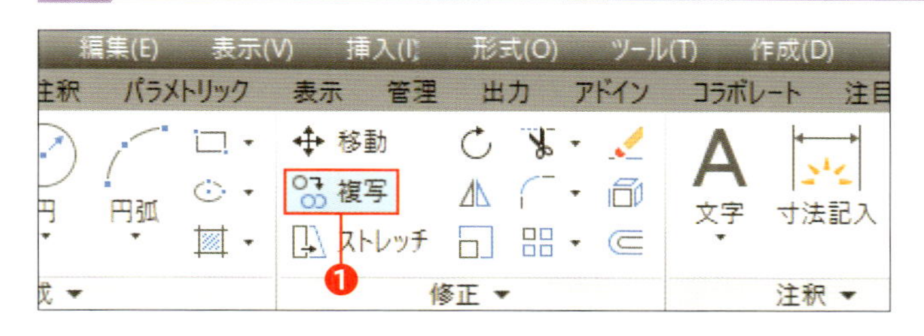

1 「複写」コマンドを実行する

正面図を全部選択し、［複写］コマンドを実行します❶。

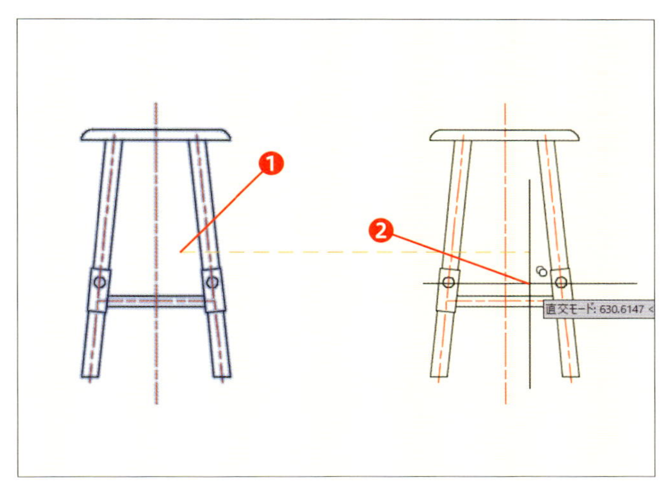

2 正面図を複写する

直交モードをオンにします。任意の位置をクリックして基点にし❶、複写先も程よいところでクリックします❷。 Enter キーを押して、コマンドを終了します。

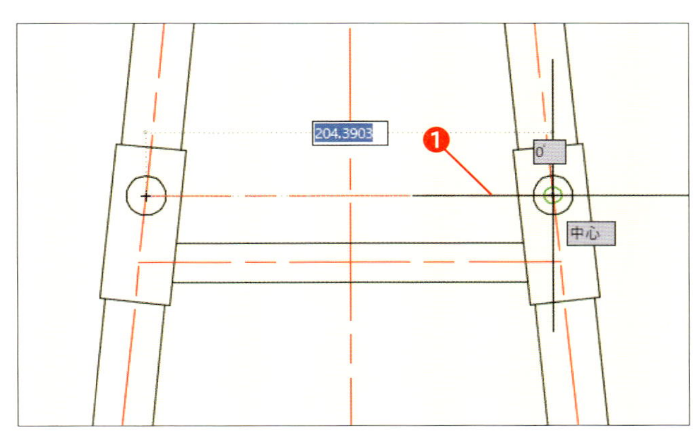

3 中心線を引く

複写した側面図を拡大します。現在層を「中心線」にします。ジョイントにある円の中心にスナップさせて、［線分］コマンドで中心線を引きます❶。

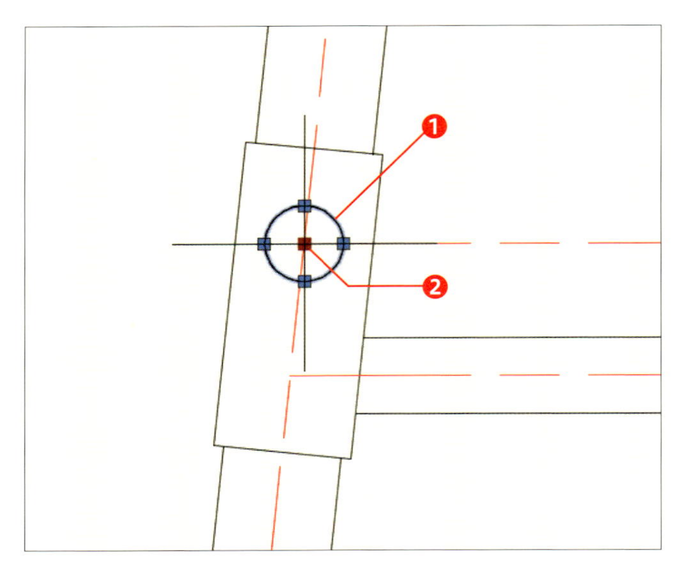

4 円の中心を選択する

円をクリックして選択します❶。中心のグリップをクリックします❷。

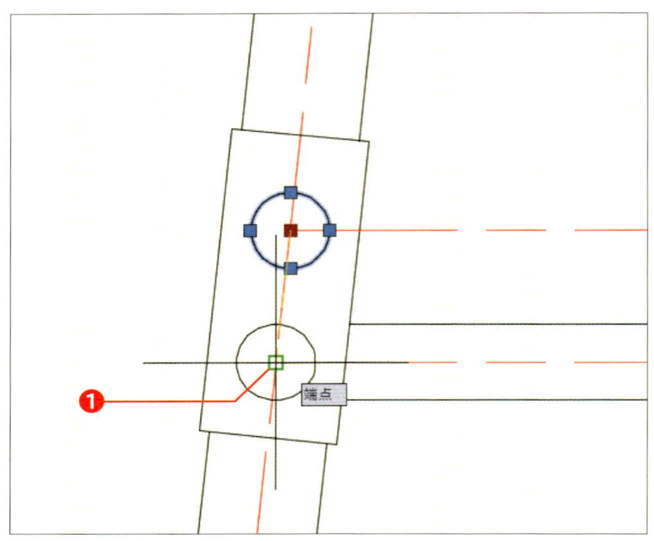

5 円を移動する

移動モードになるので、すぐ下の中心線の端点にスナップさせてクリックします❶。Esc キーを押して、選択を解除します。

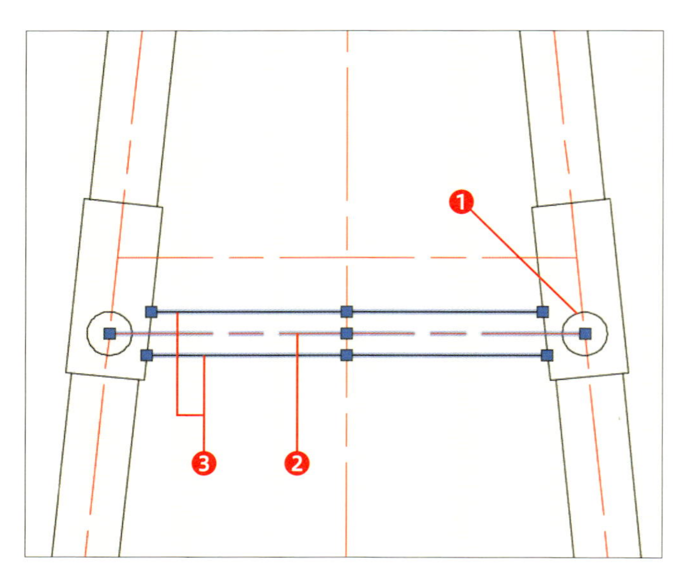

6 右側の円も移動する

同様にして、右側の円も移動します❶。貫と中心線を選択して削除します❷❸。

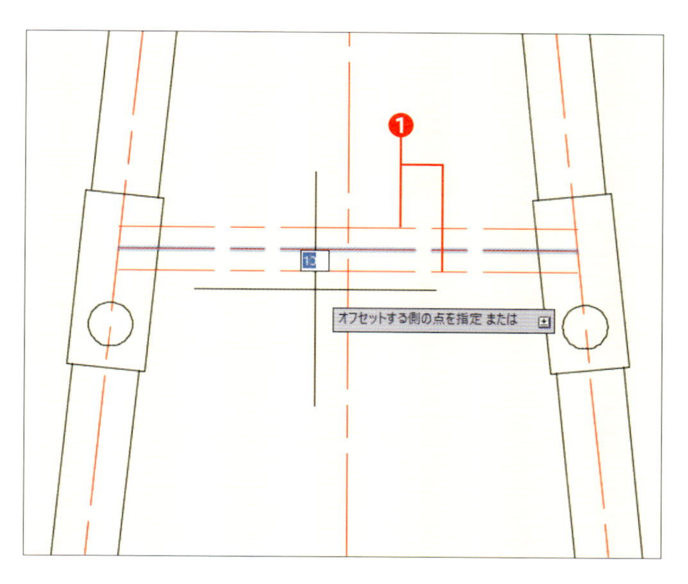

7 中心線をオフセットする

オフセット距離を「10」にして、中心線を上下にオフセットします❶。

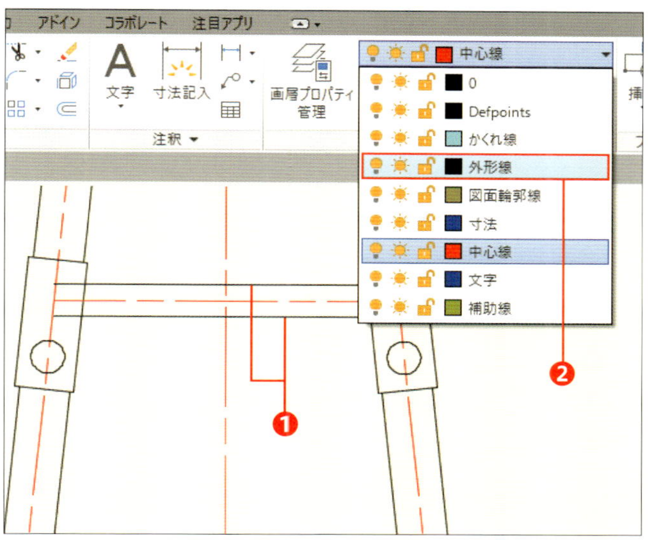

8 オフセットした線の画層を変更する

オフセットした2本の線を選択し❶、画層を「外形線」に変更します❷。

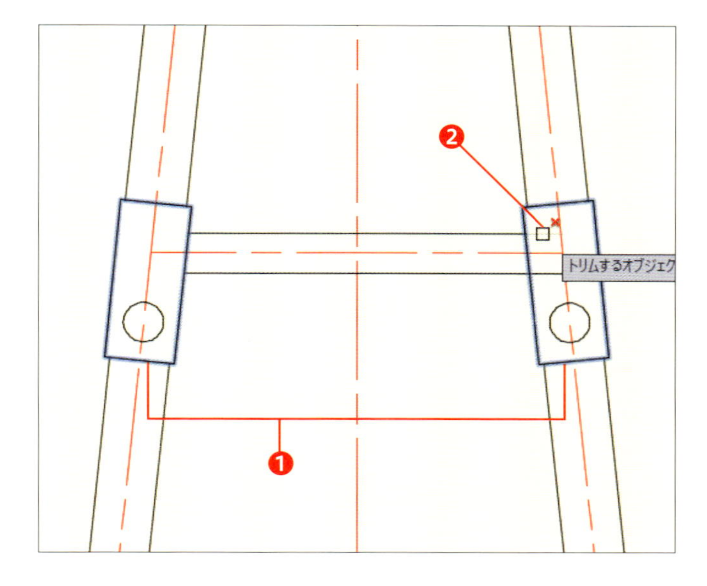

9 はみ出した線をトリムする

［トリム］コマンドを実行し、ジョイントの長方形を切り取りエッジにします❶。はみ出した線をクリックして削除します❷。

第5章 丸椅子の図面を作成する

丸椅子の平面図を作図する

Section 06

 練習ファイル 0506a.dwg 完成ファイル 0506b.dwg

正面図の真上に平面図を作図しましょう。丸椅子を見る視点が違うだけなので、正面図の作図に使用した寸法を使用します。

平面図を作図する

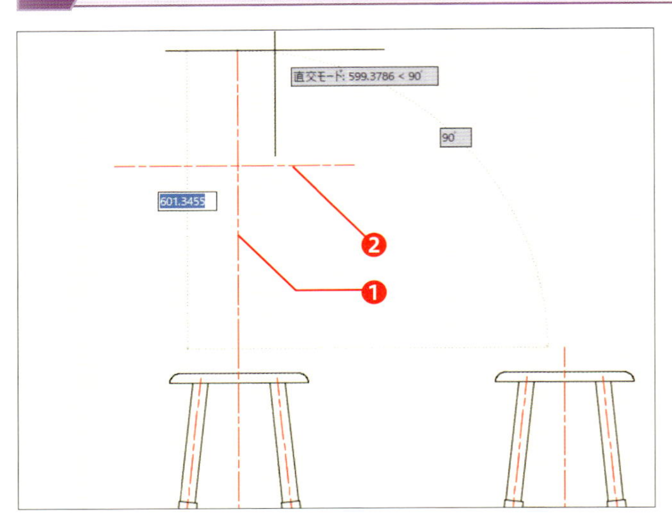

1 中心線を引く

現在層を「中心線」にして、直交モードをオンにします。[線分] コマンドで、正面図の上に中心線を十字に引きます❶❷。

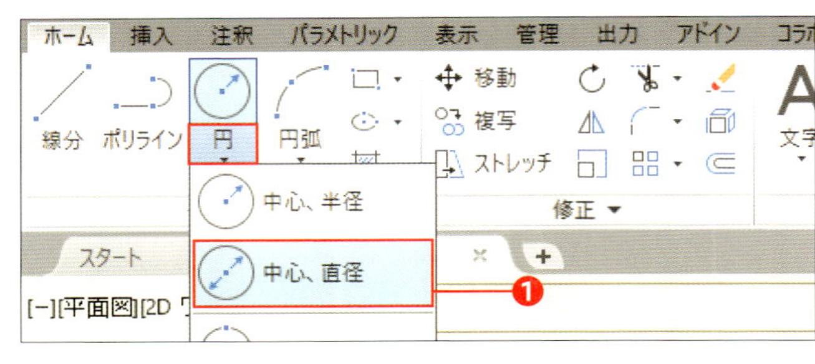

2 「円」コマンドを実行する

現在層を「外形線」にします。[円] コマンドの [中心、直径] をクリックします❶。

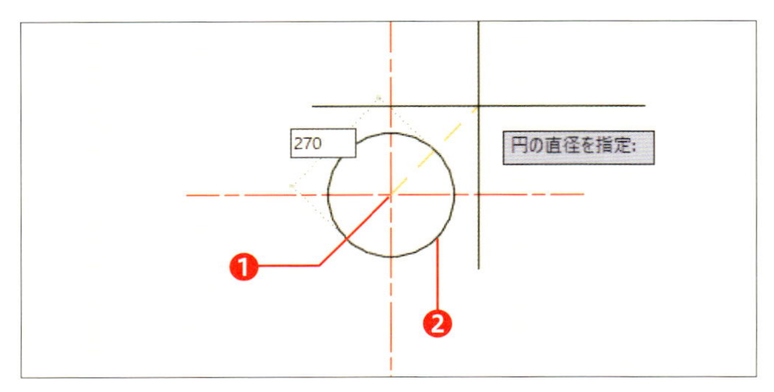

3 円を描く

中心線の交点を中心にして❶、直径270の円を描きます❷。

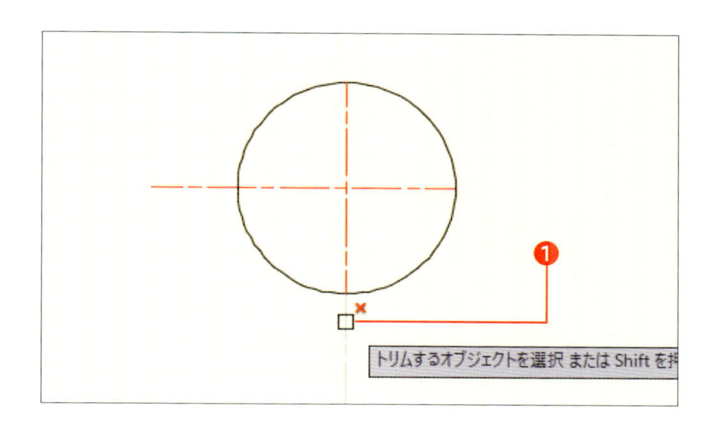

4 中心線をトリムする

［トリム］コマンドを実行し、円の周囲の中心線を削除します❶。

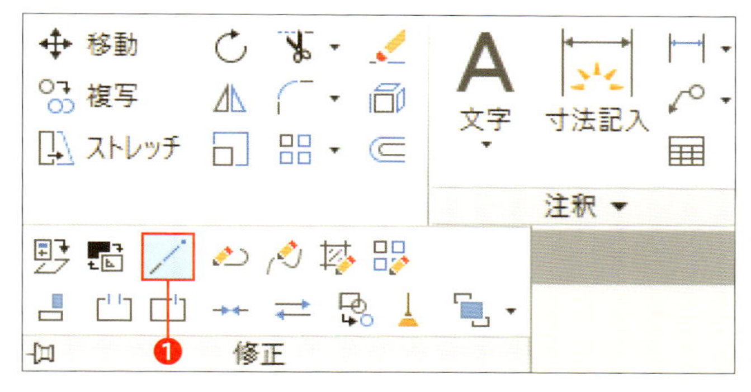

5 「長さ変更」コマンドを実行する

［長さ変更］コマンドをクリックします❶。

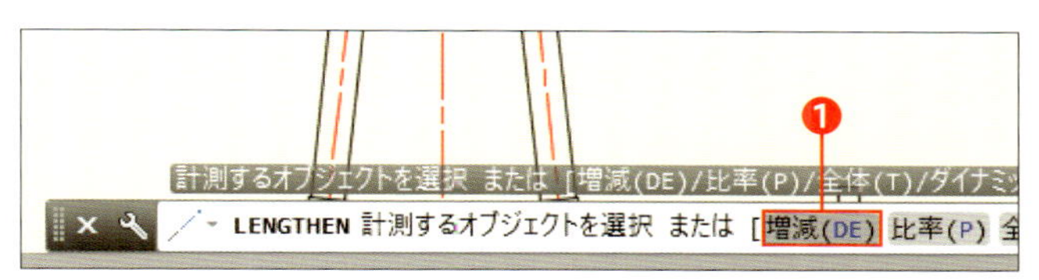

6 「増減」オプションを選択する

［増減（DE）］をクリックします❶。

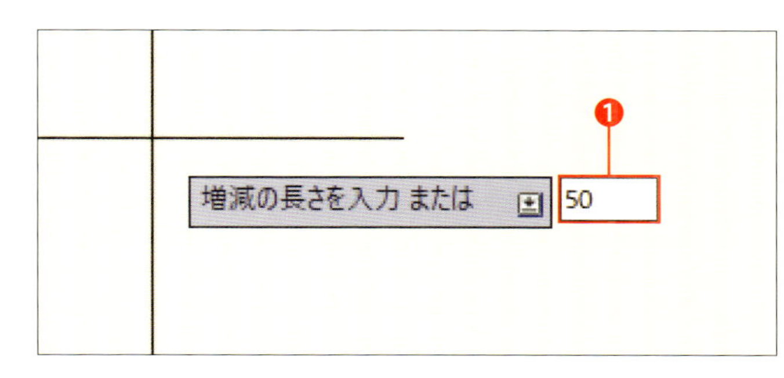

7 増減の長さを指定する

増減の長さは「50」と入力します❶。

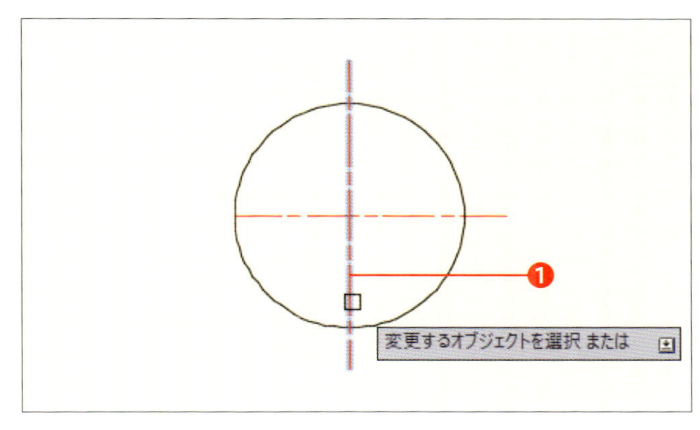

8 中心線を延長する

中心線をクリックし❶、円の上下左右に伸ばします❷。

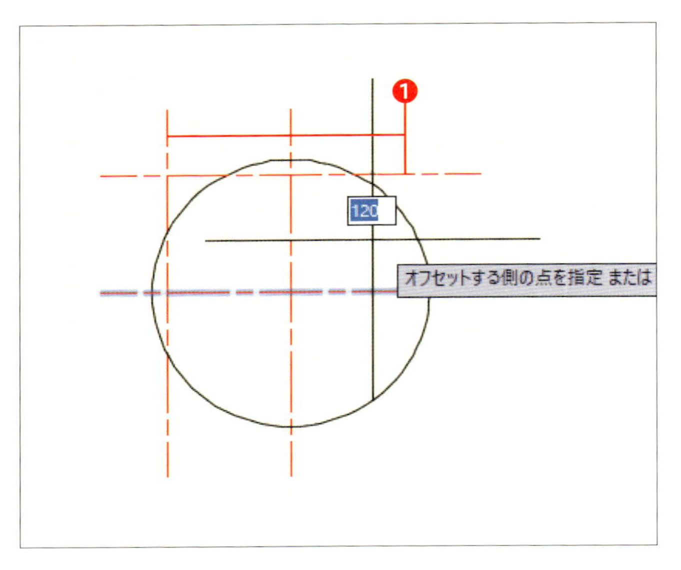

9 中心線をオフセットする

オフセット距離を「240/2」にして、中心線を上と左にオフセットします❶。

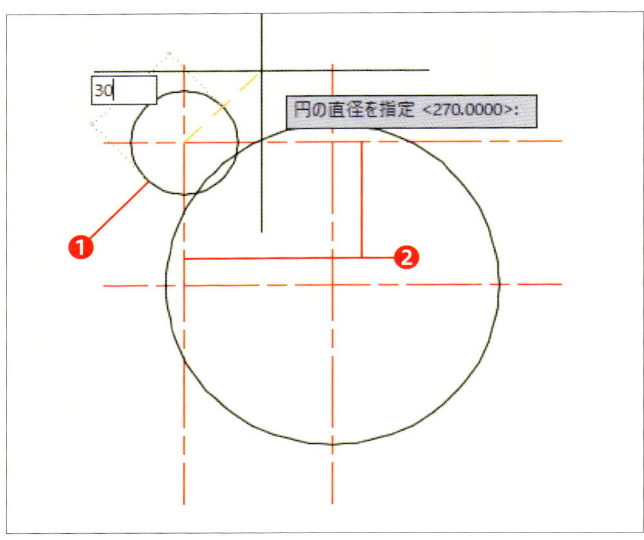

10 円を描く

オフセットした2本の線の交点を中心にして、直径30の円を作図します❶。補助線にした2本の線を削除します❷。

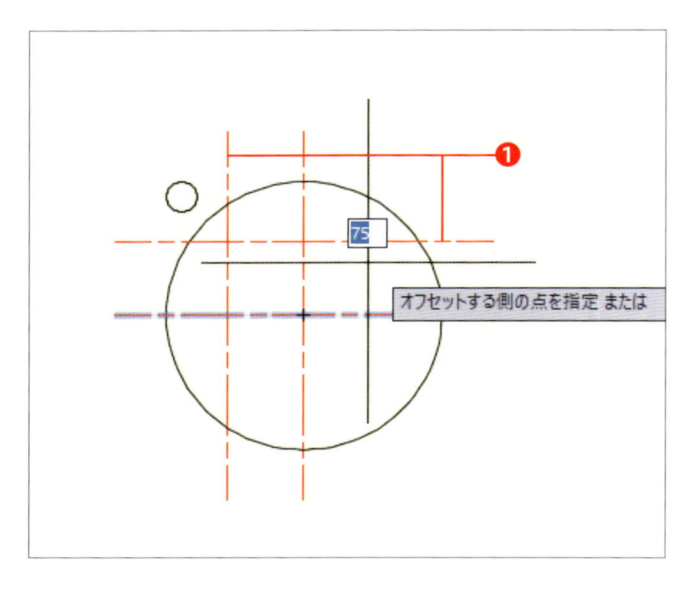

11 中心線をオフセットする

オフセット距離を「150/2」にして、中心線を上と左にオフセットします❶。

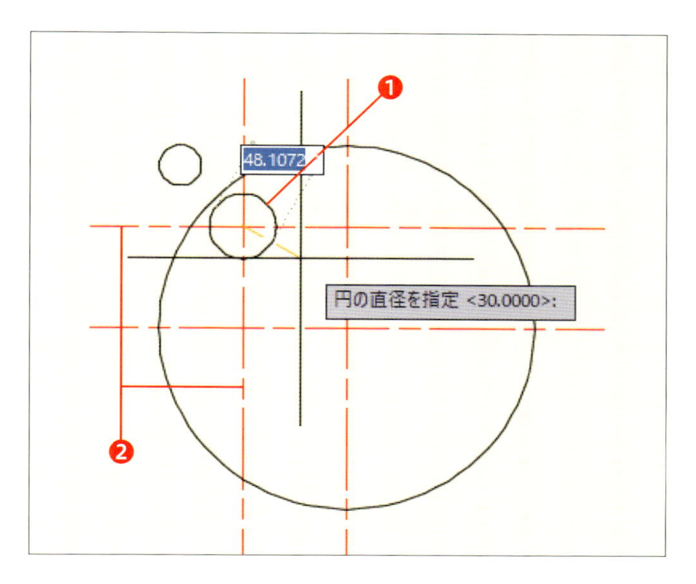

12 円を描く

オフセットした2本の線の交点を中心にして、直径30の円を作図します❶。前回の値がデフォルトになっているので、Enterキーを押すだけで直径30になります。補助線にした2本の線を削除します❷。

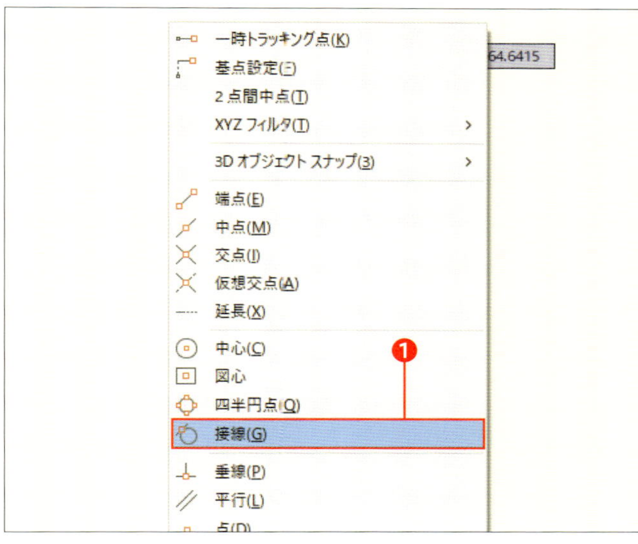

13 円に接線を引く

［線分］コマンドで、2つの円に接線を引きます。接点にオブジェクトスナップさせるには、Shiftキーを押しながら右クリックし、メニューから［接線］を選択します❶。

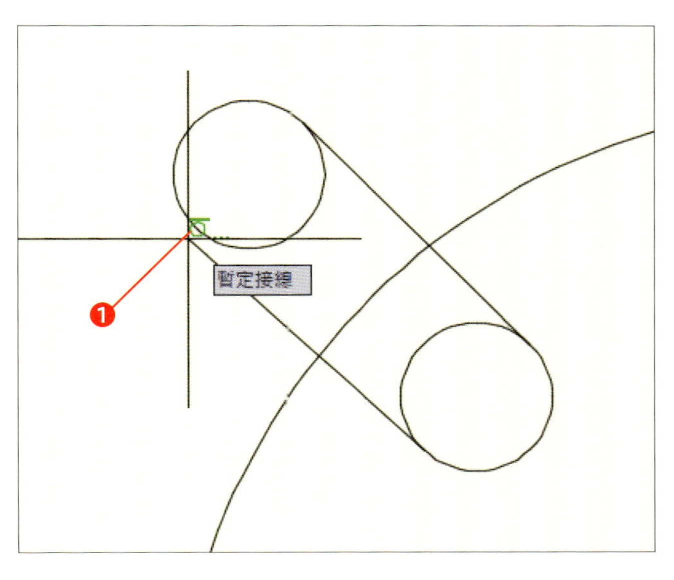

14 暫定接線にスナップする

円にカーソルを近づけ、［暫定接線］のマーカーが出たらクリックします❶。

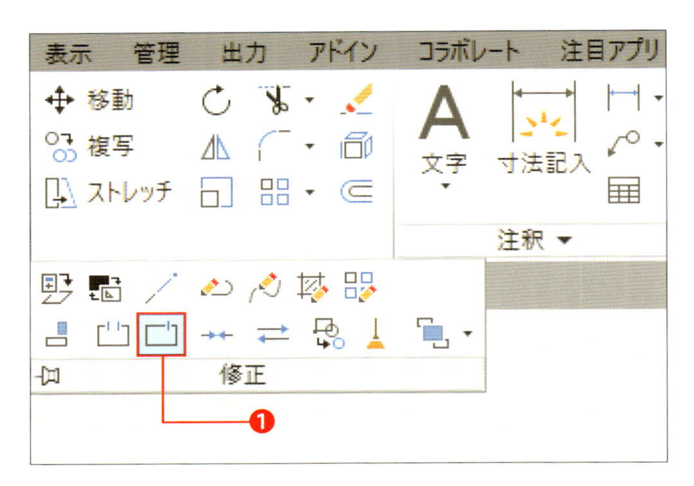

15 線を分割する

座部とダブる部分はかくれ線にするために、線分を2つに分割します。[点で部分削除］をクリックします❶。

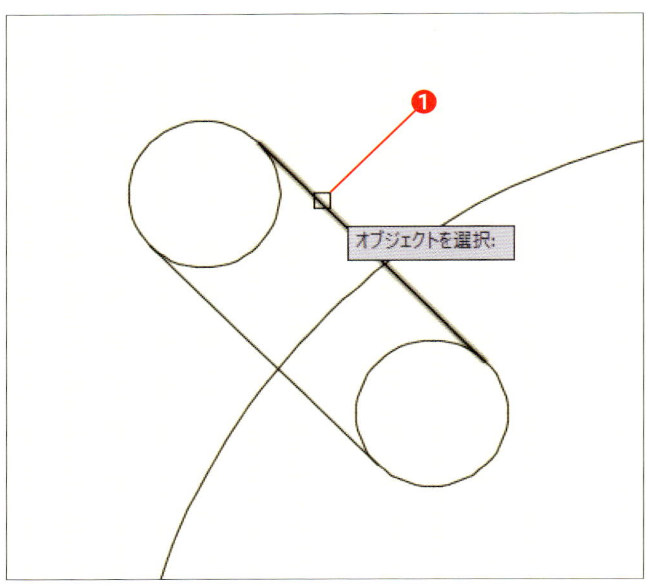

16 分割する線を選択する

まず、線をクリックします❶。

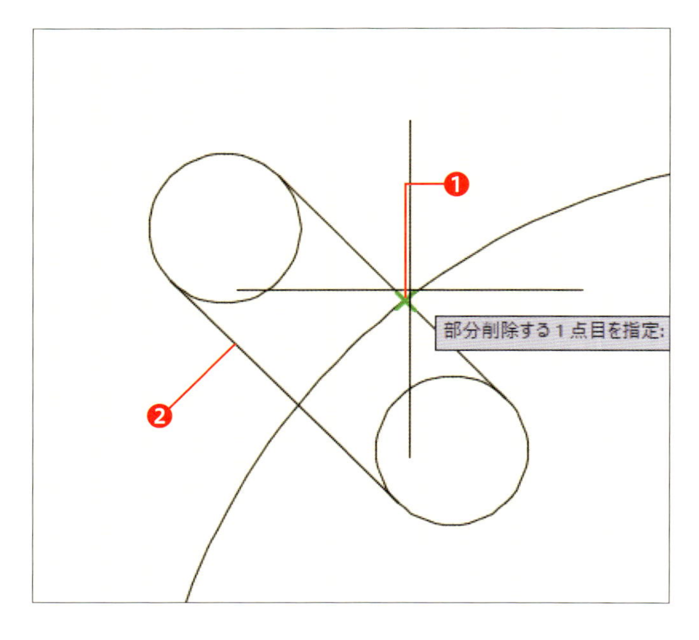

17 分割点を指定する

分割させる点（座部との交点）をクリックします❶。これで2本の線に分割されました。同様にして、もう1本の線も分割します❷。

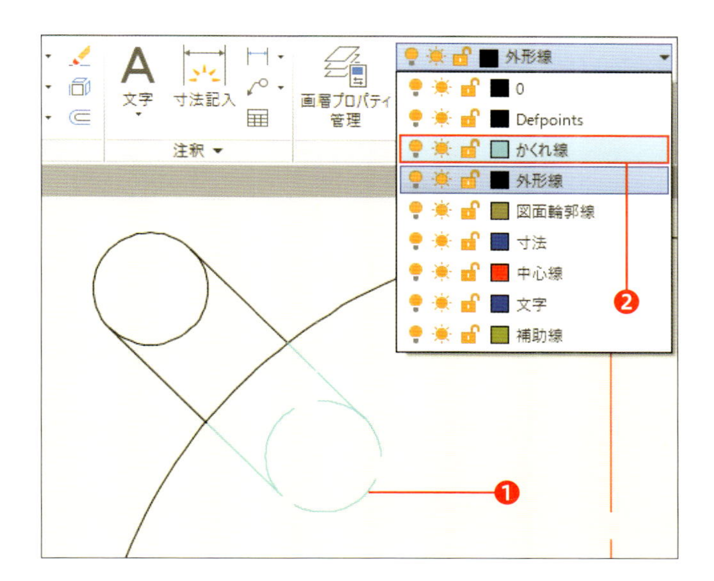

18 画層を変更する

下半分を選択し❶、画層を「かくれ線」に変更します❷。

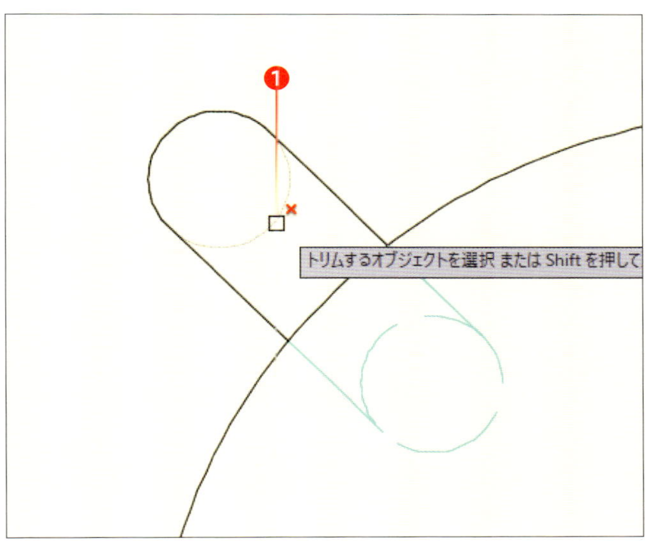

19 円の下半分をトリムする

[トリム] コマンドを実行し、円の下半分を削除します❶。

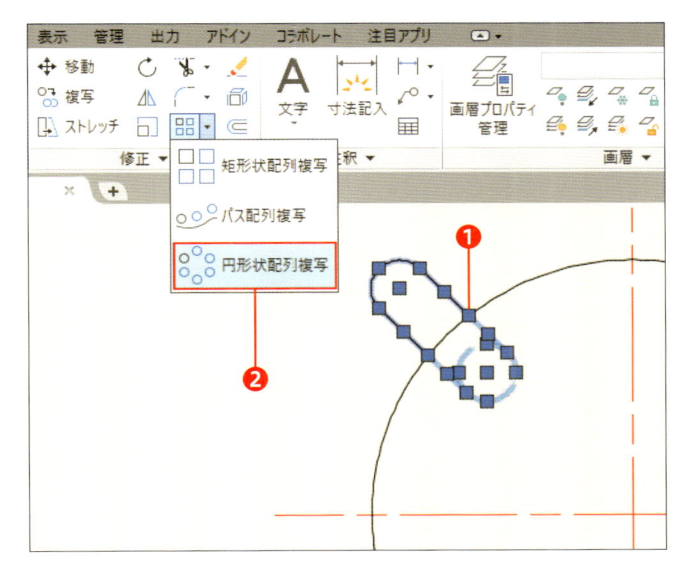

20 「配列複写」コマンドを実行する

脚を回転させながら複写しましょう。脚を選択し❶、[配列複写] コマンドの [円形状配列複写] をクリックします❷。

第5章 丸椅子の図面を作成する

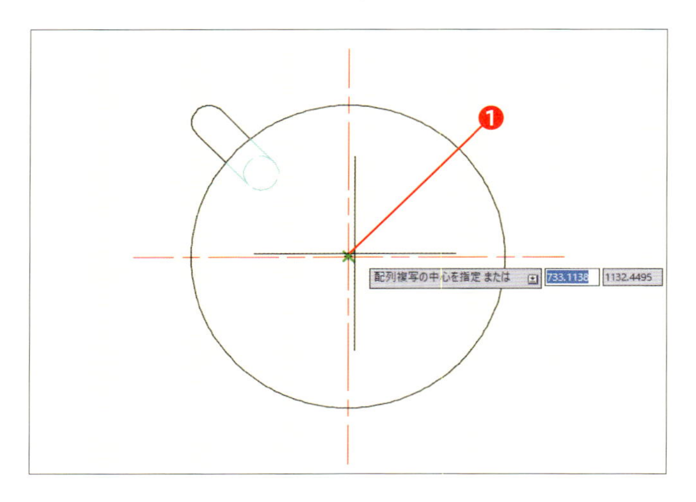

21 回転の中心を指定する

回転の中心を聞かれるので、円の中心をクリックします❶。

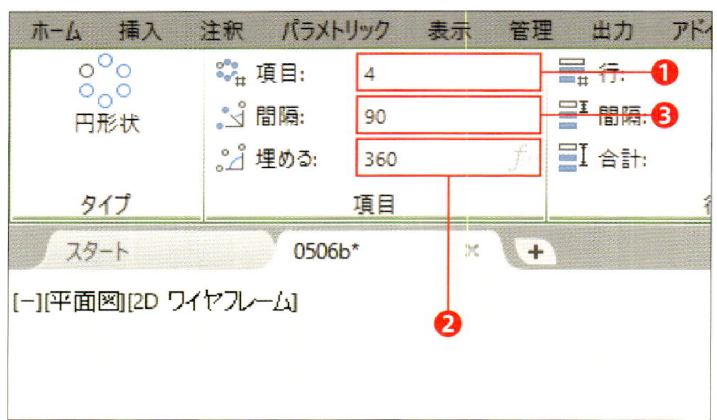

22 複写の個数などを指定する

リボンには、設定用の［配列複写作成］が表示されます。［項目］は、複写した結果の個数です。「4」と入力します❶。［埋める］は、全体の角度です。「360」と入力します❷。［間隔］は自動的に計算され、90と表示されます❸。

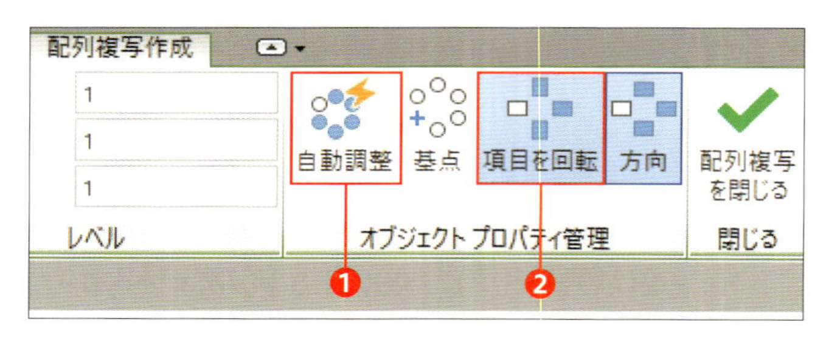

23 複写の設定を変更する

［自動調整］はオフにします❶。ボタンに色が付いた状態がオンです。［項目を回転］はオンのままにします❷。

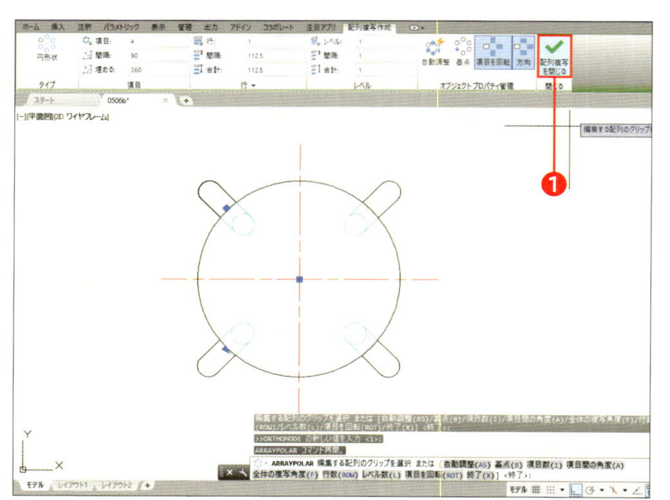

24 配列複写を終了する

画面上はプレビュー表示になっています。結果を確認して、［配列複写を閉じる］をクリックして終了します❶。

配列複写のプロパティ設定

デフォルトでは、[自動調整] と [項目を回転] がオンになっています。[方向] は、左回りに複写するか、右回りに複写するかを切り替えます。

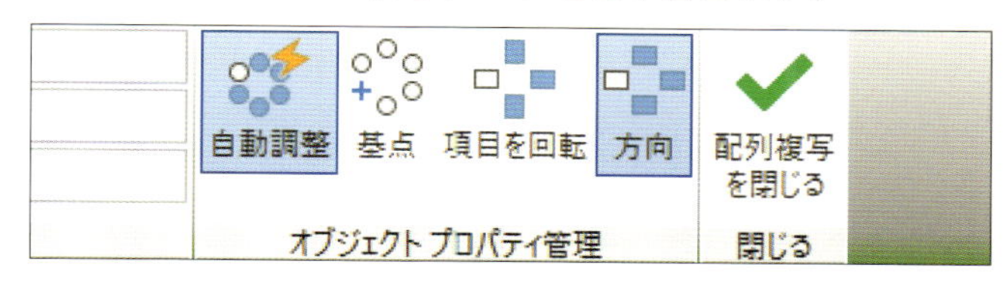

[項目を回転] をオフにすると、元の図形の向きを保ったまま複写されます。

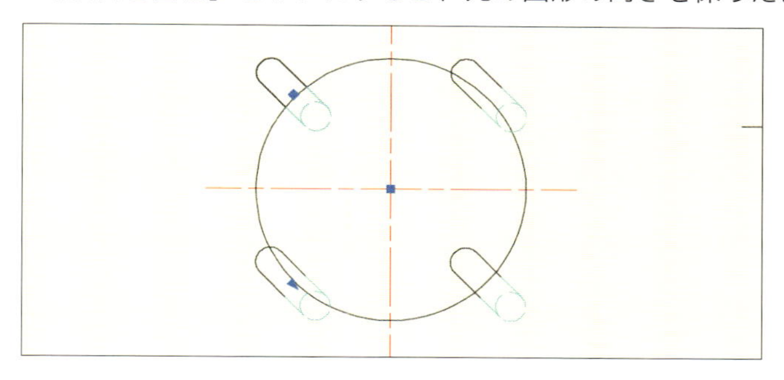

[自動調整] をオンにすると、複写した図形全体が 1 つの図形になります。

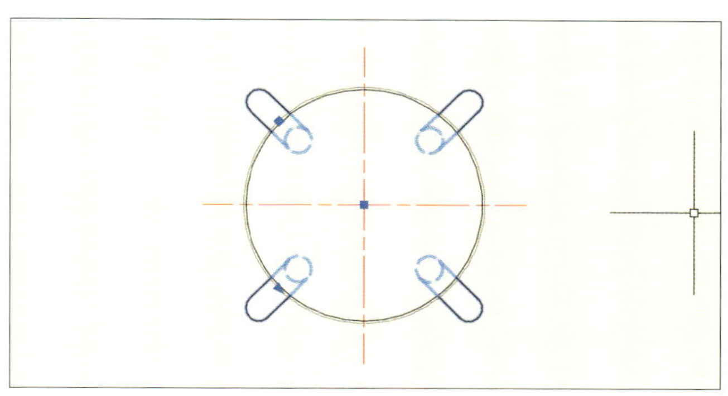

Check

あとでバラバラの図形にするには、[分解] コマンドで分解します。

選択して表示されるグリップをクリックすると、全体の形を変更できます。たとえば三角形のグリップを移動すると、複写範囲の角度を変更できます。

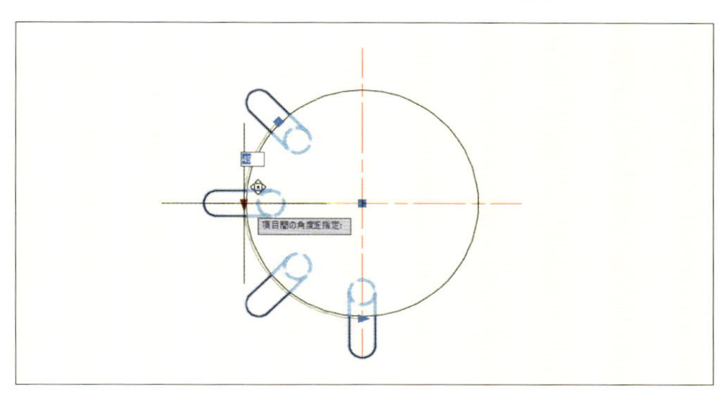

丸椅子の図面に寸法を記入する

練習ファイル 0507a.dwg　完成ファイル 0507b.dwg

丸椅子の図ができたので、寸法を記入して図面を完成させましょう。

寸法を記入する

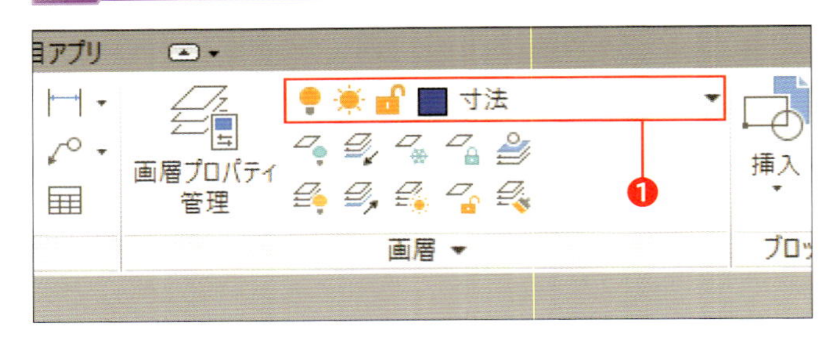

1 現在層を切り替える

現在層を「寸法」にします❶。

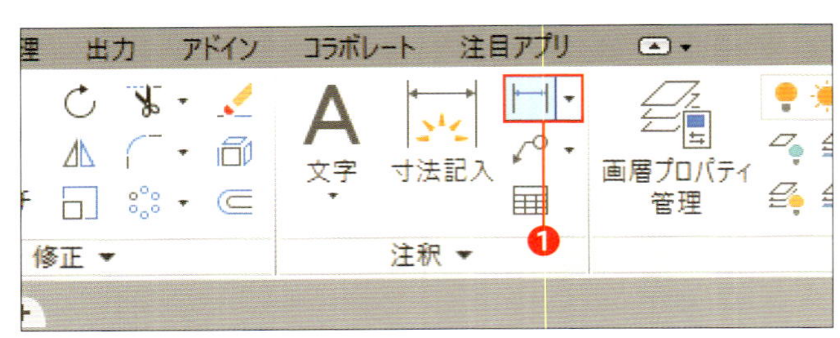

2 「長さ寸法記入」コマンドを実行する

[長さ寸法記入]をクリックします❶。

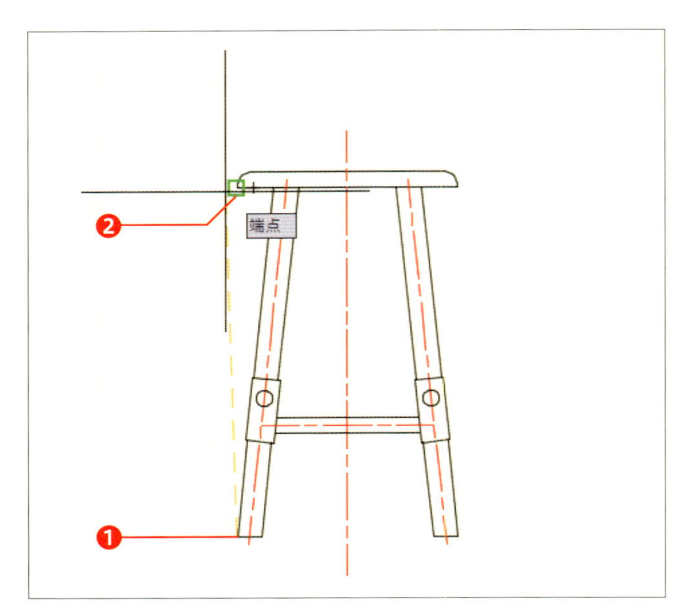

3 計測する位置を指定する

脚の下端をクリックし❶、座部の端部をクリックします❷。

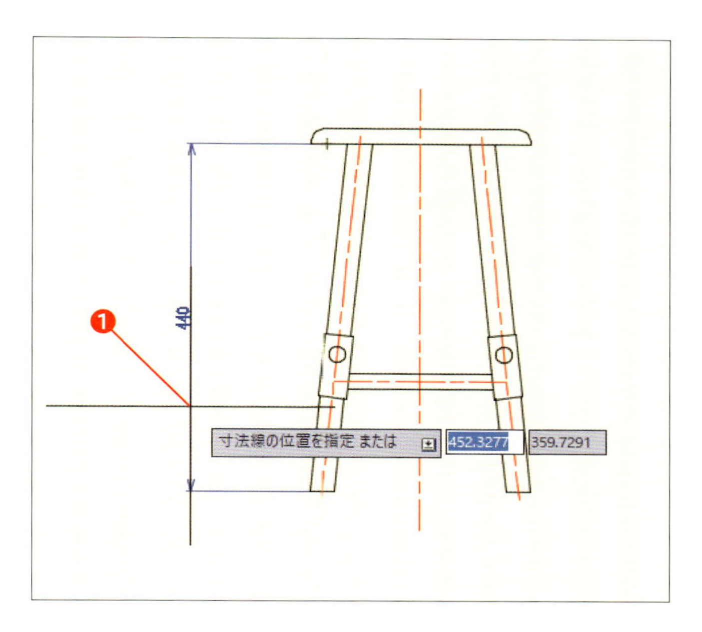

4 寸法線の位置を指定する

任意の位置をクリックします❶。

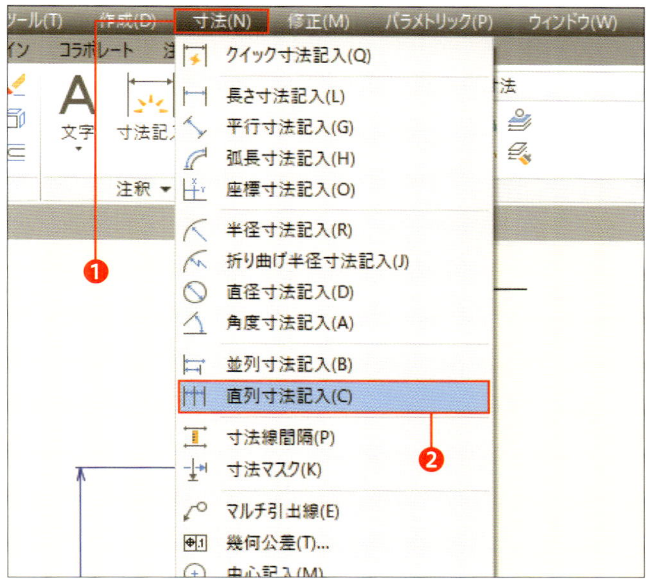

5 「直列寸法記入」を実行する

［寸法］メニューをクリックし❶、［直列寸法記入］をクリックします❷。

Check

リボンで［直列寸法記入］を実行するには、［注釈］リボンタブに切り替えます。

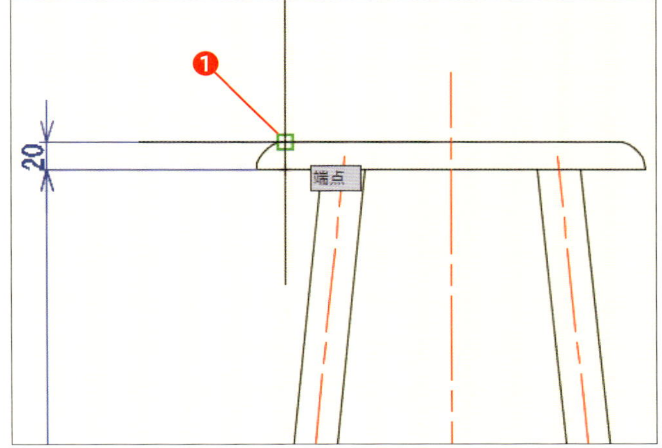

6 直列寸法を記入する

座部上面の直線部の端点をクリックします❶。 Esc キーを押してコマンドを終了します。

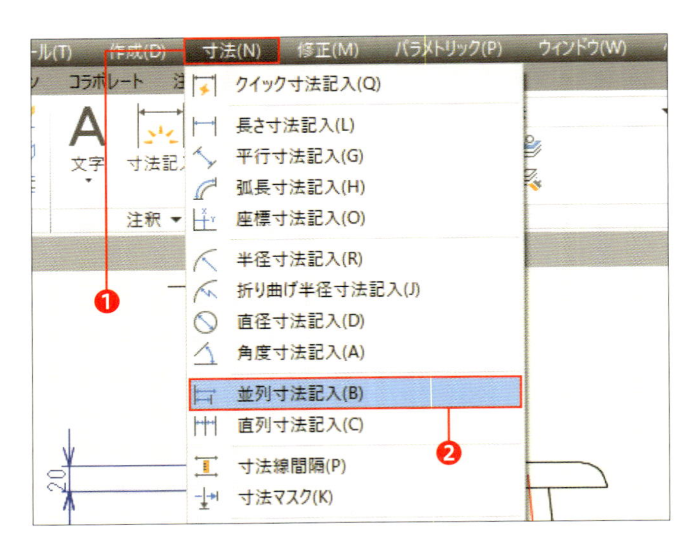

7 「並列寸法記入」を実行する

[寸法] メニューをクリックし❶、[並列寸法記入] をクリックします❷。

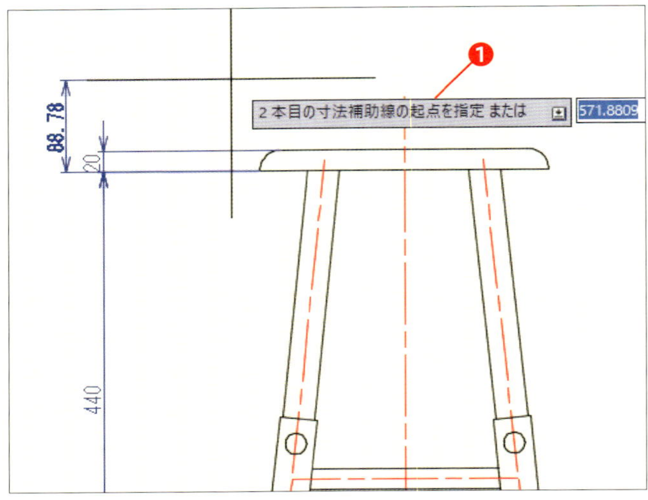

8 選択モードにする

直前に記入した寸法が基準になるので、Enter キーを押して、デフォルトの<選択>モードにします❶。

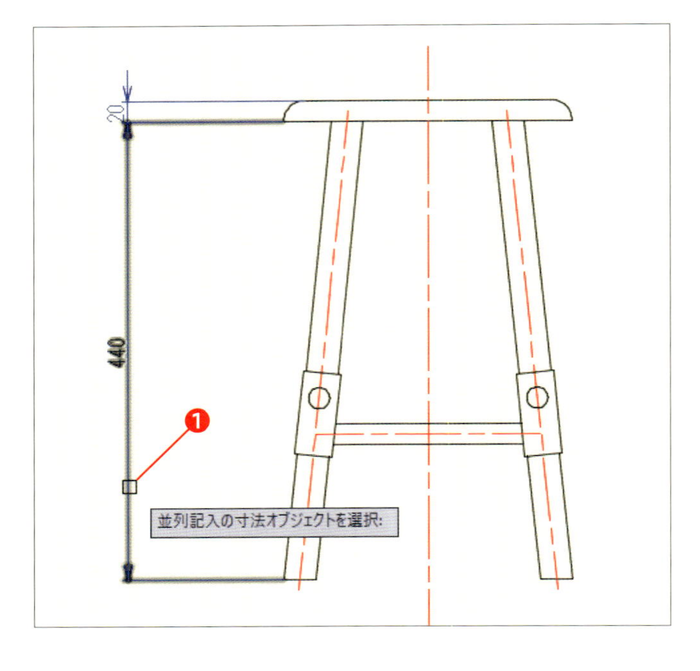

9 基準の寸法を指定する

基準にする寸法をクリックします❶。ここでは、「440」の寸法の中央より下のほうをクリックしましょう。クリックした側の寸法補助線が基準になります。

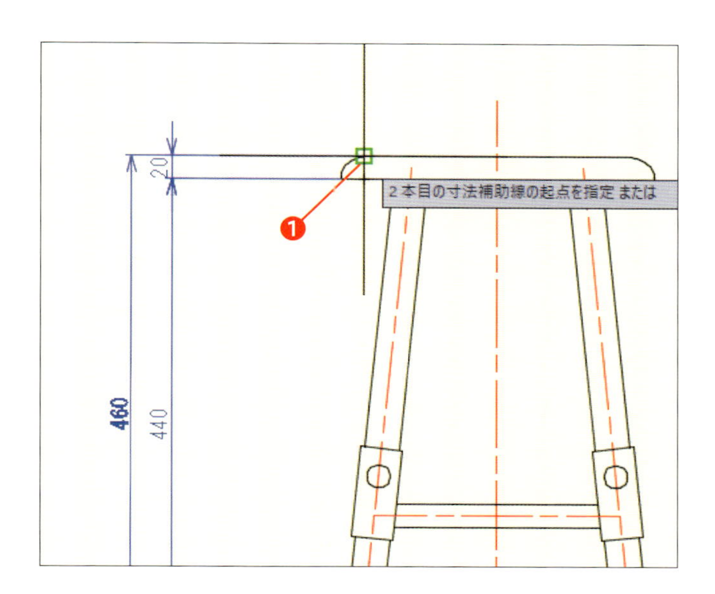

10 寸法を記入する

座部上面の直線部の端点をクリックします❶。

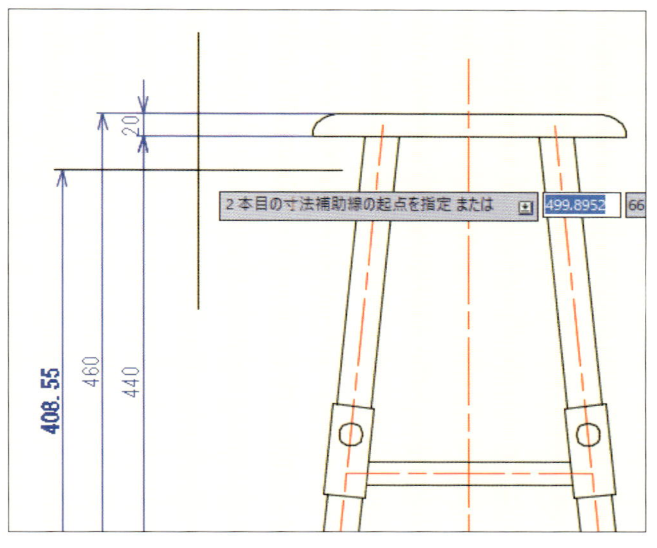

11 コマンドを終了する

Esc キーを押してコマンドを終了します。

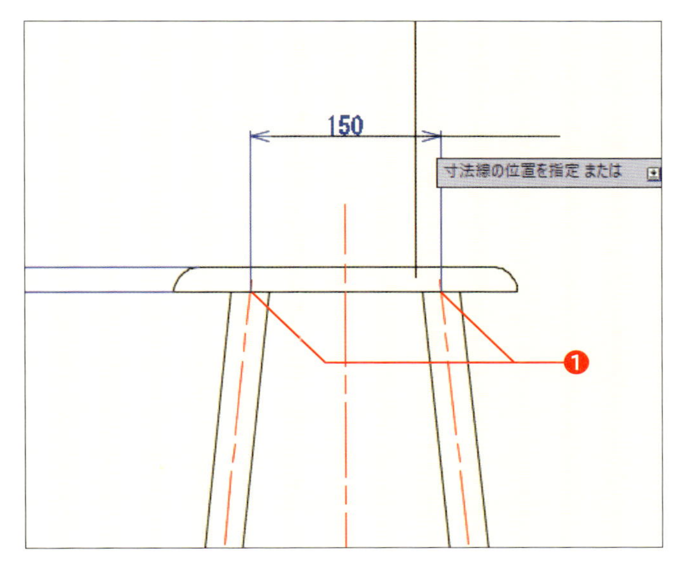

12 長さ寸法を記入する

脚の中心線と座部との交点にスナップさせて、長さ寸法を記入します❶。

第5章 丸椅子の図面を作成する

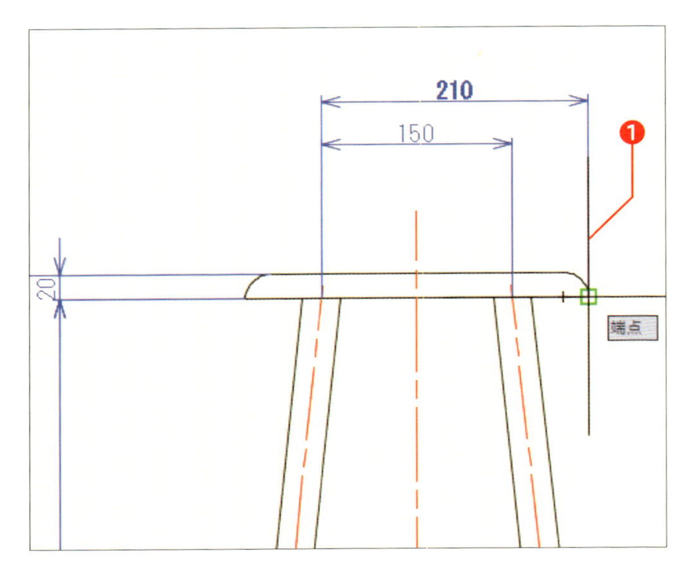

13 並列寸法を記入する

図のように、並列寸法を記入します。

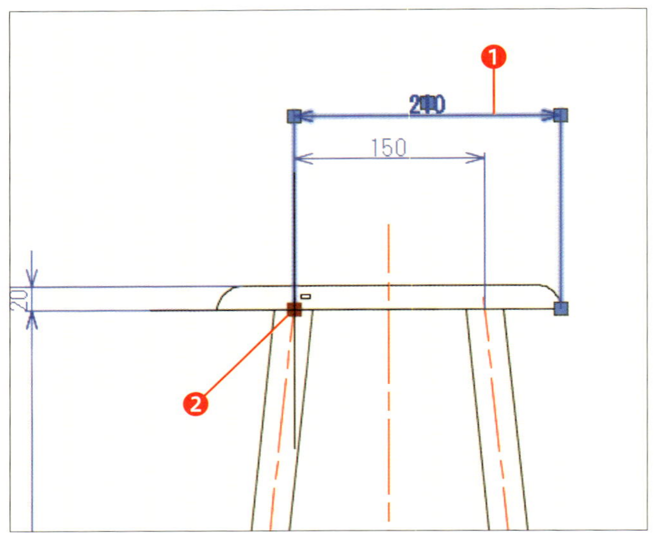

14 並列寸法の参照点を選択する

記入した並列寸法を選択し❶、左の参照点のグリップをクリックします❷。

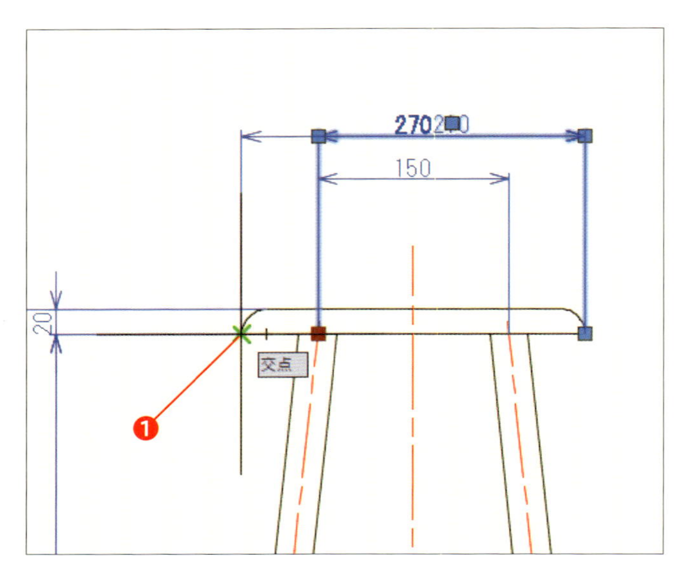

15 参照点を移動する

座部の端部にスナップさせてクリックします❶。

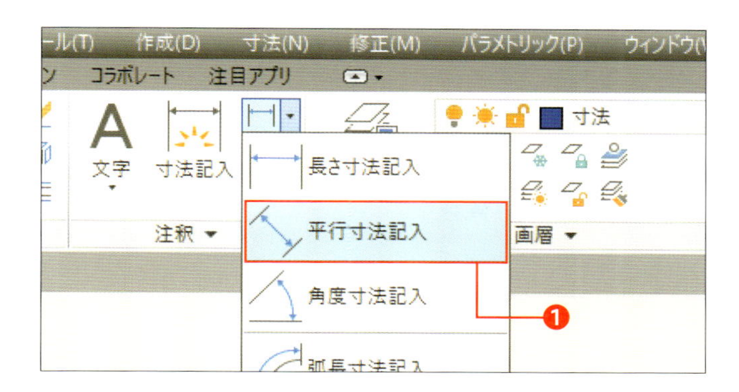

16 「平行寸法記入」を実行する

［平行寸法記入］をクリックします❶。

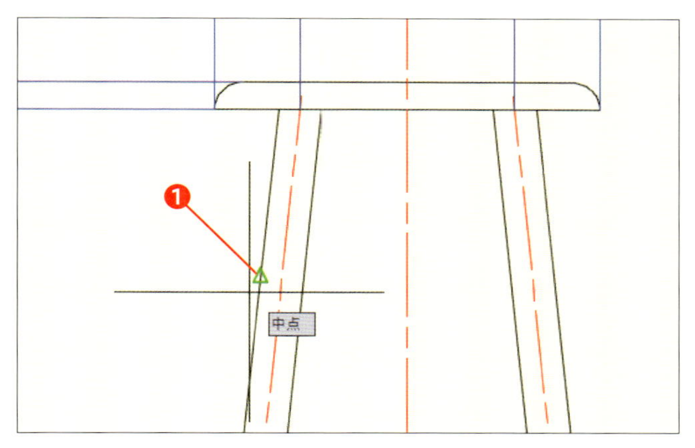

17 寸法の1点目を指定する

1点目は、脚の中点にスナップさせてクリックします❶。

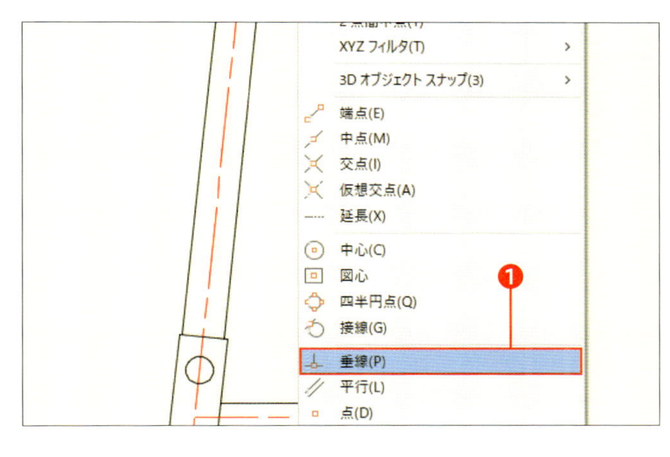

18 一時オブジェクトスナップを選択する

Shift キーを押しながら右クリックし、［垂線］をクリックします❶。

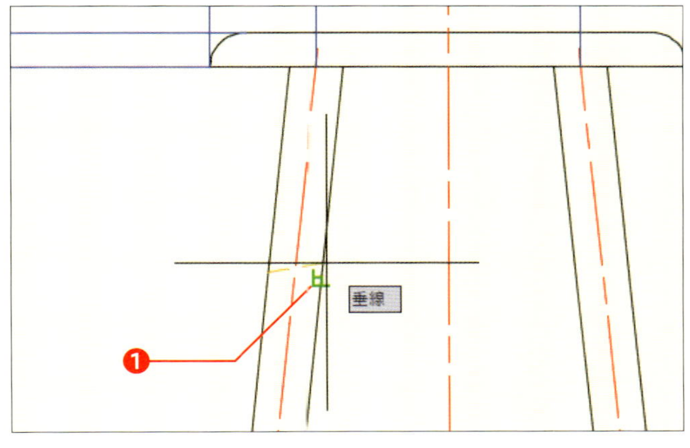

19 垂線にスナップして2点目を指定する

脚の反対側の線にカーソルを近づけ、［垂線］のマーカーが表示されたらクリックします❶。

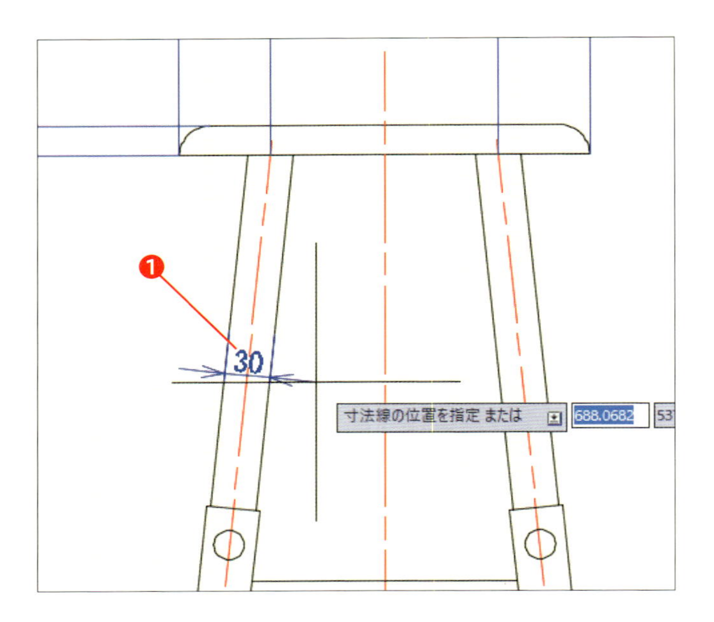

20 寸法線の位置を指定する

任意の寸法線の位置でクリックします❶。

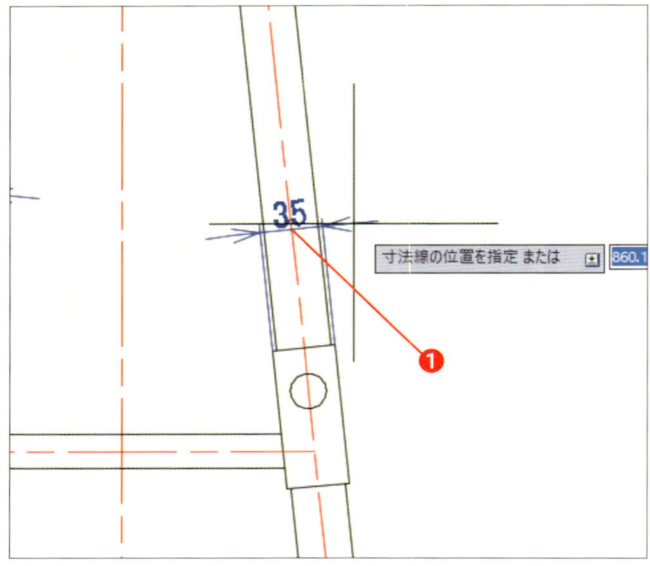

21 ジョイントの寸法を記入する

［平行寸法記入］コマンドで、ジョイントの寸法を記入します❶。

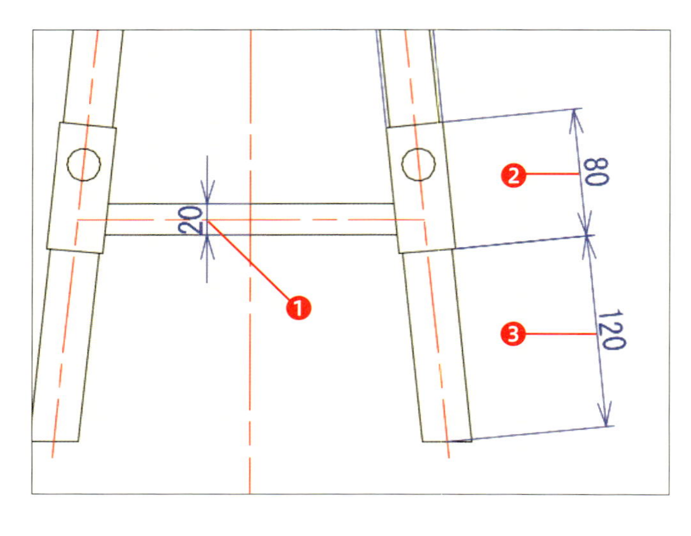

22 各寸法を記入する

［長さ寸法記入］コマンドで、図の「20」の寸法❶、［平行寸法記入］で「80」の寸法❷、［直列寸法記入］で「120」の寸法を記入します❸。

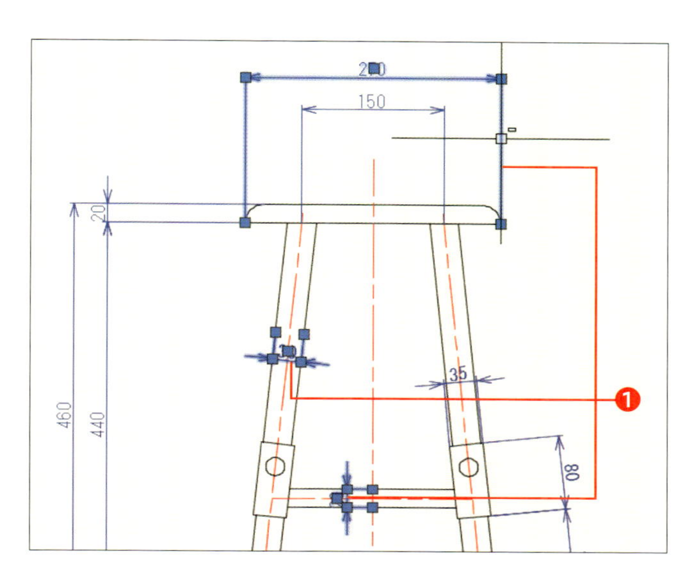

23 寸法を選択する

直径記号を追加するので、図の3つの寸法を選択します❶。

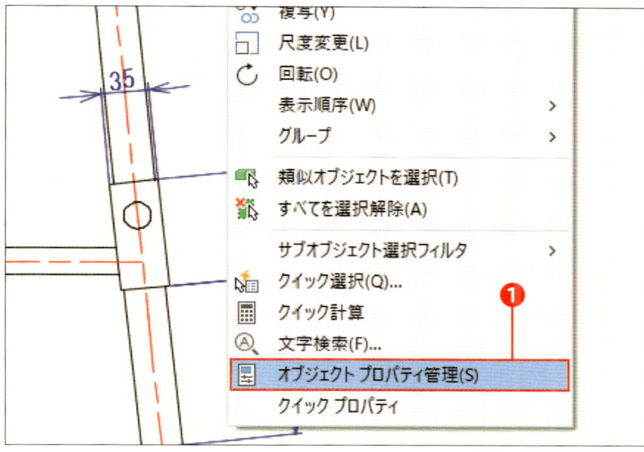

24 「オブジェクトプロパティ管理」を開く

右クリックし、[オブジェクトプロパティ管理]をクリックします❶。

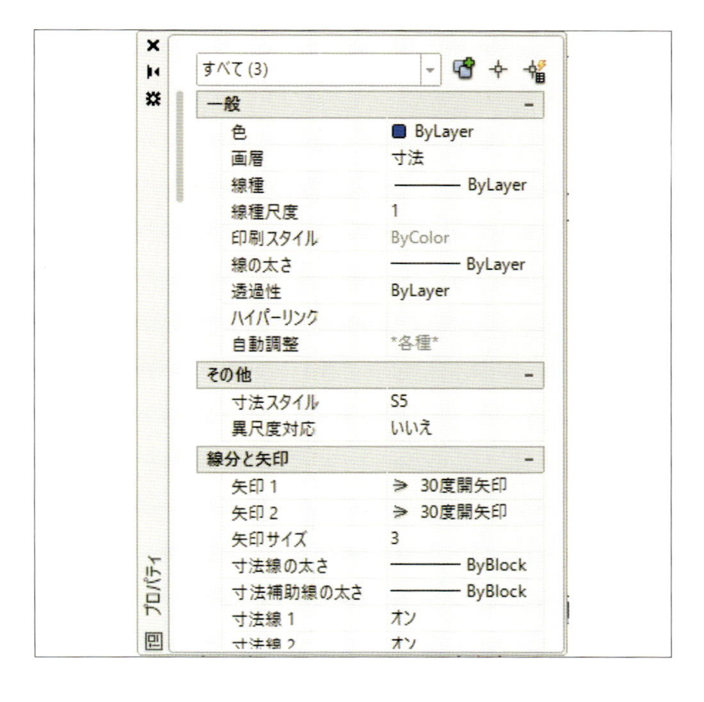

25 「プロパティ」パレットが開く

[プロパティ]パレットが表示されます。

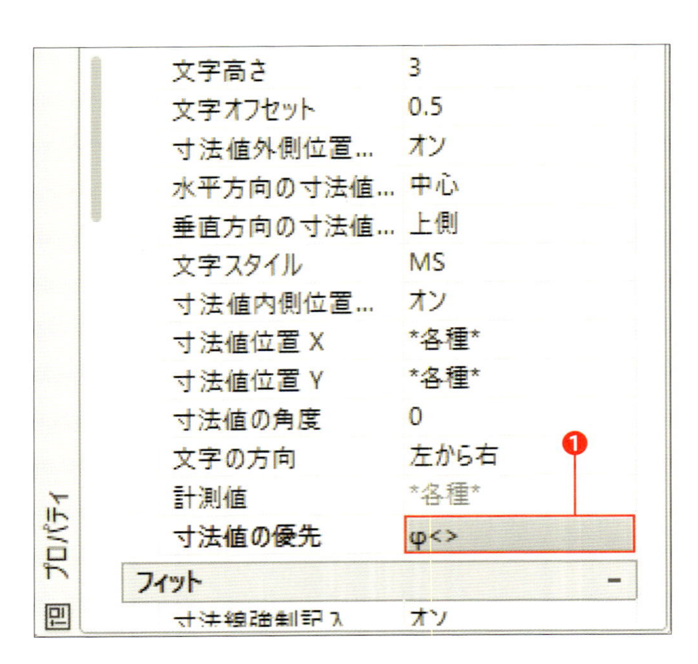

26 寸法補助記号を入力する

［文字］グループの［寸法値の優先］に「φ<>」と入力します❶。「φ」は「ふぁい」と入力すれば変換できます。「<>」は半角で入力します。

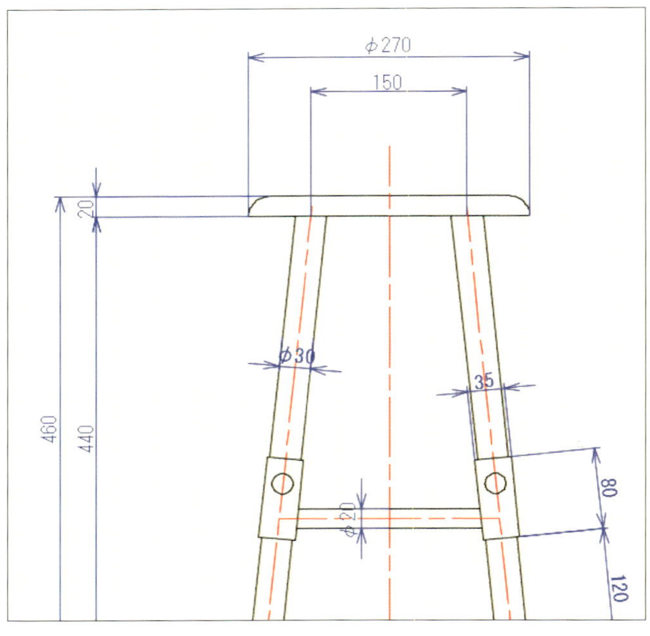

27 寸法補助記号が追加される

3つの寸法全部に、寸法補助記号を追加できました。

Memo 寸法値の優先

今回のように半角の「<>」が含まれていると、「<>」の部分に計測値が代入されます。
また、今回は3つの寸法を一度に修正しましたが、寸法が1つだけのときは、寸法値をダブルクリックして「φ」を挿入してもよいでしょう。

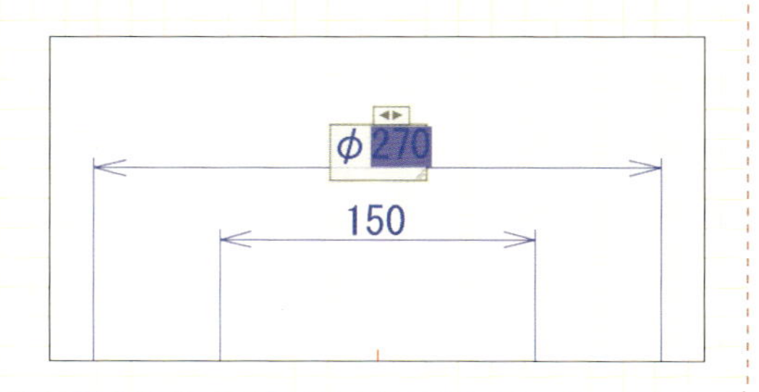

図面を印刷する

練習ファイル 0508a.dwg　完成ファイル なし

現尺（1：1）の図面用紙を元にして始めているので、印刷の設定で、印刷範囲と尺度を変更しましょう。

図面を印刷する

1 「印刷」コマンドを実行する

［クイックアクセスツールバー］の［印刷］をクリックします❶。

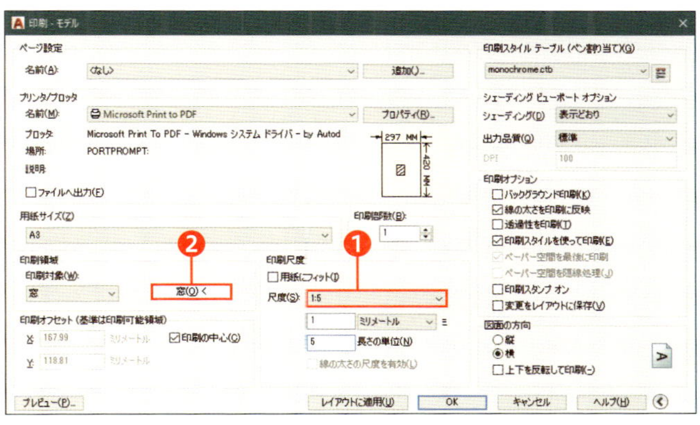

2 尺度を設定する

「印刷」ダイアログボックスが表示されます。［尺度］のリストから「1:5」を選びます❶。［窓］をクリックします❷。

Memo リストにない尺度を設定する

尺度リストにない尺度を指定したい場合は、その下のボックスに数値を入力します。たとえば「1：200」で印刷する場合は、図のように入力します。

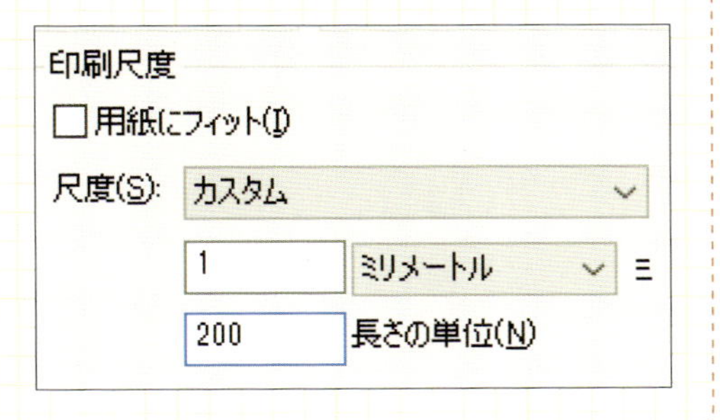

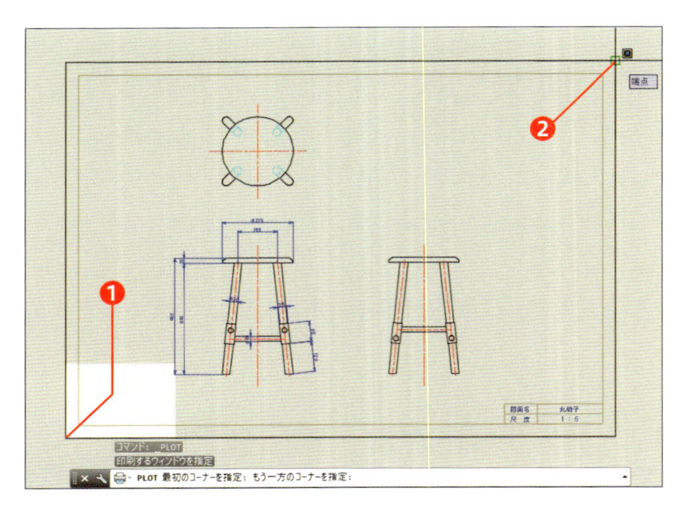

3 図面範囲を指定する

作図画面に切り替わるので、オブジェクトスナップをオンにし、用紙を表す長方形（外側の長方形）の対角の２点にスナップさせてクリックします❶❷。

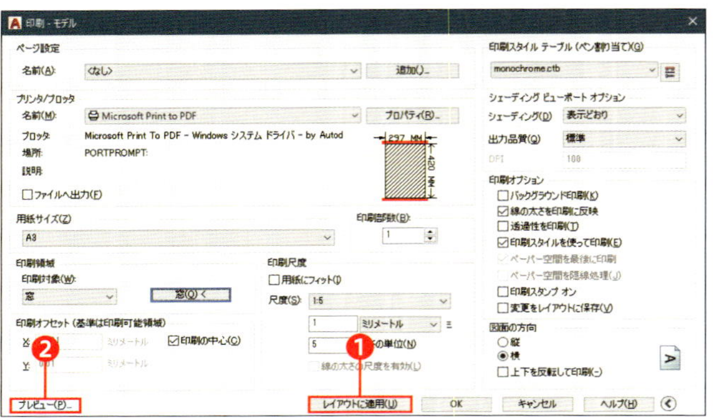

4 プレビューを開く

［レイアウトに適用］をクリックします❶。［プレビュー］をクリックします❷。

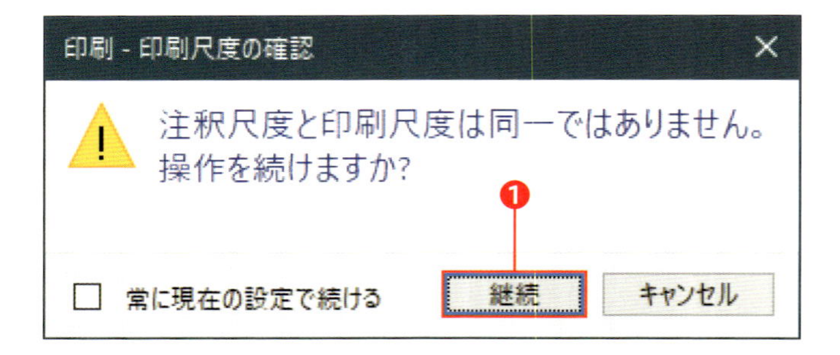

5 メッセージを確認する

［印刷尺度の確認］が表示されるので、［継続］をクリックします❶。

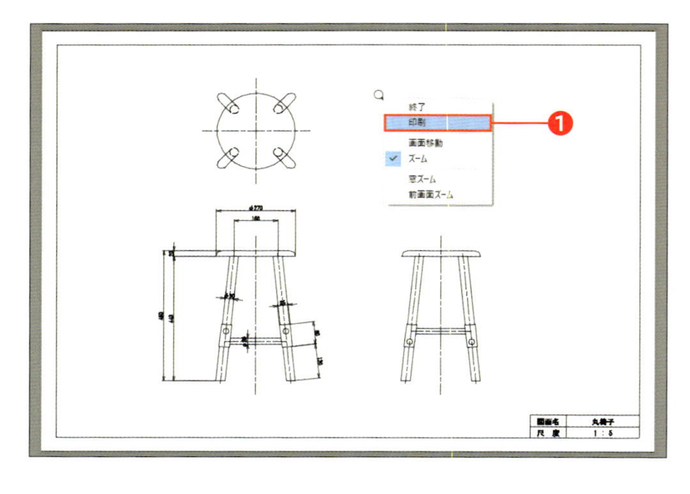

6 プレビューを確認して印刷する

プレビューが表示されます。画面上で右クリックし、［印刷］をクリックします❶。

Check

右クリックして［終了］を選択すると、「印刷」ダイアログボックスに戻ります。

第6章

丸椅子を部品登録する

丸椅子をブロックにする

練習ファイル 0601a.dwg 完成ファイル なし

記号や規格品など、図面の中で何度も使用する形状を部品として登録したものがブロックです。シンボルと呼ぶCADもあります。ブロックのマスター図形は、画面からは見えない場所に登録されます。AutoCADでは、登録したマスター図形をブロック定義と呼びます。ブロック定義の形状を変更すると、挿入されている全部のブロックの形が一度に変更できます。

ブロックを登録する

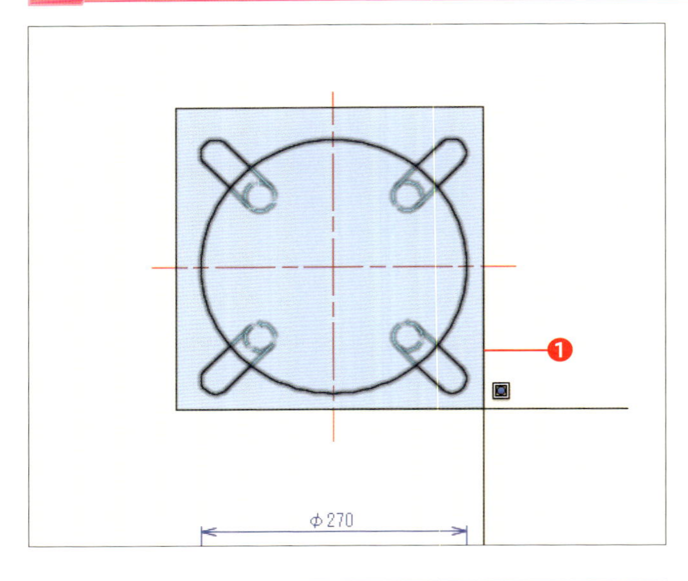

1 登録する図形を選択する

練習用ファイルを開きます。前の章で作図した、丸椅子の平面図をブロックとして登録しましょう。

ブロックにする図形を選択します❶。中心線はブロックにしないので、除外します。

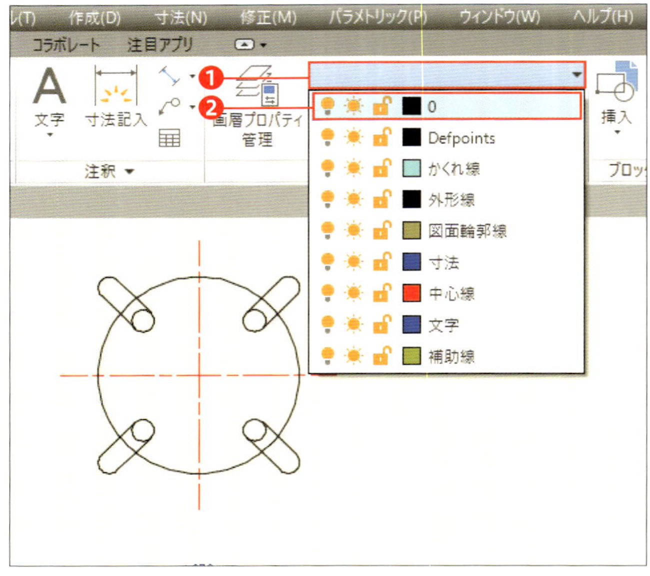

2 「0」画層に移動する

[画層コントロール]をクリックして❶、選択した図形の画層を「0」に変更します❷。

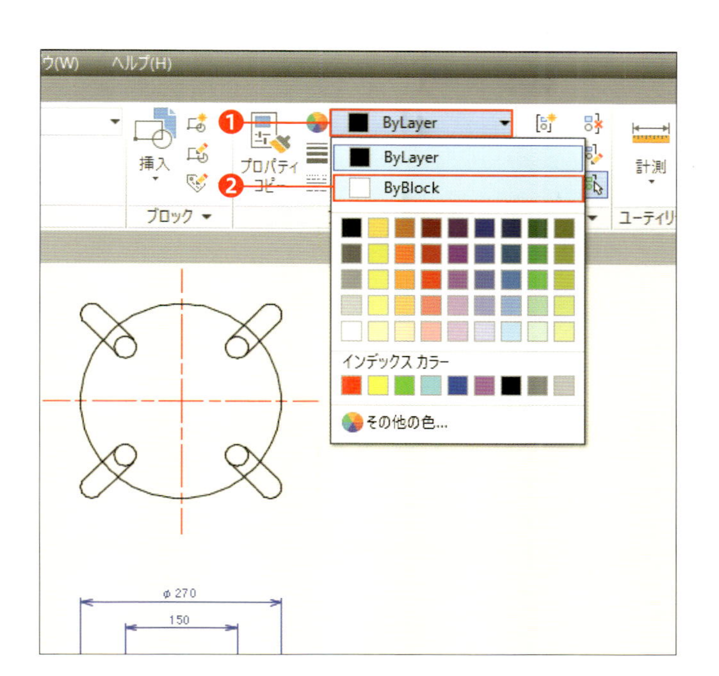

3 「色」を変更する

選択状態は解除せず、[プロパティ]パネルで[色]をクリックし❶、「ByBlock」に変更します❷。

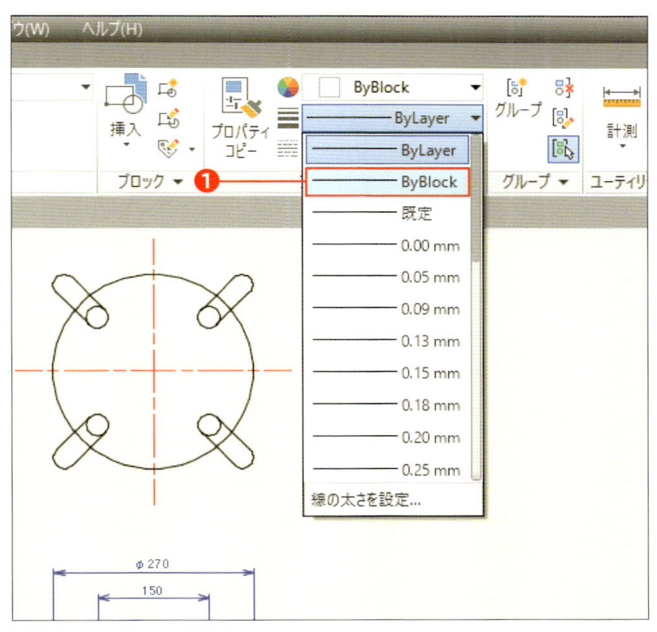

4 「線の太さ」を変更する

選択状態のままで、[線の太さ]を「ByBlock」に変更します❶。

Memo ブロックを登録するときのプロパティ

ブロック登録をするときに、ブロックにする図形の画層を「0」に、色などのプロパティを「ByBlock」にすると、これらの属性が未設定状態で登録されます。ブロックも1つの図形として、一般の図形と同じく現在層に挿入されます。属性を未設定にしておけば、一般の図形と同じく、画層の設定に従って表示され、表示やロックなどの状態も、挿入した画層でコントロールできます。
これ以外の設定でブロックにすると、画層やプロパティが固定されて登録されます。

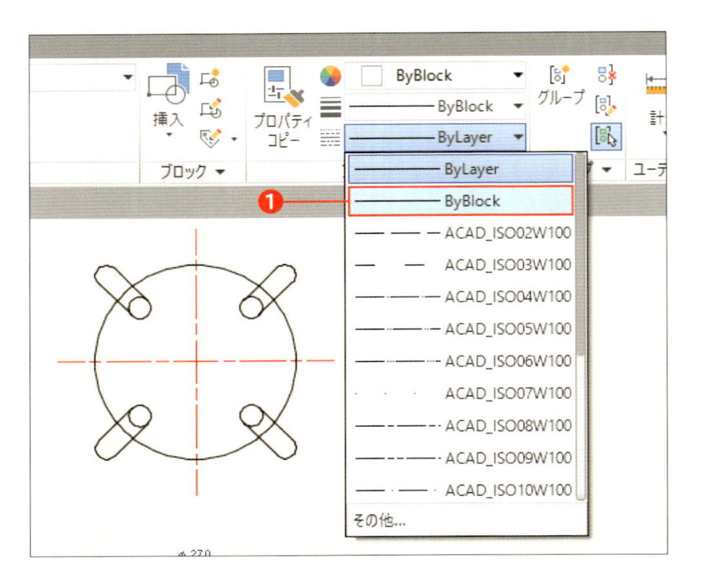

5 「線種」を変更する

[線種] も「ByBlock」に変更します❶。

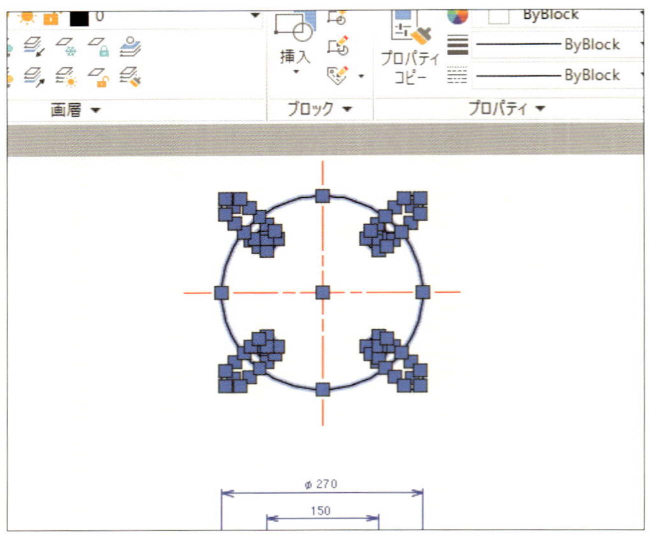

6 選択を解除する

プロパティが全部「ByBlock」になりました。Esc キーを押して、選択を解除します。

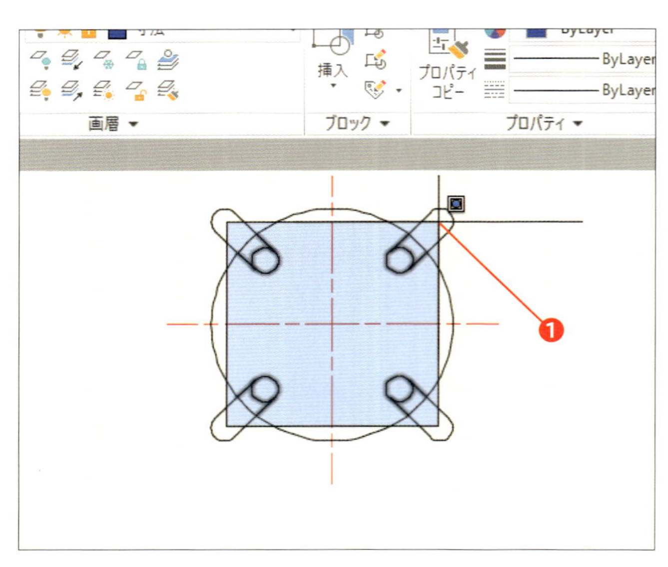

7 内側の脚を選択する

座部に隠れた部分の脚は、かくれ線にして登録しましょう。座部の内側の脚だけを選択します❶。

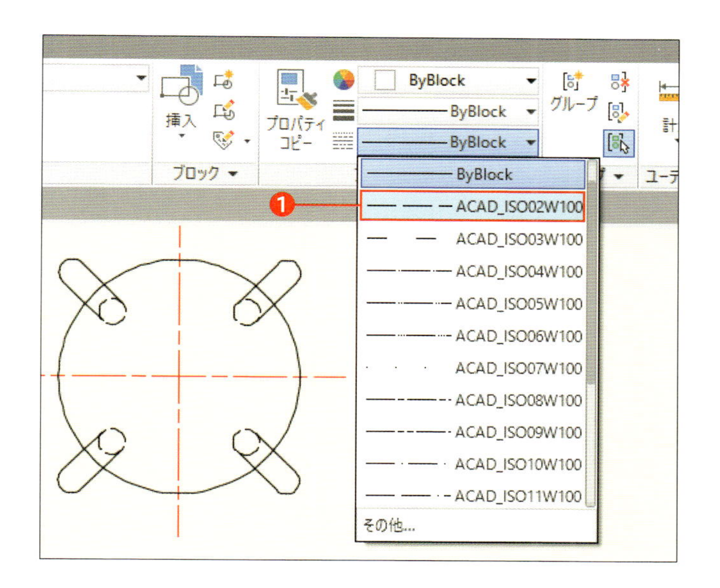

8 線種を変更する

線種を「ACAD_ISO02W100」に変更します❶。Esc キーを押して、選択を解除します。

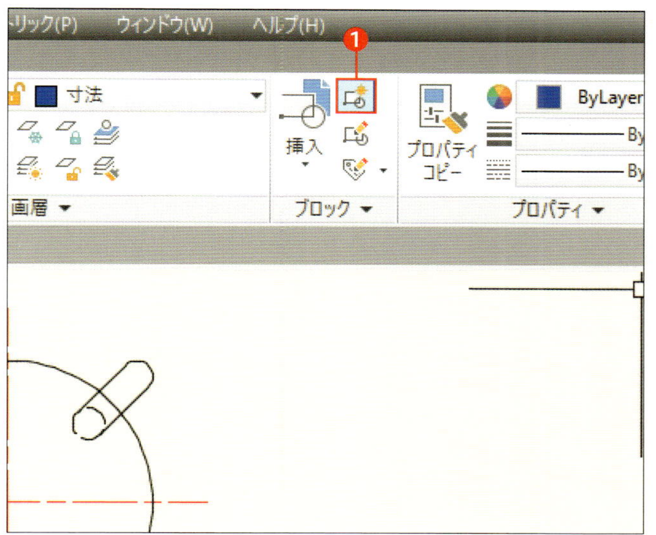

9 「ブロック作成」コマンドを実行する

［ブロック］パネルの［作成］をクリックします❶。

> **Check**
> バージョンによって、ブロックを修正するときに不具合が起きることがあるので、図形の選択状態を解除してから、ブロックの作成を始めてください。

10 ブロック名を入力する

［名前］の欄に「丸椅子」と入力します❶。［オブジェクトを選択］をクリックします❷。

> **Check**
> ブロックは名前で管理されるので、ほかのブロックとダブらないようにします。また、アルファベットの大文字と小文字の区別はありません。

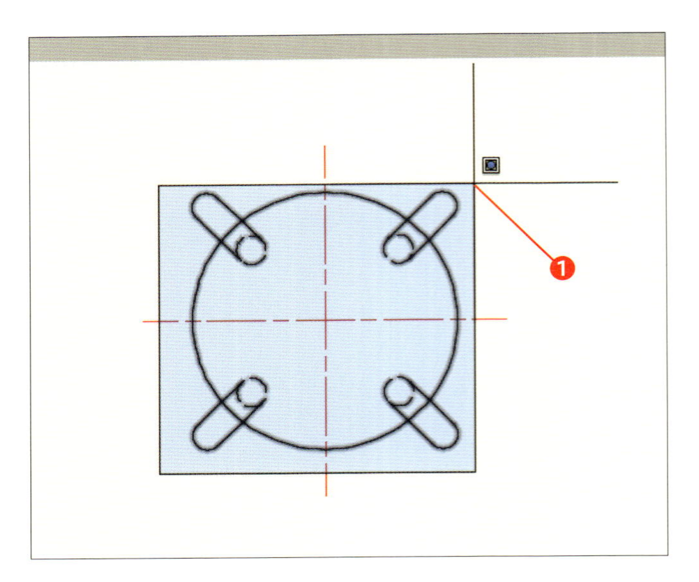

11 登録する図形を選択する

画面に切り替わるので、中心線以外を選択します❶。

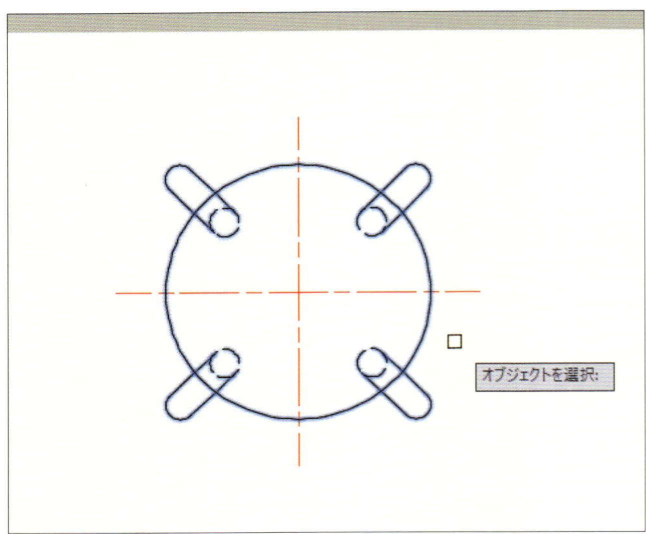

12 選択を決定する

Enter キーを押します❶。

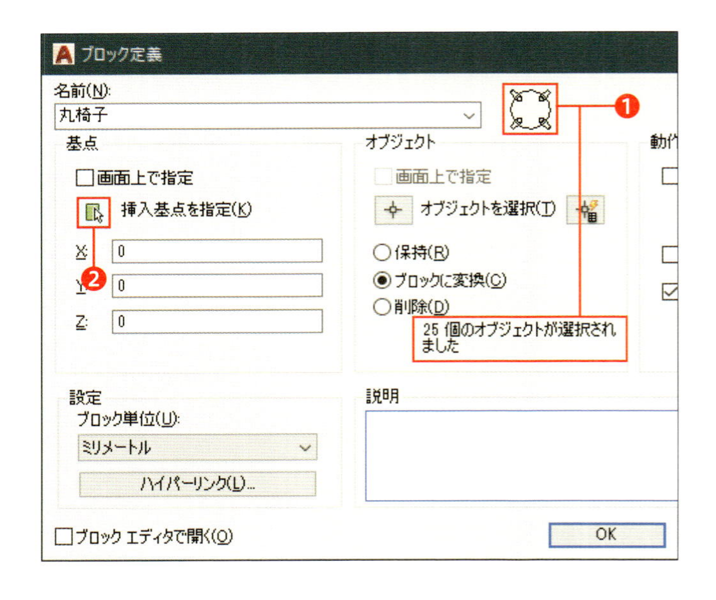

13 選択した図形を確認する

選択した図形のサムネイルと個数が表示されているので、確認しましょう❶。[挿入基点を指定] をクリックします❷。

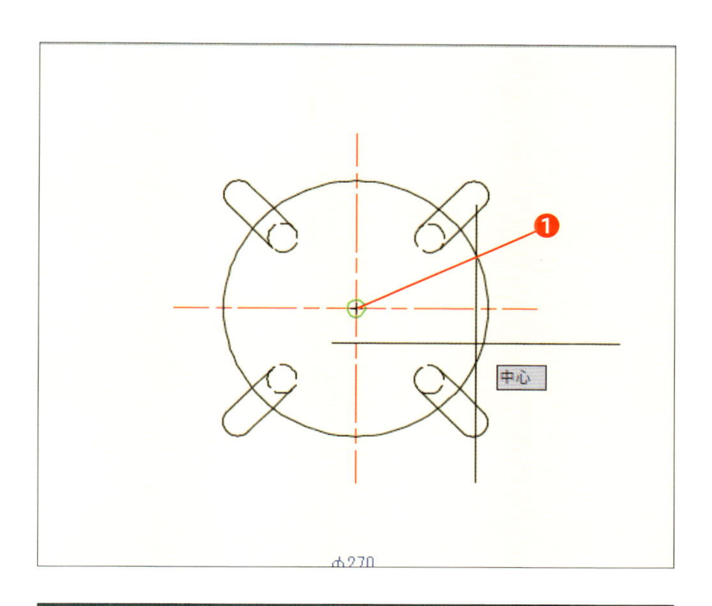

14 挿入基点を指定する

画面に切り替わるので、円の中心にスナップさせてクリックします❶。

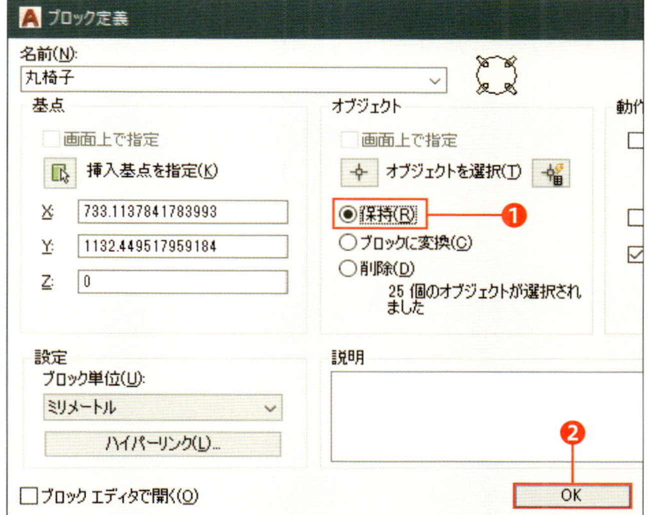

15 元の図形を残す

［オブジェクト］のグループで［保持］をクリックします❶。［OK］をクリックします❷。

Check

［保持］は元の図形がそのまま残ります。［ブロックに変換］は、バラバラだった図形が、その場でブロックに変換されます。［削除］は、ブロックが登録されて、元の図形が削除されます。

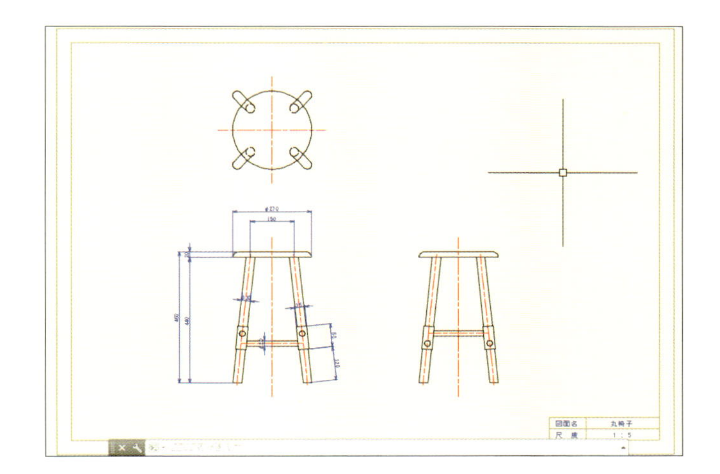

16 ブロックが登録された

画面には変化がありませんが、見えないところにブロックが登録されました。

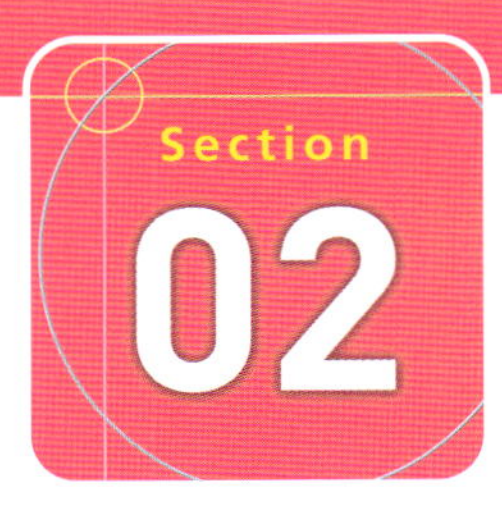

Section 02 部品登録した椅子を挿入する

練習ファイル 0602a.dwg　完成ファイル 0602b.dwg

練習用ファイルには、椅子のブロックが2種類、登録してあります。これらを平面図に挿入する練習をしましょう。

ブロックを挿入する

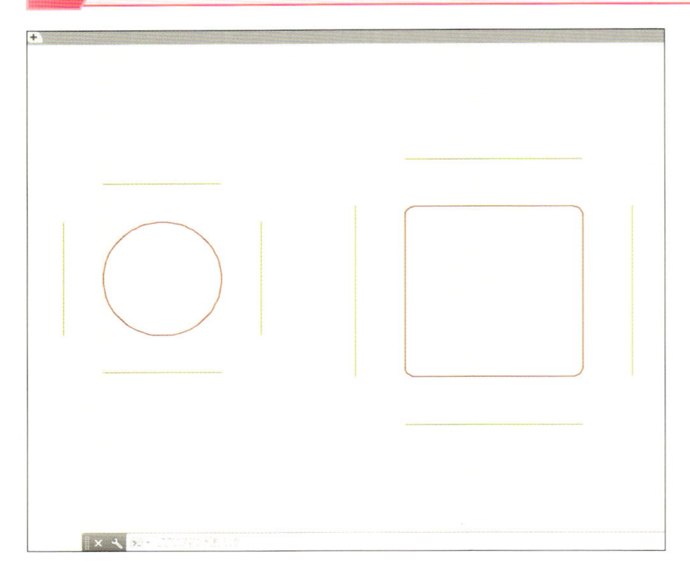

1 ファイルを開く

練習用ファイルを開きます。丸と四角はテーブルを上から見た図です。椅子を配置する目安として、補助線を引いてあります。

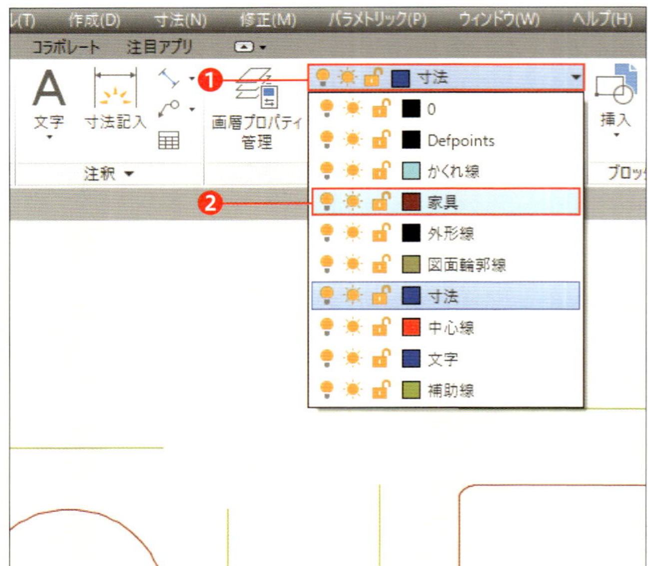

2 現在層を切り替える

［画層コントロール］をクリックして❶、現在層を「家具」に変更します❷。

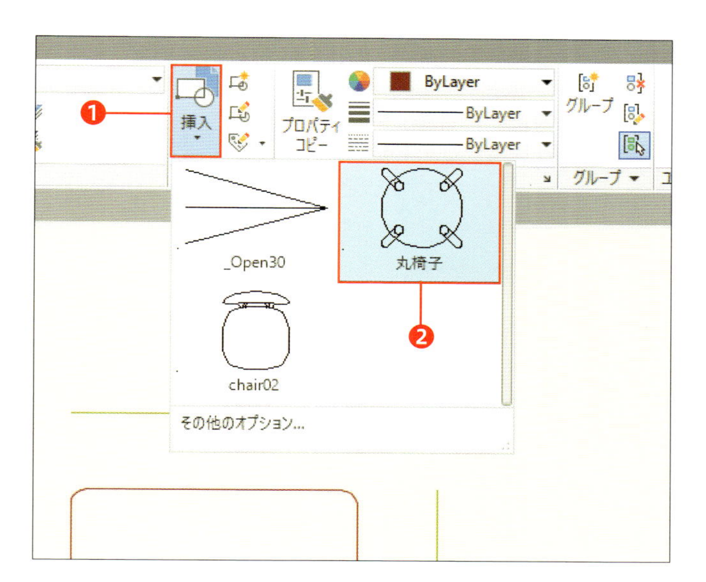

3 「ブロック挿入」コマンドを実行する

［ブロック］パネルの［挿入］をクリックします❶。登録されているブロックの一覧が表示されるので、「丸椅子」をクリックします❷。

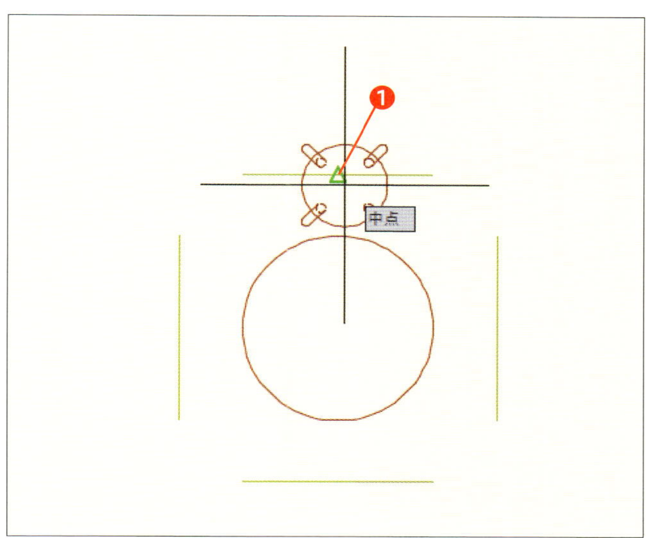

4 挿入位置を指定する

補助線の中点にスナップさせてクリックします❶。

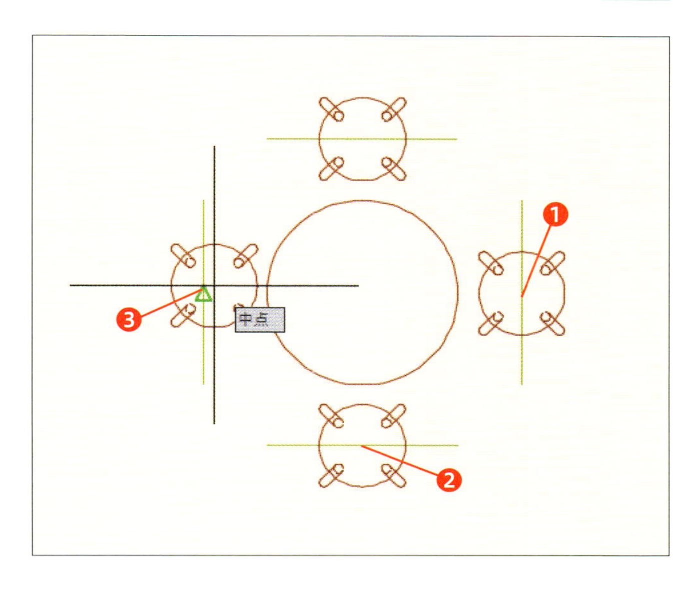

5 ほかの場所にも挿入する

同様にして、ほかの3か所に丸椅子を挿入します❶❷❸。

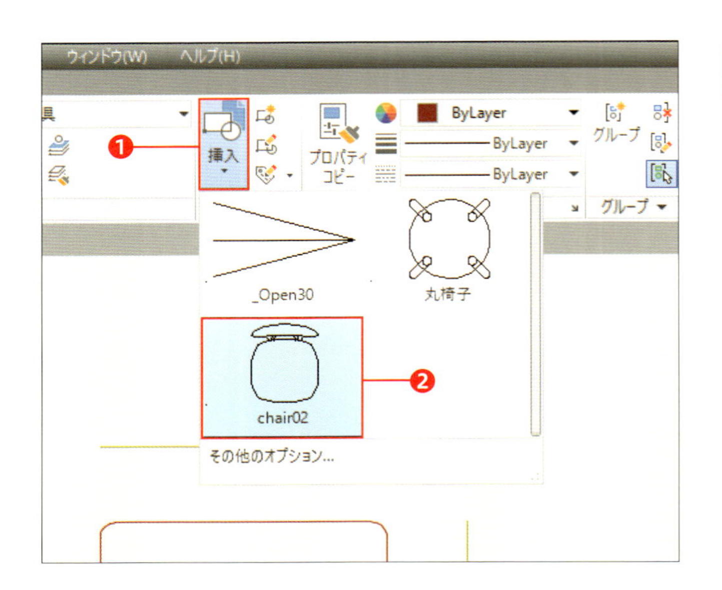

6 別のブロックを挿入する

[挿入] をクリックし❶、「chair02」をクリックします❷。

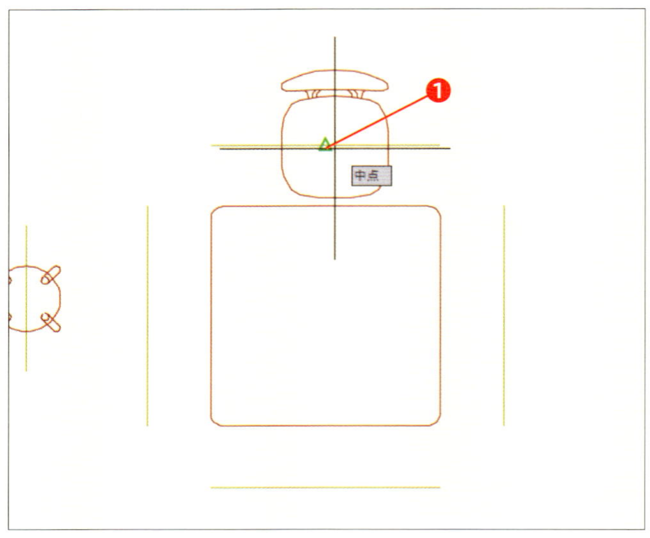

7 挿入位置を指定する

補助線の中点にスナップさせてクリックします❶。

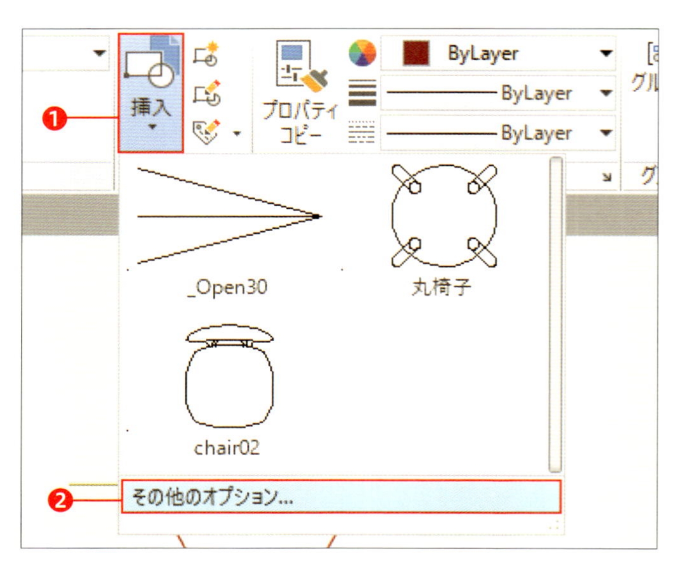

8 ブロック図形を回転して挿入する

ほかの3か所には、椅子を回転させて挿入しましょう。[挿入] をクリックし❶、[その他のオプション] をクリックします❷。

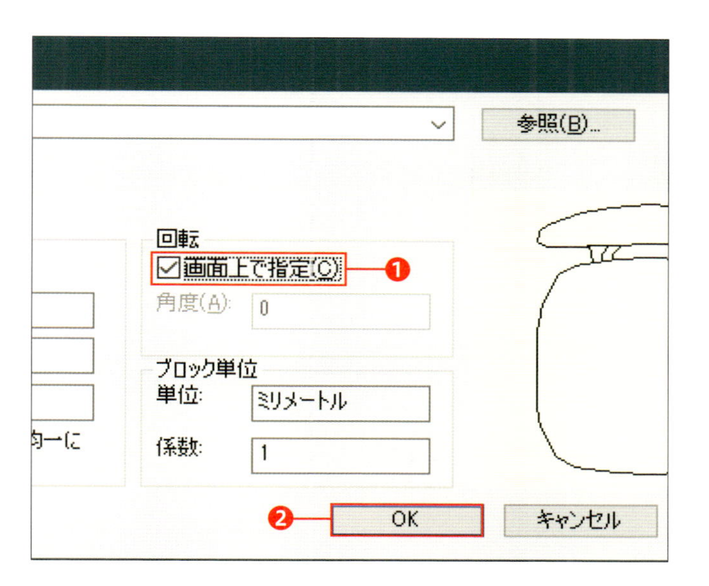

9 挿入するブロックを選択する

［名前］が「chair02」になっているのを確認します。ほかのブロック名の場合は、リストから選択します。［回転］の「画面上で指定」にチェックを付けます❶。［OK］をクリックします❷。

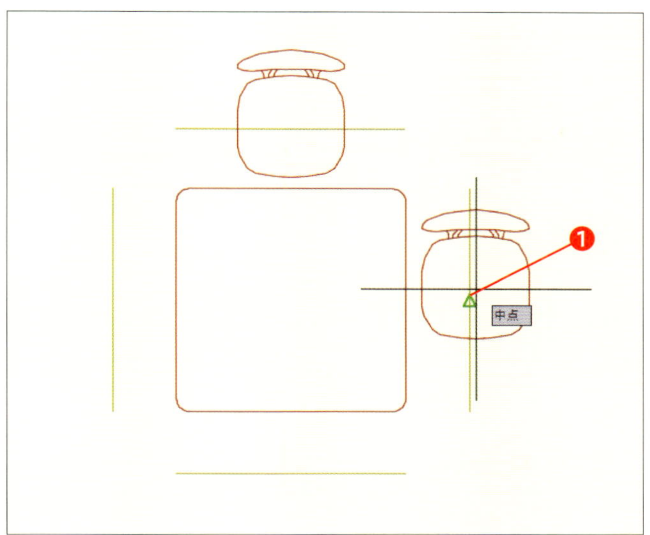

10 挿入位置を指定する

補助線の中点にスナップさせてクリックします❶。

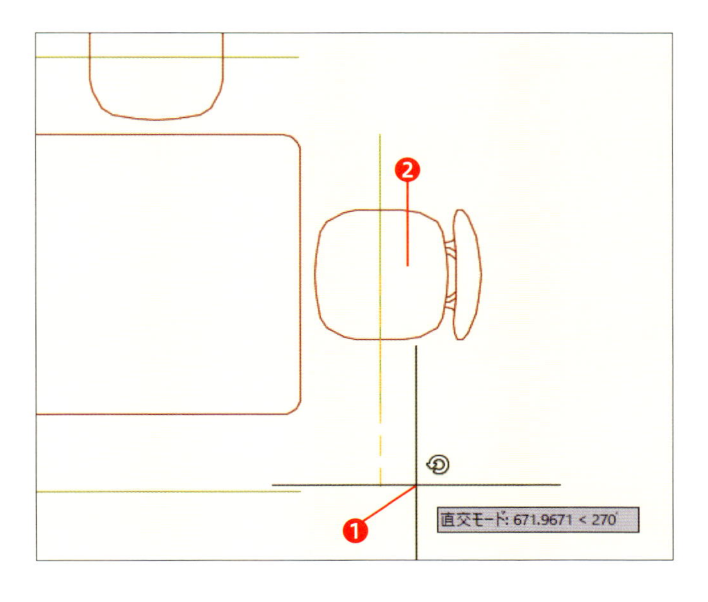

11 向きを指定して挿入する

直交モードをオンにして、カーソルを下のほうに動かします❶。椅子の向きが決まったらクリックします❷。

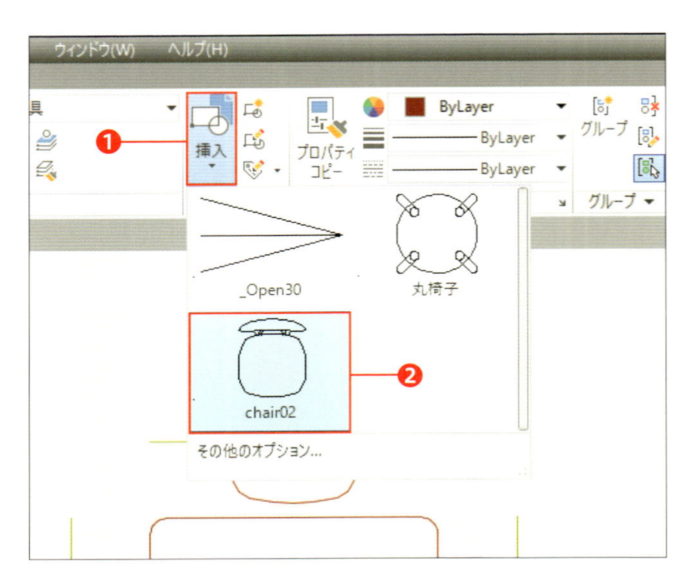

12 「ブロック挿入」コマンドを実行する

［挿入］をクリックし❶、「chair02」をクリックします❷。

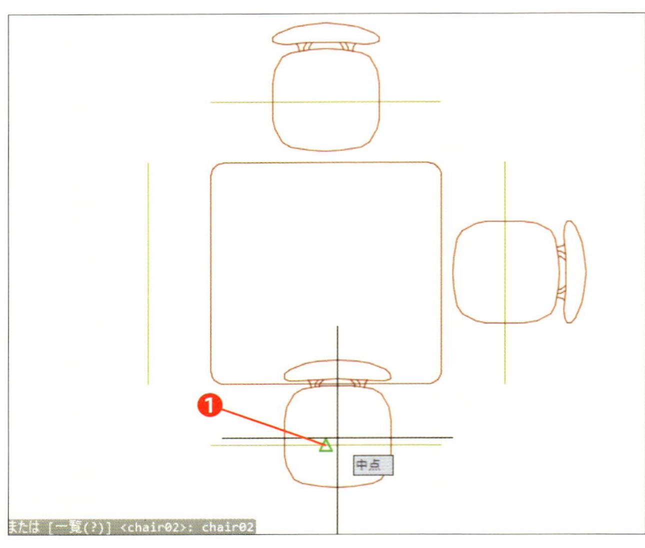

13 挿入位置を指定する

補助線の中点にスナップさせてクリックします❶。

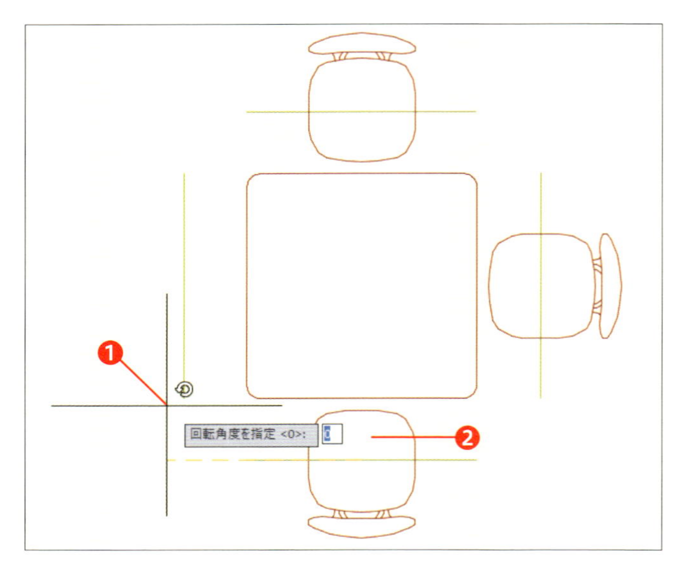

14 回転角度を指定する

前回の設定が生きているので、回転角度を聞かれます。直交モードをオンにして、カーソルを左のほうに動かします❶。椅子の向きが決まったらクリックします❷。

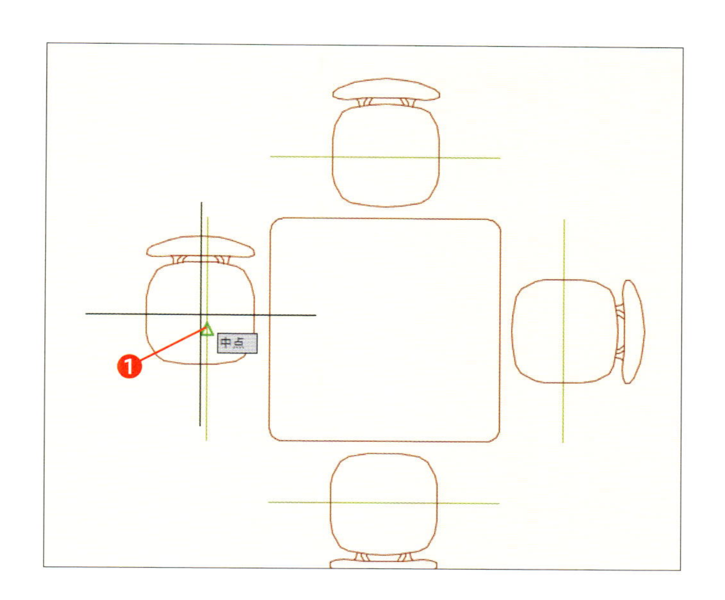

15 同様にブロックを挿入する

同じようにして、「chair02」を補助線の中点に挿入します❶。

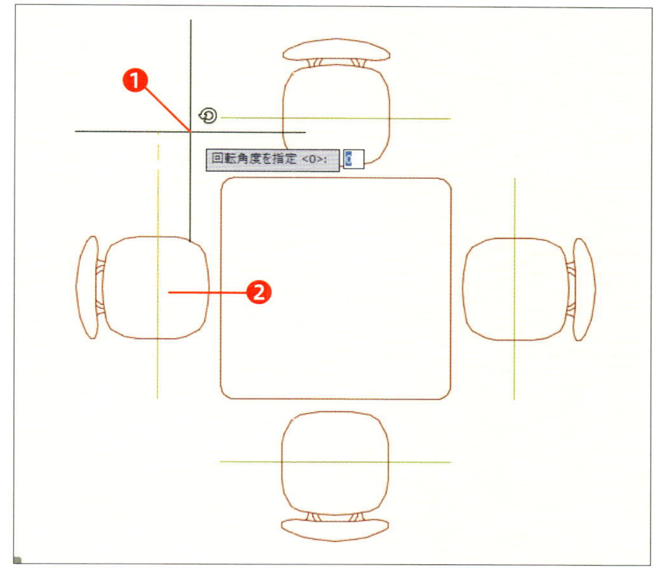

16 向きを指定する

直交モードをオンにして、カーソルを上のほうに動かします❶。椅子の向きが決まったらクリックします❷。

Memo 設定を変更してブロックを挿入する

［挿入］のリストからブロックをクリックすると、直前に挿入したときの設定が適用されます。今回は画面上で回転角を指定する設定が引き継がれました。設定を変更して挿入するときは、［その他のオプション］をクリックして、「ブロック挿入」ダイアログボックスで設定を変更します。

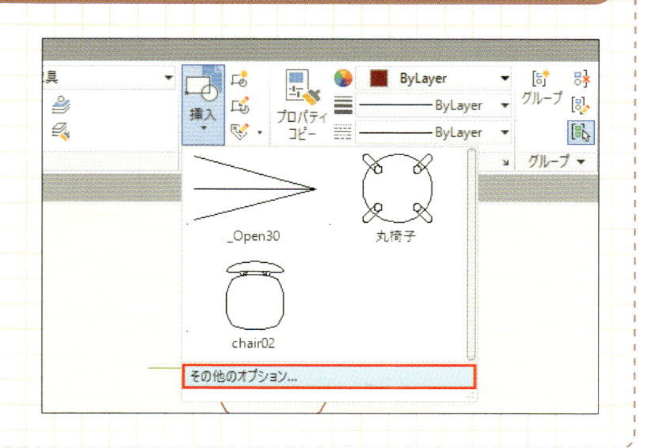

挿入したブロックのプロパティを変更する

練習ファイル 0603a.dwg　完成ファイル 0603b.dwg

ブロックを登録するときに、画層を「0」に、プロパティを「ByBlock」に変更したことを覚えているでしょうか（P.203参照）。ここでは、画層の色を変更すると、挿入されているブロックの色も変わることを確認します。また、１つのブロックだけ、線種を変えてみます。

ブロックのプロパティを変更する

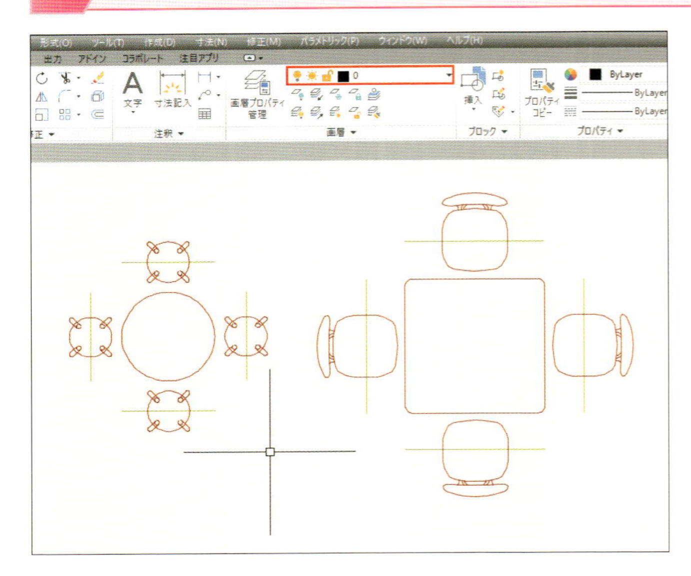

1 ファイルを開く

練習用ファイルを開きます。現在層を確認しましょう。

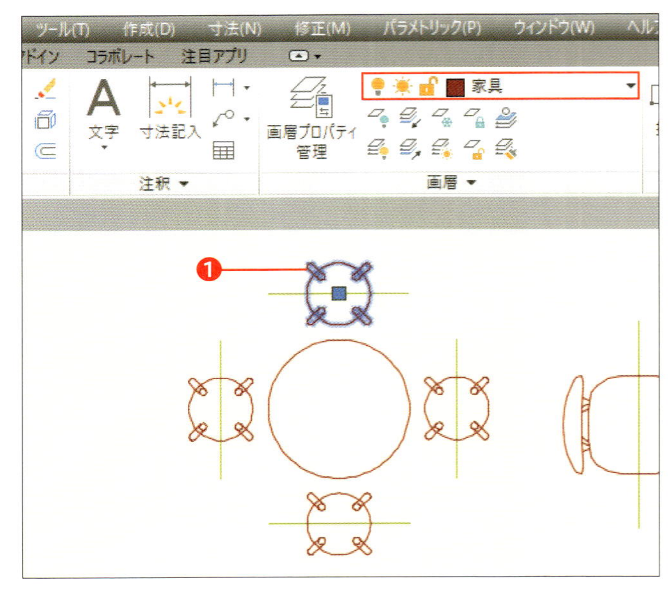

2 ブロックの画層を確認する

ブロックの1つを選択します❶。[画層コントロール] には、ブロックの画層「家具」が表示されます。Esc キーを押して、選択を解除します。

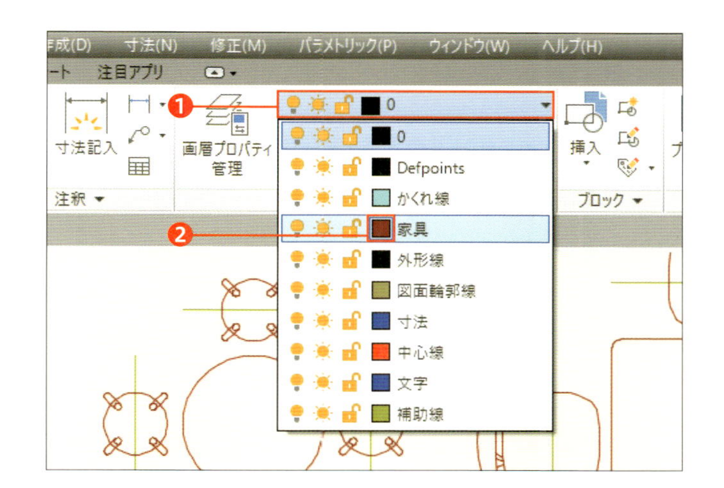

3 画層の色を変更する

「家具」画層の色を変更しましょう。[画層コントロール] をクリックし❶、「家具」画層の色をクリックします❷。

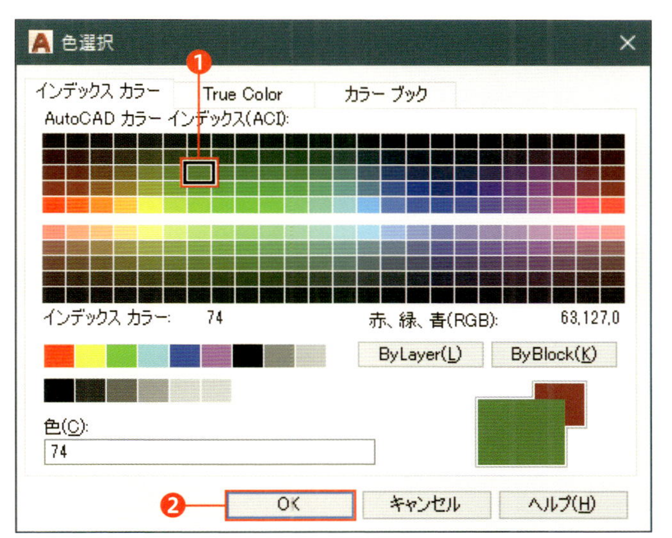

4 色を選択する

色を選択します。ここでは、74番をクリックしています❶。[OK] をクリックします❷。

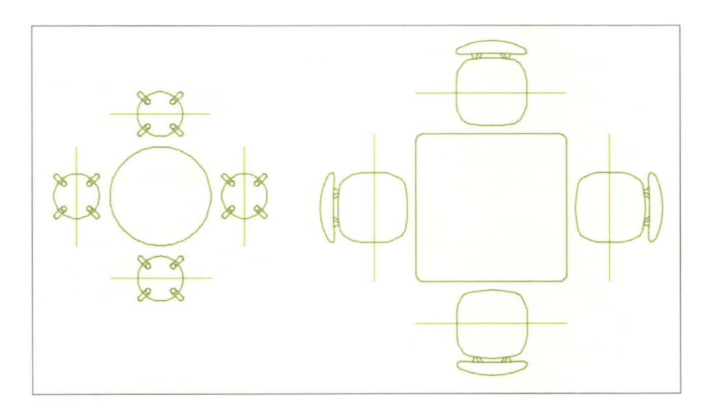

5 図形の色が変更された

ブロックも含めて、「家具」画層に描かれている図形の色が変更されました。

Memo ブロックのプロパティ設定

ブロックの元図形のプロパティが、「ByLayer」または「ByBlock」になっていると、このように画層の設定でコントロールできます。

ブロックの線種を変更する

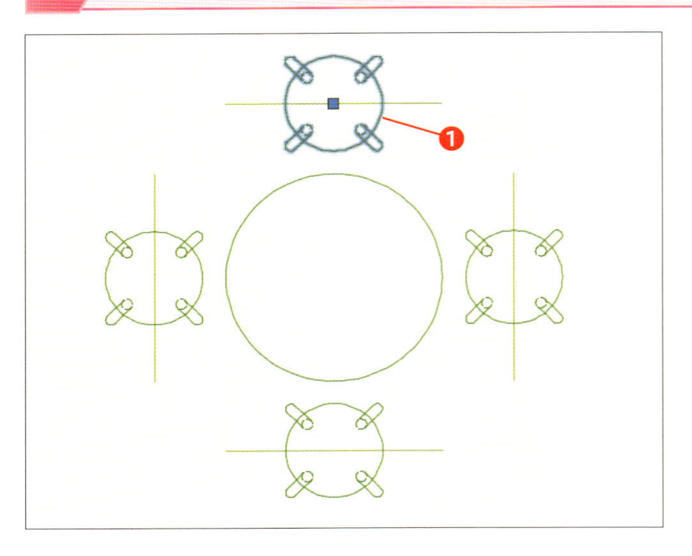

1 ブロックを選択する

ブロックの1つを選択します❶。

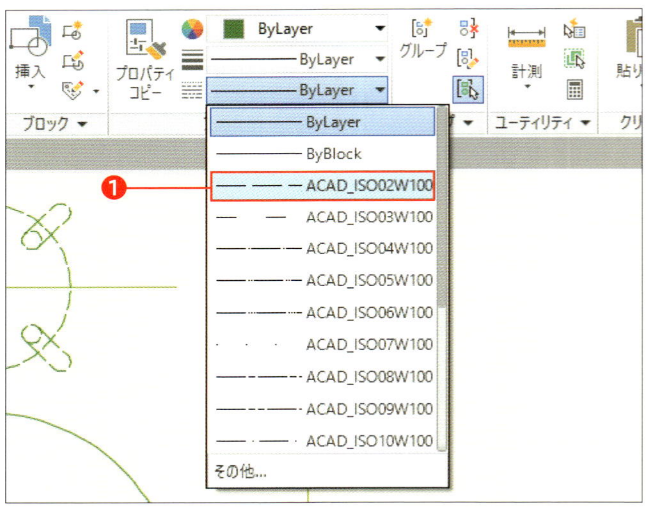

2 線種を変更する

線種を「ACAD_ISO02W100」に変更します❶。Esc キーを押して、選択を解除します。

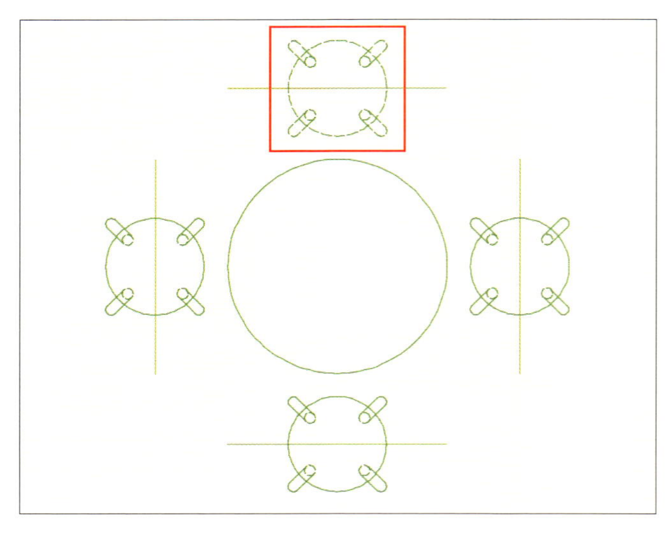

3 ブロックの線種が変更された

選択したブロックだけ、線種を変更できました。

Check

ブロックの元図形のプロパティが、「ByBlock」になっていると、個別にプロパティを変更できます。

ほかの図面のブロックを利用する

練習ファイル 0604a.dwg／0604b.dwg　完成ファイル 0604c.dwg

ブロックは、ブロックのマスター（ブロック定義）を基にして挿入されるので、ブロック定義がないファイルでは利用できません。作成したブロックをほかのファイルで利用するには、ブロック定義をコピーする必要があります。理屈は難しそうですが、操作はいたって簡単です。

ブロック定義をコピーする

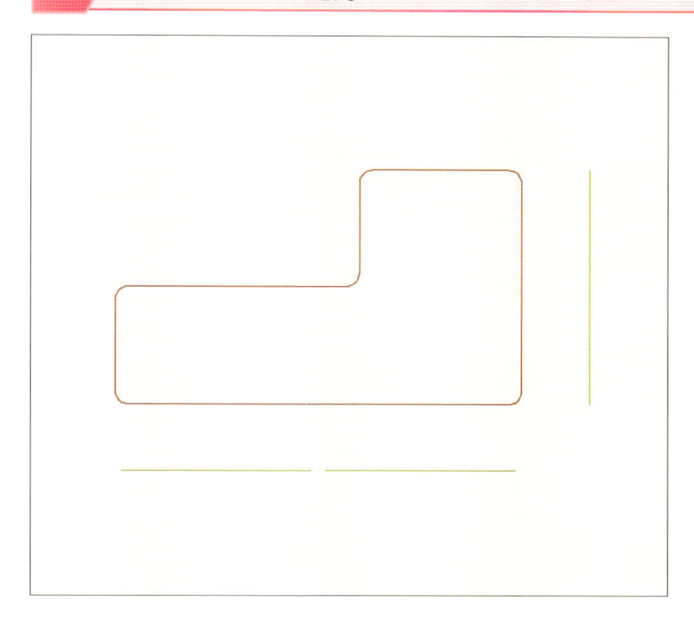

1 ファイルを開く

練習用ファイル「0604a.dwg」を開きます。テーブルの平面図が描かれていますが、ブロックは登録されていません。確認してみましょう。

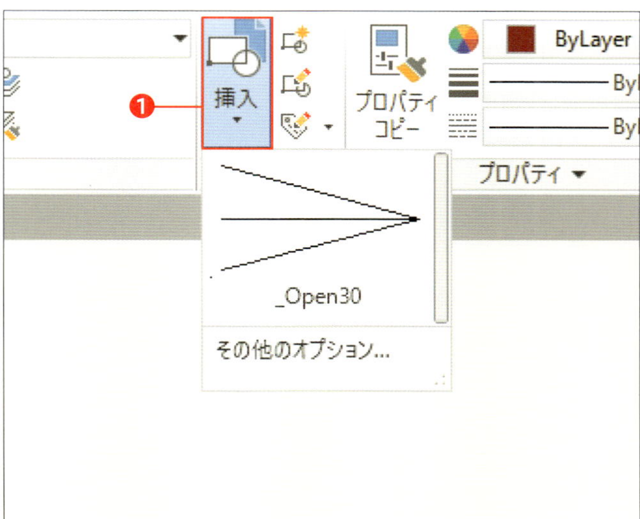

2 登録されているブロックを確認する

［挿入］をクリックします❶。「_Open30」というのは、寸法の矢印として、自動的に作られたブロックです。ほかには何もありません。

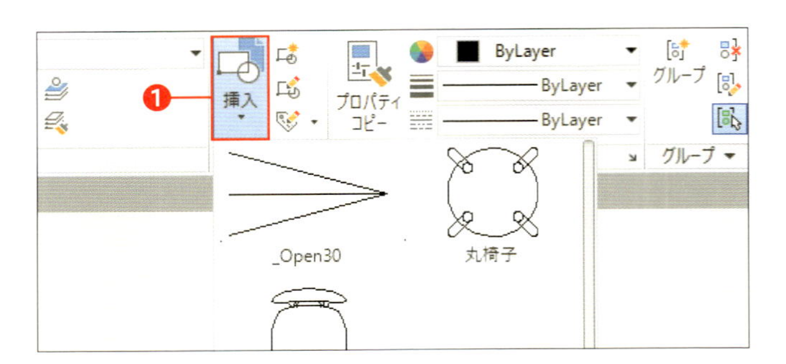

3 別のファイルを開く

練習用ファイル「0604b.dwg」を開き、［挿入］をクリックします❶。こちらのファイルには、椅子のブロックが登録されています。

4 最初のファイルを表示する

「0604a」タブをクリックし、最初のファイルに切り替えます❶。

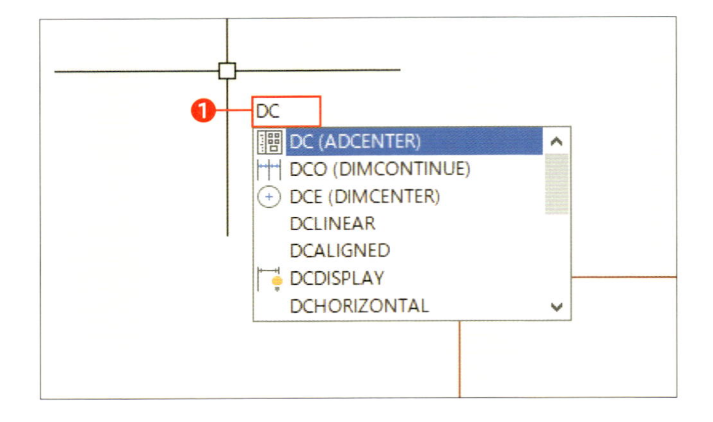

5 デザインセンターを開く

デザインセンターというツールを使います。ボタンは分かりにくいので、頭文字の「DC」を入力することをお勧めします。キーボードから「dc」と入力して、Enter キーを押します❶。

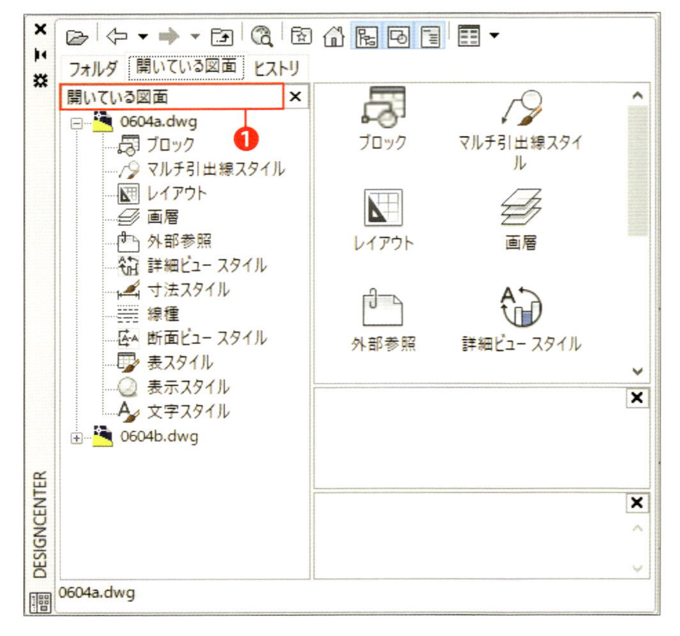

6 「開いている図面」タブを開く

デザインセンターが開きます。［開いている図面］タブをクリックします❶。

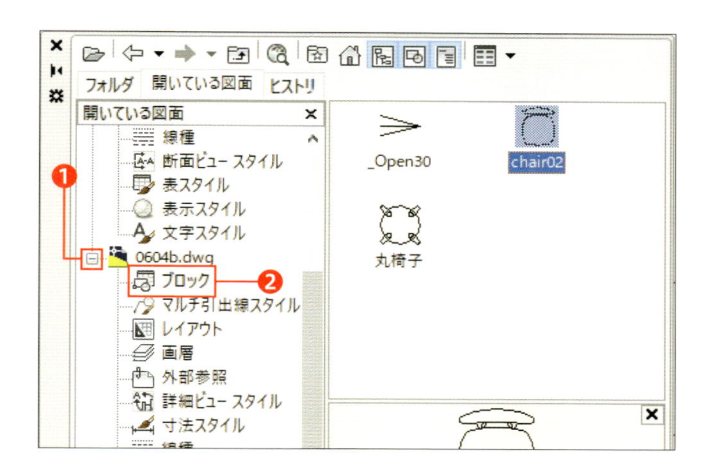

7 ブロックの一覧を表示する

「0604b.dwg」の［+］をクリックして展開し❶、「ブロック」をクリックします❷。このファイルに登録されているブロックの一覧が表示されます。

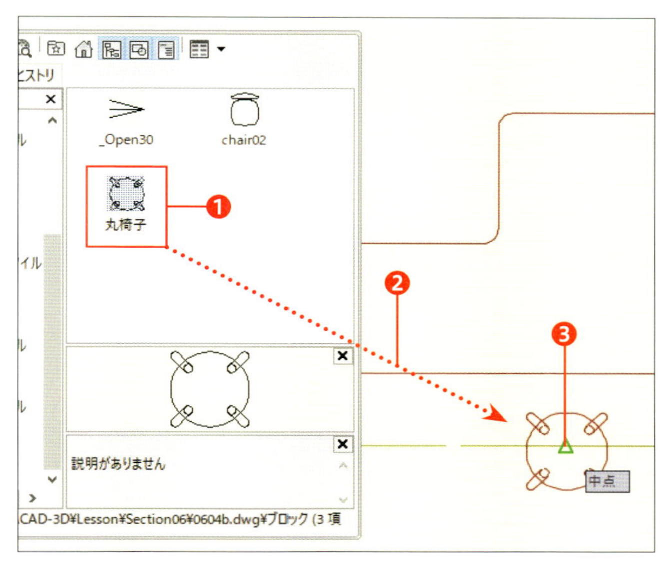

8 ブロックを挿入する

「丸椅子」のアイコンをクリックすると❶、サムネイルが表示されます。「丸椅子」のアイコンを画面内へドラッグし❷、補助線の中点にスナップさせてクリックします❸。

ブロックを回転させて挿入する

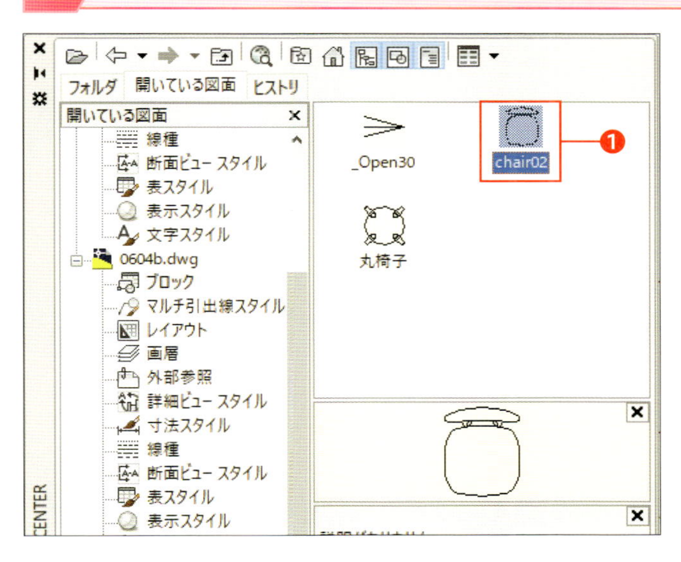

1 挿入するブロックをダブルクリックする

「chair02」は、挿入するときに回転させたいので、違う方法で挿入しましょう。「chair02」のアイコンをダブルクリックします❶。

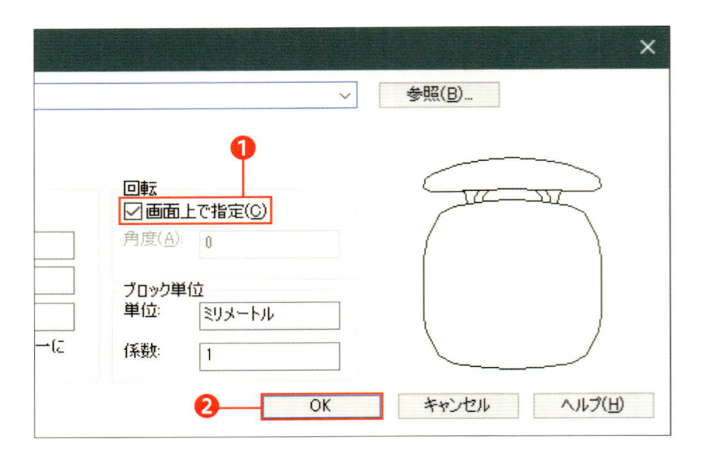

2 回転にチェックを付ける

「ブロック挿入」ダイアログボックスが表示されます。[回転] のグループで「画面上で指定」にチェックが付いているのを確認し❶、[OK] をクリックします❷。

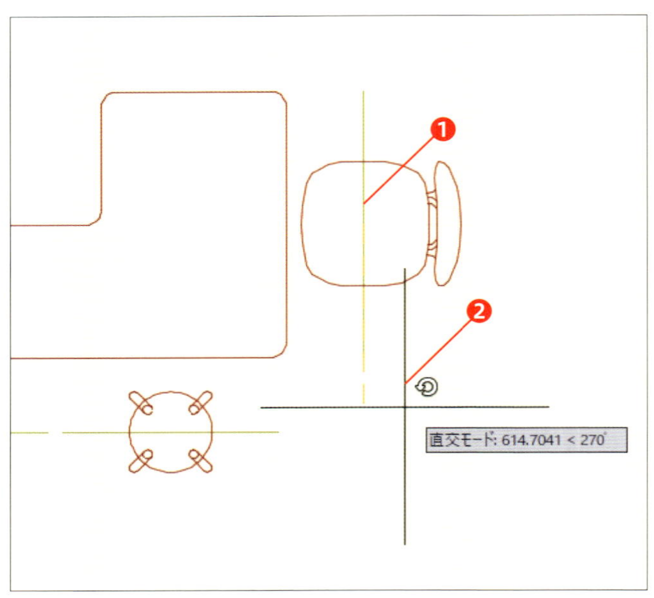

3 ブロックを挿入する

補助線の中点にスナップさせてクリックし❶、向きを決めてクリックします❷。

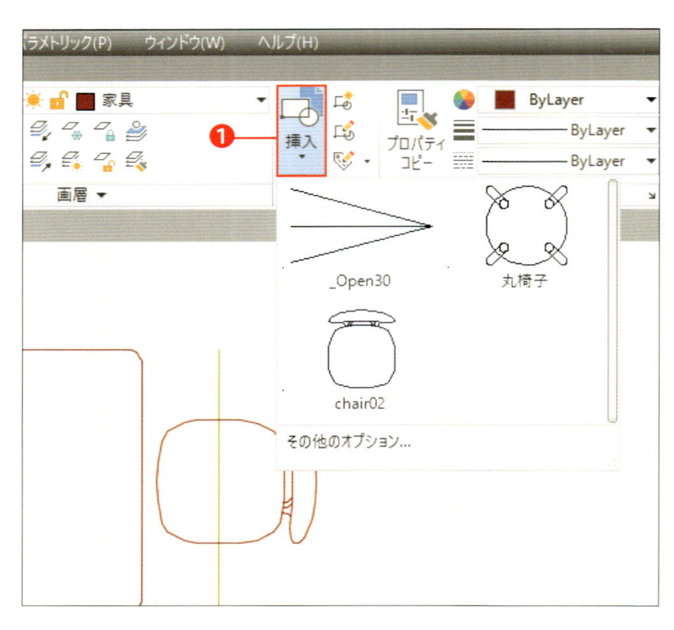

4 ブロック定義がコピーされた

[挿入] をクリックしてみましょう❶。ブロック定義がコピーされていることが分かります。

コピー＆ペーストでブロックを挿入する

ほかの図面ファイルでブロックを利用するには、［コピー］と［貼り付け］を行うという方法もあります。ブロックを貼り付けるとブロック定義もコピーされるので、もう一度挿入するときは、コピー元のファイルがなくても、ブロックを使用できるようになります。また、コピーの際に［基点コピー］コマンドを使用すると、貼り付けるときの基点を指定できます。

なお、ほかのファイルから図形をコピーすると、その図形の画層や寸法スタイルなどのスタイルも一緒にコピーされます。

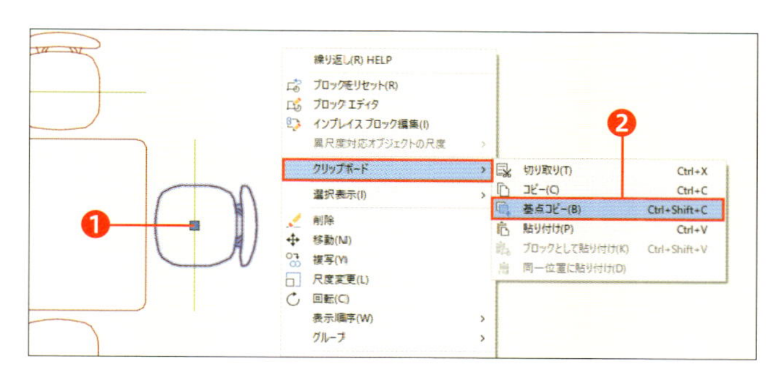

1 コピーしたいブロックを選択します❶。右クリックし、［クリップボード］→［基点コピー］をクリックします❷。

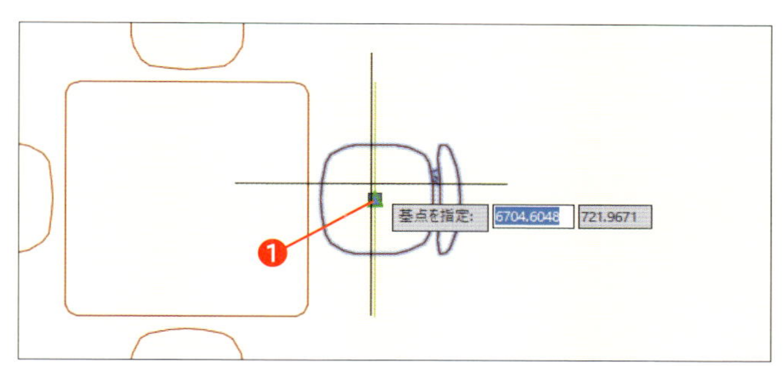

2 挿入基点にする点をクリックします❶。ここでは、補助線の中点をクリックしています。Esc キーを押して、選択を解除します。

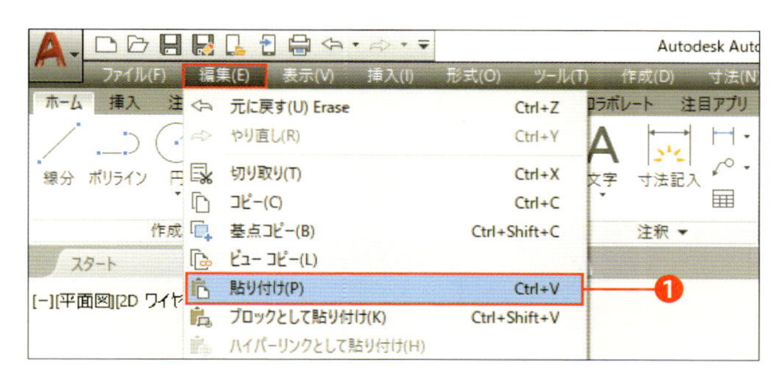

3 貼り付け先の図面に切り替え、［編集］メニューの［貼り付け］をクリックします❶。

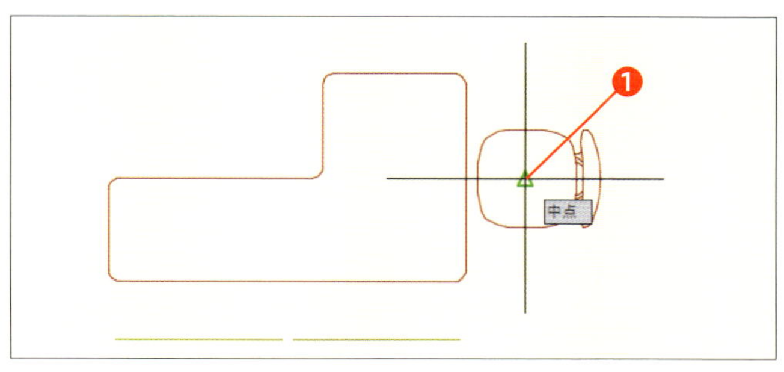

4 貼り付ける位置をクリックすると、ブロックが貼り付けられます❶。

デザインセンター

「デザインセンター」も「プロパティ」パレットと同じくパレットなので、表示したまま作図操作を続けられます。、また、タイトルバーだけに折りたたむこともできます。「デザインセンター」の4つのウインドウのうち、「サムネイル」以外は［×］をクリックすると非表示になります。表示する場合は、それぞれのボタンをクリックします。

ツリー表示で「フォルダ」タブを選ぶと、開いていないファイルの部品も挿入できます。ファイルを開いている場合は、「開いている図面」タブに切り替えたほうがファイルを探しやすいでしょう。

また、「デザインセンター」では、ブロックだけでなく画層や寸法スタイルなども、画面にドラッグするだけで、ほかのファイルからコピーできます。

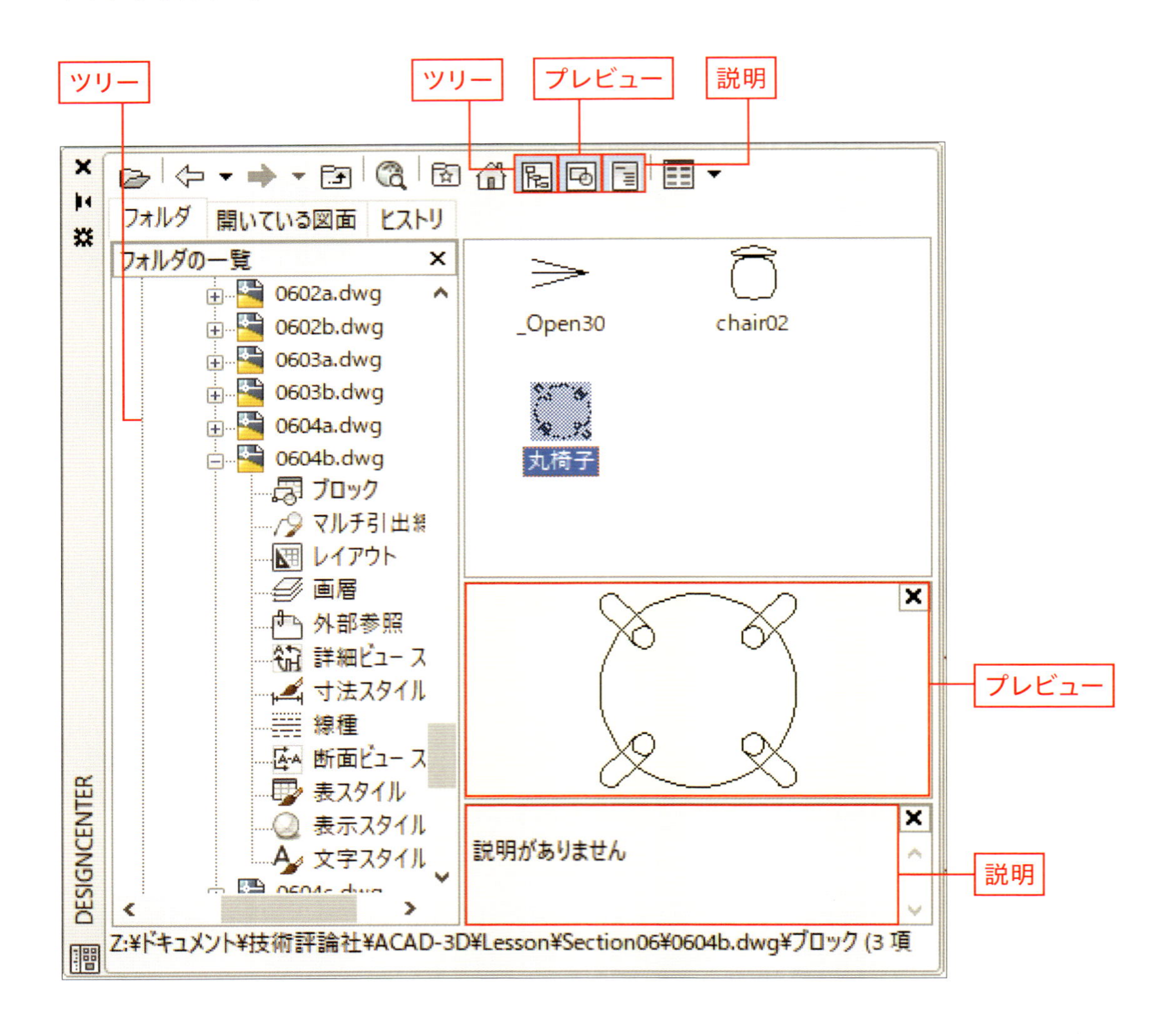

ブロックを修正する

練習ファイル 0605a.dwg　完成ファイル 0605b.dwg

ブロックの形状は、マスター（ブロック定義）に登録されているので、ブロックを修正する場合はブロック定義を修正します。ブロック定義を修正する方法は2つありますが、ここでは、「ブロックエディタ」を利用する方法を紹介します。

ブロック定義を修正する

ブロック定義を更新する方法は、新しい形状を同じブロック名で登録して置き換えるという方法と「ブロックエディタ」を利用する方法があります。同じブロック名で再登録する方法の場合、再登録するときに挿入基点が同じ位置になるように気を付けましょう。そうしないと、挿入されているブロックの位置が変わってしまいます。

そこで、ここでは「ブロックエディタ」を利用して、ブロック定義を直接編集します。丸椅子の座部には丸みがあるので、細線で円を描き加えたブロックに修正します。

元のブロック

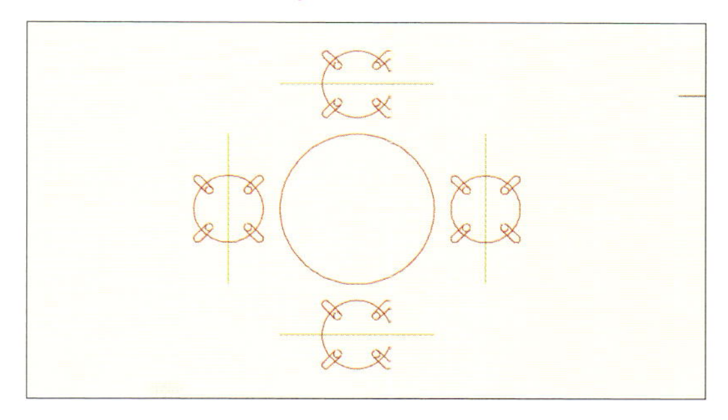

修正後のブロック

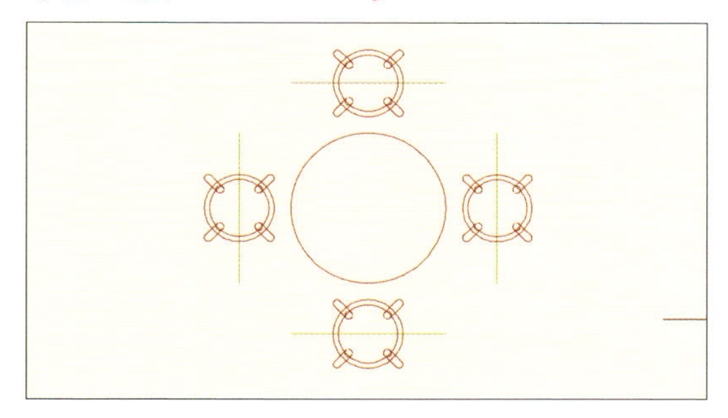

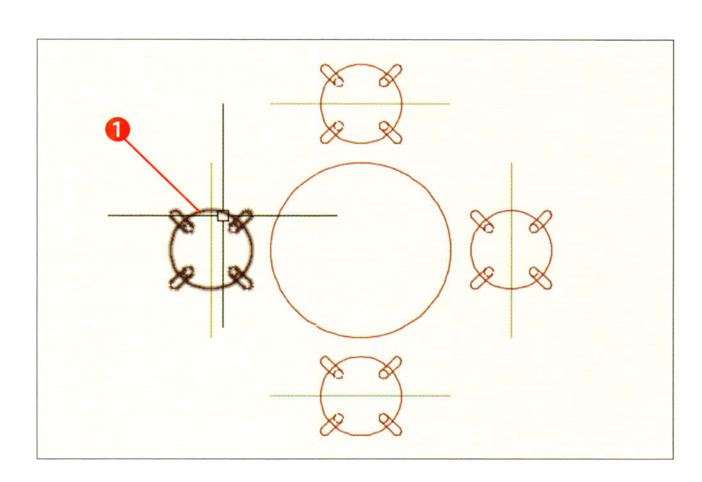

1 ブロックをダブルクリックする

練習用ファイル「0605a.dwg」を開きます。テーブルの平面図と丸椅子のブロックが4つ配置されています。ブロックの1つをダブルクリックします❶。

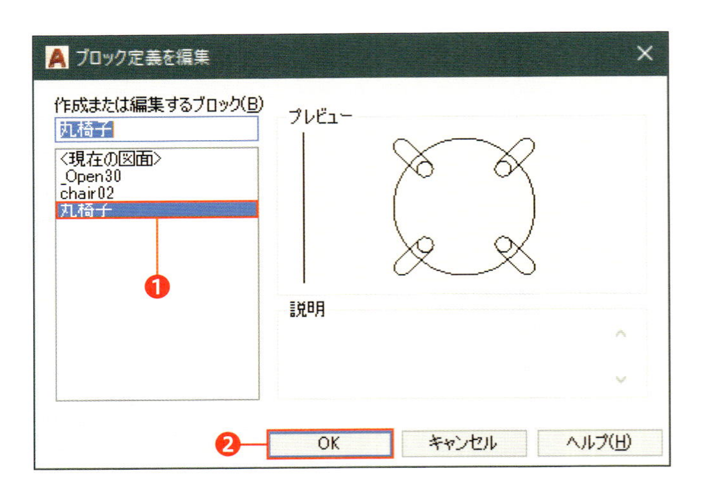

2 ブロックエディタで開く

編集するブロックを選択します❶。「丸椅子」が選ばれているので、[OK] をクリックします❷。

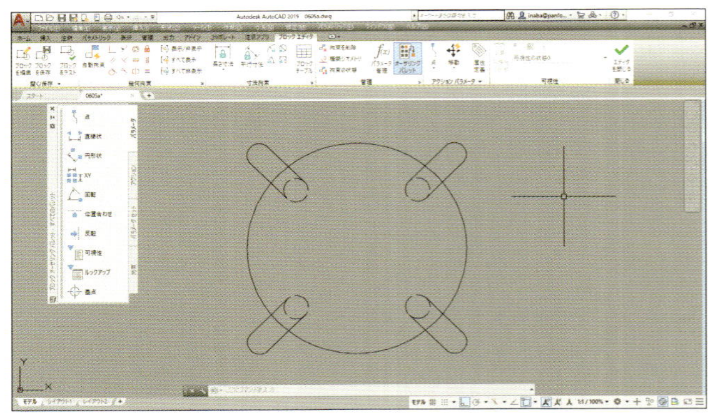

3 ブロックエディタに切り替わる

画面が「ブロックエディタ」に切り替わります。ブロック定義を編集するための専用モードですが、[ホーム] や [挿入] などのリボンタブもあり、通常の作図コマンドが使用できます。

Check

[ブロック] パネルにある [ブロックエディタ] をクリックしても、ブロックエディタに切り替えられます。

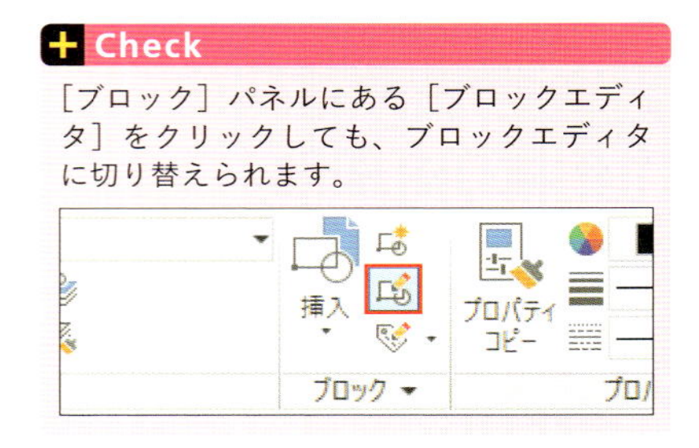

4 「オフセット」コマンドを実行する

[ホーム] リボンタブをクリックし❶、[オフセット] をクリックします❷。

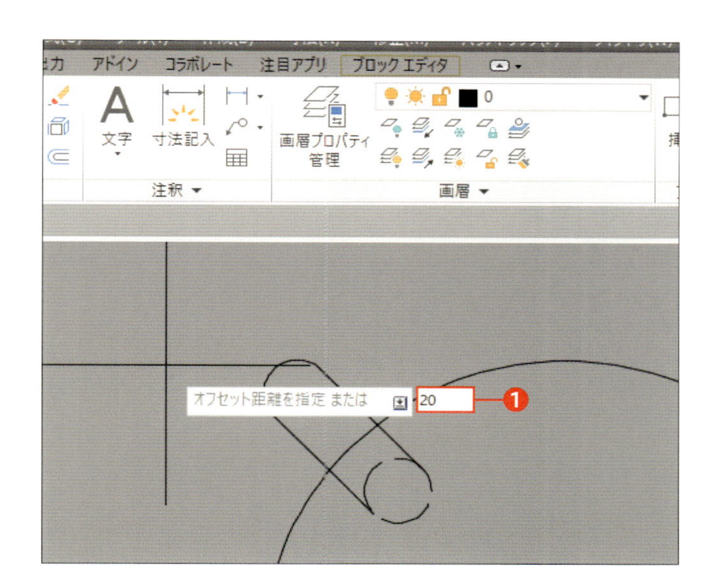

5 オフセット距離を指定する

オフセット距離は、「20」と入力します❶。

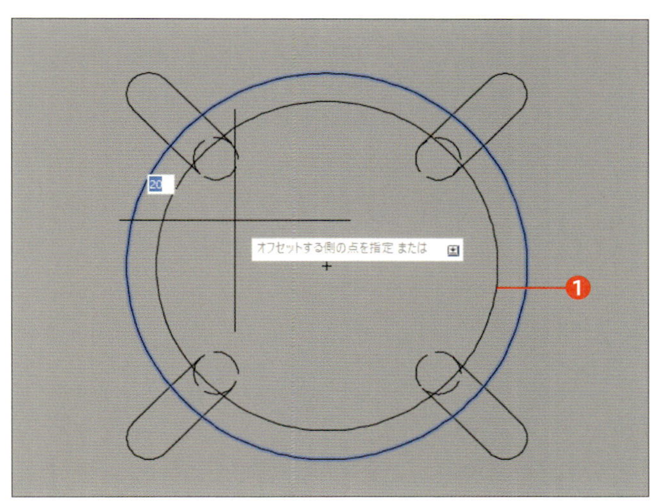

6 オフセットする

座部の円を内側にオフセットします❶。

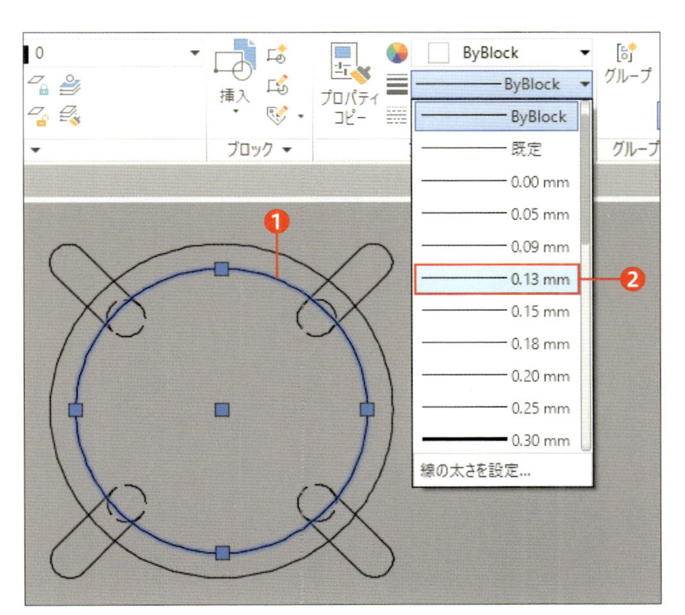

7 線の太さを変更する

オフセットした円を選択し❶、線の太さを「0.13mm」の細線に変更します❷。

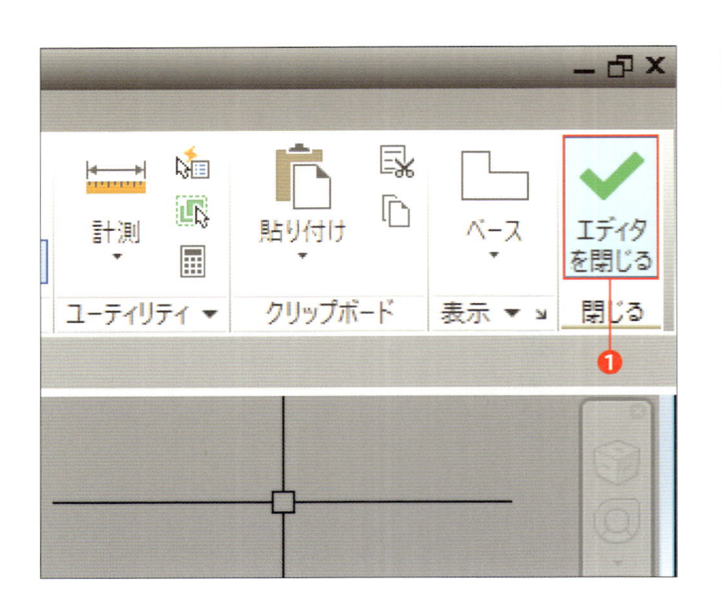

8 「ブロックエディタ」を閉じる

［エディタを閉じる］をクリックします❶。

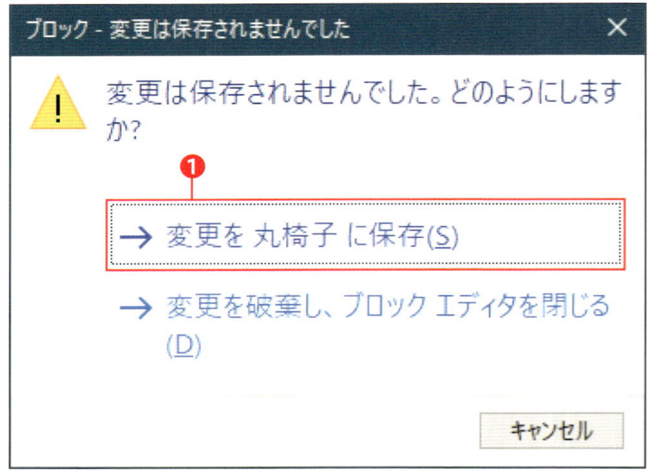

9 ブロックを保存する

［変更を丸椅子に保存］をクリックします❶。

Check
この操作で、ブロックが更新されます。

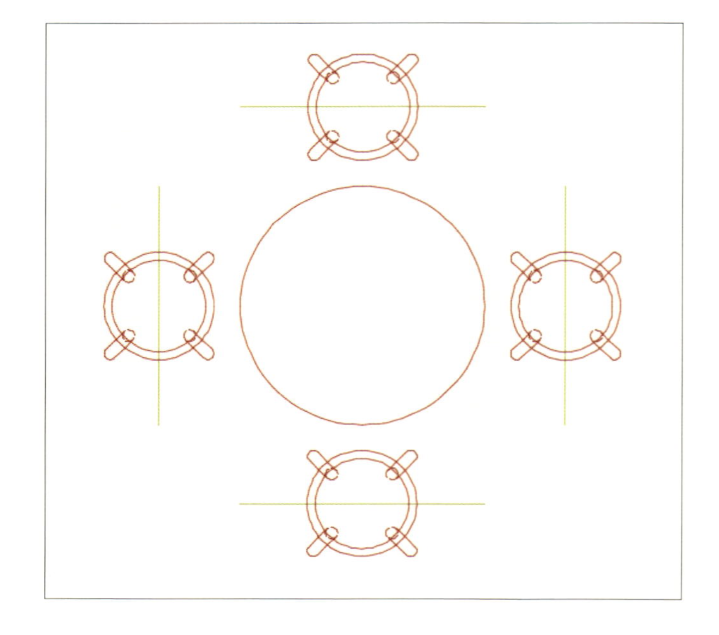

10 ブロックが更新された

挿入されているブロックが、すべて更新されました。

第7章

3D空間の基本操作

AutoCADで作成できる3Dモデル

3次元ソフトでは、立体形状を作ることをモデリング、作成された物体をモデルといいます。
この章では、AutoCADで3Dモデルを作成する方法を紹介します。

AutoCADの3D機能

3Dモデルの種類には、ソリッドモデル、サーフェスモデル、ワイヤーフレームモデルの3種類があります。

AutoCADは、これらのモデルすべてに対応しています。AutoCAD LTも3次元の作図空間を持っており、ワイヤーフレームモデルのみ作成できます。これまでの図面も、2次元モードで作図していたのではなく、XY平面を真上から見下ろす視点で、ワイヤーフレームモデルで作図しているのです。

また、AutoCAD／AutoCAD LTの線には「厚さ」というプロパティがあり、「厚さ」に数値を入れると、サーフェスモデルのような表示にもできます。

ソリッドモデル

中身まで詰まった立体モデルです。本書では、このモデルでモデリングしていきます。

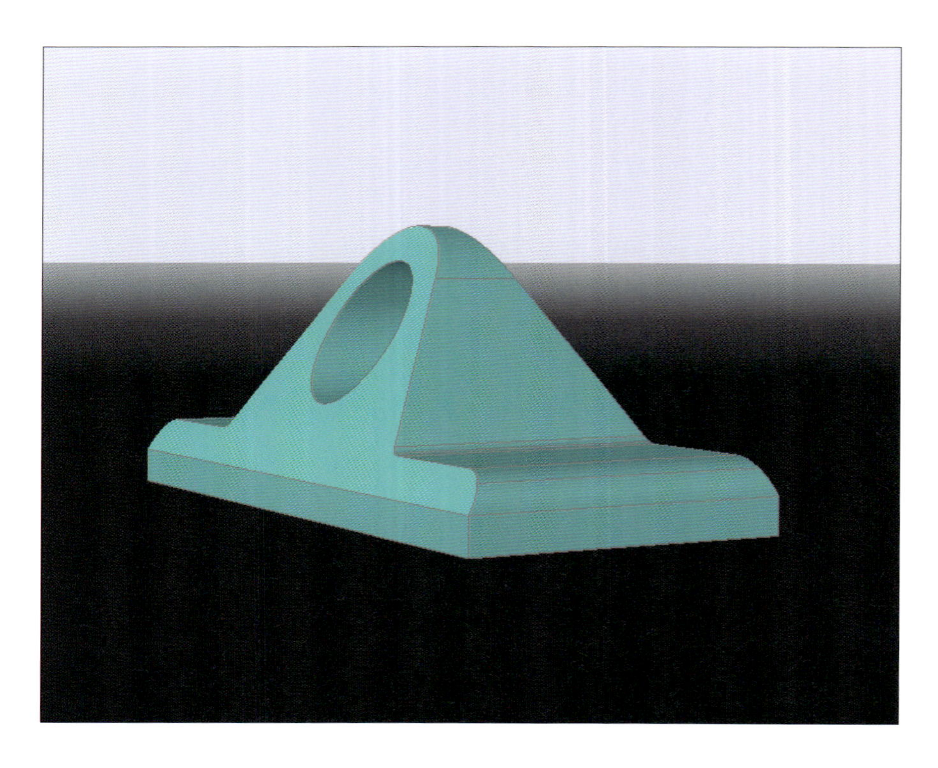

サーフェスモデル

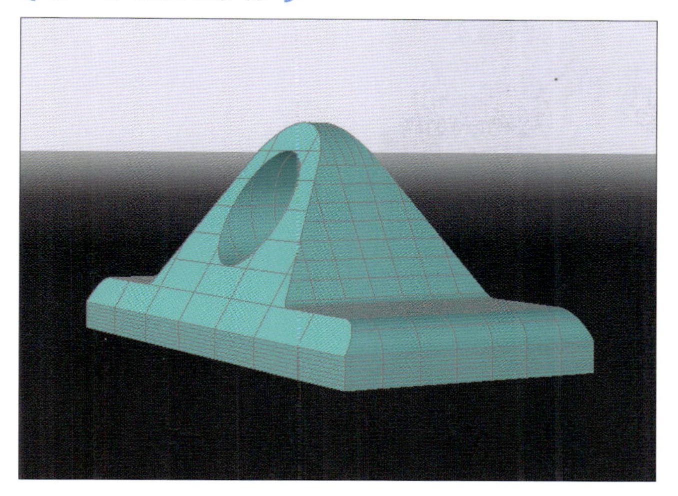

3次元形状を面だけで表現した、中身のないモデルです。ソリッドモデルに比べデータ量が少なく、コンピューターの負担も軽くなります。

ワイヤーフレームモデル

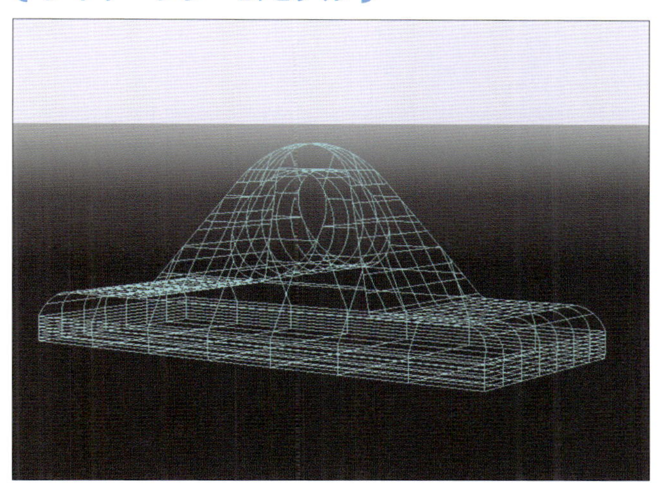

3次元形状を線だけで表現したモデルです。針金（ワイヤー）で、立体の枠を作る手法なので、このように呼ばれます。線だけの単純なデータなので、面に当たる光や影の計算が必要ないなど、コンピューターにかかる負担は少なくなります。

「厚さ」プロパティを使った表現

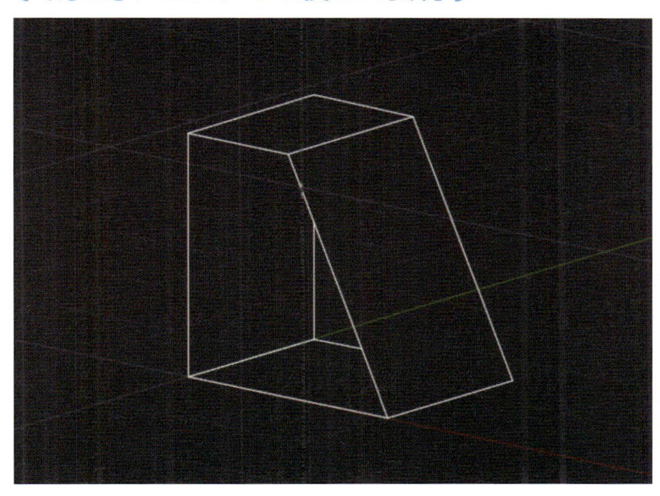

図形の「厚さ」プロパティは通常は「0」ですが、値を入力すると、面が押し出されたような表現になります。サーフェスモデルではありませんが、AutoCAD LTでもサーフェスモデルのような表現ができます。

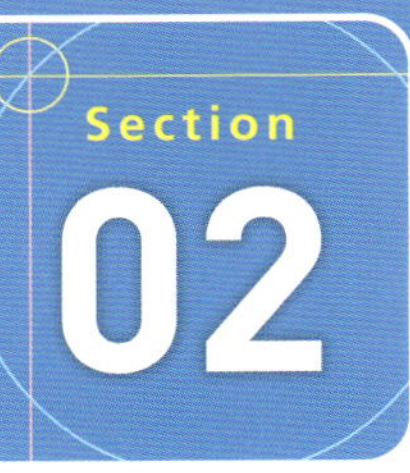

モデリング用のワークスペース

AutoCADには多くのコマンドがあります。リボンに集められているアイコンは、それらすべてではなく、作業する内容に応じて必要なものが選ばれています。必要な道具のセットをワークスペースといい、AutoCADには2次元作図用のワークスペースや3次元モデリング用のワークスペースが用意されています。

ワークスペースを新規登録する

AutoCADでは、必要な道具のセットをワークスペースといい、2次元作図用のワークスペースや3次元モデリング用のワークスペースが用意されています。

本書ではメニューバーを表示していますが、メニューバーもワークスペースに登録できるので、今の状態を新規ワークスペースとして登録してから、3次元モデリング用のワークスペースに切り替えましょう。

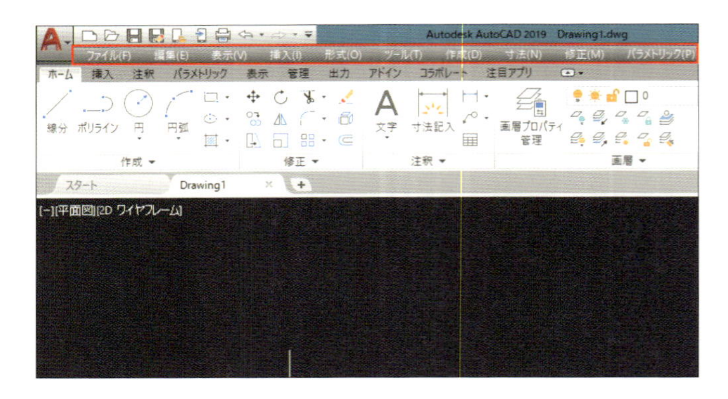

1 メニューバーを確認する

メニューバーが表示されているのを確認しましょう。

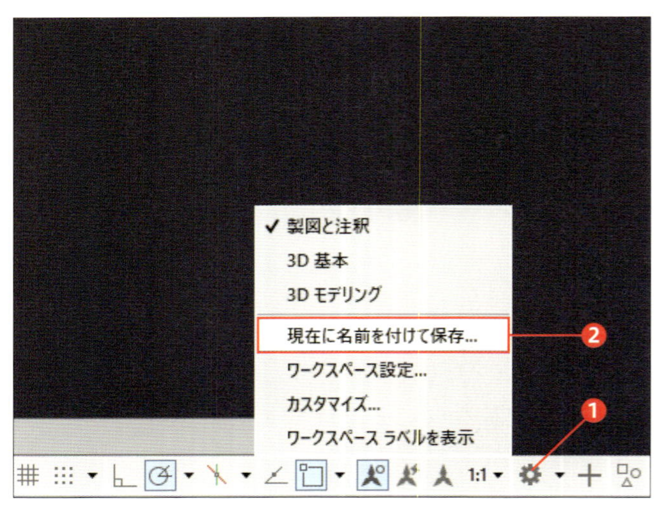

2 ワークスペースを保存する

画面右下の［ワークスペース］をクリックし❶、［現在に名前を付けて保存］をクリックします❷。

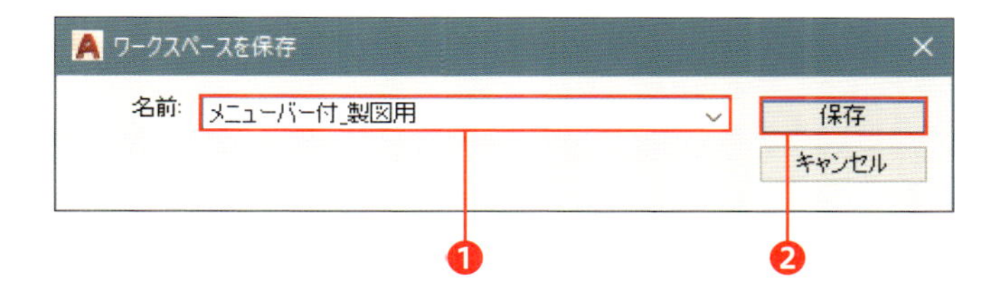

3 名前を入力する

ワークスペース名を入力し❶、[保存]をクリックします❷。ここでは、「メニューバー付_製図用」と入力しました。

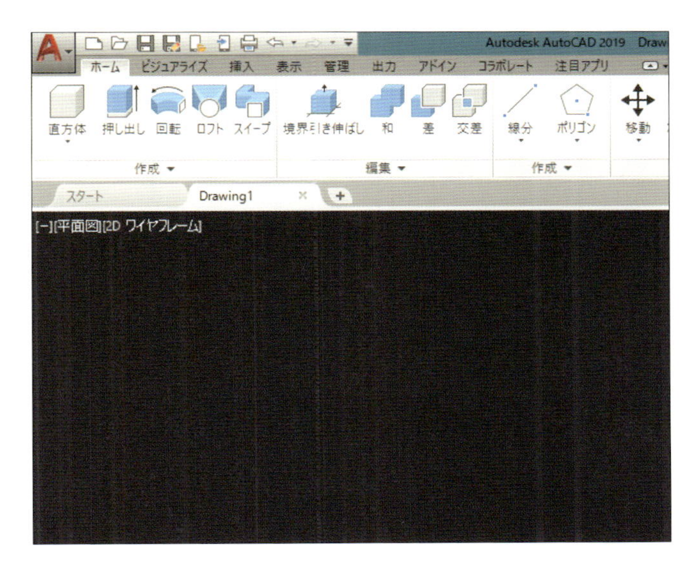

4 ワークスペースを切り替える

[ワークスペース]をクリックします❶。「メニューバー付_製図用」が登録されています。[3D基本]をクリックします❷。

5 3D用のワークスペースになる

基本的な3Dモデリング用のツールに切り替わりました。

Check

[3Dモデリング]ワークスペースは、高度なモデリングに適しています。

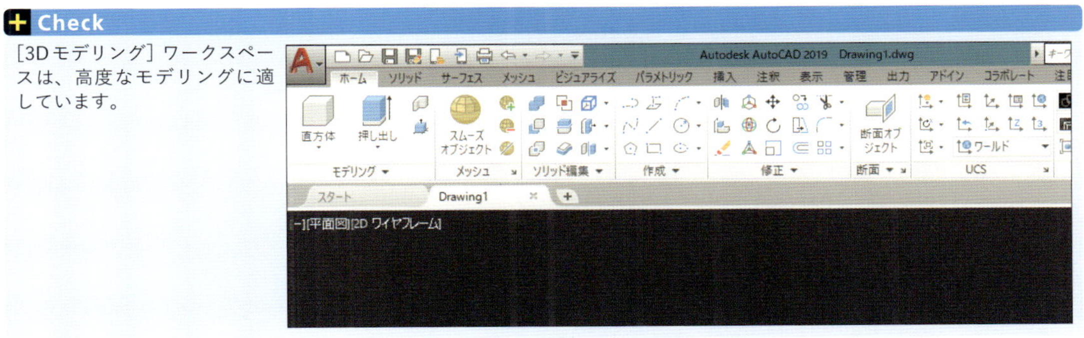

3次元空間を自在に表示する

練習ファイル 0703a.dwg　完成ファイル なし

AutoCADは、2Dで製図する場合も、3Dでモデリングする場合でも、作図モードを切り替えるわけではありません。作図空間は常に3Dで、これまでの製図では、上空から真下を見下ろしていました。オービットという操作で視線を傾けると、立体表示になります。

3次元空間でさまざまな表示をする

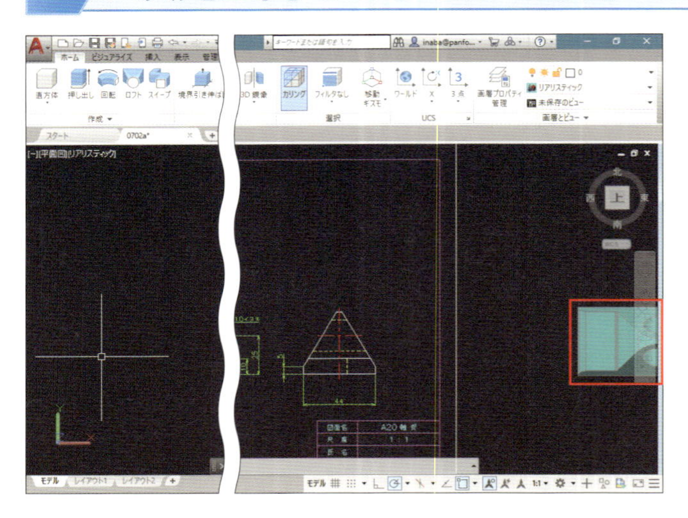

1 ファイルを開く

練習用ファイルを開きます。図面の右側に立体形状を作成してあります。

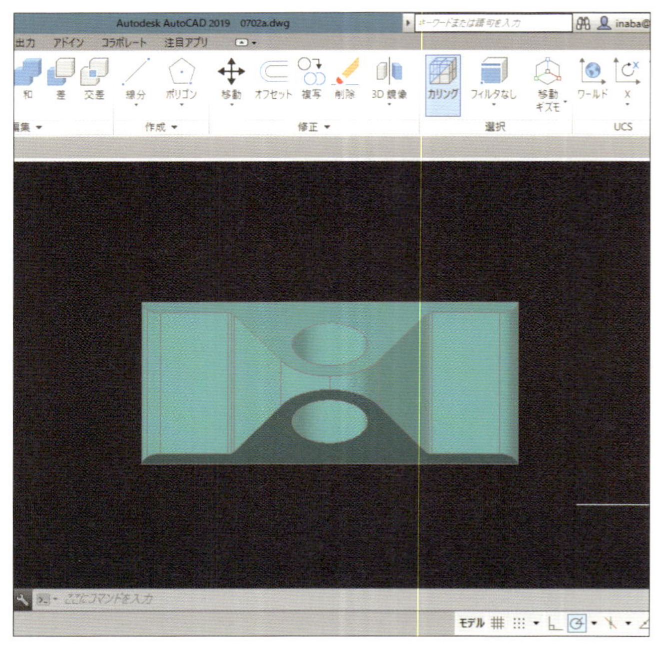

2 中央を表示する

画面移動とズーム操作を行い、画面中央に表示しましょう。これから視線を傾けますが、立体表示になっても、画面移動とズームはこれまで通りの操作で行えます。

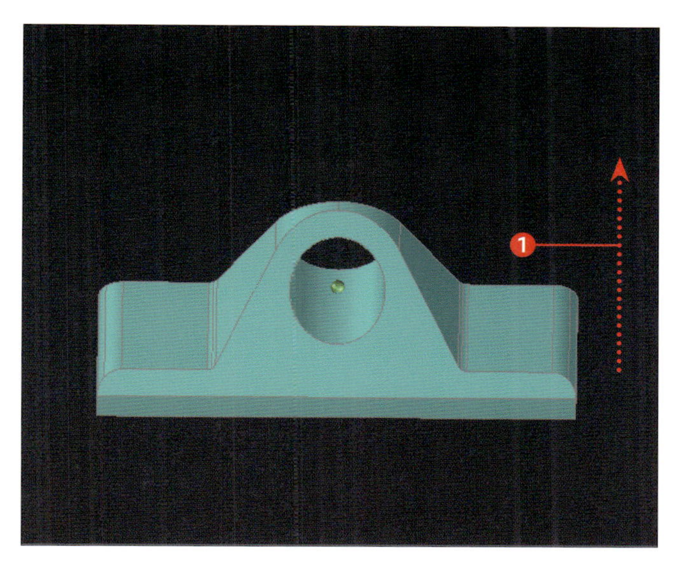

3 視点を移動する

キーボードの Shift キーを押しながら、マウスのホイールボタンを押し、画面の上のほうへドラッグします❶。さらに、Shift キーを押しながら、ほかの方向へもドラッグしてみましょう。

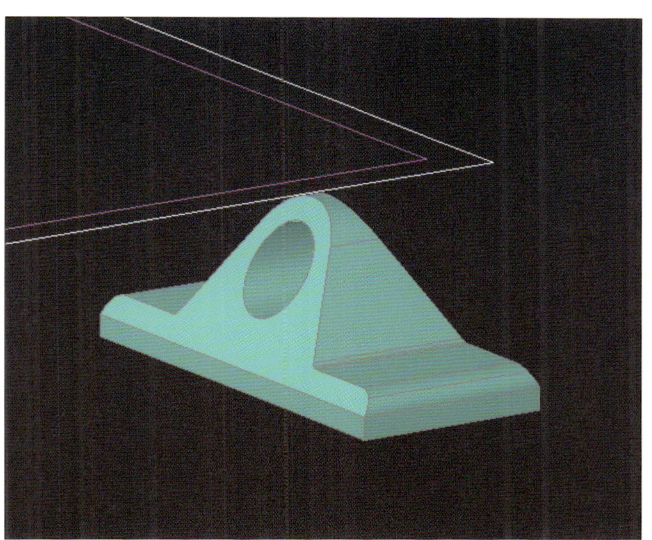

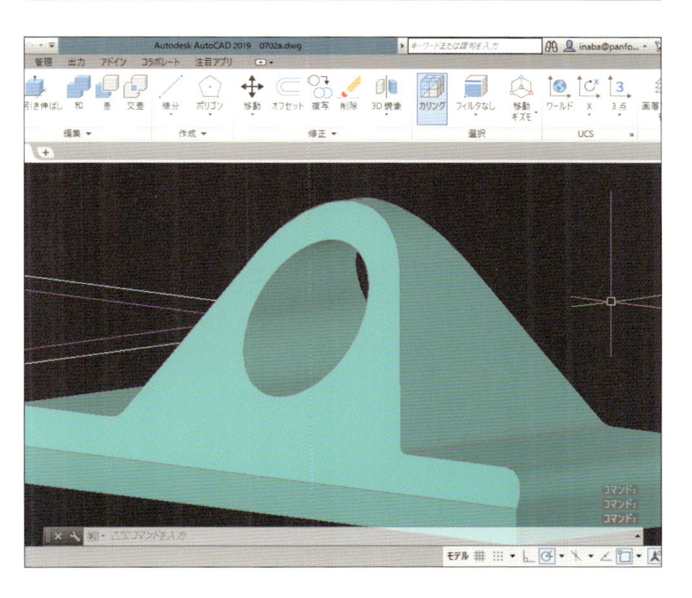

4 画面移動とズームをする

Shift キーを押さずに、ホイールボタンをドラッグすれば画面移動、ホイールボタンを回転させるとズーミングという操作は、これまで同様です。

投影法の視点を使いこなす

練習ファイル 0704a.dwg　完成ファイル なし

Shift キーを押しながら、マウスのホイールボタンをドラッグするオービットでは、真上から見下ろしたり、真横から見たりなど、視点を正確に合わせるのには適していません。ここでは、ビューキューブというツールを使って、第三角法や等角投影などの投影図の視点に切り替えてみましょう。

ビューキューブで視点を切り替える

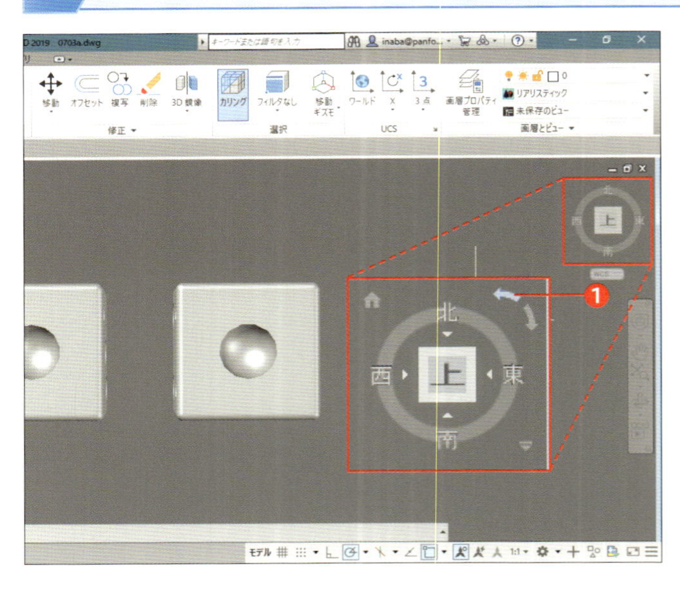

1 ビューキューブをクリックする

練習用ファイルを開きます。製図のときと同じ、真上からの視点（平面図の視点）になっています。画面右上のビューキューブにカーソルを近づけると矢印が現れるので、左向きの矢印をクリックします❶。

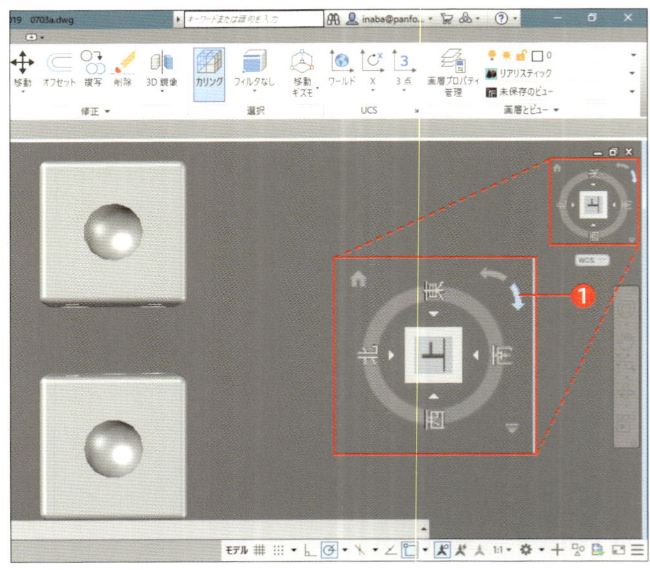

2 画面が回転する

画面が回転します。視点が回転しただけで、図形は回転していません。ビューキューブの右向きの矢印をクリックして、向きを元に戻します❶。

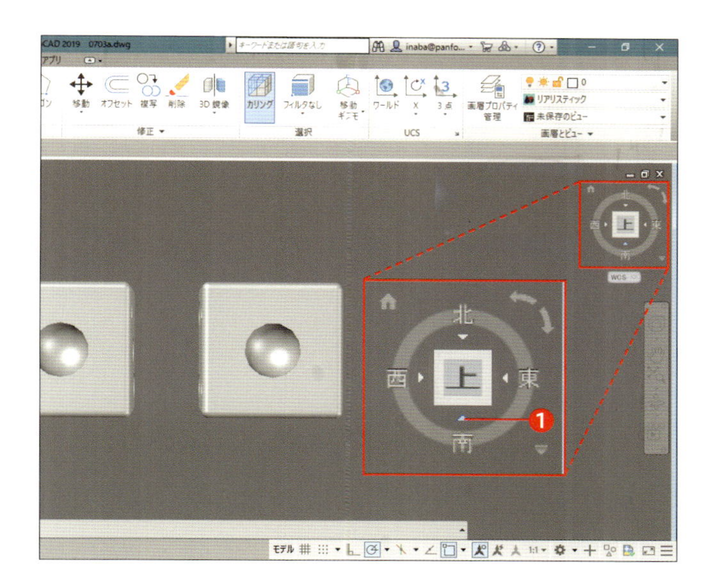

3 正面図を表示する

ビューキューブの［上］の文字のすぐ下にある［△］をクリックします❶。

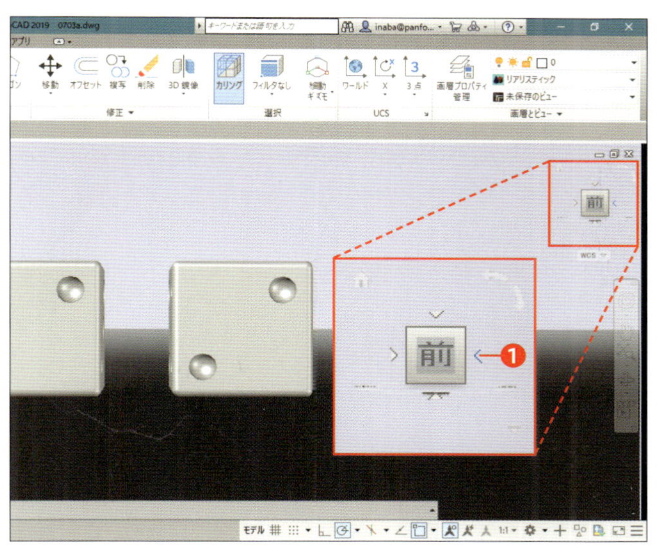

4 右側面図を表示する

正面図の視点になります。ビューキューブの［前］の文字の右側にある［△］をクリックします❶。

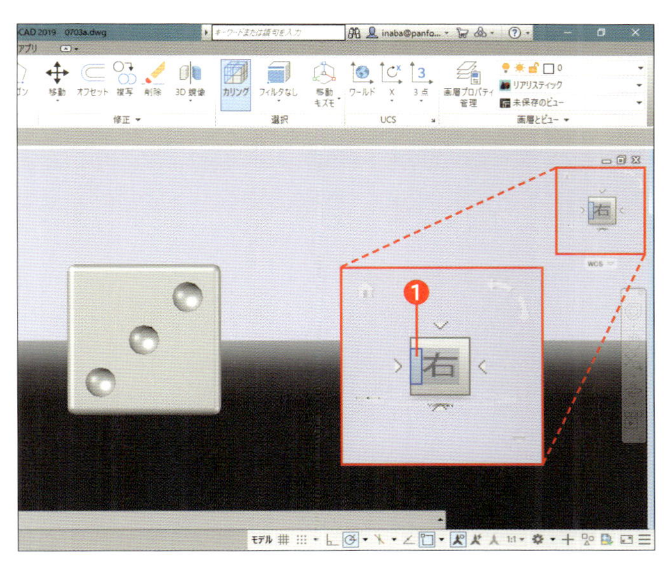

5 南東からの表示にする

右側面図の視点になります。ビューキューブにカーソルを近づけ、文字の左側に表示される四角い部分をクリックします❶。

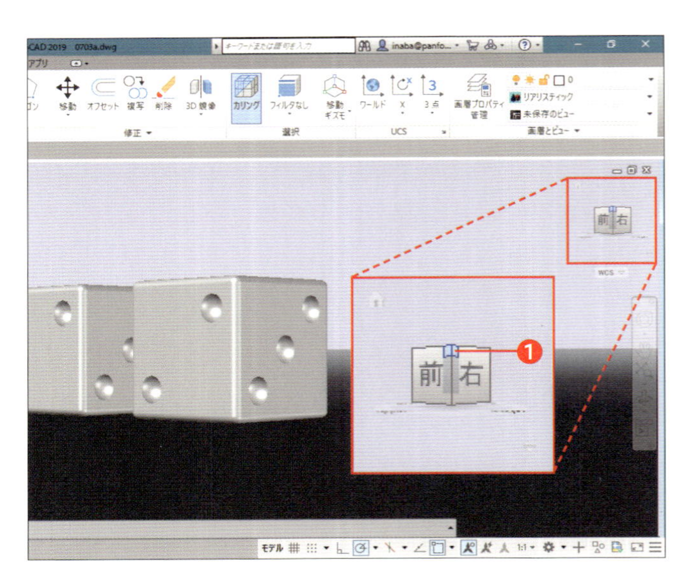

6 等角投影にする

南東側からの視点になります。文字の境界の上側に表示される□をクリックします❶。

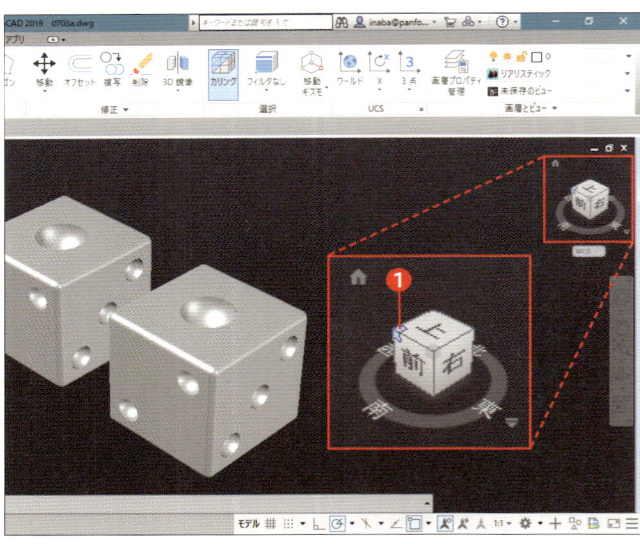

7 南東からの等角投影にする

等角投影の視点になります。上面の左下の□をクリックします❶。

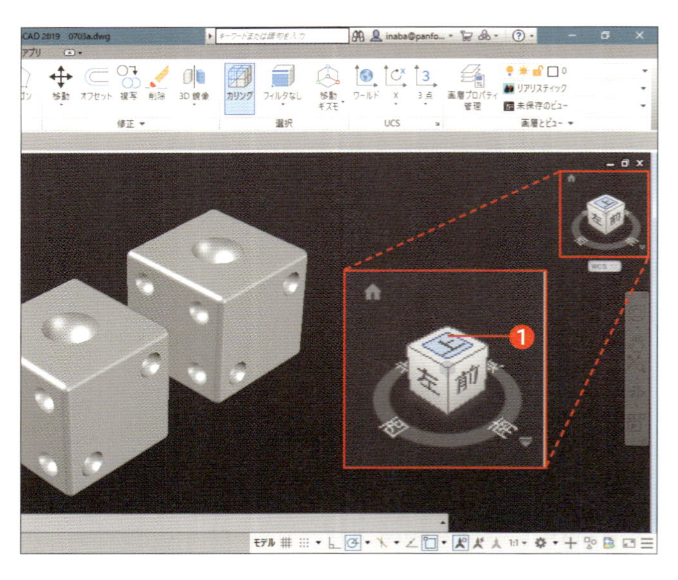

8 平面図にする

南西からの等角投影の視点になります。[上] の文字をクリックします❶。

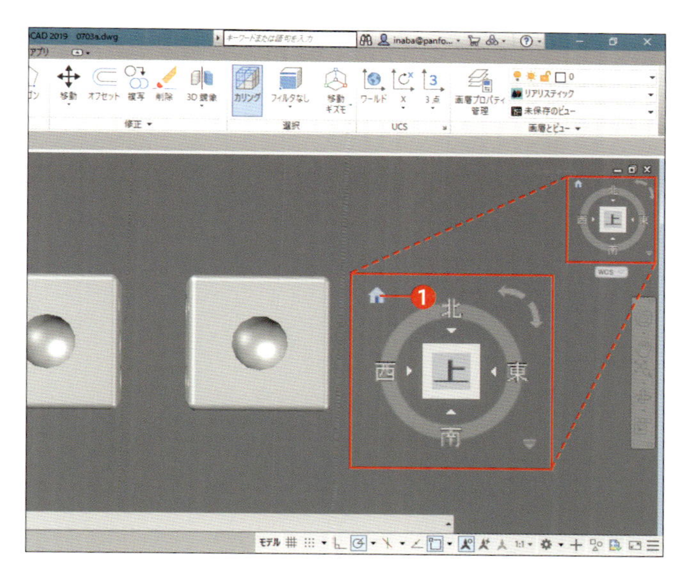

9 南西からの等角投影にする

真上から見下ろす平面図の視点になります。ビューキューブ左上のホームアイコンをクリックします❶。

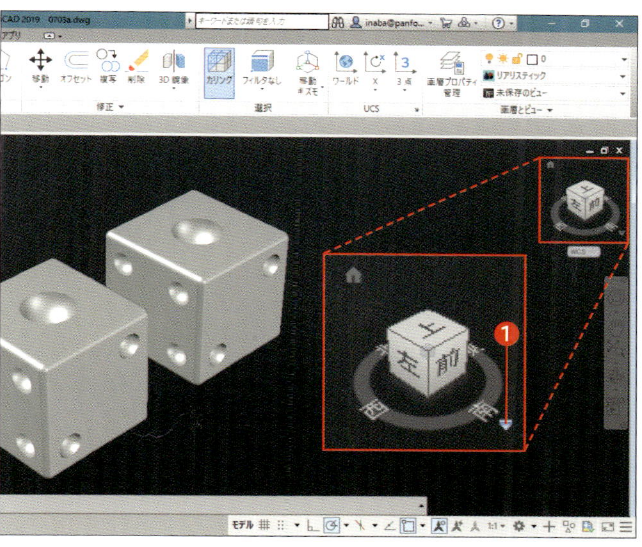

10 メニューを表示する

南西からの等角投影の視点になります。ビューキューブ右下の［▽］をクリックします❶。

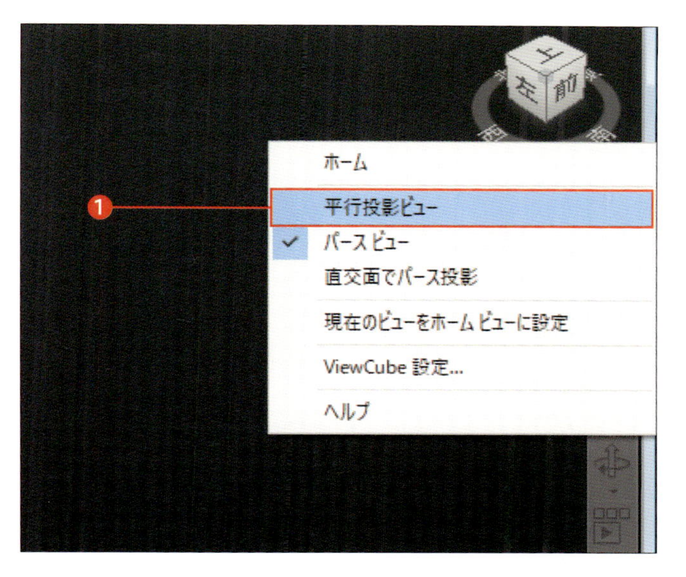

11 平行投影にする

メニューが表示されます。ここまで、透視図法の［パースビュー］で表示していました。［平行投影ビュー］をクリックします❶。

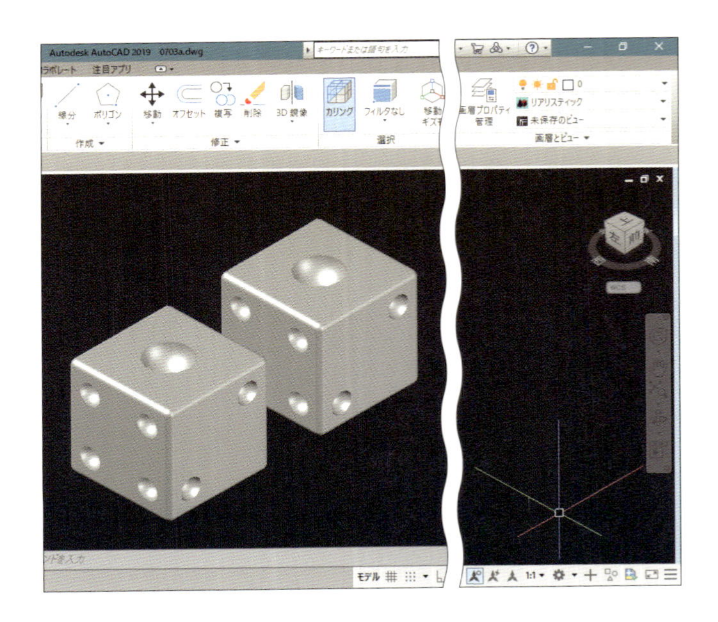

12 平行投影に切り替わった

平行投影で表示されるので、サイコロの向かい合う稜線が平行になります。

ビューキューブが表示されないとき

2D製図のときにビューキューブが表示されていると、うっかりクリックして3D表示になることがあります。そのため、本書では「2Dワイヤフレーム表示スタイル」のときには、ビューキューブを表示しないように設定しました。ビューキューブを表示するには、「2Dワイヤフレーム」以外の表示スタイルにするか、「オプション」の設定を変更しましょう。

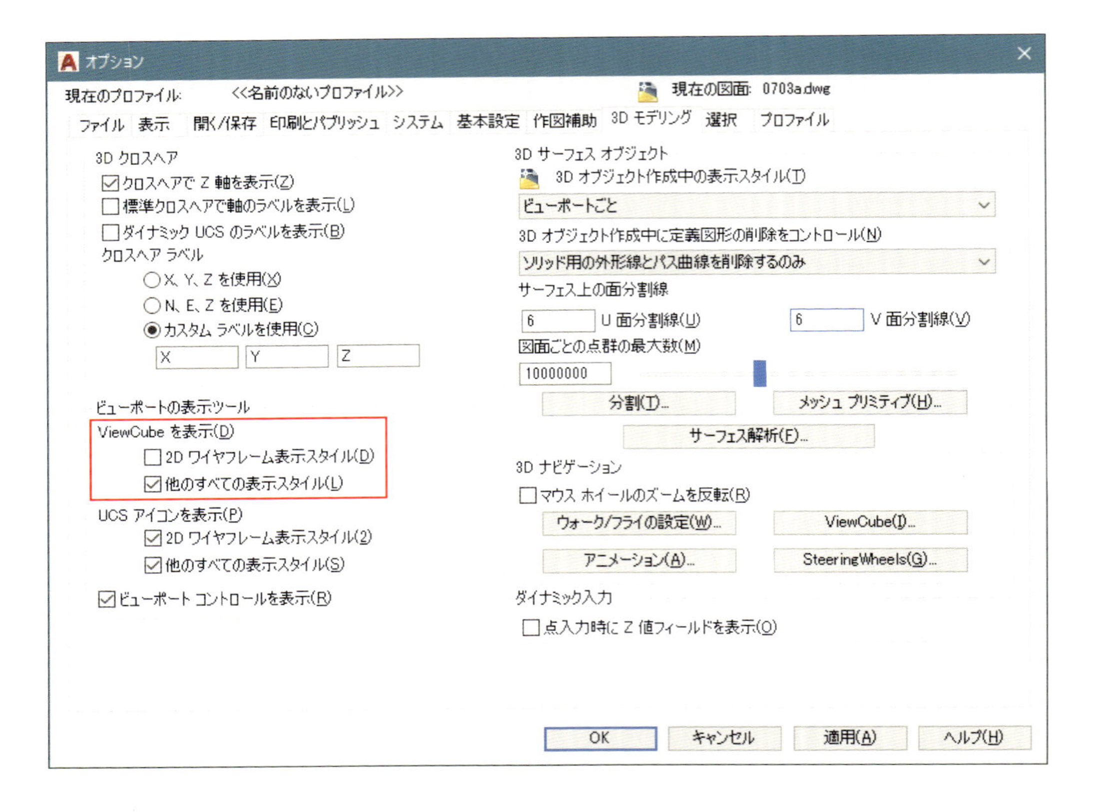

表示スタイルを切り替える

練習ファイル 0705a.dwg　完成ファイル なし

モデリングした3D形状は、そのまま写真にしたようなリアルな表現にするだけでなく、テクニカルイラストのような線画やスケッチ風にできます。さまざまな設定が「表示スタイル」として用意されていて、簡単な操作で切り替えができます。「表示スタイル」は、モデリング中に切り替えても効果的です。

表示スタイルを変更する

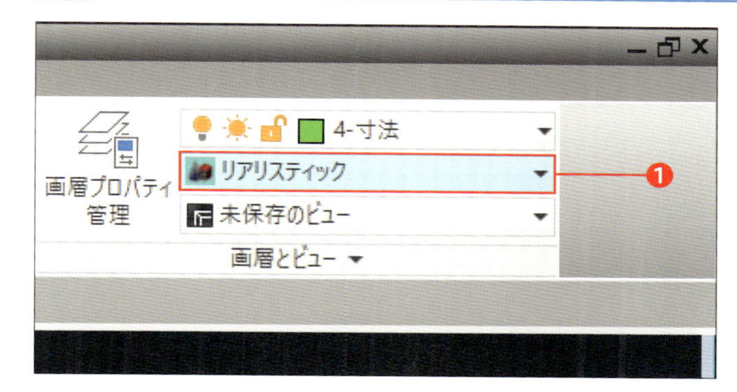

1 「表示スタイル」をクリックする

表示スタイルの切り替えは、[ホーム] リボンタブの [画層とビュー] パネルで [表示スタイル] をクリックします❶。表示スタイルを切り替えて、表示の違いを確認してみましょう。

2 切り替える表示スタイルを選択する

「2Dワイヤフレーム」をクリックします❶。

表示スタイルの一覧

2Dワイヤフレーム

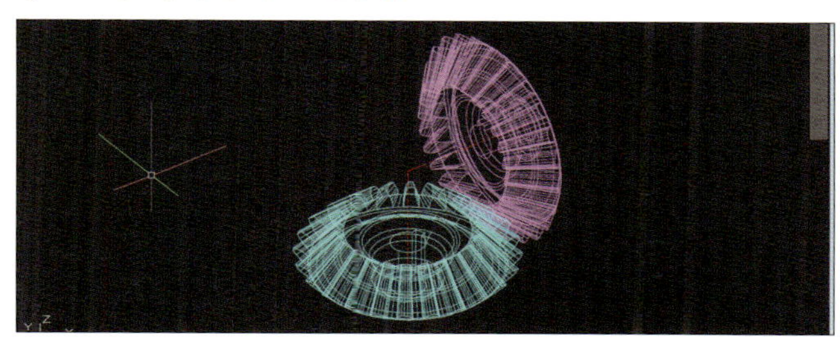

直線と曲線のみで表示されます。製図では、このスタイルを用います。

コンセプト

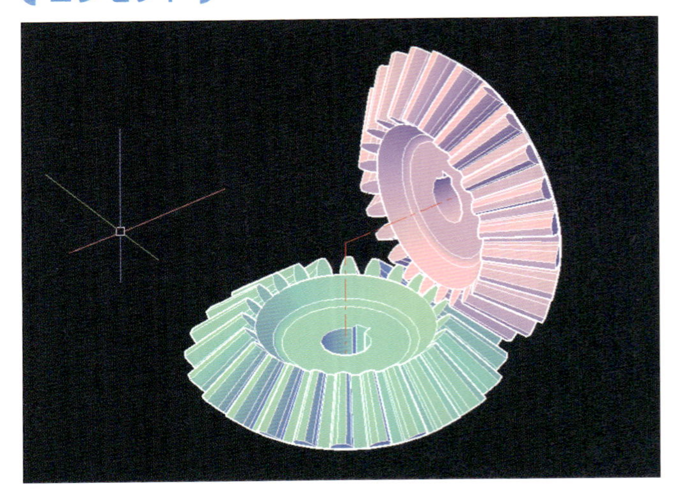

表示スタイルで「コンセプト」を選択します。寒色や暖色のグラデーションで表示されます。

隠線処理

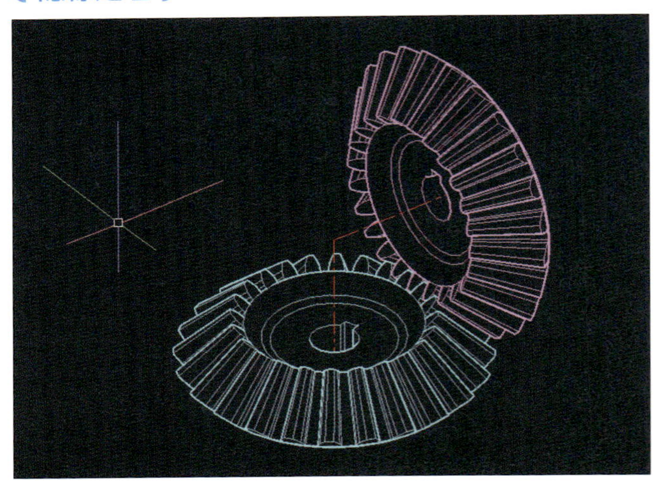

直線や曲線で輪郭線が表示され、面によって隠れる線が省略されます。

リアリスティック

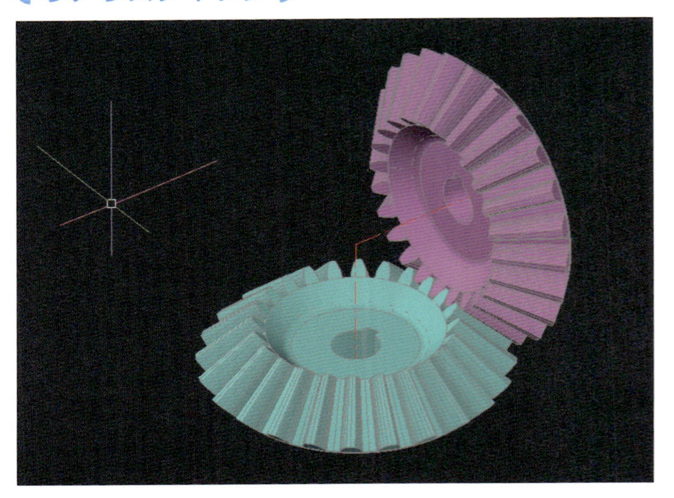

面が陰影表現で表示されます。材質（マテリアル）が設定されていれば、マテリアルで表示されます。

シェードとエッジ

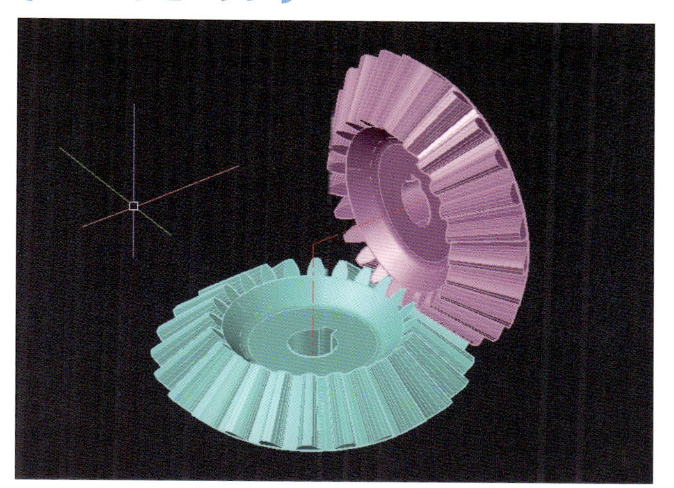

ワイヤフレームと陰影表現で表示されます。

スケッチ

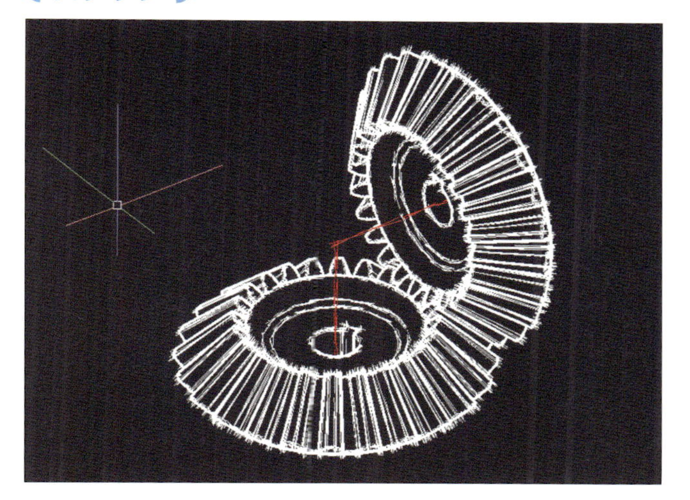

手描きでスケッチしたように表示されます。

X線

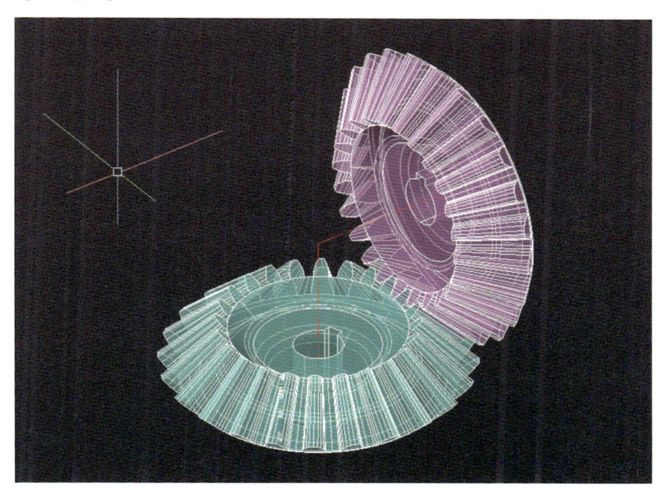

半透明になって表示されます。

円柱形の台を作る

練習ファイル 0706a.dwg　完成ファイル 0706b.dwg

基本形状を組み合わせて、けん玉のような立体を作りましょう。3Dモデリングでも、AutoCADの操作は2Dのときと大きな違いはありません。ここでは、一番下の円柱形の台を作成します。

けん玉の完成図

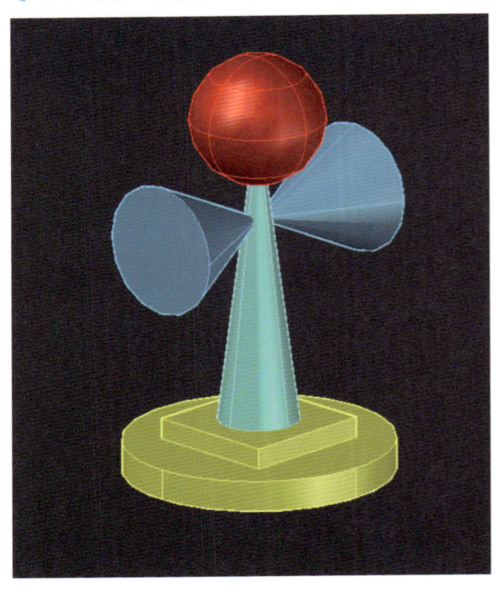

ここで作成する台

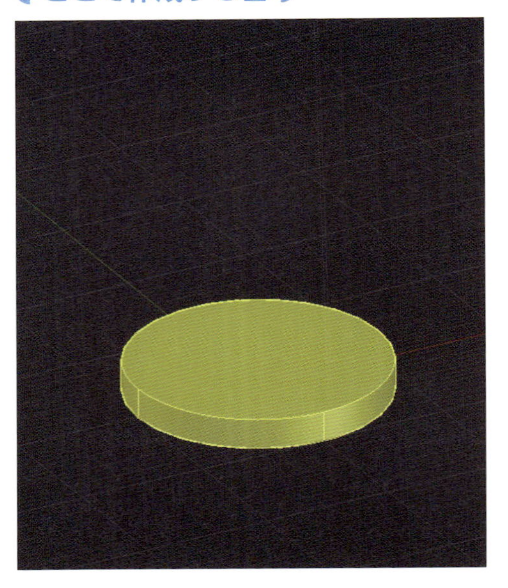

円柱の台を作成する

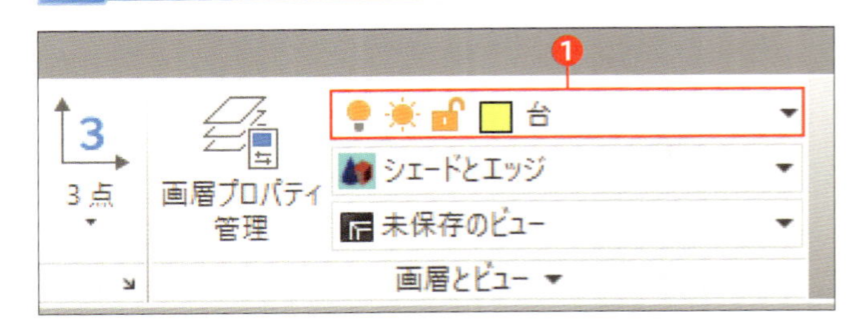

1 現在層を切り替える

現在層を「台」にします❶。

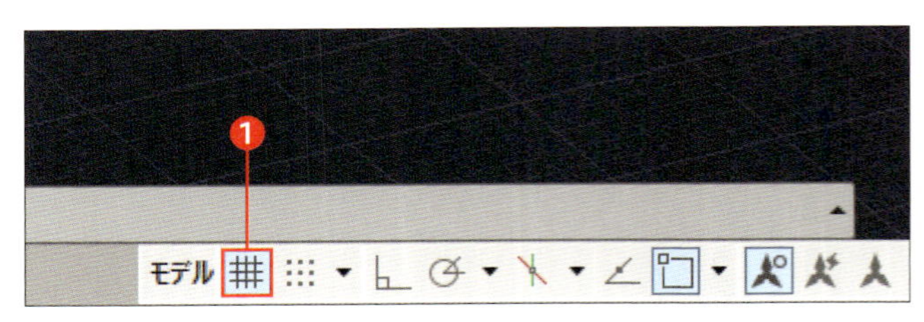

2 グリッドを表示する

グリッドをクリックして、オンにします❶。

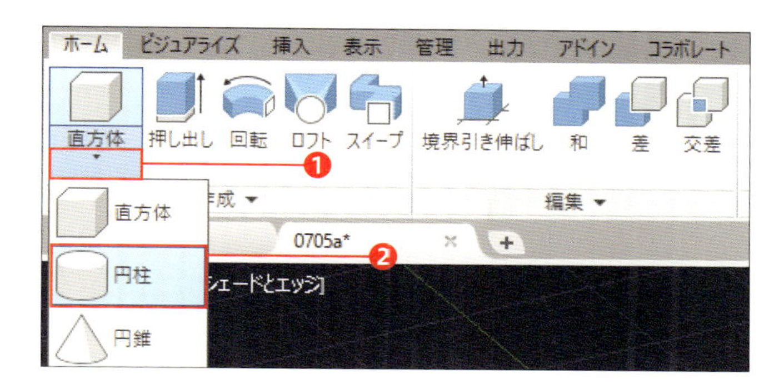

3 「円柱」コマンドを実行する

［直方体］の［▼］をクリックし❶、［円柱］をクリックします❷。

4 中心を指定する

底面の中心を指定します。「0,0」と入力して Enter キーを押します❶。

> **Check**
> 座標を指定するときは「0,0,0」のように、XYZそれぞれの座標を入力するのが正式な方法ですが、Z座標を省略するとZ=0と見なされます。

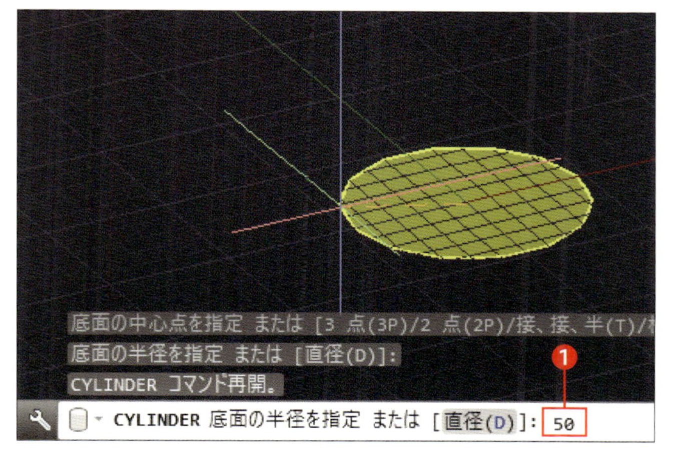

5 底面の半径を指定する

底面の半径を指定します。「50」と入力して Enter キーを押します❶。

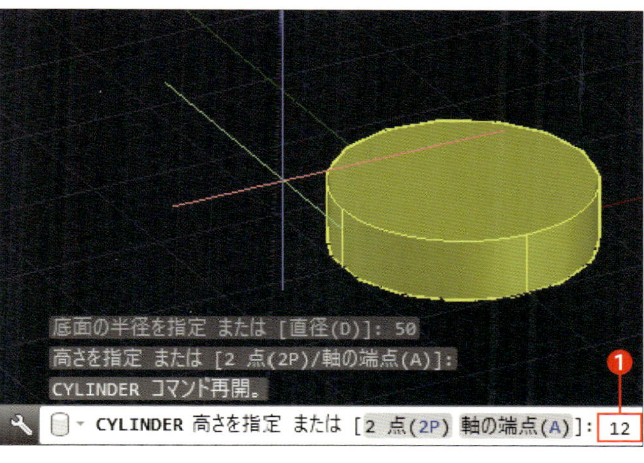

6 高さを指定する

円柱の高さを指定します。「12」と入力して Enter キーを押します❶。

直方体の台を乗せる

練習ファイル 0707a.dwg　完成ファイル 0707b.dwg

円柱の台の上に直方体の台を乗せましょう。それぞれの中心を合わせるために、円柱から離れた場所に作成し、［移動］コマンドで移動します。3Dモデリングでも、製図で使ったコマンドがそのまま使えます。

直方体の台を作成する

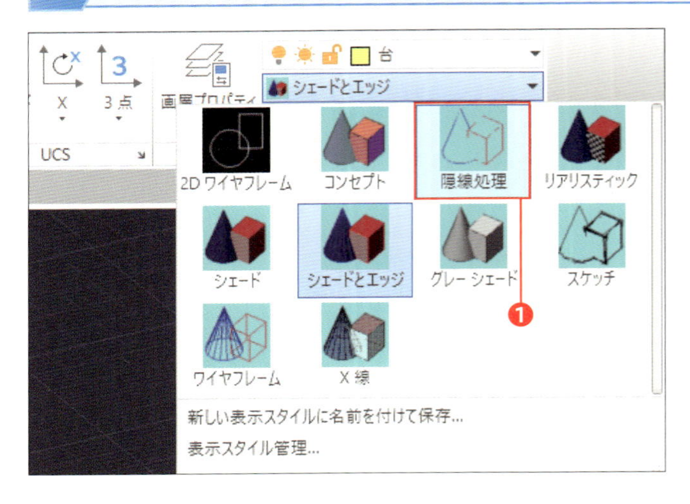

1 表示スタイルを変更する

作業中にオブジェクトスナップがよく見えるように、表示スタイルを「隠線処理」に変更します❶。

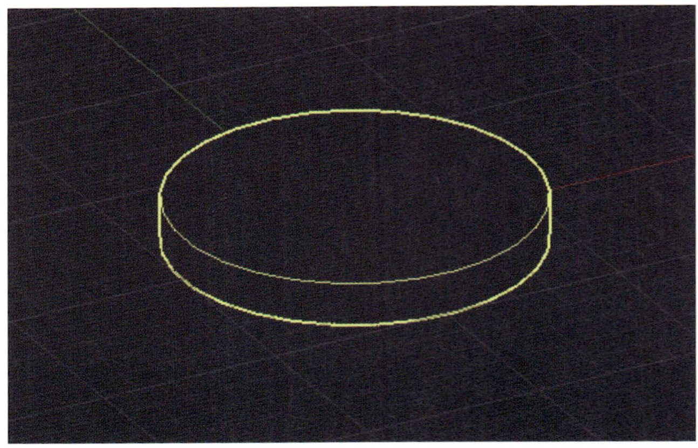

2 表示が切り替わった

面の「塗り」がなくなります。

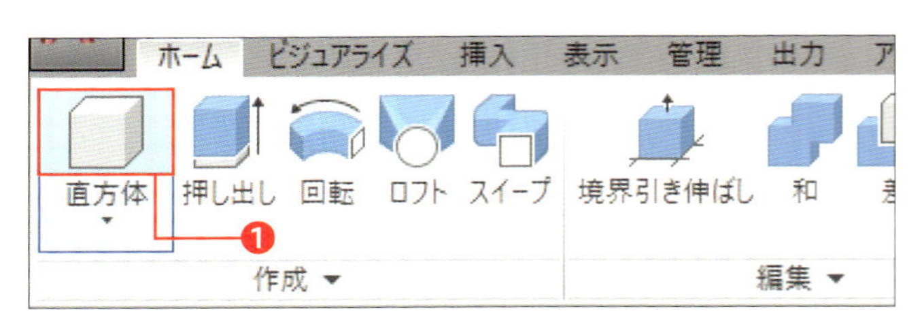

3 ［直方体］コマンドを実行する

［直方体］をクリックします❶。

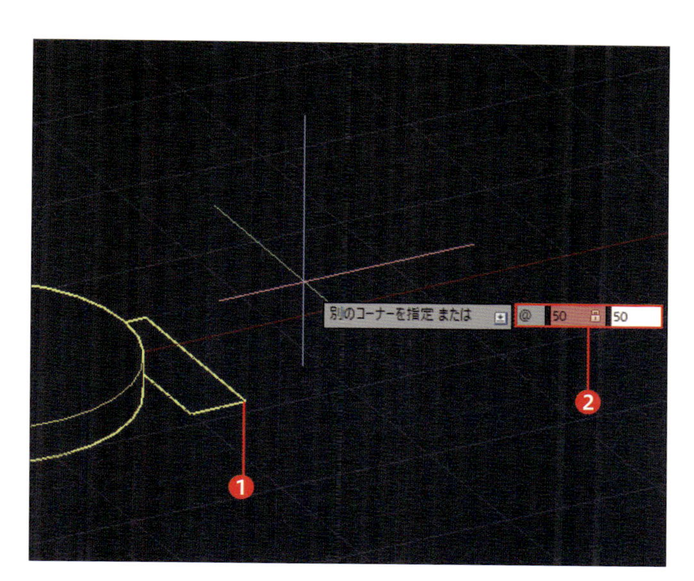

4 底面を作図する

［長方形］コマンドと同じ要領で、底面を作ります。1点目は任意の位置をクリックし❶、2点目は「@50,50」と入力して Enter キーを押します❷。

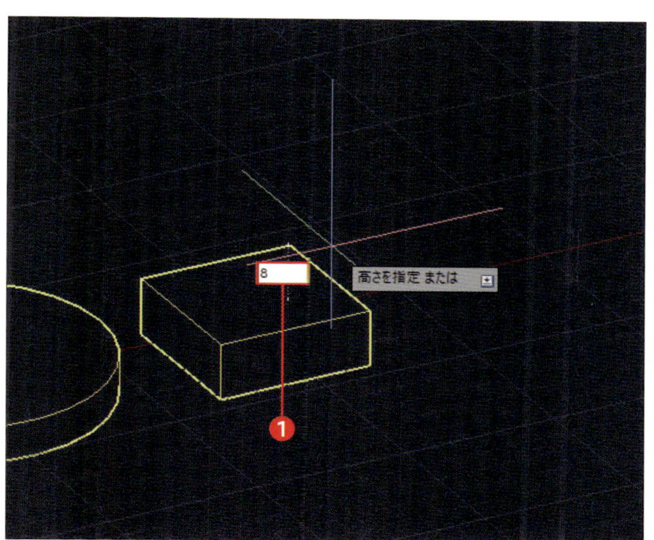

5 高さを指定する

高さを指定します。「8」と入力して、Enter キーを押します❶。

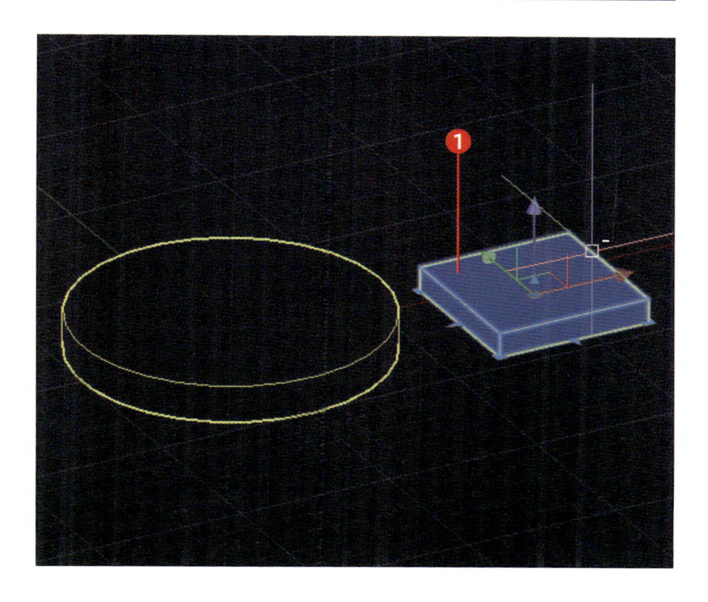

6 直方体を選択する

移動するので、直方体をクリックして選択します❶。

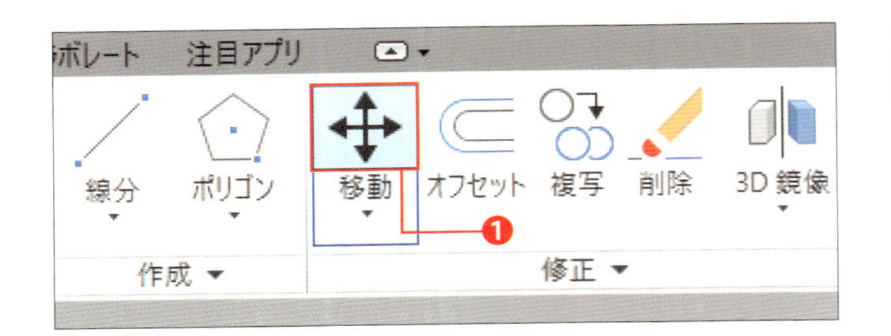

7 「移動」コマンドを実行する

［移動］をクリックします❶。

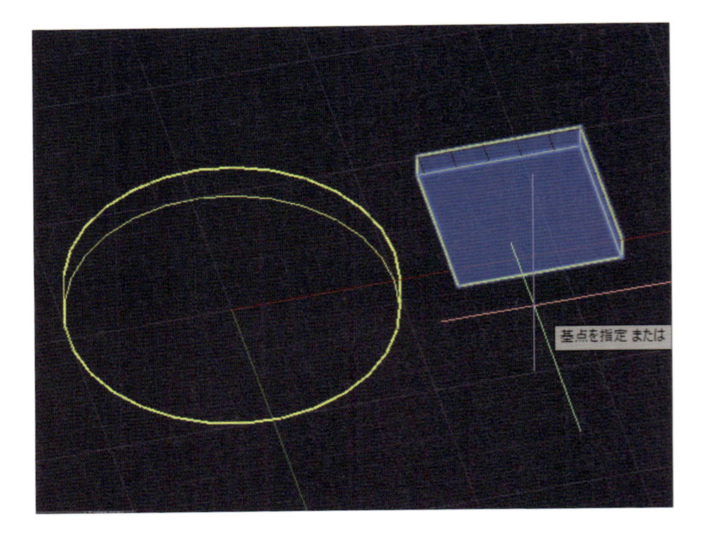

8 視点を移動する

移動の基点は底面の中心にするので、Shift キーとマウスのホイールボタンを押したままドラッグし（オービット）、下から見上げた視点にします。

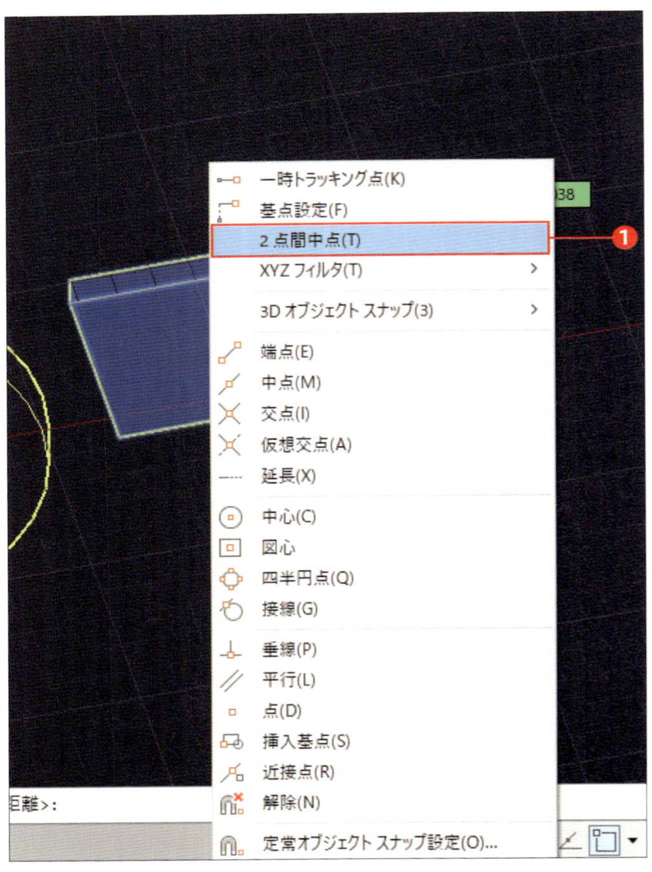

9 一時オブジェクトスナップを利用する

Shift キーを押しながら右クリックし、［2点間中点］をクリックします❶。

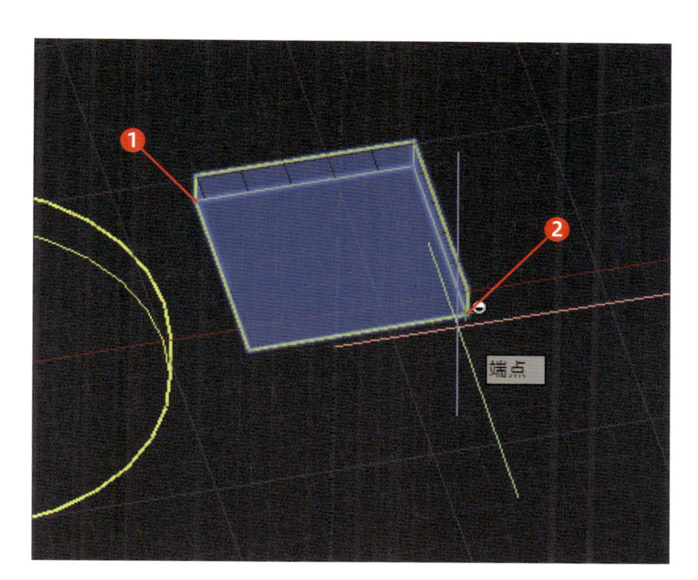

10 対角の2点を指定する

底面の対角の2点をクリックします❶❷。

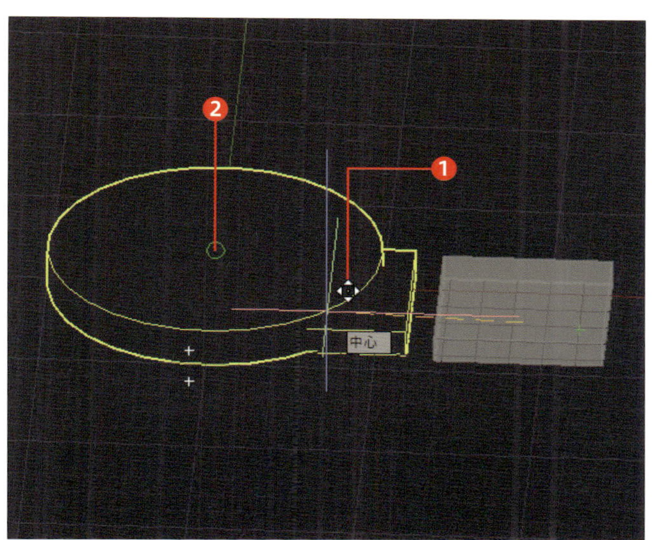

11 移動する位置を指定する

オービットで上から見下ろす視点にします。円柱の上面の円にカーソルを近づけ❶、「中心」にスナップしたらクリックします❷。

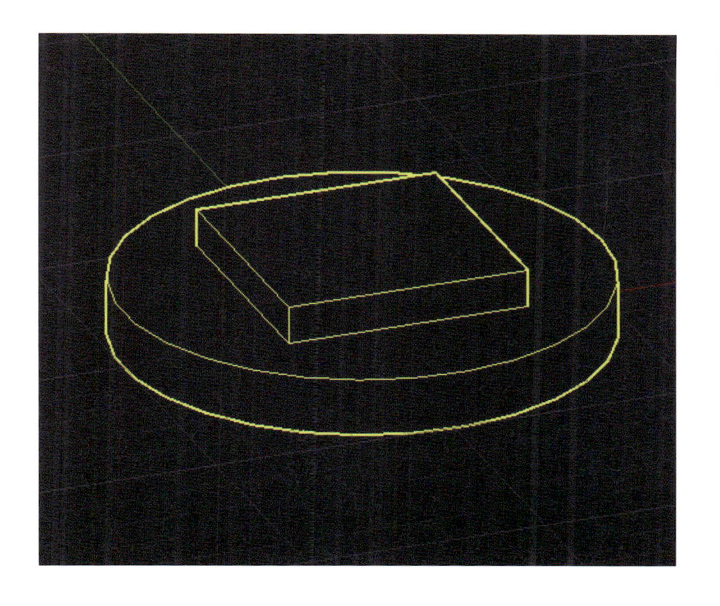

12 直方体が移動した

直方体が円柱の上に乗りました。

Section 08 台の上に軸を立てる

練習ファイル 0708a.dwg　完成ファイル 0708b.dwg

直方体の台の上に、基本図形の円錐を用いて軸を立てましょう。表示スタイルは「シェードとエッジ」にしていますが、作業しやすい表示スタイルに切り替えても問題ありません。

円錐の軸を作成する

1 現在層を切り替える

現在層を「軸」に変更します❶。

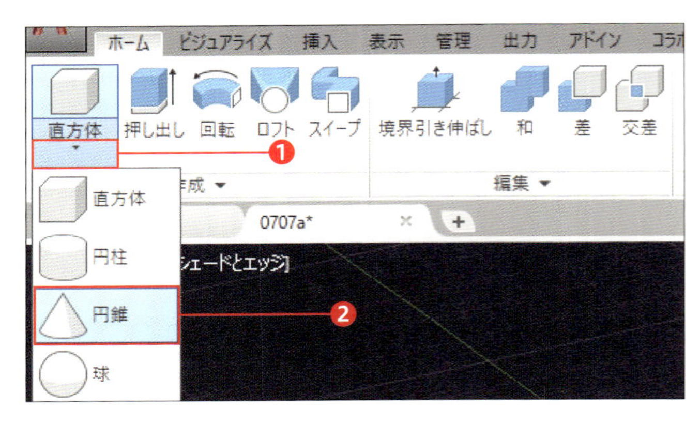

2 「円錐」コマンドを実行する

[直方体] の [▼] をクリックし❶、[円錐] をクリックします❷。

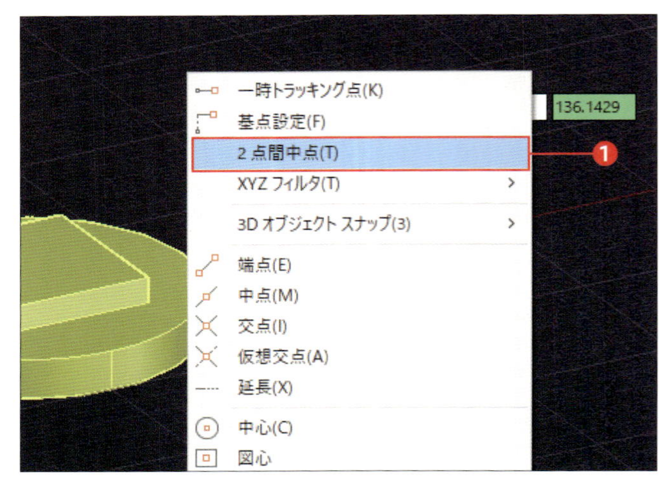

3 一時オブジェクトスナップを利用する

底面の円の中心を指定します。Shift キーを押しながら右クリックし、[2点間中点] をクリックします❶。

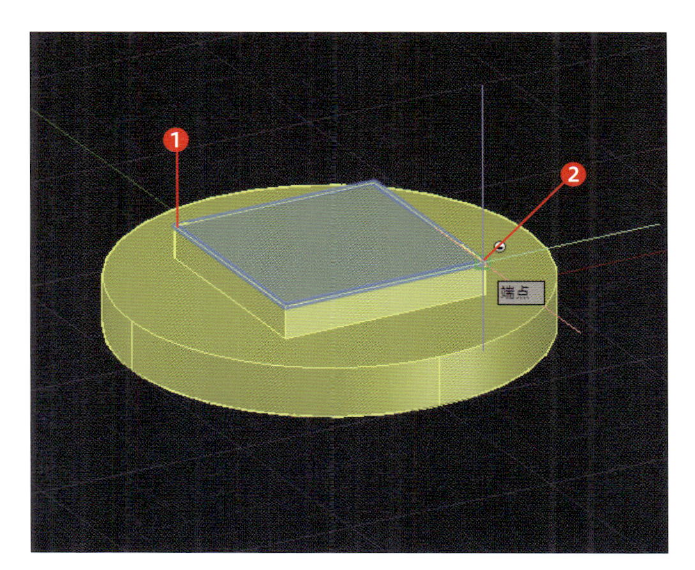

4 対角の2点を選択する

直方体上面の対角の2点をクリックします❶❷。

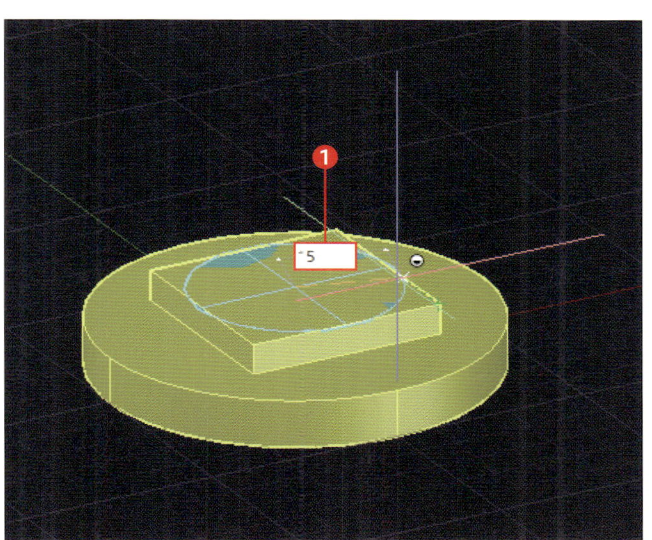

5 半径を指定する

半径を指定します。「15」と入力して、Enter キーを押します❶。

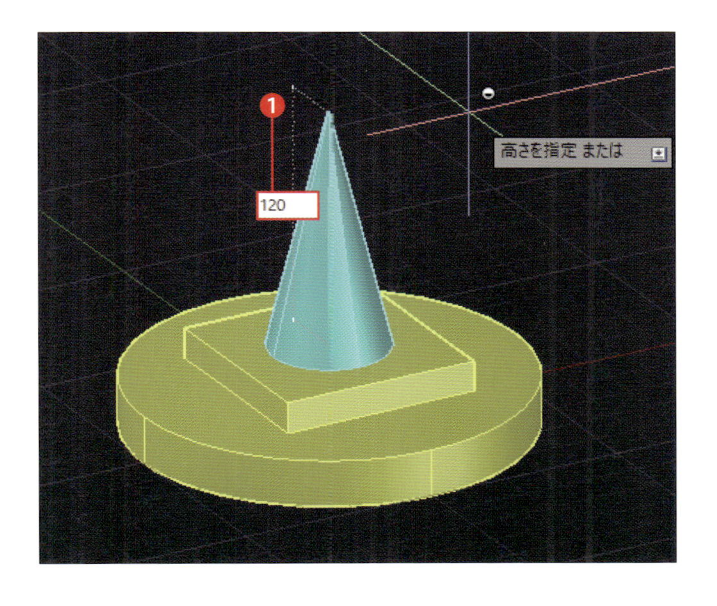

6 円柱の高さを指定する

高さを指定します。「120」と入力して、Enter キーを押します❶。

2つの円錐を軸に取り付ける

練習ファイル 0709a.dwg　完成ファイル 0709b.dwg

軸の上のほうに、横向きの円錐を取り付けましょう。普通に円錐を作ってから、回転と移動を行います。2つ目の円錐は、2Dコマンドの［鏡像］を使って複写しています。

完成図

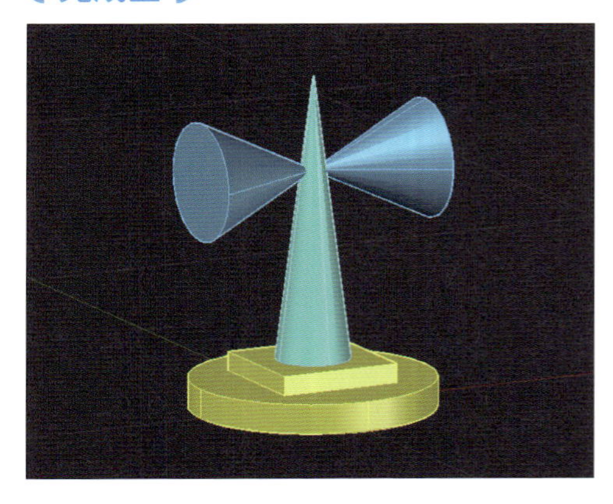

円錐を取り付ける

1 現在層を切り替える

現在層を「胴」に変更します❶。

2 「円錐」コマンドを実行する

［直方体］の［▼］をクリックし❶、［円錐］をクリックします❷。

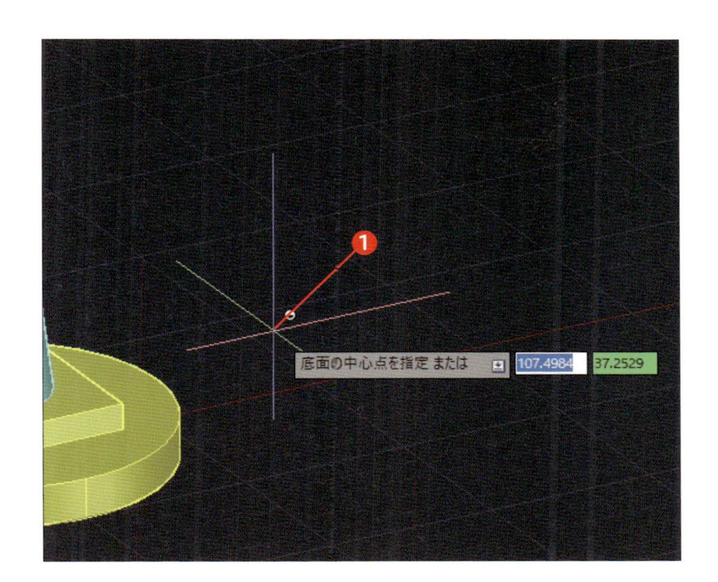

3 円の中心を指定する

底面の円の中心は、少し離れた位置をクリックします❶。

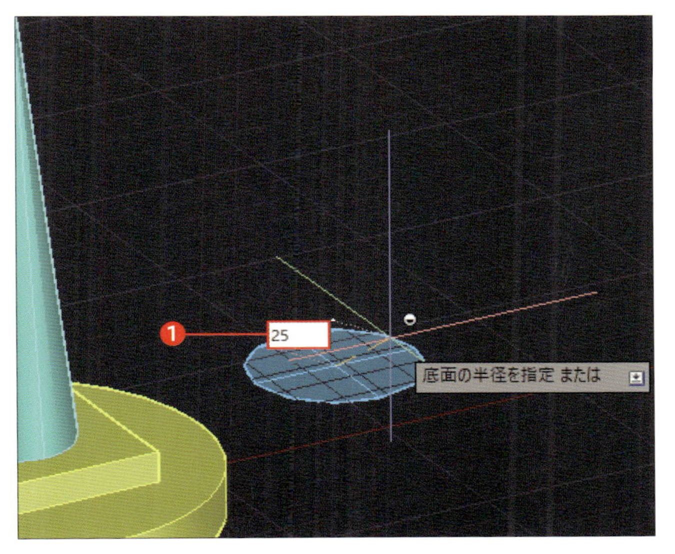

4 円錐の半径を指定する

半径を指定します。「25」と入力して Enter キーを押します❶。

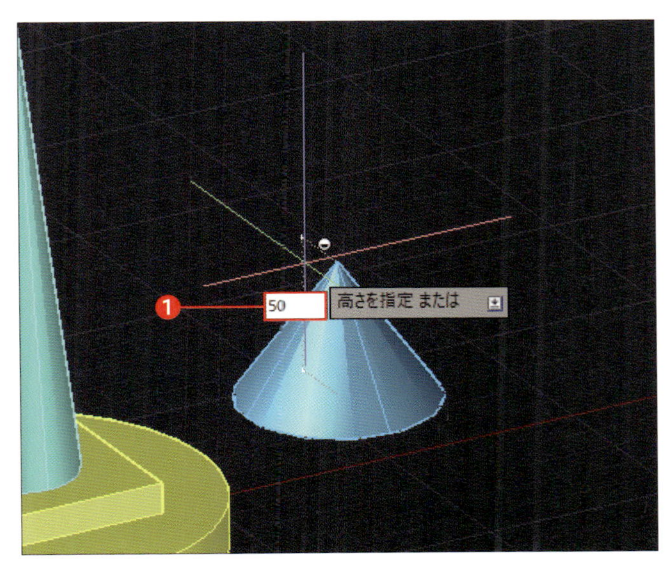

5 高さを指定する

高さを指定します。「50」と入力して、Enter キーを押します❶。

円錐を回転させる

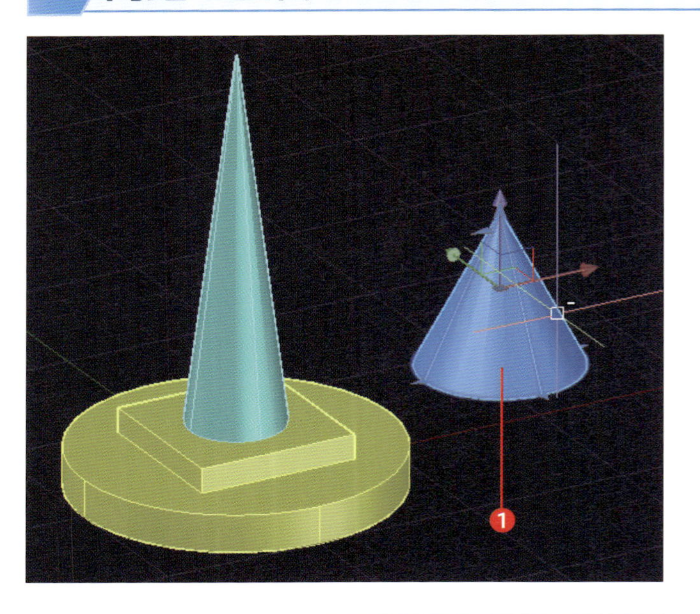

1 円錐を選択する

90度回転させましょう。今作った円錐をクリックして選択します❶。

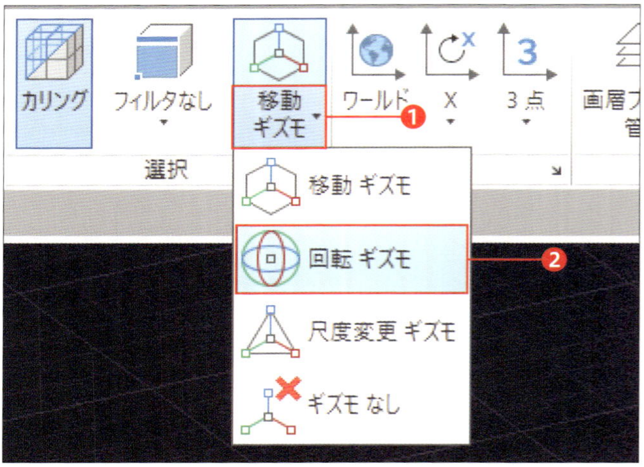

2 ギズモを「回転ギズモ」にする

［選択］パネルの［移動ギズモ▼］をクリックし❶、［回転ギズモ］をクリックします❷。

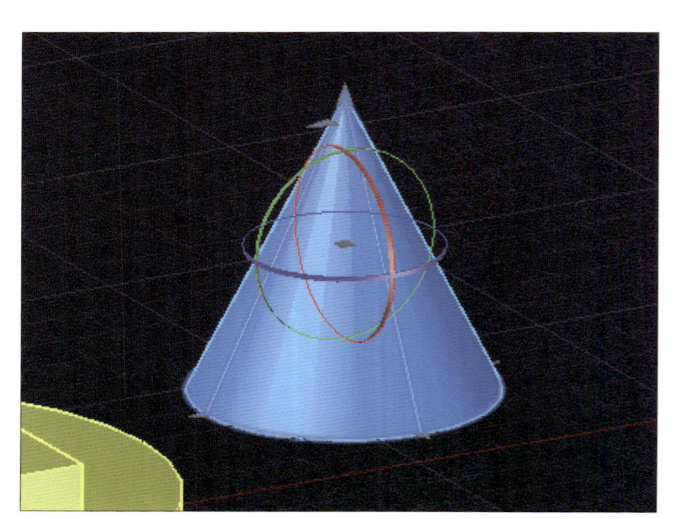

3 回転の向きが表示される

選択中の円錐に3色のリングが表示されます。このリングは、回転の向きを示しています。回転の中心は、リング中心に表示されている青い四角です。

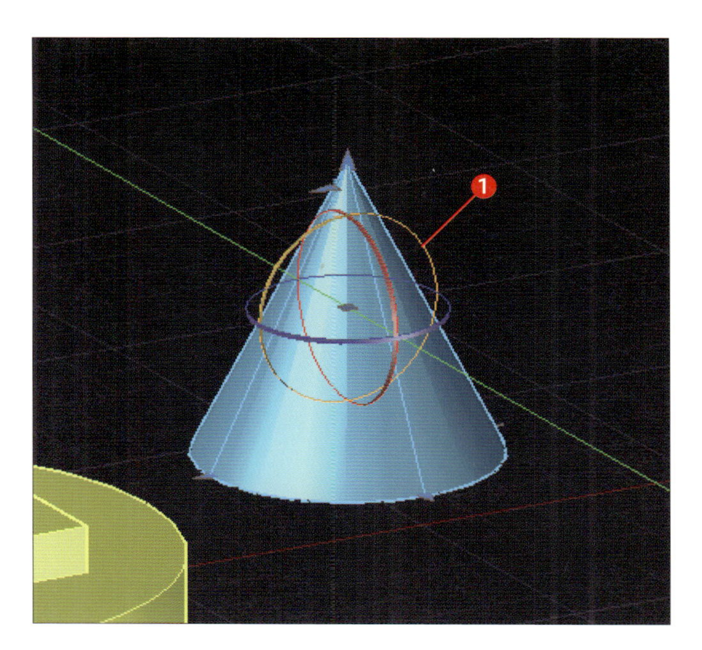

4 回転方向を指定する

緑色のリングをクリックして黄色にします❶。黄色のリングが回転方向になります。

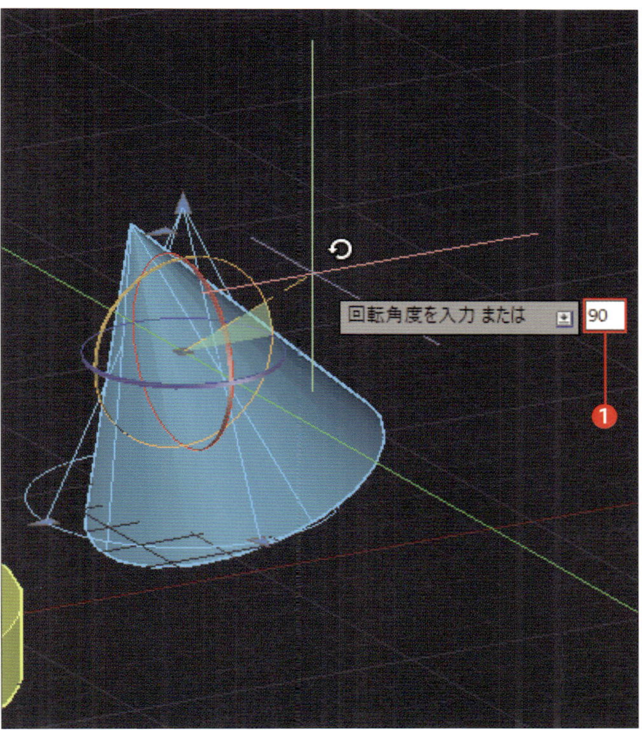

5 回転角度を指定する

回転角度を指定します。「90」と入力して、Enter キーを押します❶。

Check

回転の中心を変更する場合は、リングをクリックして黄色にする前に、青いグリップをクリックして移動します。

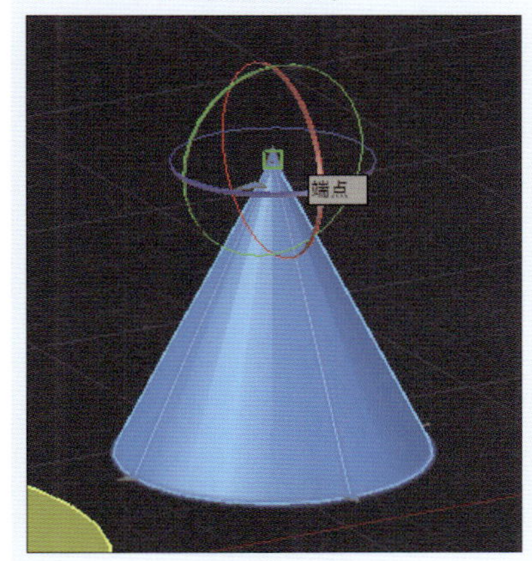

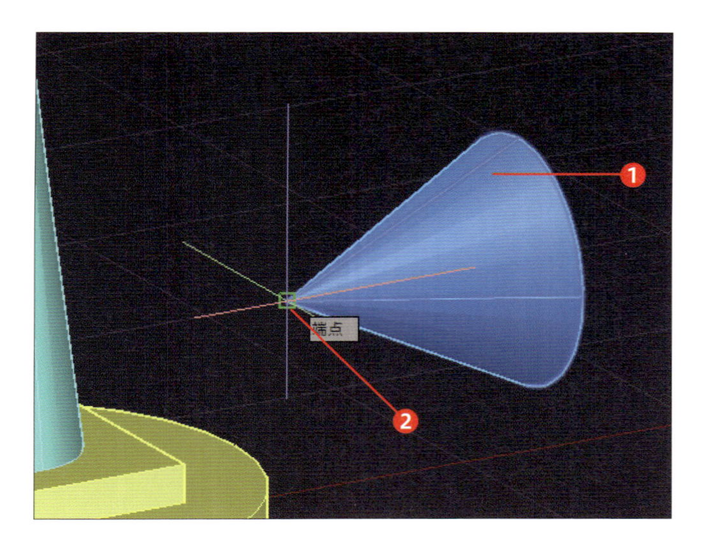

6 円錐を移動する

選択を解除している場合は、もう一度円錐を選択します❶。［移動］コマンドを実行します。基点は円錐の頂点にします❷。

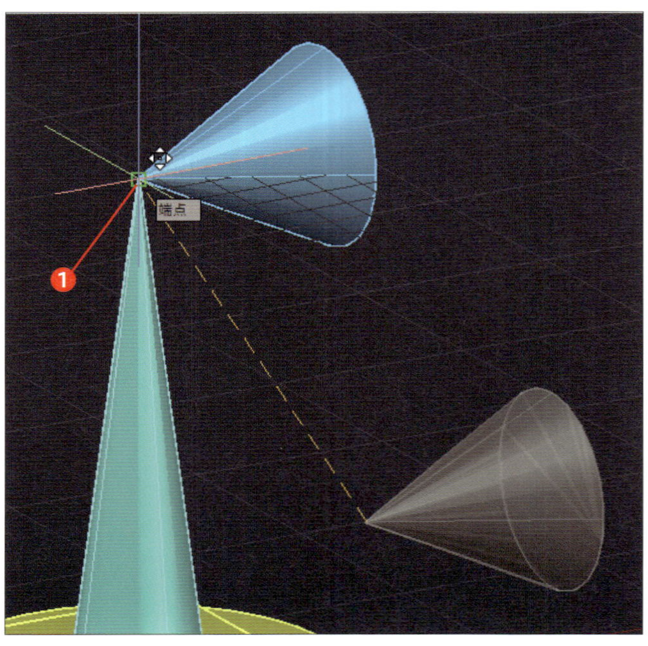

7 移動先を指定する

移動先は、軸の頂点をクリックします❶。

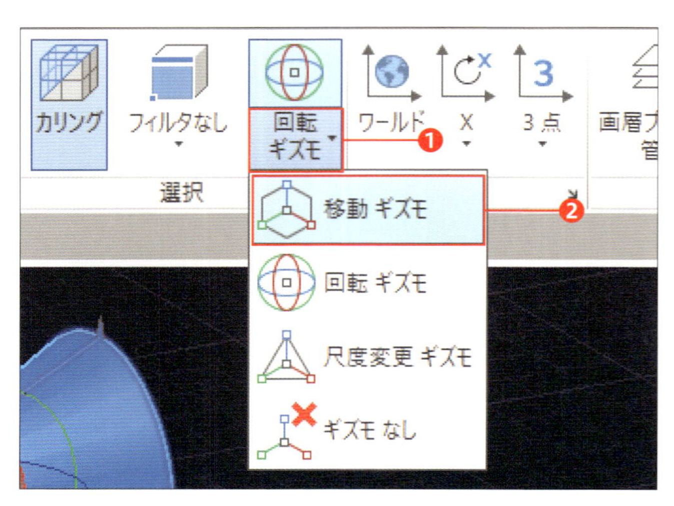

8 ギズモを「移動ギズモ」にする

円錐を選択します。［回転ギズモ▼］をクリックし❶、［移動ギズモ］に変更します❷。

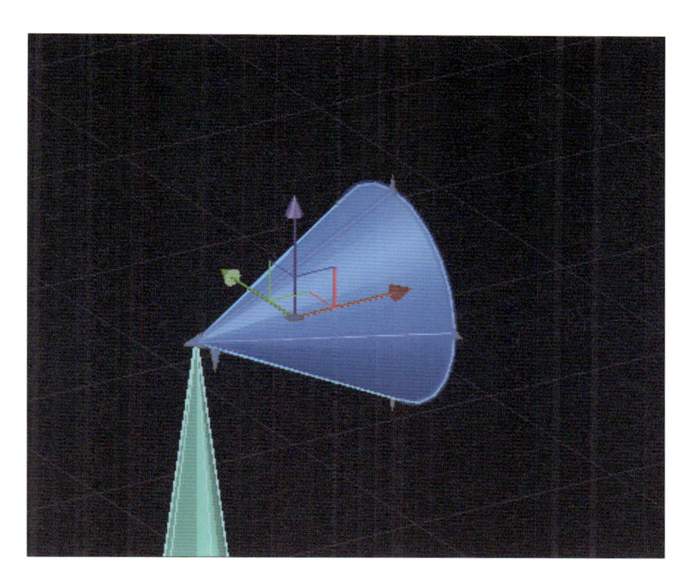

9 矢印が表示される

リングが3色の矢印に変わります。矢印は、移動方向を示しています。

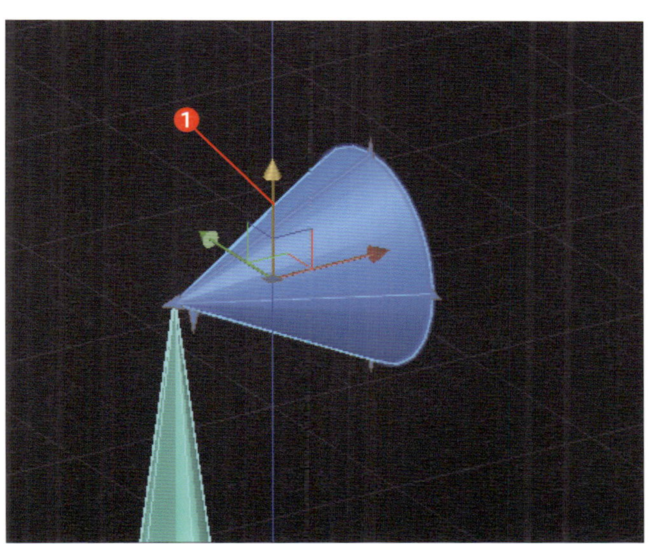

10 移動方向を指定する

青い矢印をクリックして、黄色にします❶。移動方向がY軸方向に固定されます。

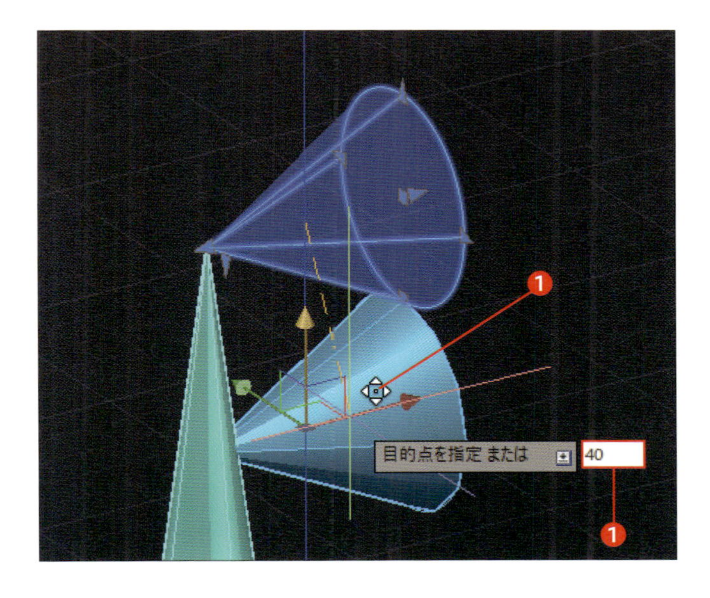

11 移動距離を指定する

カーソルを下へ動かし❶、「40」と入力して Enter キーを押します❷。

Check

移動でなく複写する場合は、距離を入力する前にコマンドラインの［複写］をクリックし、複写モードにします。

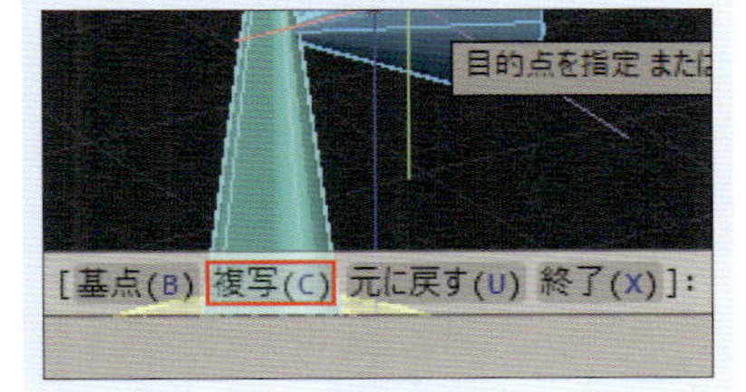

円錐を鏡像コピーする

1 「鏡像」コマンドを実行する

円錐を鏡像コピーしましょう。選択を解除している場合は、もう一度円錐を選択します。［修正］パネルの［鏡像］をクリックします❶。

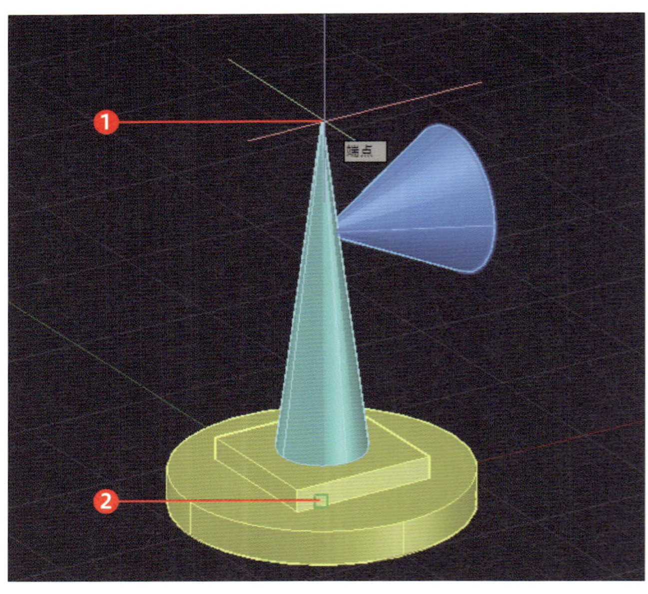

2 軸を設定する

鏡を置く2点を指示します。1点目は軸の頂点をクリックします❶。［鏡像］コマンドは2Dコマンドなので、頂点からXY平面に下した点にスナップしています❷。

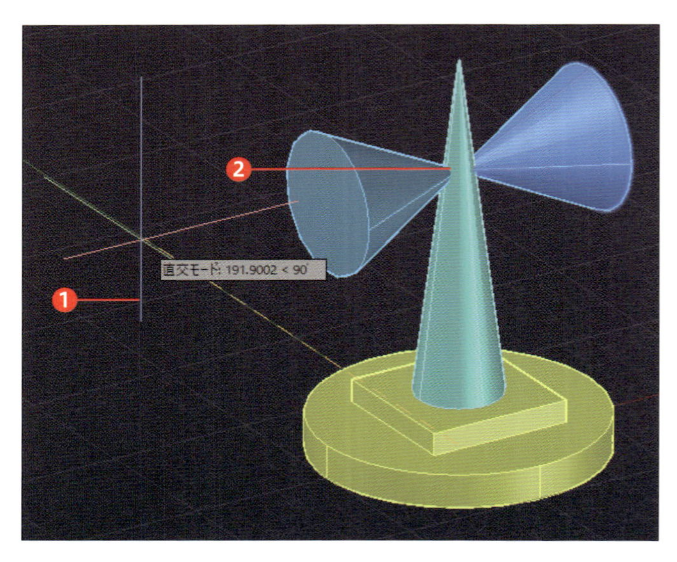

3 コピーする方向を指定する

直交モードをオンにします。カーソルをY軸方向に動かし❶、結果を確認しながら適当な位置をクリックします❷。

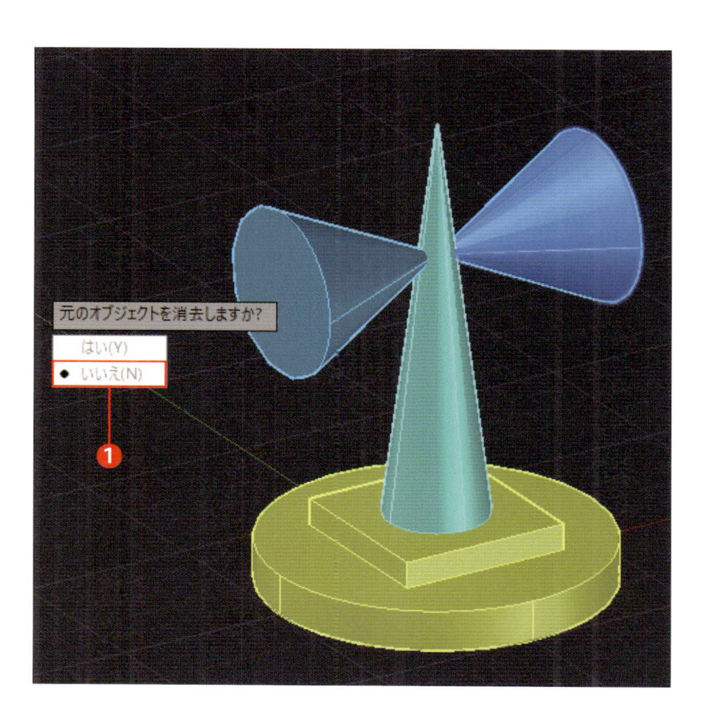

4 図形を消去するか指定する

元の図形を消去するか聞かれます。デフォルトが「いいえ」なので、そのまま Enter キーを押して確定します❶。

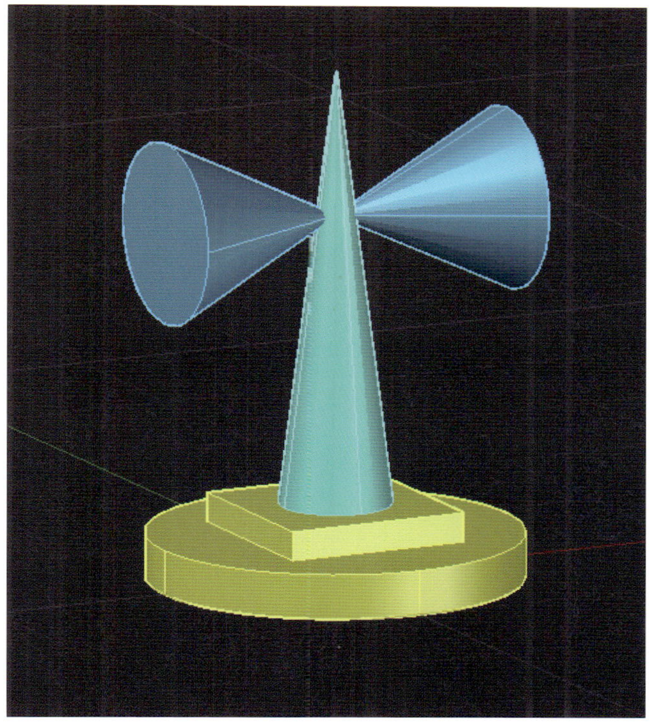

5 鏡像コピーされた

同じ位置に複写できました。

3D鏡像

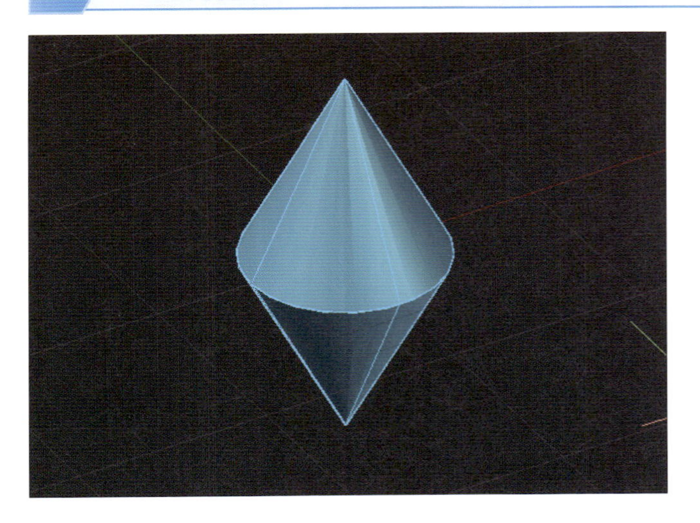

水面に映ったような、逆さまな鏡像は［3D鏡像］コマンドを使います。

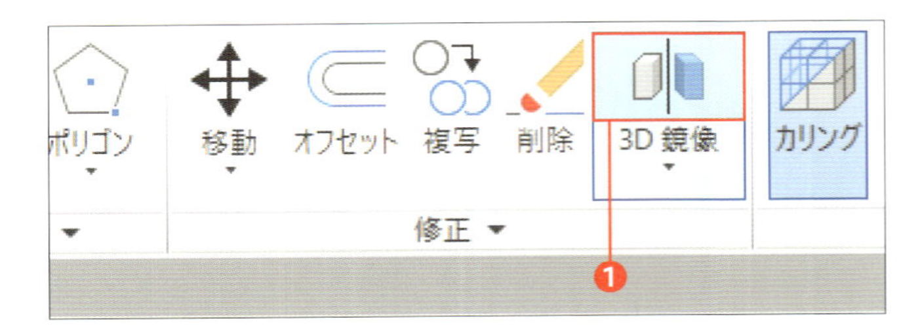

1 ［3D鏡像］をクリックします❶。

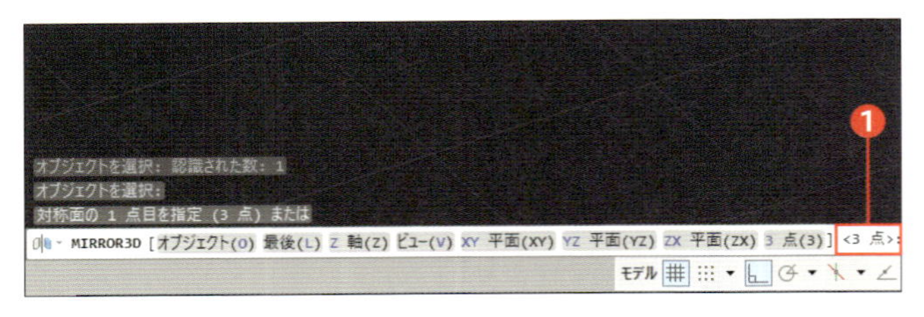

2 鏡の位置を指定しますが、［3点］が使いやすいでしょう。この例のように、デフォルトが<3点>になっていれば、Enter キーだけを押します❶

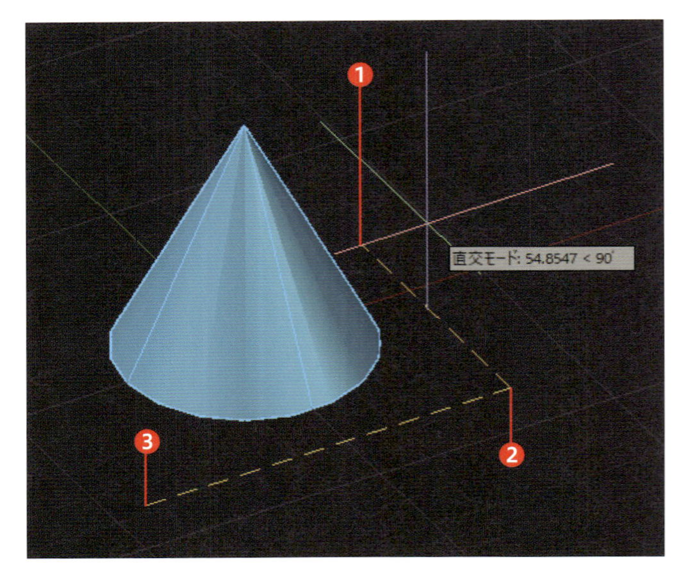

3 3点が乗っている平面は1つしかないので、3点を指定すれば鏡の面が決定されます。ここでは、XY平面の任意の3か所をクリックしています❶❷❸。

Section 10 先端に球を取り付ける

練習ファイル 0710a.dwg　完成ファイル 0710b.dwg

軸の先端に球を取り付けましょう。球も基本図形としてコマンドがあります。[円]コマンドと同じく、中心と半径を指定するのが作り方の基本です。

完成図

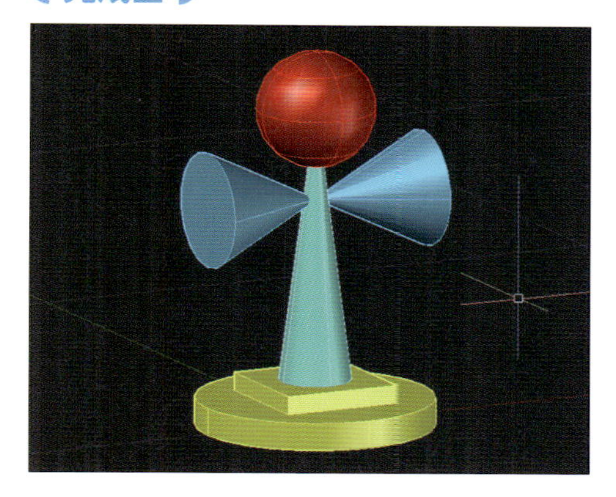

球を作成する

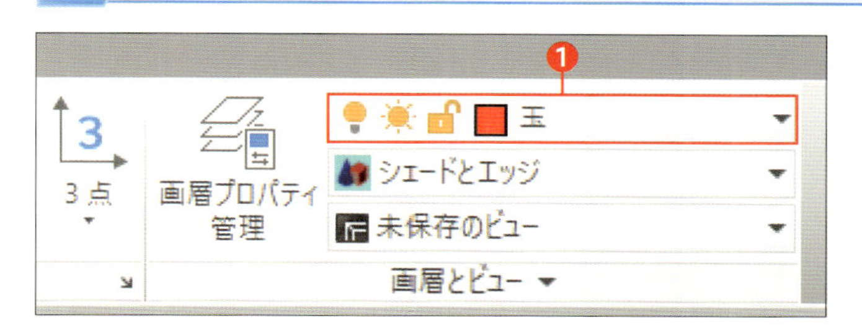

1 現在層を切り替える

現在層を「玉」に変更します❶。

2 「球」コマンドを実行する

[直方体] の [▼] をクリックし❶、[球] をクリックします❷。

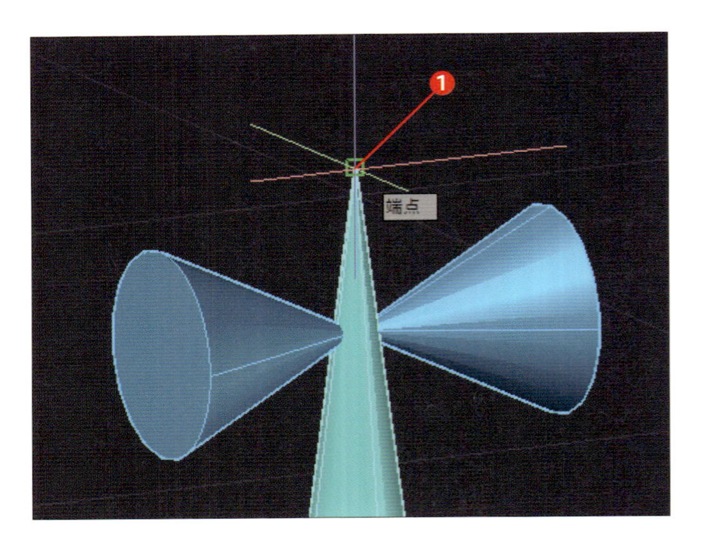

3 中心を指定する

球の中心は、軸の先端にスナップさせてクリックします❶。

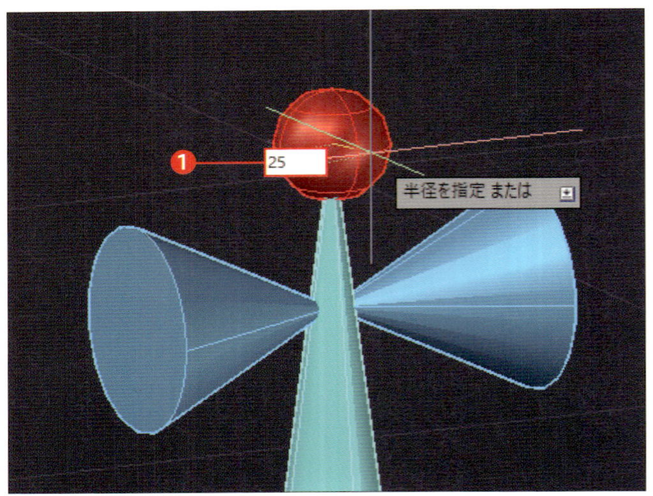

4 半径を指定する

半径を指定します。「25」と入力して、Enter キーを押します❶。

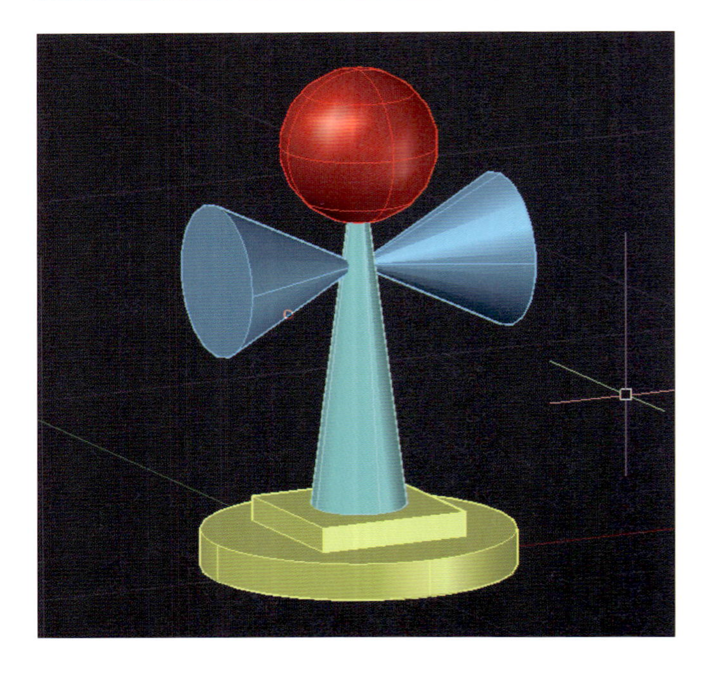

5 立体図が完成した

基本形状だけで作った立体図形のでき上がりです。

第8章

丸椅子をモデリングする

画層を設定する

練習ファイル 0801a.dwg　完成ファイル 0801b.dwg

第5章で作図した丸椅子を3Dモデリングしましょう。ここでは、3Dモデル用の画層を作ります。

完成図

3D用の画層を作成する

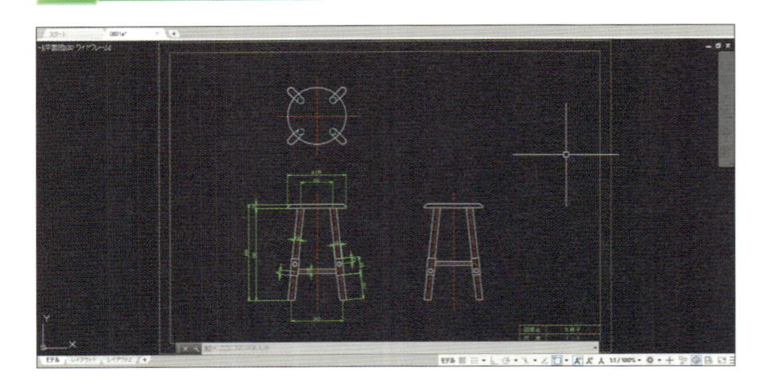

1 ファイルを開く

練習用ファイルを開きます。丸椅子の図面が作成されています。この図面を3Dモデリングで利用しましょう。

2 「画層プロパティ管理」を開く

［画層プロパティ管理］をクリックします❶。

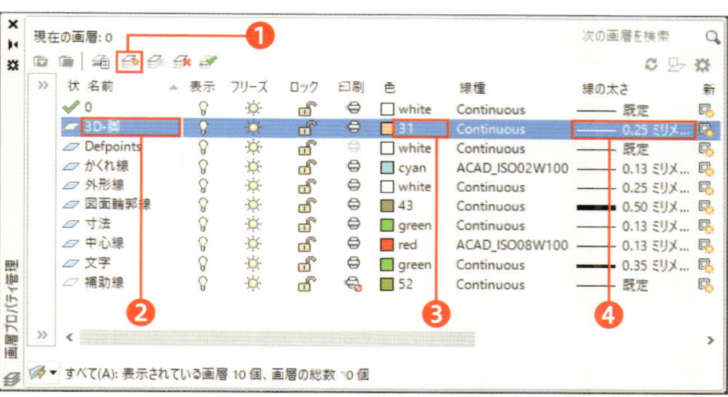

3 画層を新規作成する

［新規作成］をクリックし❶、「3D-脚」という名前の画層を作ります❷。色は「31」にしていますが❸、好みの色を設定しましょう。線の太さは「0.25mm」にします❹。

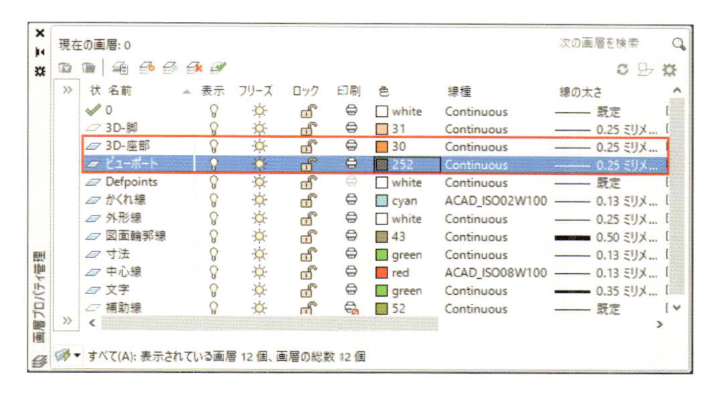

4 他の画層も作成する

同様にして、以下の2つの画層を作ります。

画層名	色	線種	線の太さ
3D-座部	30	Continuous	0.25 mm
ビューポート	252	Continuous	0.25 mm

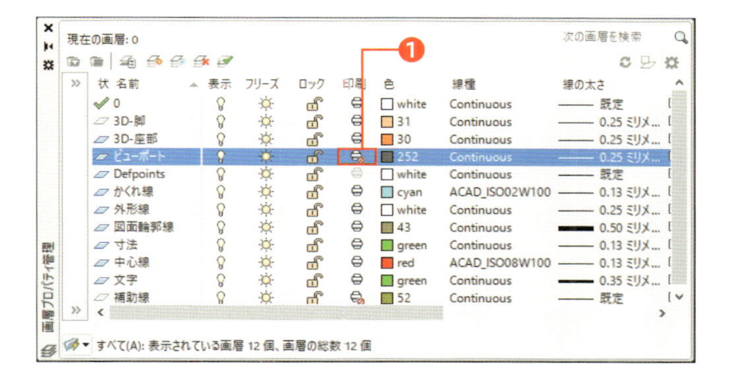

5 「ビューポート」画層を印刷不可にする

「ビューポート」画層のプリンターのアイコンをクリックします❶。進入禁止のようなアイコンが付き、表示していても印刷されない画層になります。

脚のジョイント部を作る

練習ファイル 0802a.dwg　完成ファイル 0802b.dwg

脚は1つだけモデリングして、残りは複写しましょう。ここでは平面図を利用して、ジョイント部のみをモデリングします。

完成図

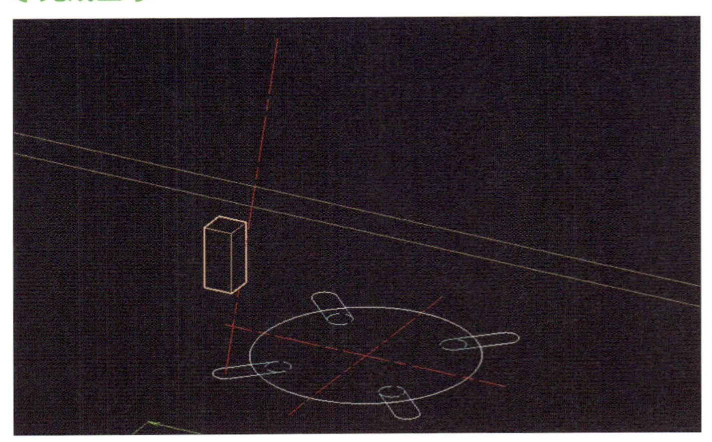

中心線を描く

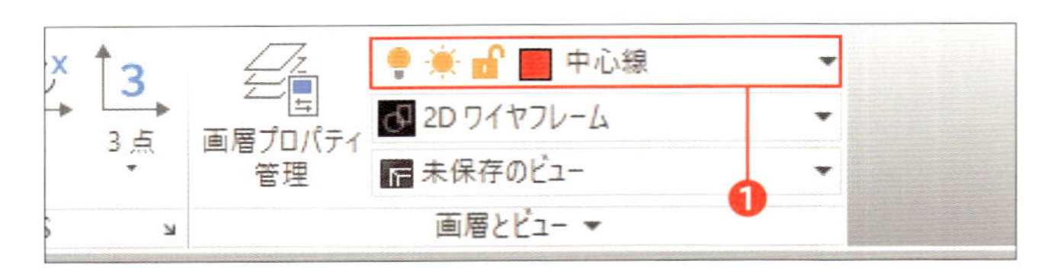

1 現在層を切り替える

「中心線」画層を現在層にします❶。

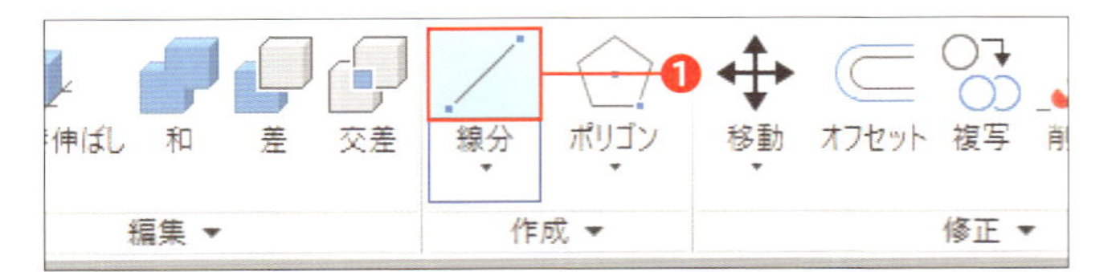

2 「線分」コマンドを実行する

［線分］コマンドを実行します❶。

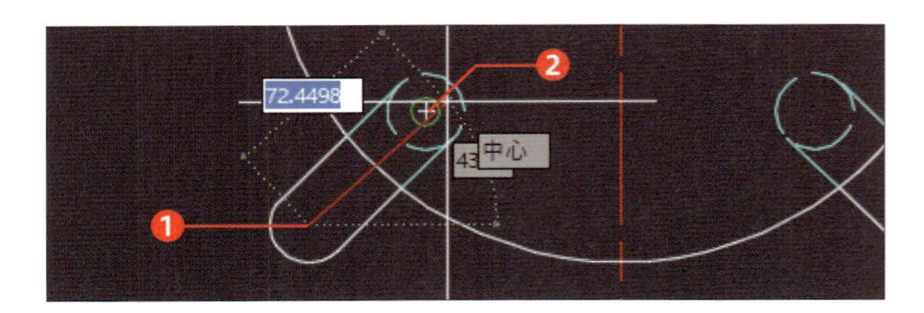

3 円の中心を結ぶ線を引く

左下の脚の２つの円の中心と中心を結びます❶❷。

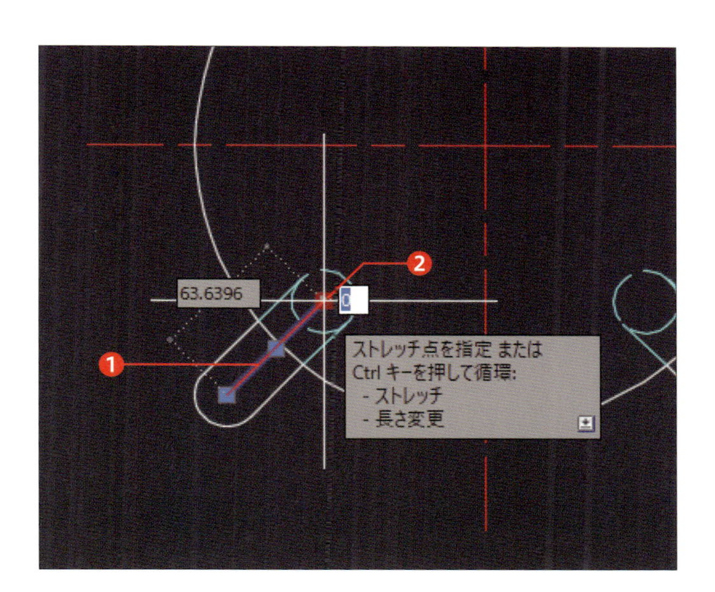

4 中心線を選択する

脚の中心線を選択し❶、右上のグリップをクリックします❷。

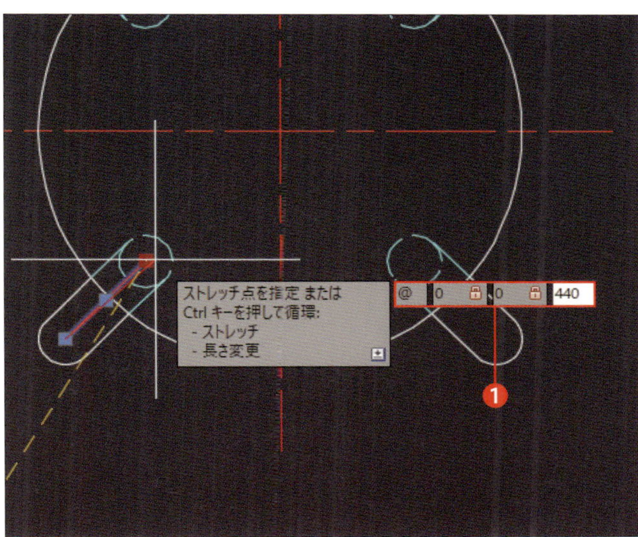

5 中心線を移動する

赤くなったグリップを上へ移動しましょう。「@0,0,440」と入力し、Enter キーを押します❶。

Check

XY平面に直交するZ座標も指定するときは、このように3つの座標値をカンマで区切って入力します。

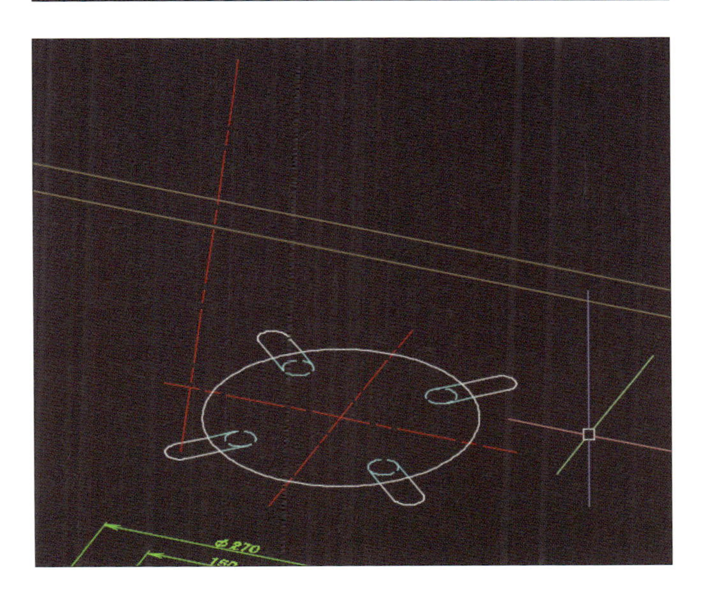

6 立体表示で確認する

選択を解除し、視点を立体表示にして確認しましょう。片方の端点だけ、高さが変わりました。

ジョイント部をモデリングする

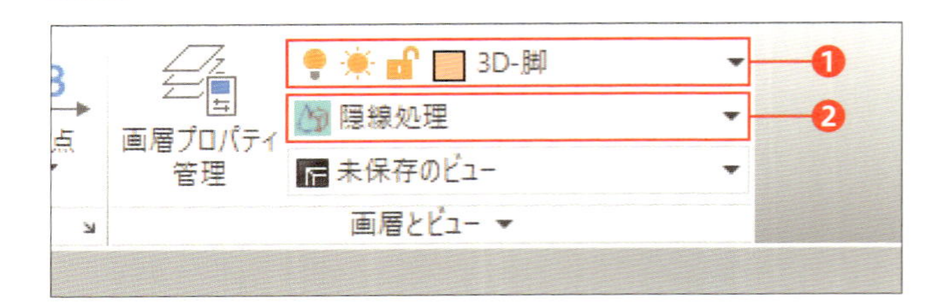

1 現在層と表示スタイルを変更する

現在層を「3D-脚」に❶、表示スタイルを「隠線処理」にします❷。

2 「ポリゴン」コマンドを実行する

［ポリゴン］コマンドを実行します❶。エッジの数は「4」と入力します。

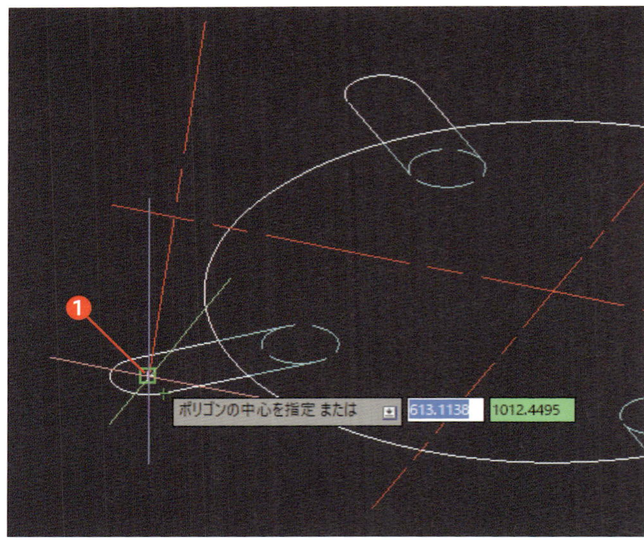

3 ポリゴンの中心を指定する

ポリゴンの中心は、脚中心線の下端をクリックします❶。

4 オプションを指定する

［外接］をクリックします❶。

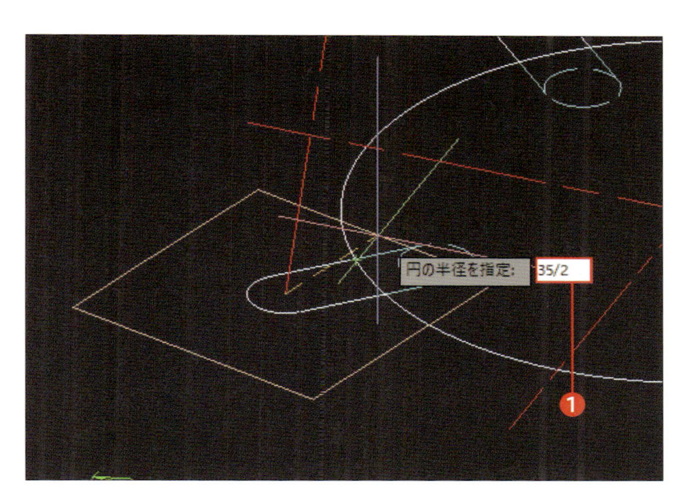

5 半径を指定する

半径は「35/2」と入力します❶。［外接］を選んでいるので、ここで入力する数字は、辺の長さの半分になります。

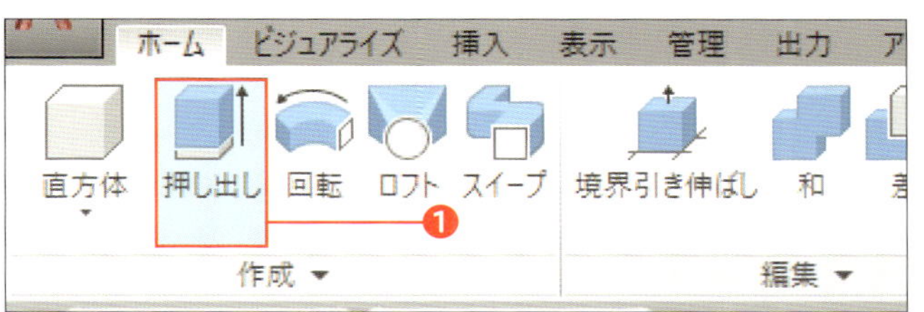

6 「押し出し」コマンドを実行する

［押し出し］をクリックします❶。

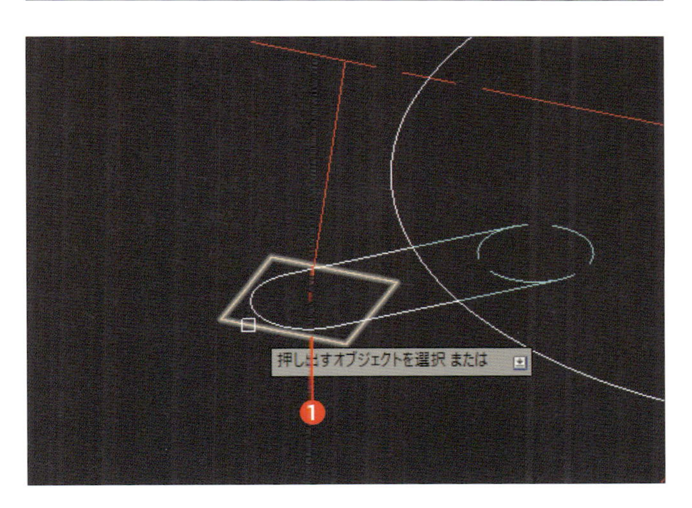

7 ポリゴンを選択する

作図したポリゴンをクリックし、Enter キーを押します❶。

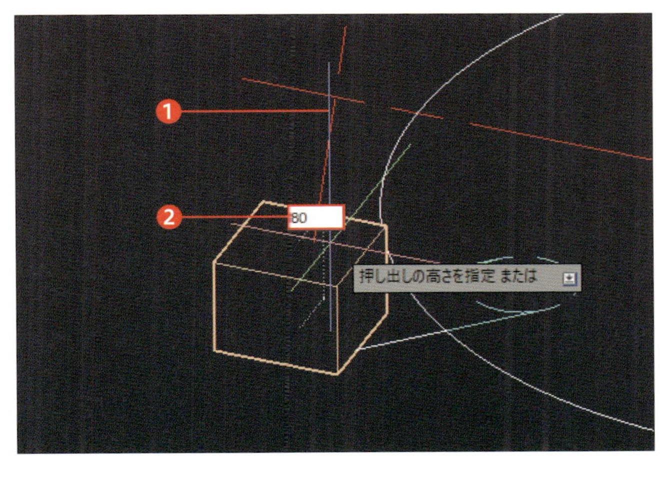

8 ポリゴンを押し出す

カーソルを上へ動かします❶。「80」と入力し、Enter キーを押します❷。

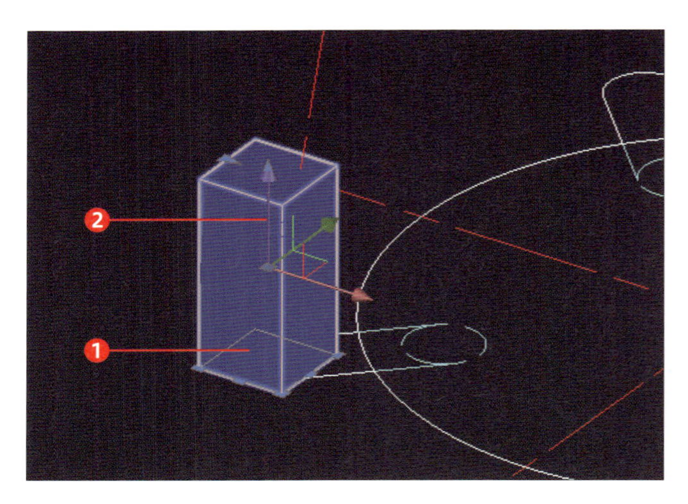

9 直方体を選択する

押し出した直方体を選択します❶。移動ギズモが表示されたら、青い矢印をクリックします❷。

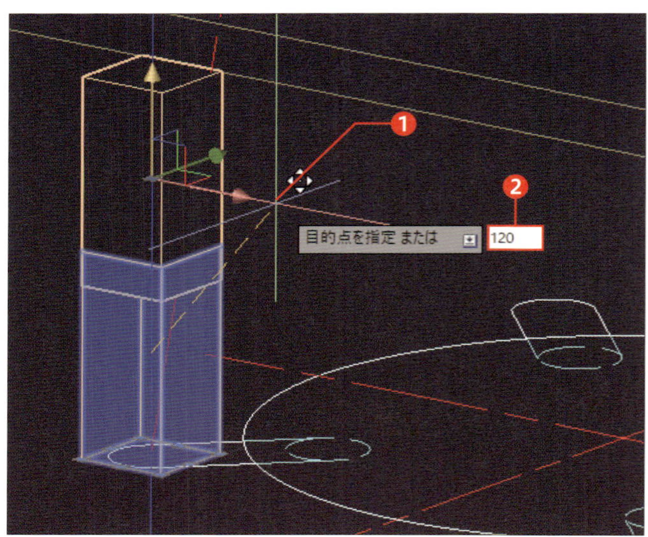

10 直方体を移動する

青い矢印が黄色になるので、カーソルを上へ動かし❶、移動距離「120」と入力します❷。

Check

ギズモが黄色になっていることを確認しましょう。グリップをクリックしていると、ギズモが非表示になるので、そのときはやり直します。

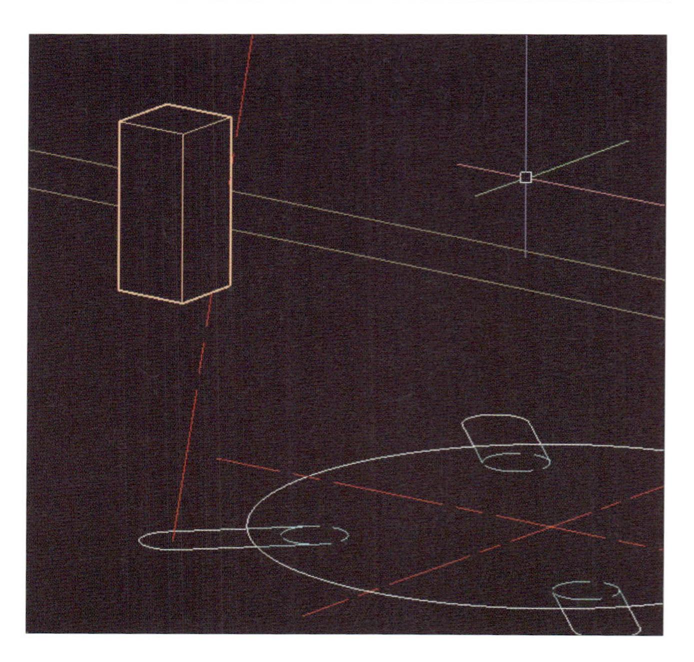

11 選択を解除する

Esc キーを押して、選択を解除します。

Section 03

脚を作る

練習ファイル 0803a.dwg　完成ファイル 0803b.dwg

垂直方向に円柱形の脚を作り、ジョイントと一緒に、脚の中心線に沿うように回転させましょう。
また、脚の上下端部は、座部や床面に合わせるために、水平に切りそろえます。

完成図

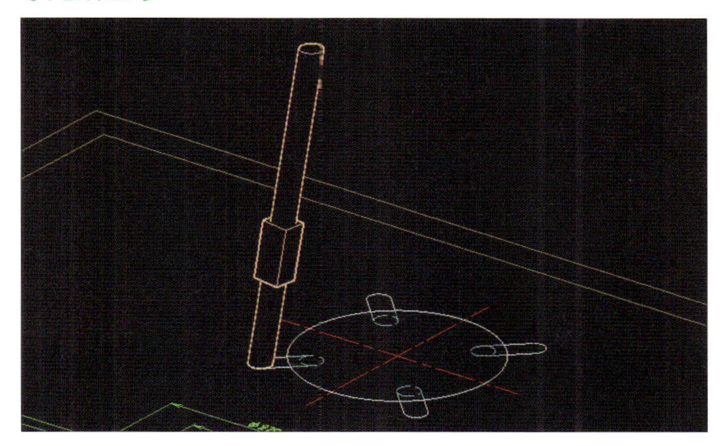

脚を作成する

1 「円柱」コマンドを実行する

[円柱] コマンドを実行します❶。

2 円の中心と半径を指定する

円の中心は、脚中心線の下端をクリックします❶。半径は「15」と入力します❷。

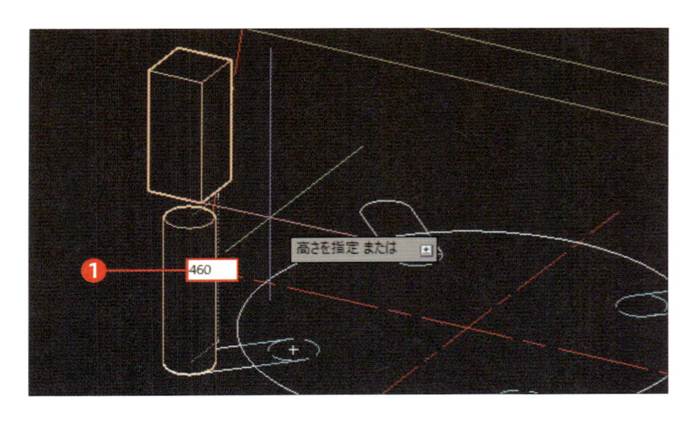

3 高さを指定する

高さは「460」と入力します❶。

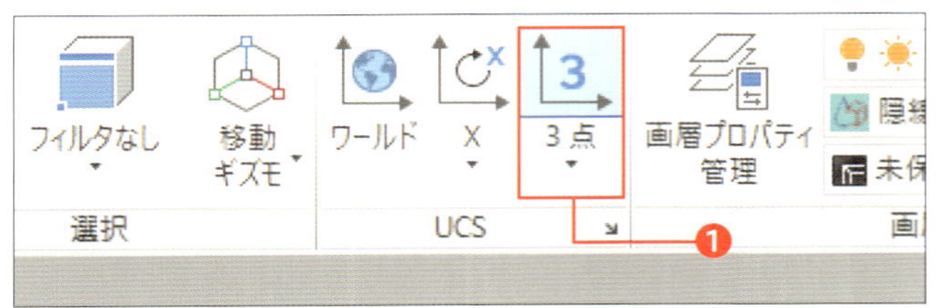

4 軸を移動する

脚を回転させるために、回転軸と座標軸を一致させます。[UCS] パネルの [3点] をクリックします❶。

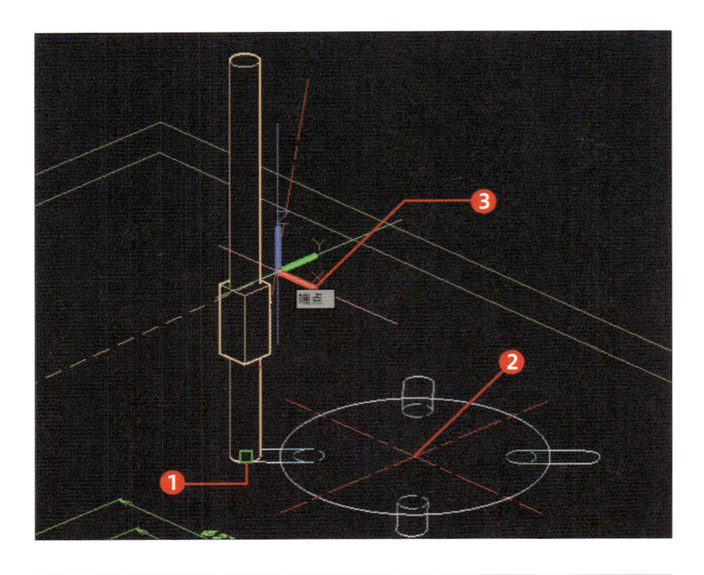

5 座標を指定する

図の順番で、3つの点をクリックします❶❷❸。1点目は軸中心線の下の端点を選びたいので、図のように中心線の真ん中より少し下にカーソルを近づけ、端点のマーカーが出たらクリックします。

Check

最初の2点の方向がX軸になり、3つの点が含まれる平面をXY平面とする座標系が設定されます。

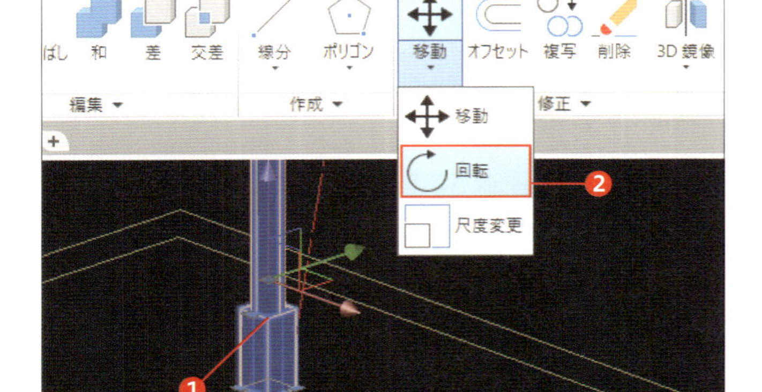

6 「回転」コマンドを実行する

脚とジョイントを選択し❶、[回転] コマンドを実行します❷。

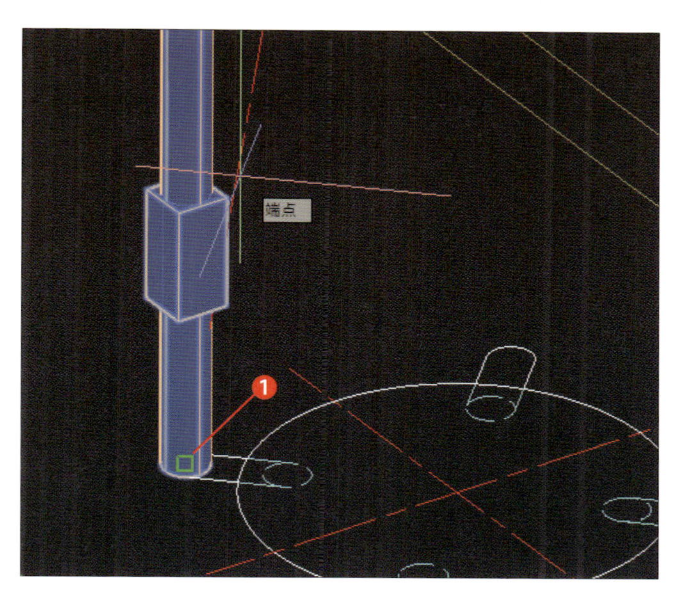

7 基点を指定する

基点は、座標系を設定したときに1点目にした点と同じ点にします❶。

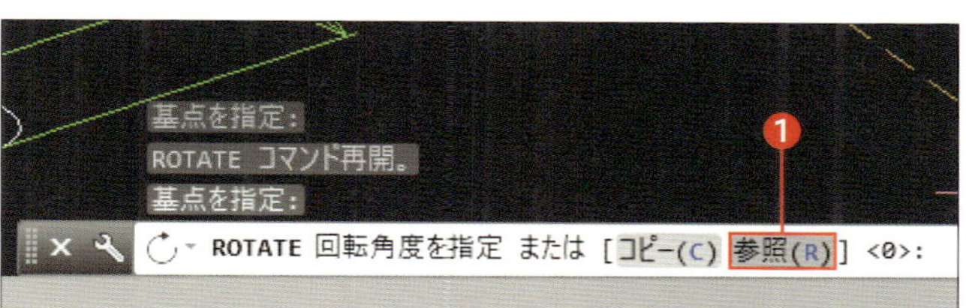

8 オプションを指定する

［参照］をクリックします❶。

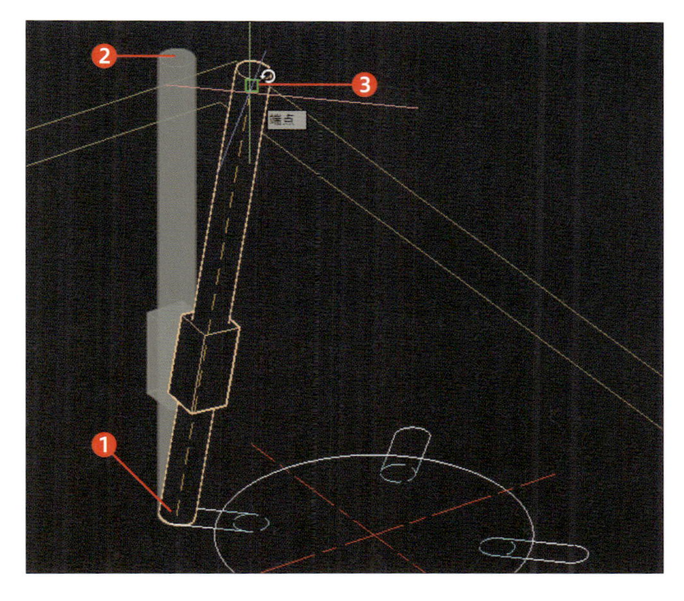

9 回転角度を指定する

図の3点をクリックします。1点目は基点と同じ点❶、2点目は円の中心❷、3点目は中心線の端点❸です。

10 座標系を戻す

［UCS］パネルの［ワールド］をクリックします❶。この操作で、通常の座標系（ワールド座標）に戻ります。

脚の面を揃える

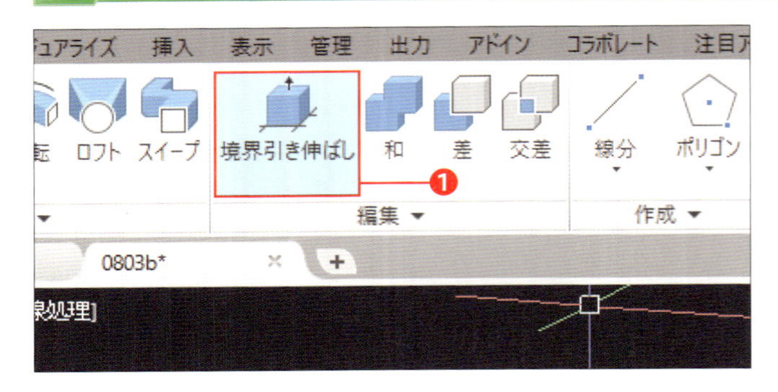

1 「境界引き伸ばし」コマンドを実行する

傾けた脚の上下の面を水平に切りそろえましょう。長さが少し足りないので、少し伸ばします。[編集] パネルの [境界引き伸ばし] をクリックします❶。

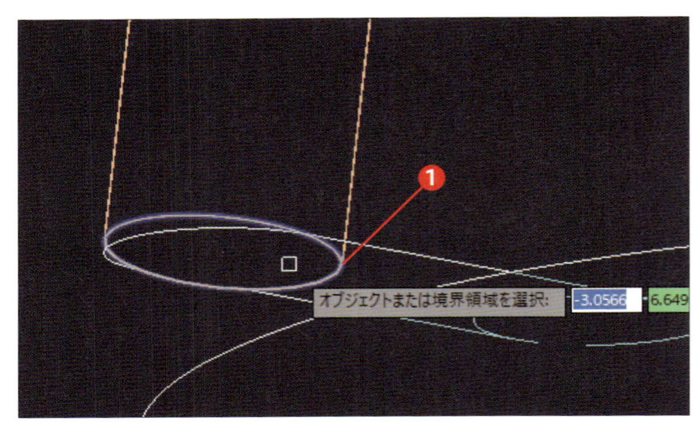

2 伸ばす面を指定する

下から見上げる視点にします。脚の先端にカーソルを近づけ、先端の円の色が変わったらクリックします❶。

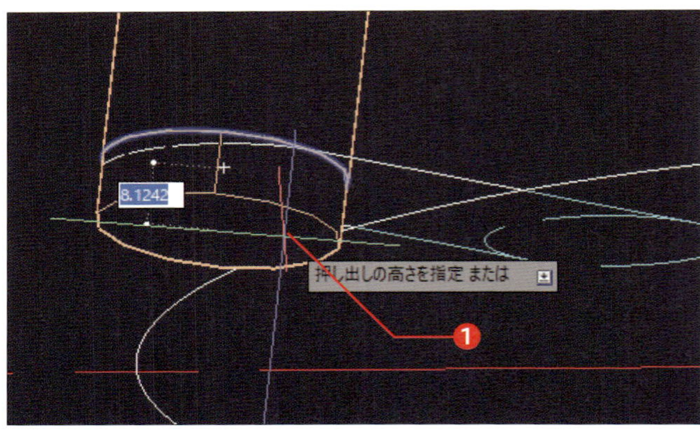

3 脚を伸ばす

少し伸ばしてクリックします❶。

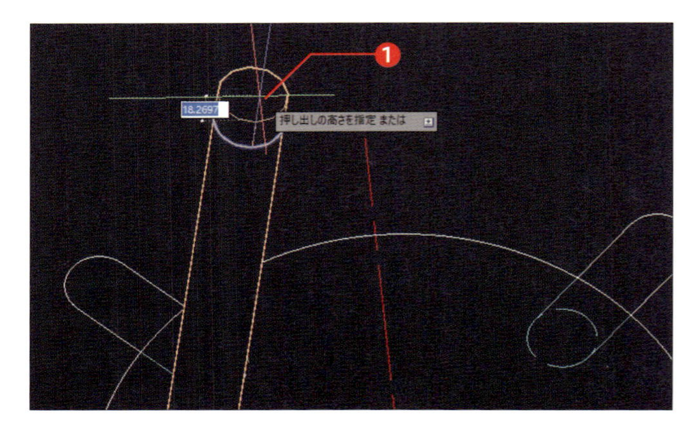

4 上も伸ばす

コマンドは続けて実行されているので、脚の上側も少し伸ばします❶。Esc キーを押して、コマンドを終了します。

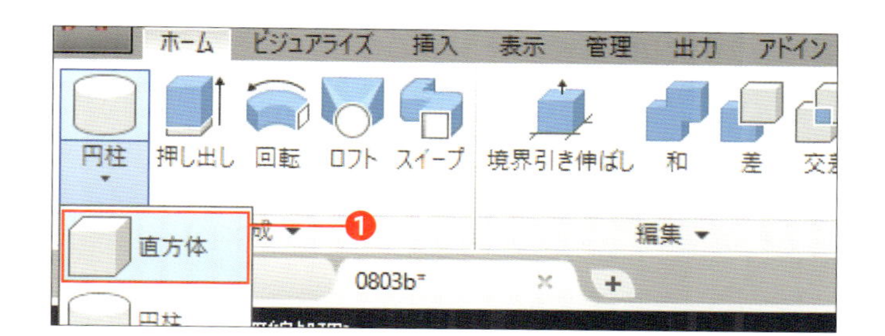

5 「直方体」コマンドを実行する

［直方体］コマンドを実行します❶。

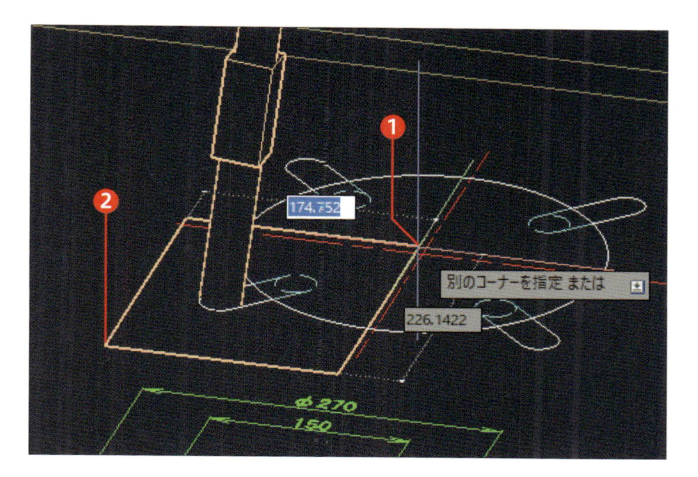

6 直方体の底面を指定する

脚の先端が含まれるように、適当な大きさで囲みます❶❷。

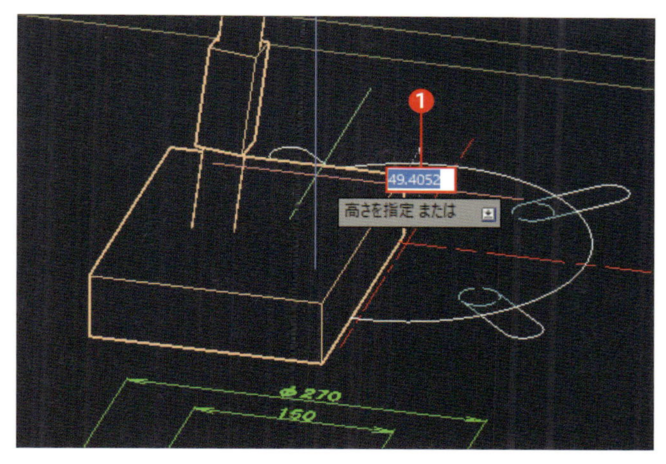

7 高さを指定する

任意の高さにしてクリックします❶。

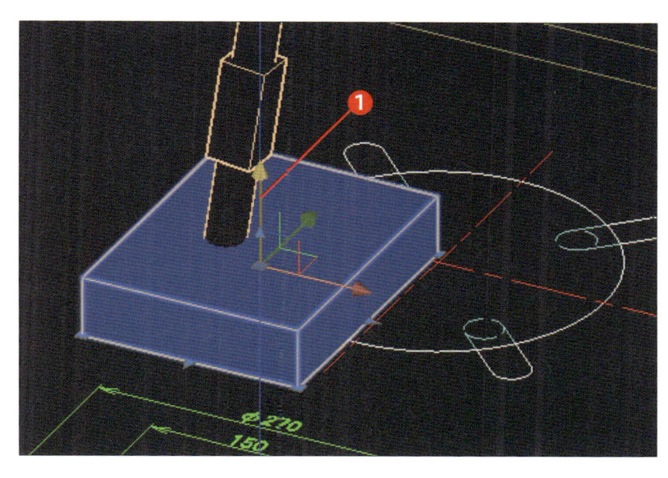

8 直方体を選択する

移動ギズモの青い矢印をクリックして黄色にします❶。

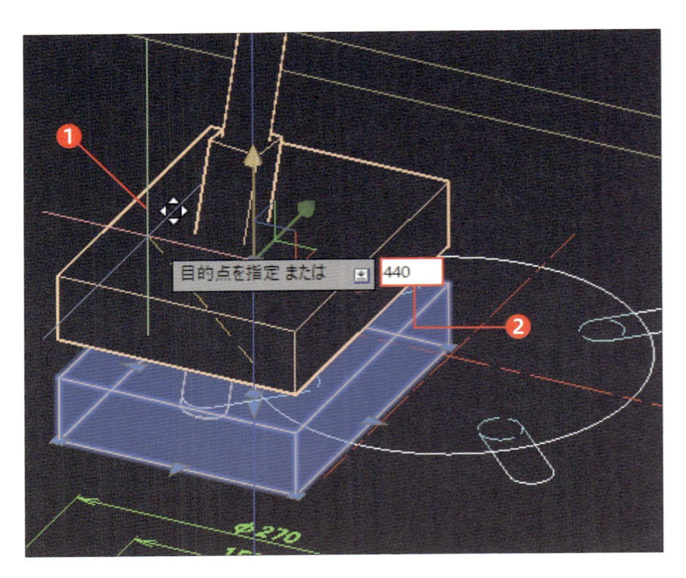

9 直方体を移動する

カーソルを上へ動かし❶、移動距離「440」と入力します❷。

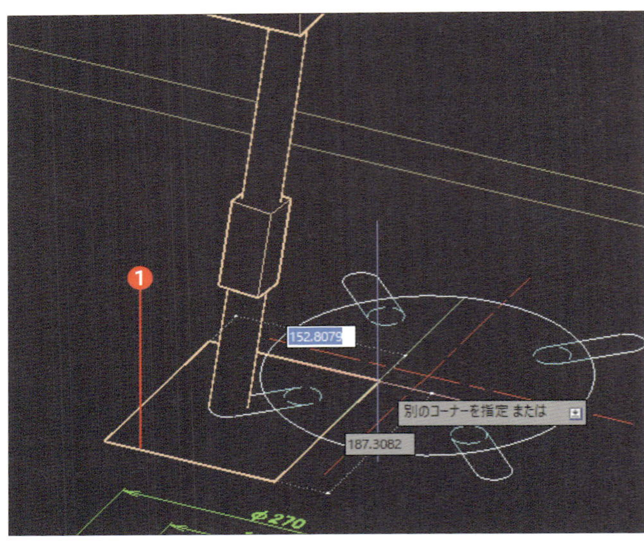

10 別の直方体を作る

同様に［直方体］コマンドを実行し、軸が含まれるような底面を作成します❶。

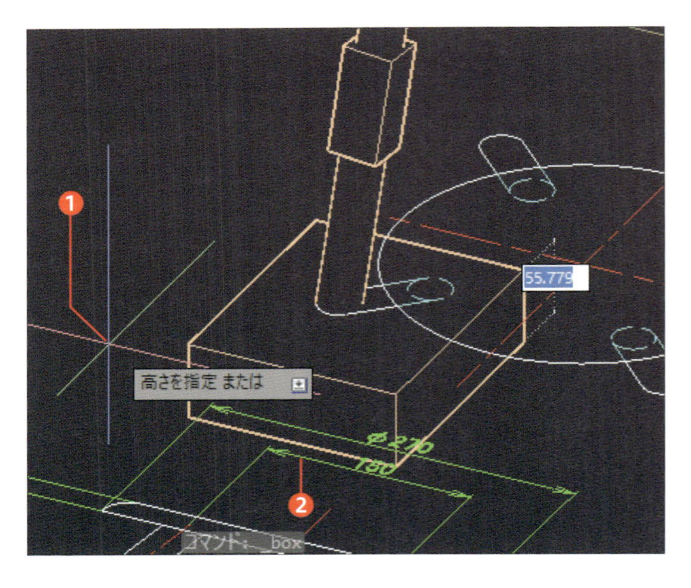

11 押し出す方向を指定する

押し出す方向は下にするので、カーソルを下へ動かし❶、任意のところでクリックします❷。

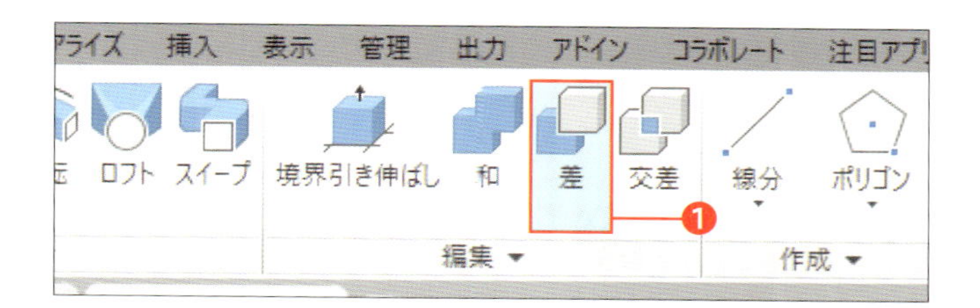

12 「差」コマンドを実行する

［編集］パネルの［差］をクリックします❶。

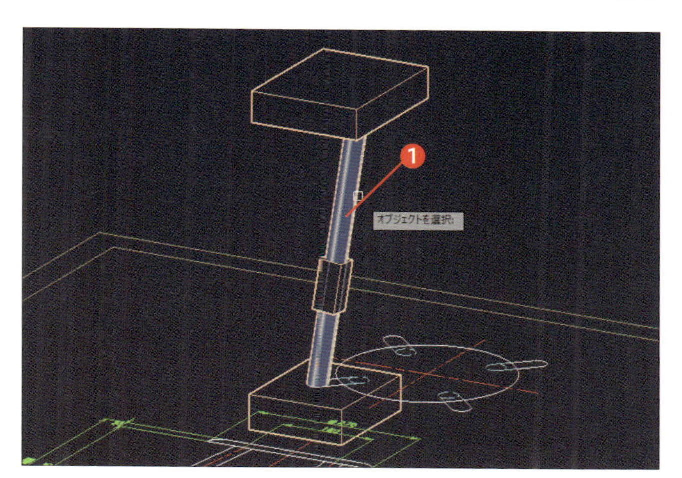

13 軸を選択する

軸をクリックし、Enter キーを押します❶。

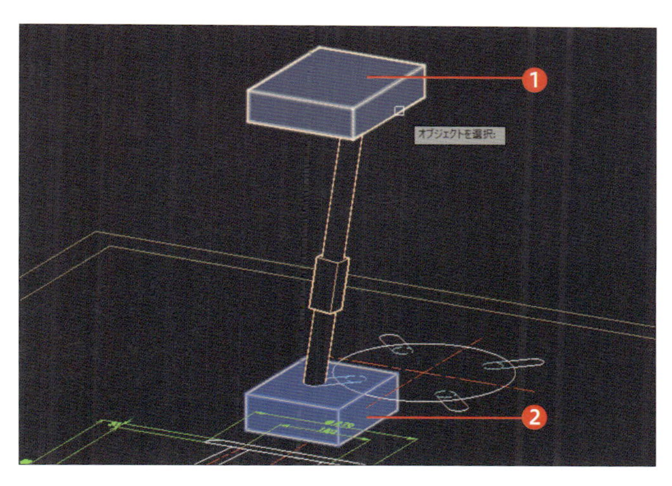

14 直方体を選択する

上下の直方体をそれぞれクリックして選択します❶❷。Enter キーを押して確定します。

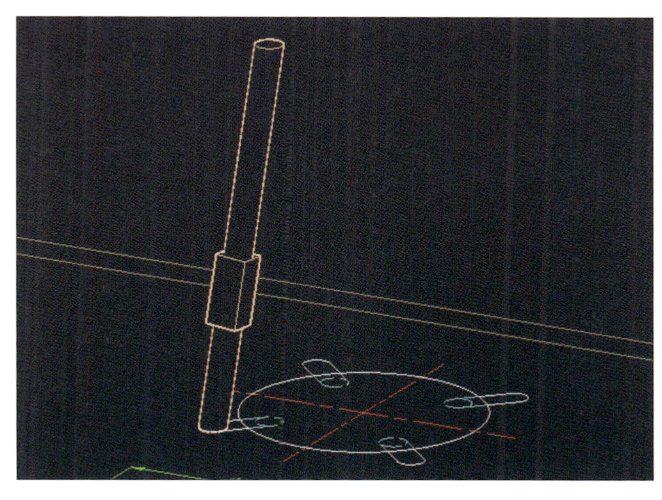

15 上下がカットされた

軸の上下がカットされました。

貫をモデリングする

練習ファイル 0804a.dwg　完成ファイル 0804b.dwg

2本の貫をモデリングしましょう。取り付ける位置の目安として円を作図し、補助線にします。[円]はXY平面で使用できるコマンドなので、3D空間では、円を作図する面がXY平面になるような座標系を設定します。

完成図

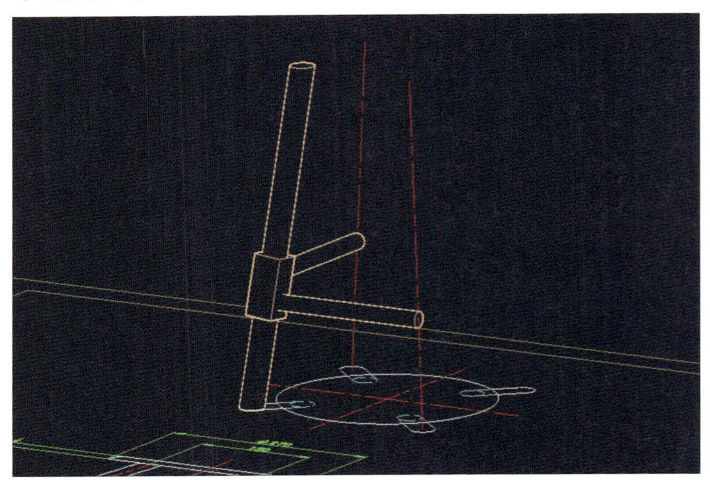

補助円を描く

1 画層を変更する

現在層を「補助線」にします❶。「3D-脚」画層を非表示にします❷。

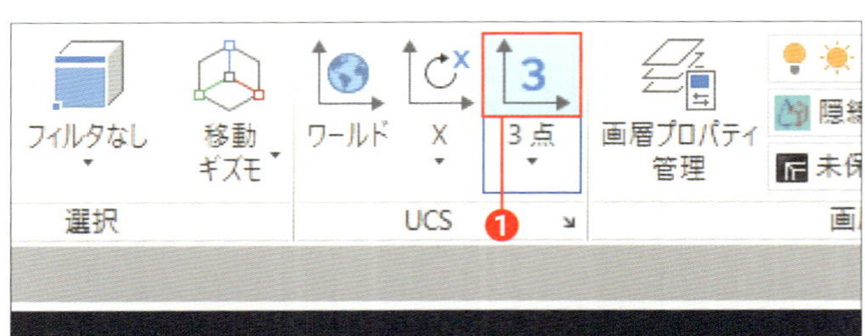

2 「3点」コマンドを実行する

[UCS]パネルの[3点]をクリックします❶。

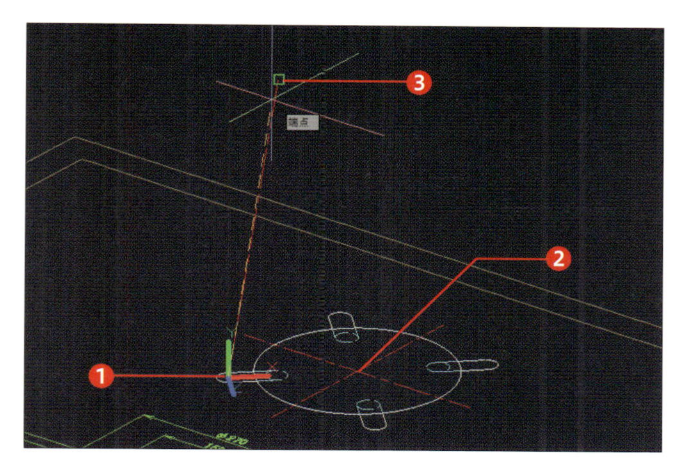

3 ユーザー座標を作成する

脚中心線の両端と平面図の中心で、ユーザー座標を作ります。図の順番にクリックします❶❷❸。

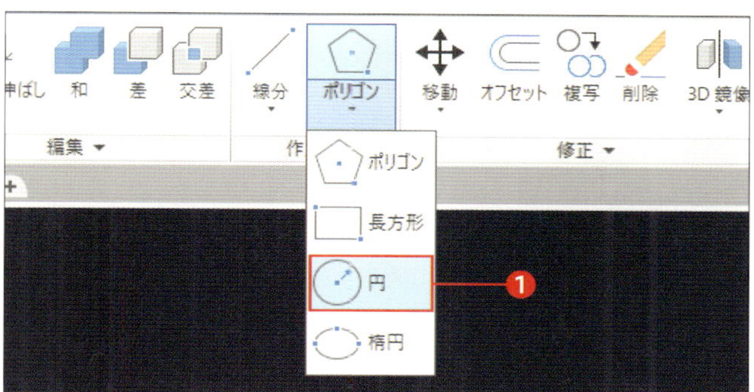

4 「円」コマンドを実行する

貫が通る位置をおさえるために、円を描きます。[円] コマンドを実行します❶。

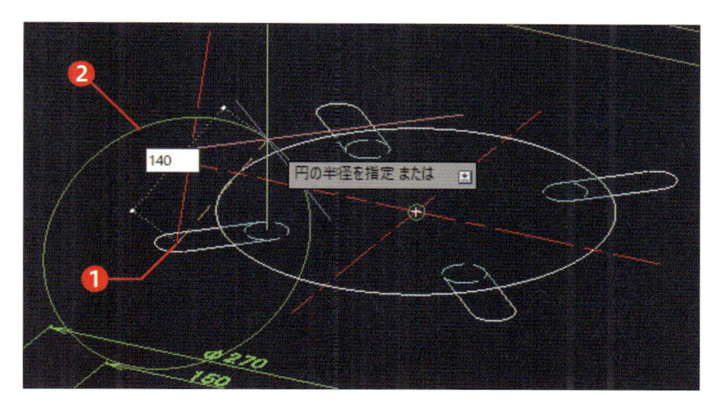

5 円を描く

脚中心線の端点を中心にして❶、半径140の円を描きます❷。

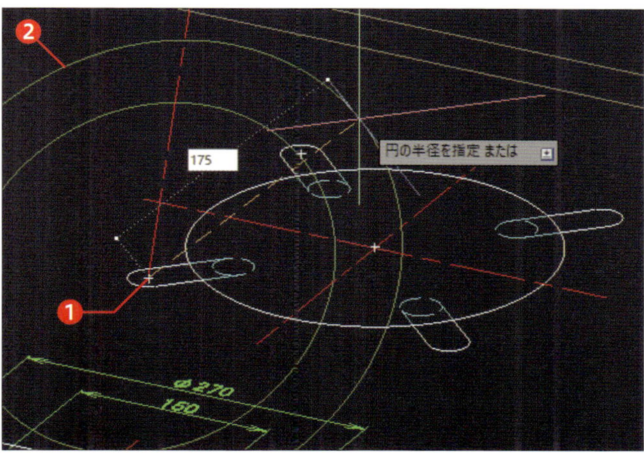

6 別の円も描く

同様に、脚中心線の端点を中心にして❶、半径「175」の円を描きます❷。

第8章 丸椅子をモデリングする

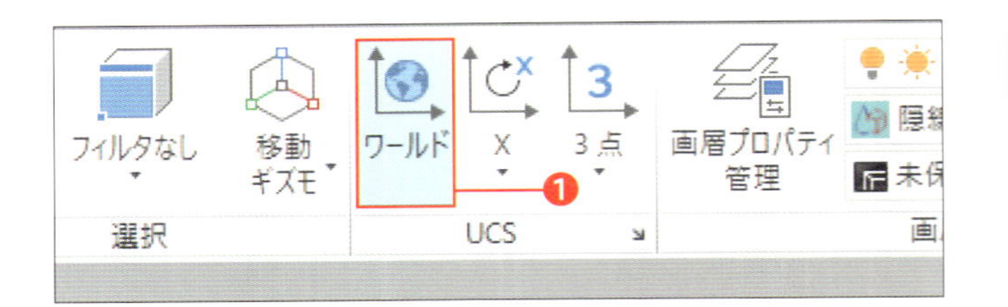

7 座標系を戻す

［ワールド］をクリックして❶、ワールド座標系に戻します。

中心線と補助円を鏡像コピーする

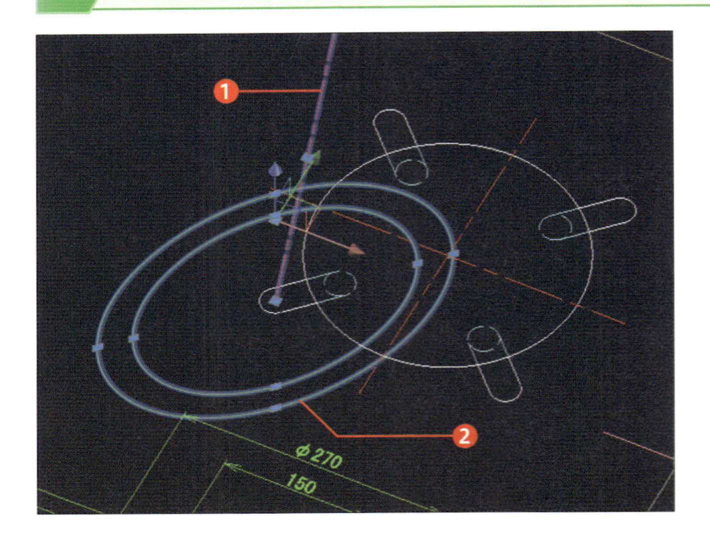

1 中心線と補助円を選択する

上から見下ろす視点にして、脚中心線❶と補助線の2つの円を選択します❷。

2 「鏡像」コマンドを実行する

［鏡像］コマンドを実行します❶。

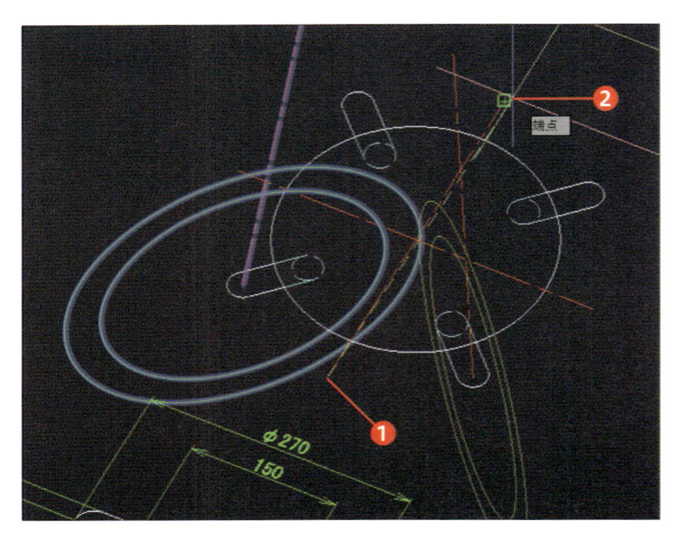

3 鏡像の軸を指定する

平面図の中心線の両端をクリックします❶❷。

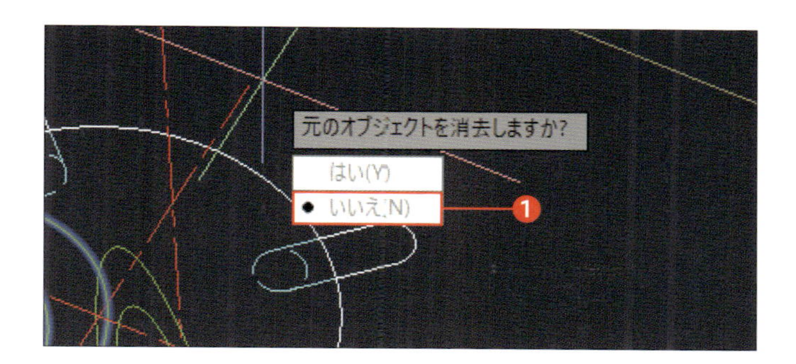

4 鏡像コピーする

Enter キーを押して、元の図形を残します❶。Enter キーを押して、［鏡像］コマンドをもう一度実行します。

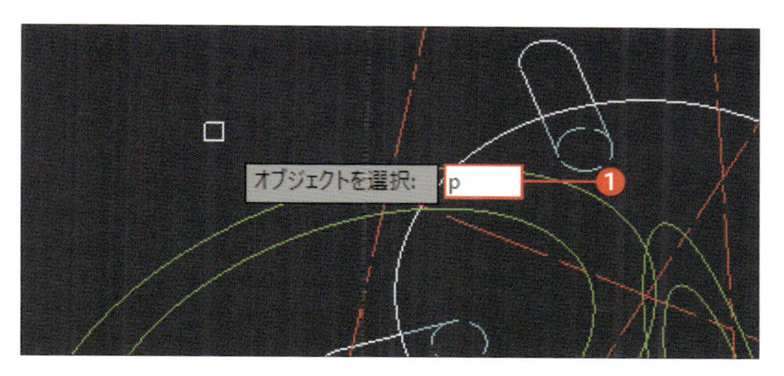

5 オプションを選択する

「P」と入力して、Enter キーを押します❶。

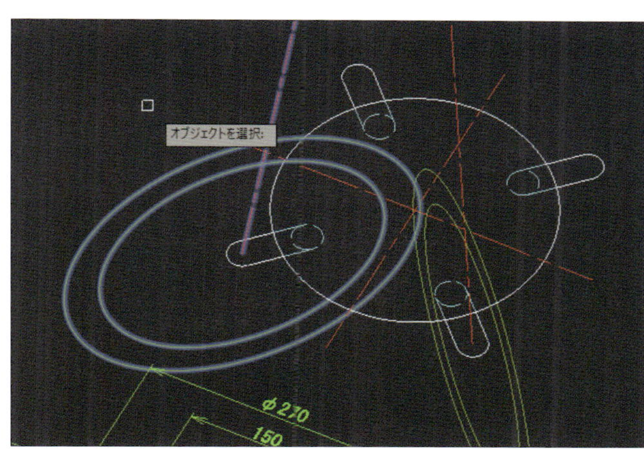

6 直前の図形が選択される

直前の鏡像操作で選択していた図形が選択されます。

Memo 選択のオプション

「オブジェクトを選択：」と表示されているときは、［SELECT］というコマンドが動いています。ここで入力した「P」はSELECTコマンドのオプションで、直前の操作で選択していた図形が指定されます。SELECTコマンドには、ほかにもオプションがあり、「?」と入力して Enter キーを押すと、オプションの一覧が表示されます。すべて選択する「ALL」は、使用することの多いオプションです。

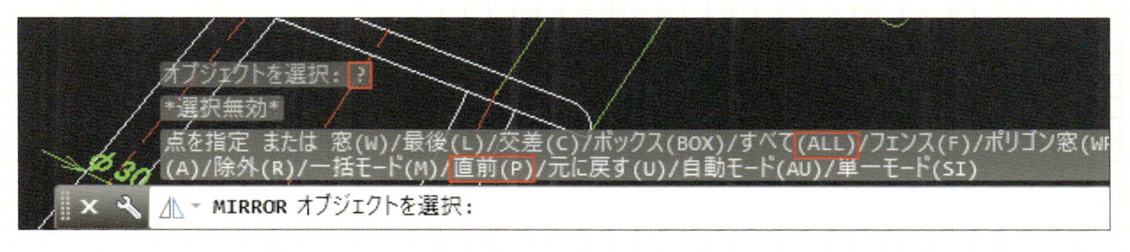

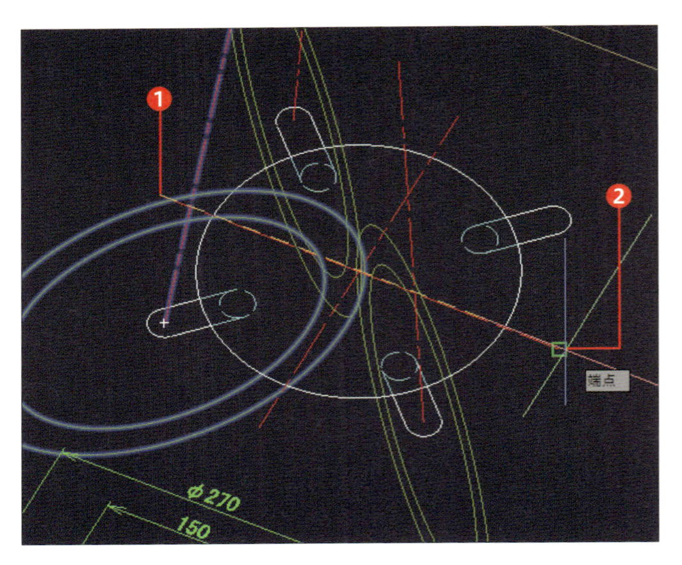

7 鏡像の軸を選択する

平面図の中心線の両端をクリックします❶❷。

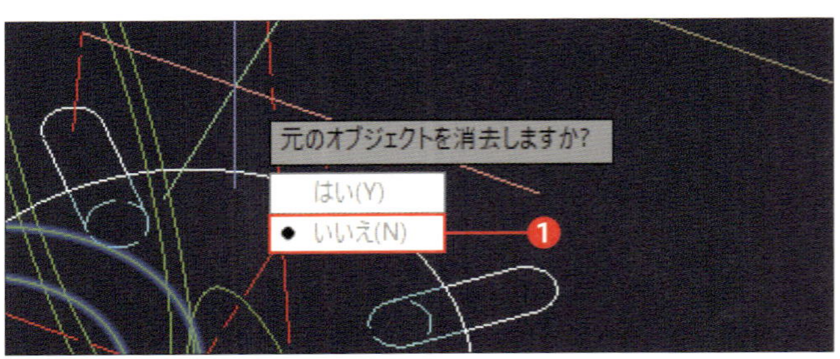

8 鏡像コピーする

Enter キーを押し、元の図形を残してコマンドを終了します❶。

中心線を描く

1 現在層を切り替える

現在層を「中心線」にします❶。[線分] コマンドを実行します。

2 線を描く

脚中心線❶と2つ目の円との交点❷を結びます。Enter キーを押して、コマンドを終了します。

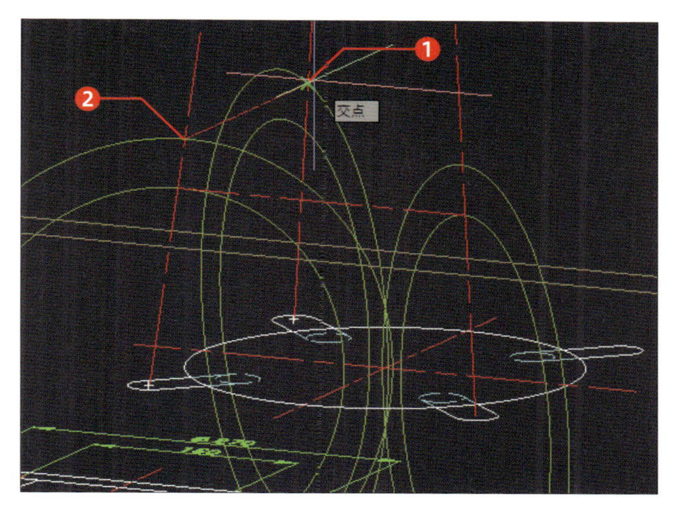

3 他の線も引く

Enter キーを押して、[線分] コマンドをもう一度実行します。脚中心線❶と１つ目の円との交点❷を結びます。

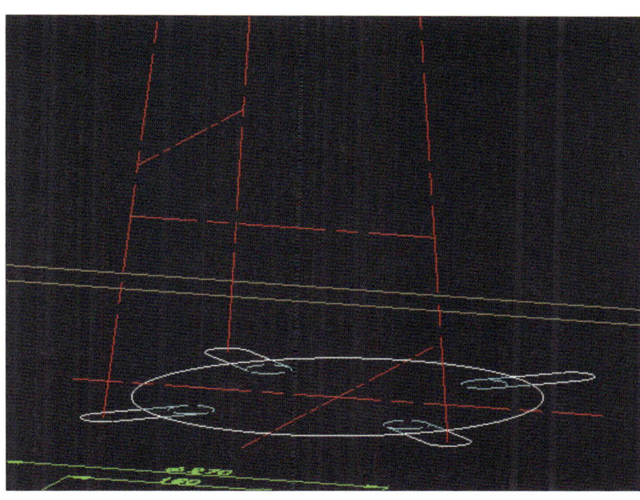

4 補助円を削除する

補助線に使った円を削除します。

貫を作成する

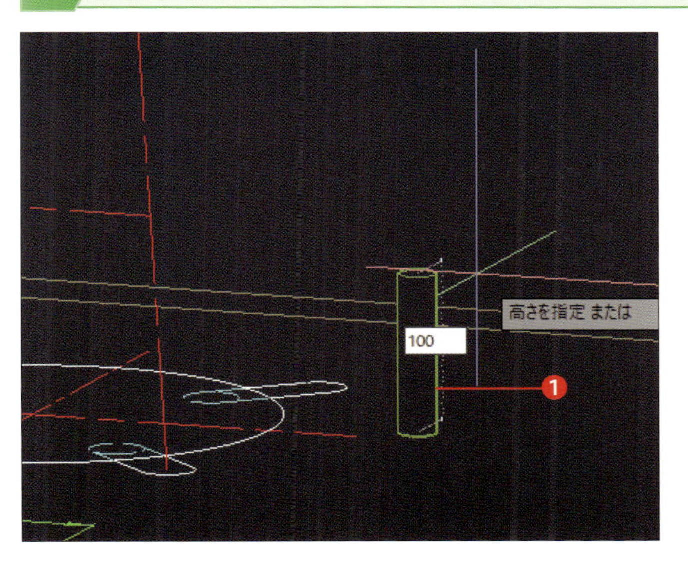

1 円柱を作成する

貫の本体は、少し離れた場所でモデリングしてから移動しましょう。現在層を「補助線」にします。[円柱] コマンドで、半径「10」、高さ「100」の円柱を作ります❶。

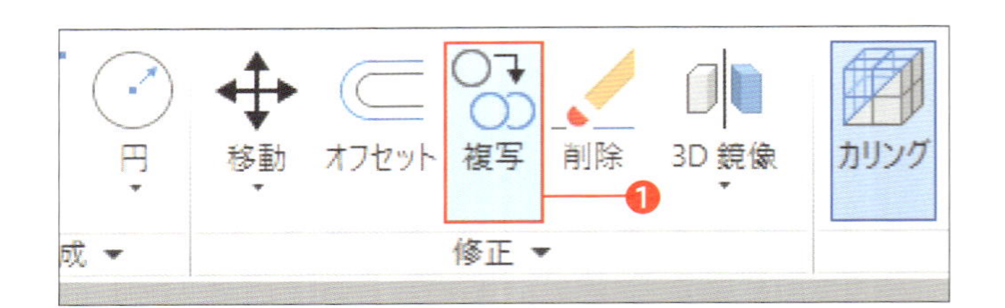

2 「複写」コマンドを実行する

円柱を選択し、［複写］コマンドを実行します❶。

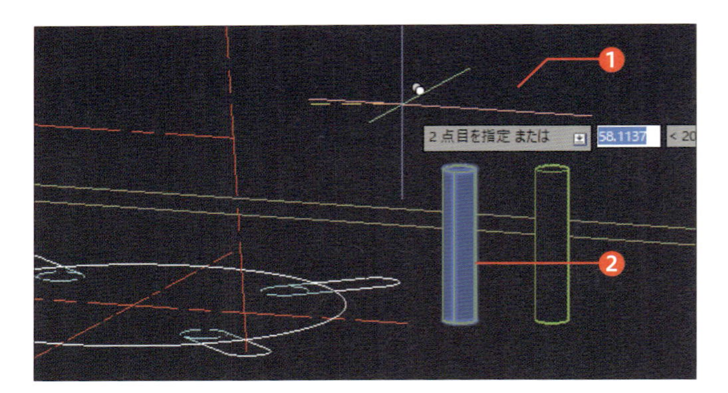

3 円柱をコピーする

任意の位置を基点❶と複写先❷にし、もう1つ円柱を作ります。Enter キーを押して、コマンドを終了します。

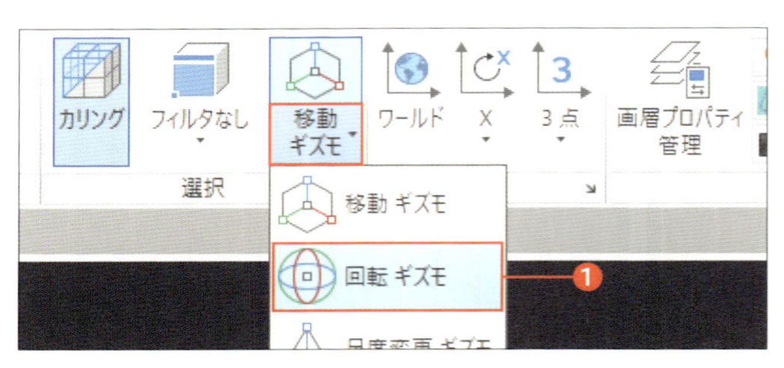

4 回転ギズモを表示する

片方の円柱を選択し、［回転ギズモ］に変更します❶。

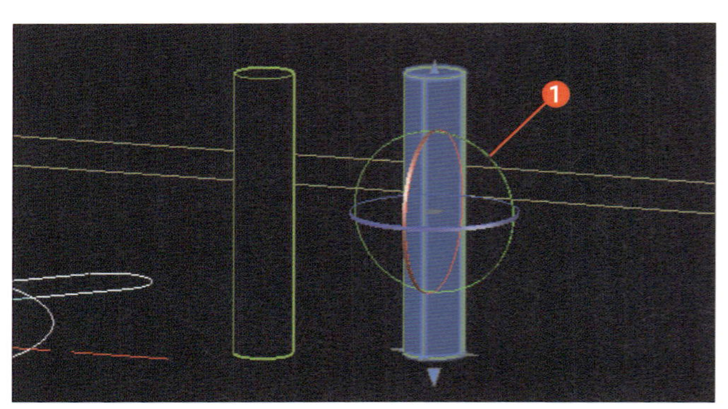

5 リングを選択する

緑色のリングをクリックします❶。

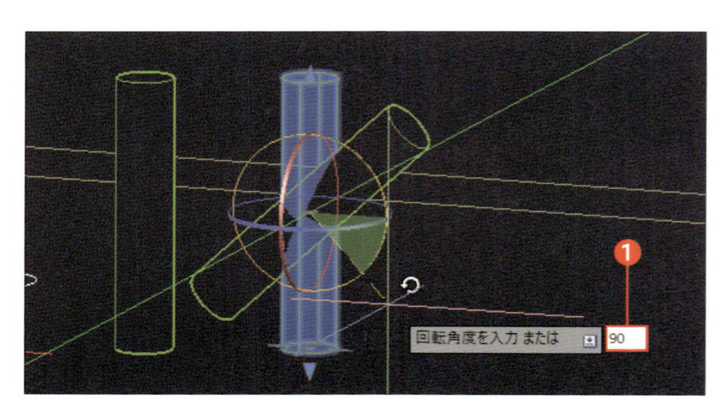

6 回転角度を指定する

回転角度は「90」と入力して、Enter キーを押します❶。

7 他の円柱も回転する

もう1つの円柱は、赤いリングをクリックして、90度回転させます❶。

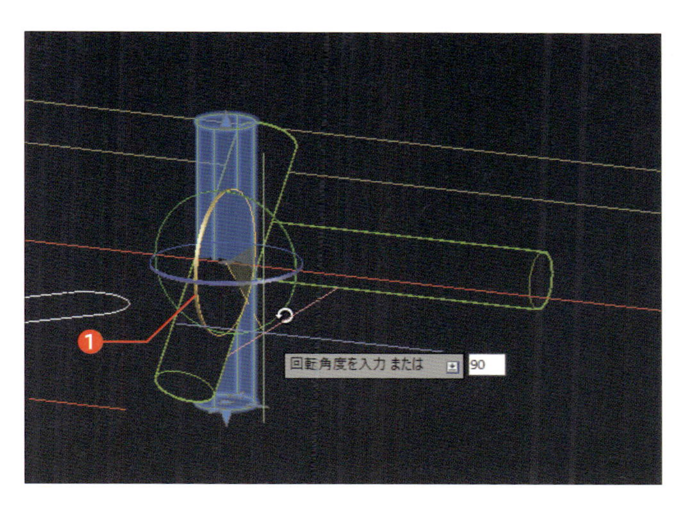

8 「移動」コマンドを実行する

右側の円柱を選択し、[移動] コマンドを実行します❶。

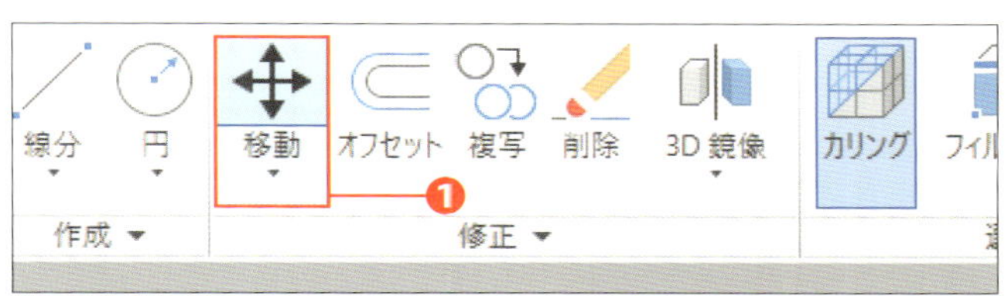

9 移動の基点を指定する

基点は、円の中心をクリックします❶。

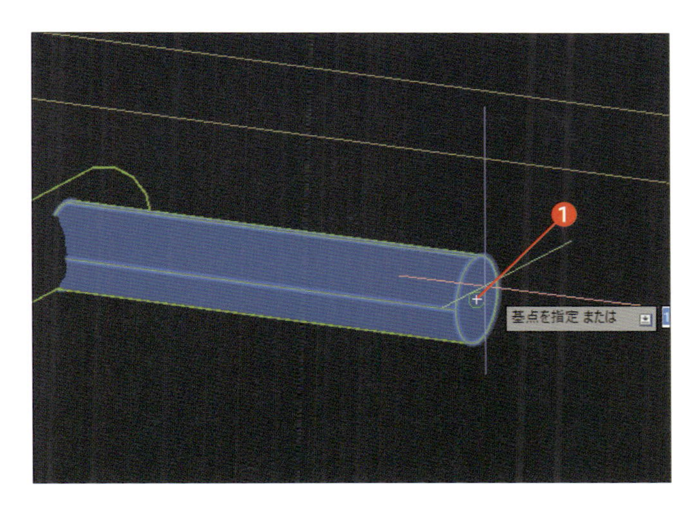

10 移動先を指定する

移動先は、貫の中心線の端点にスナップさせてクリックします❶。

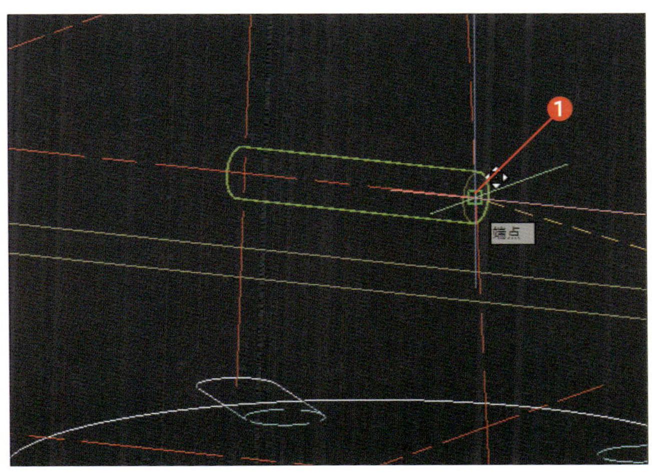

第8章 丸椅子をモデリングする

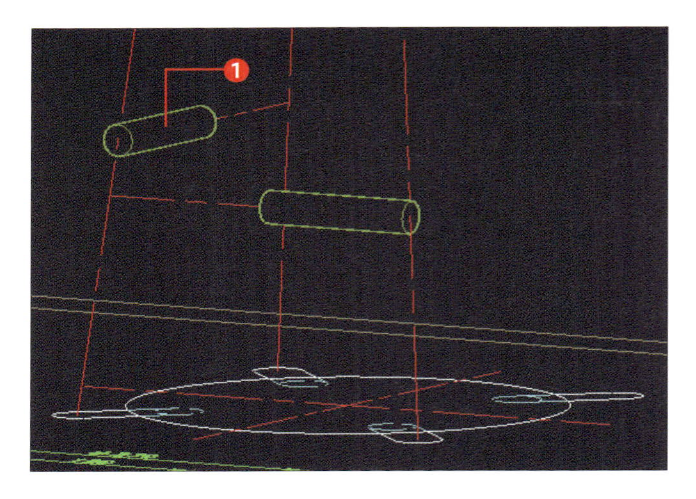

11 別の円柱も移動する

もう1つの円柱も、同じようにして移動します❶。

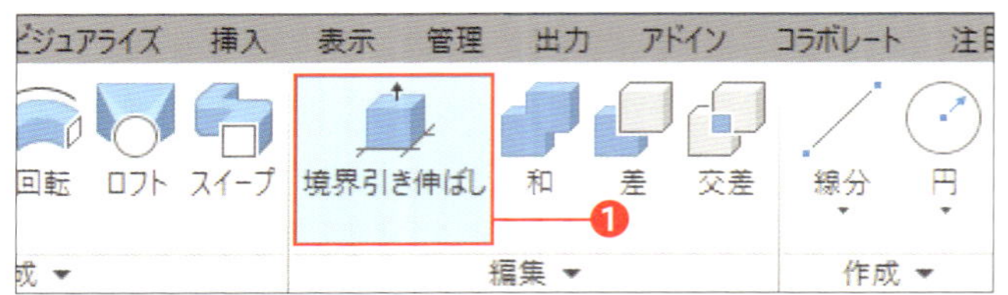

12 「境界引き伸ばし」コマンドを実行する

[境界引き伸ばし] をクリックします❶。

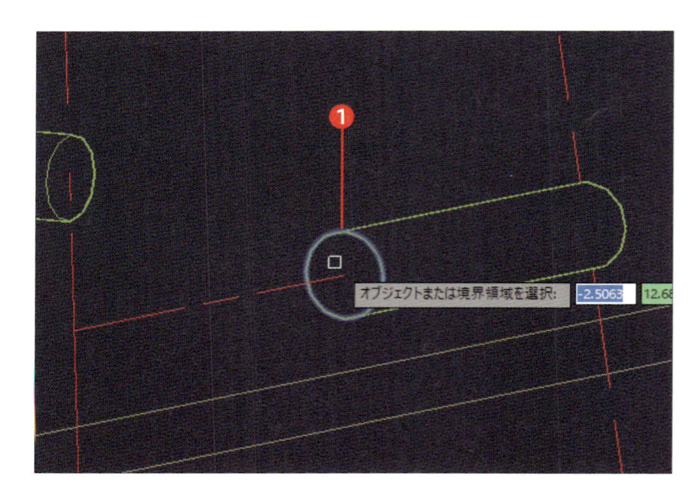

13 引き伸ばす面を指定する

円柱の端部にカーソルを近づけ、色が変わったらクリックします❶。

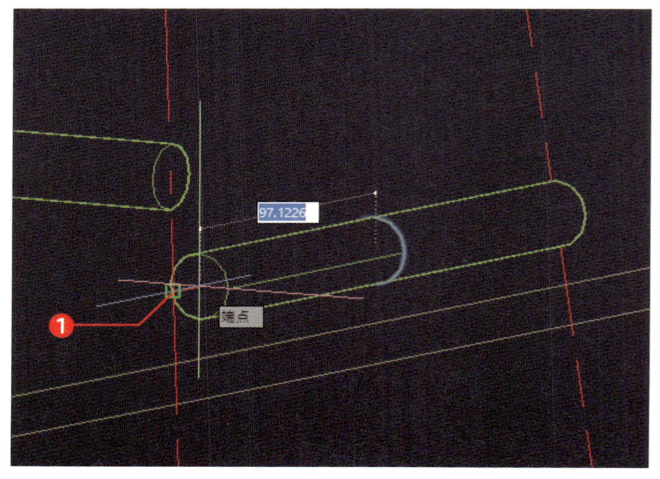

14 伸ばす長さを指定する

中心線の端点にスナップさせてクリックします❶。

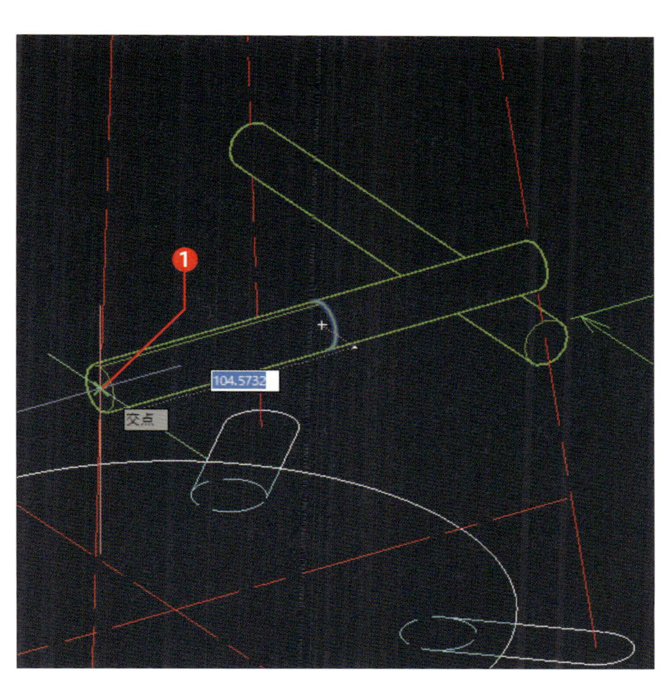

15 別の円柱も伸ばす

もう１つの円柱も、中心線の端点まで伸ばします❶。

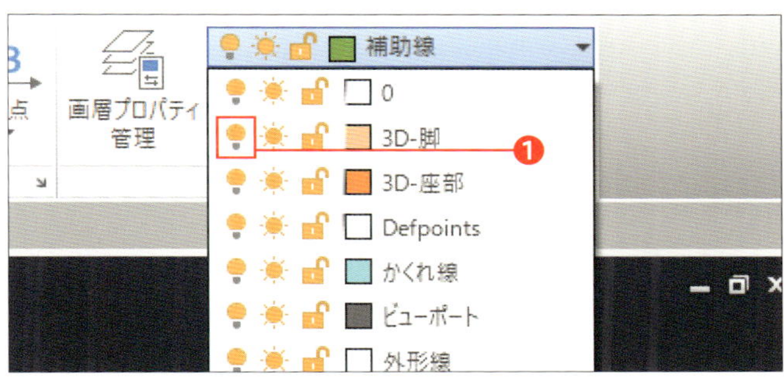

16 「3D-脚」画層を表示する

「3D-脚」画層の電球アイコンをクリックして、画層を表示します❶。

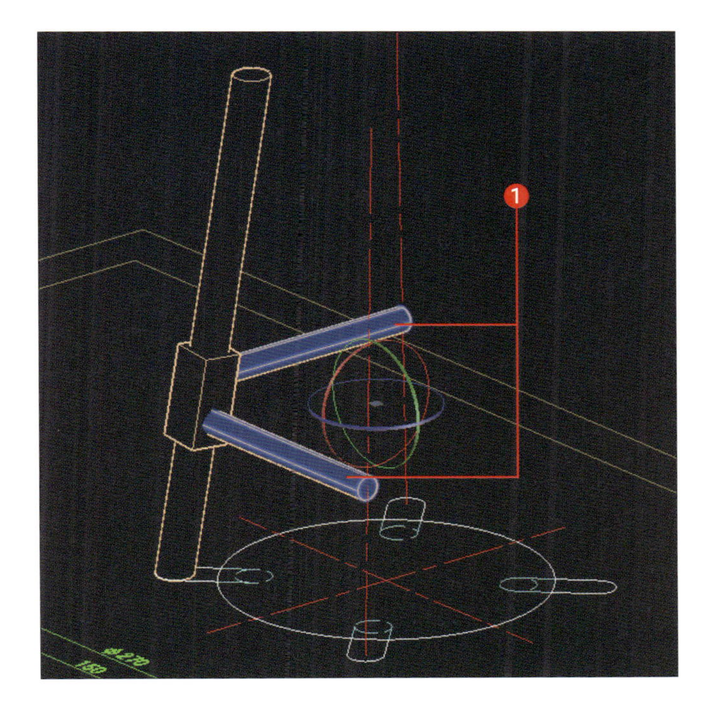

17 貫を「3D-脚」画層に移動する

2本の貫を選択します❶。［画層コントロール］で「3D-脚」画層をクリックし、貫の画層も「3D-脚」に変更します。

脚を円形状に複写する

2Dコマンドの［配列複写］を使って、円形状に複写して脚を完成させましょう。脚、ジョイント、貫をそれぞれモデリングしてきましたが、最後にこれらを合成して、1つのソリッド図形にします。

完成図

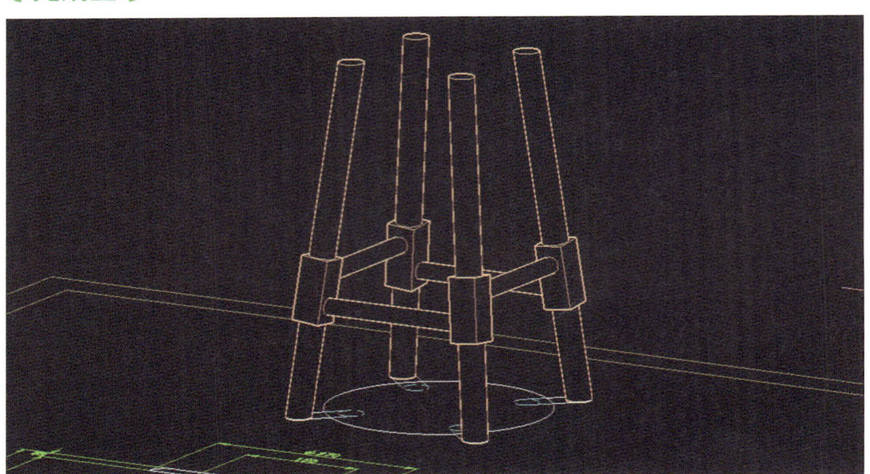

脚を配列複写する

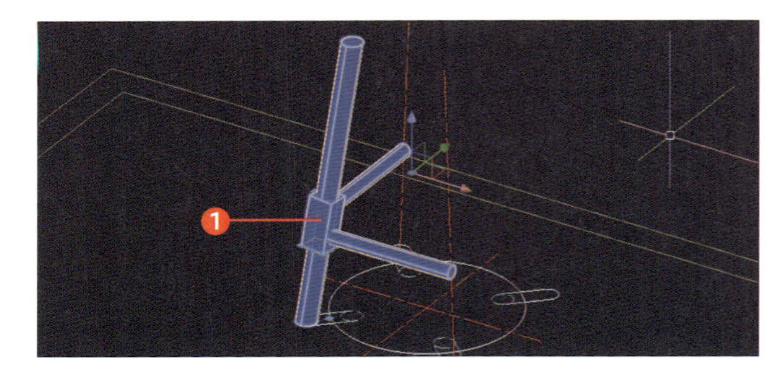

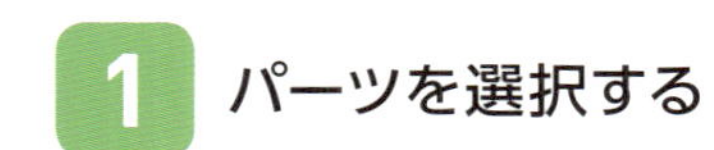

1 パーツを選択する

脚、ジョイント、2つの貫を選択します❶。

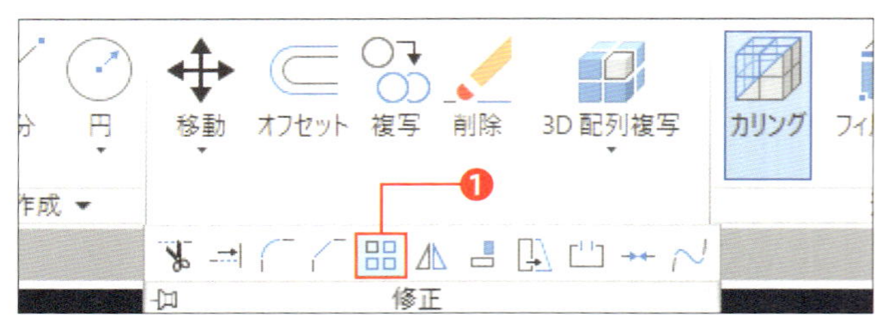

2 「配列複写」コマンドを実行する

［修正］パネルの［配列複写］をクリックします❶。

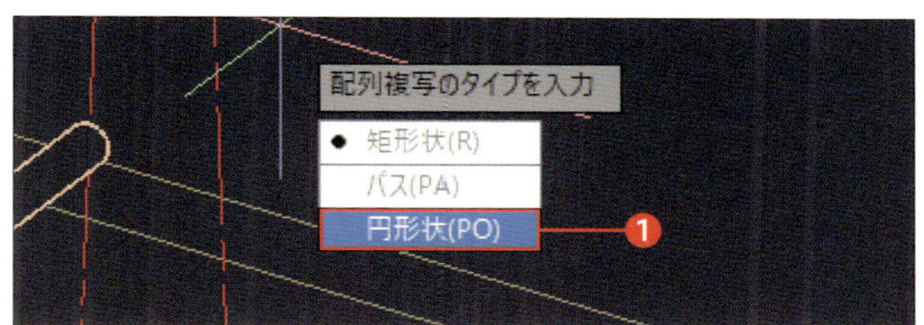

3 タイプを指定する

タイプは［円形状］をクリックします❶。

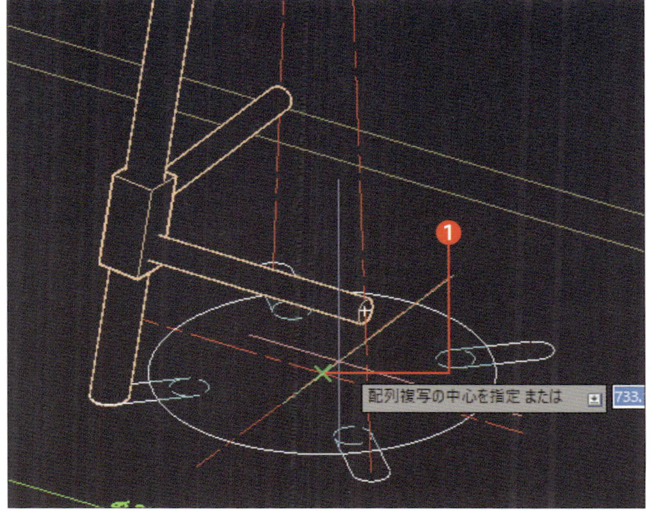

4 複写の中心を指定する

配列複写の中心は、平面図の中心をクリックします❶。

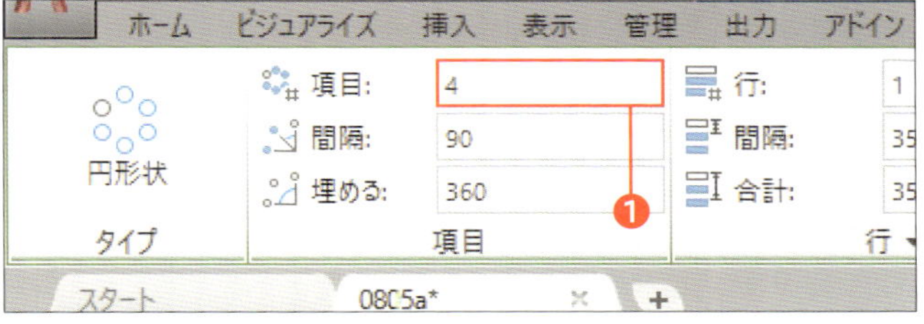

5 複写する数を指定する

［項目］に「4」と入力します❶。［間隔］や［埋める］は自動的に計算されます。

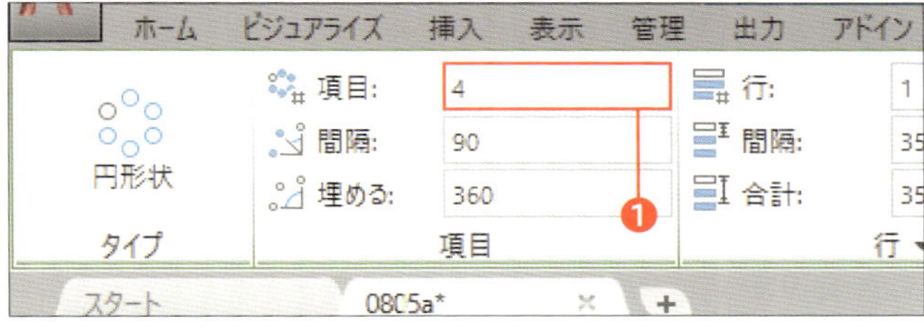

6 プレビューを確認する

画面には、複写結果がプレビュー表示されます。

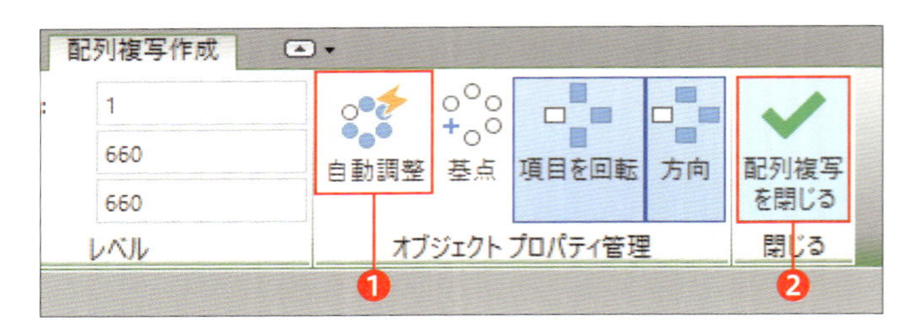

7 配列複写を終了する

［自動調整］はオフにします❶。［配列複写を閉じる］をクリックします❷。

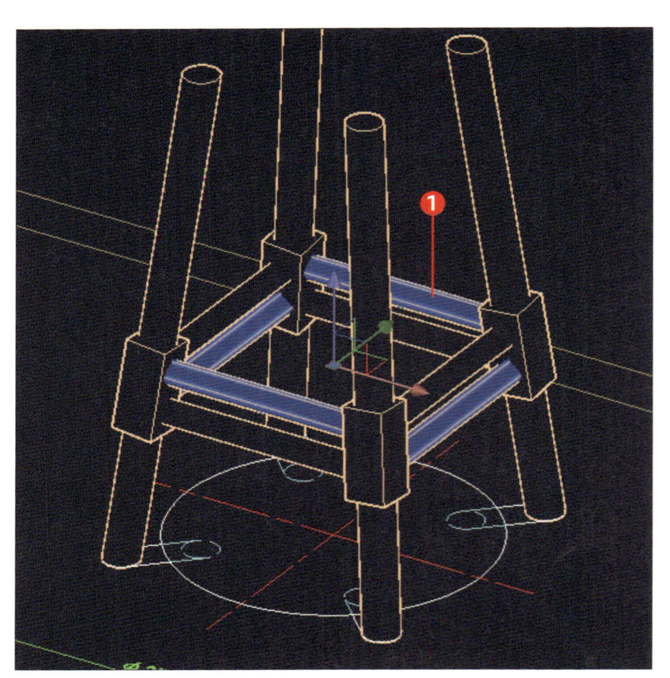

8 不用な貫を削除する

貫が二重に複写されたので、図の4つを選択し、Delete キーを押して削除します❶。

パーツを1つにまとめる

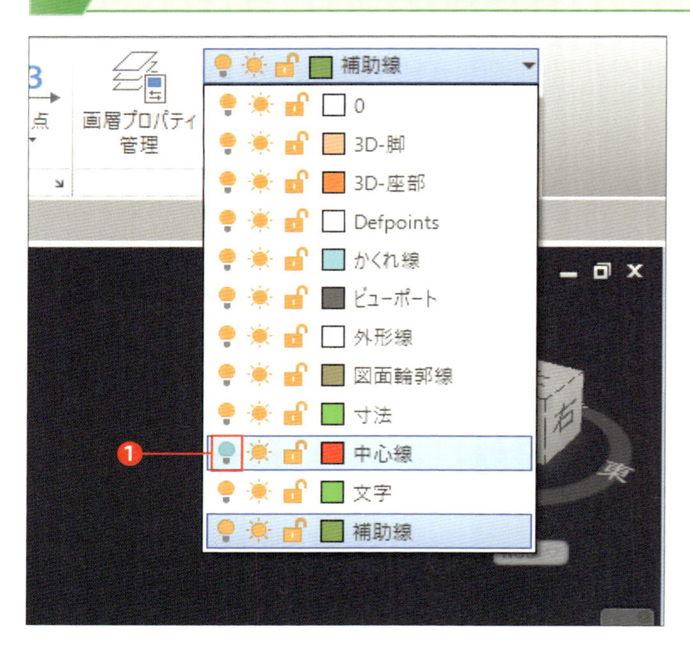

1 「中心線」画層を非表示にする

「中心線」画層を非表示にします❶。この後の操作で、脚の中にある中心線を選ばないようにするためです。

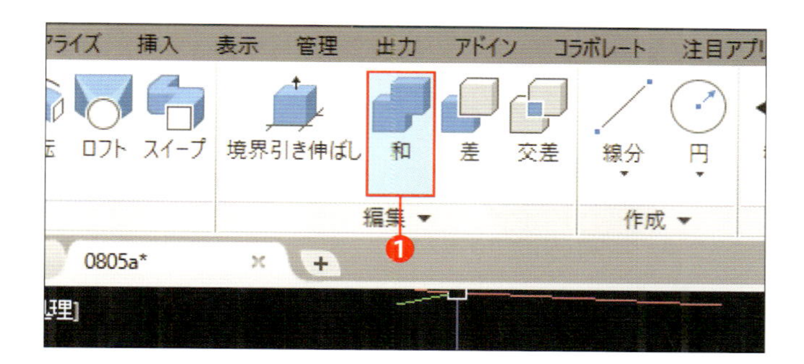

2 「和」コマンドを実行する

［編集］パネルの［和］をクリックします❶。

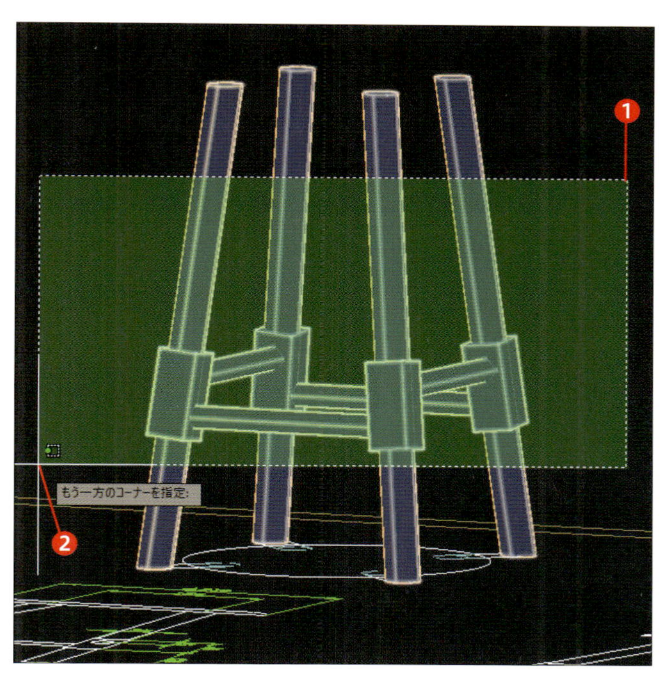

3 パーツを選択する

脚、ジョイント、貫を全部選択します❶❷。Enter キーを押して確定します。

4 パーツが1つにまとまった

1つのソリッド図形になりました。

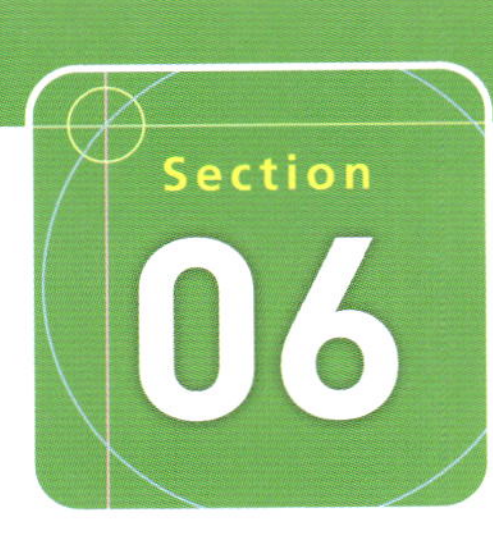

Section 06 座部を作る

練習ファイル 0806a.dwg　完成ファイル 0806b.dwg

座部をモデリングして、丸椅子を完成させましょう。座部の丸みは2Dコマンドの［フィレット］を使います。

座部を作成する

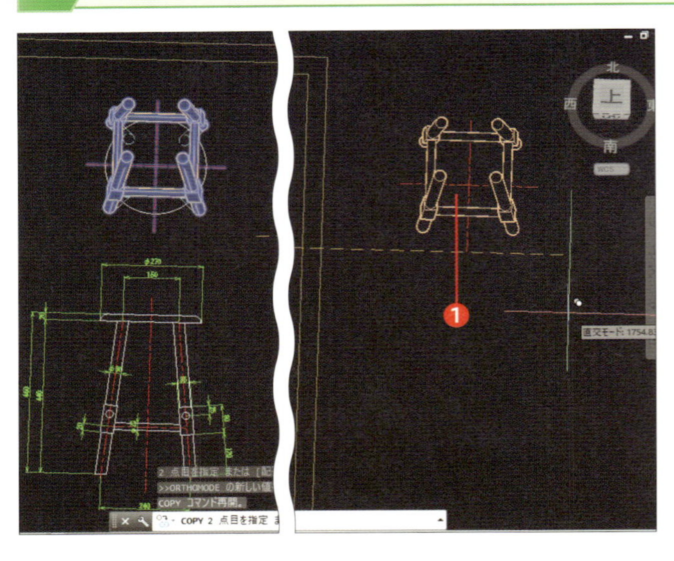

1 中心線と3D図形を複写する

［複写］コマンドで、平面図の中心線と3Dソリッドを図面の外に複写します❶。

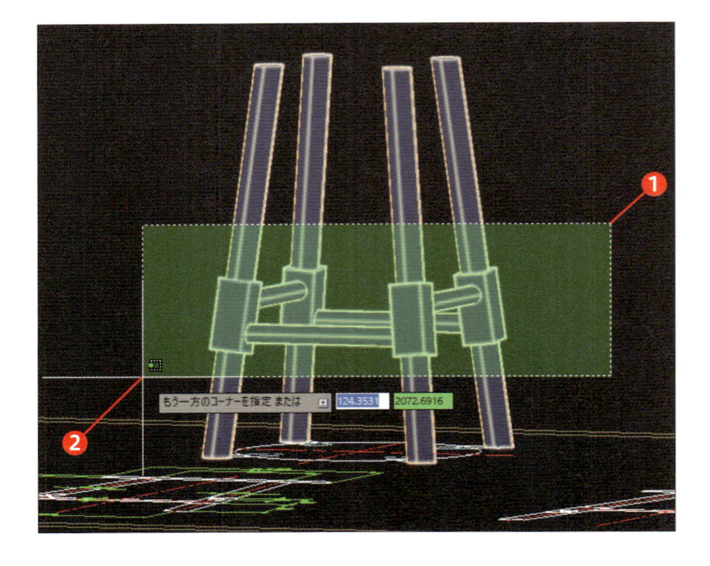

2 3Dモデルを削除する

平面図の上に乗っている3Dモデルを削除しましょう。横から見る視点にして、ソリッドとその中の中心線も含まれるように交差選択します❶❷。Deleteキーを押して削除します。

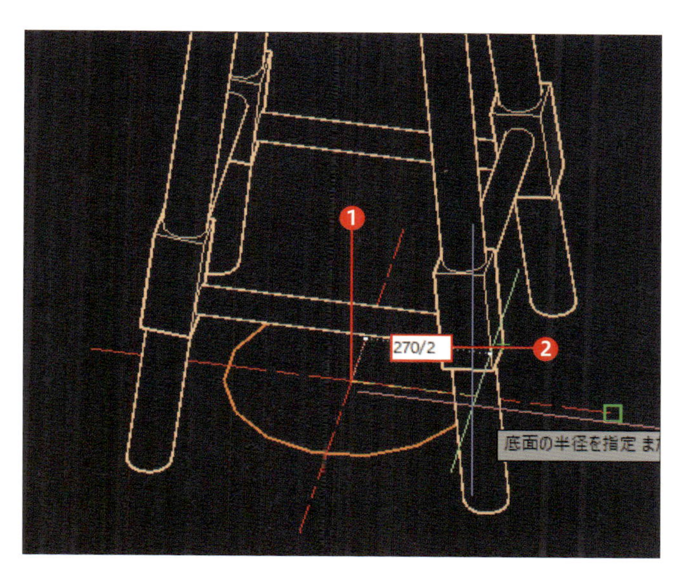

3 円柱を描く

現在層を「3D-座部」にします。[円柱] コマンドを実行します。中心は中心線の交点❶、半径は「270/2」と入力します❷。

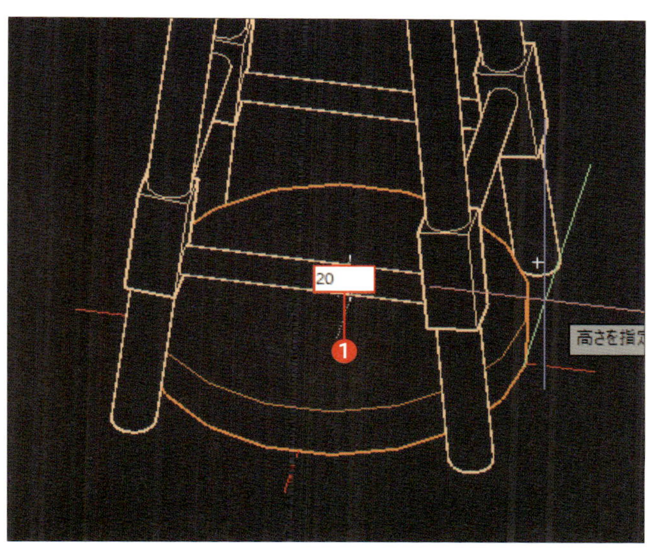

4 高さを指定する

円柱の高さは「20」にします❶。

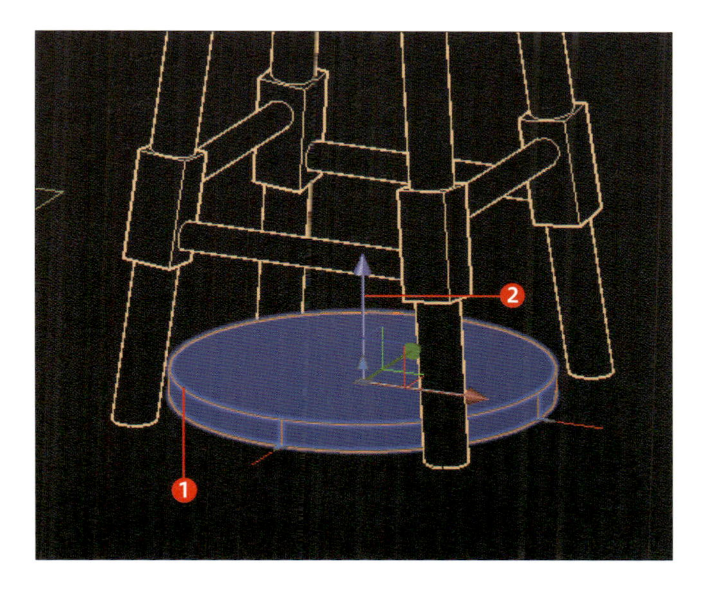

5 円柱を選択する

円柱を選択し❶、移動ギズモの青い矢印をクリックします❷。

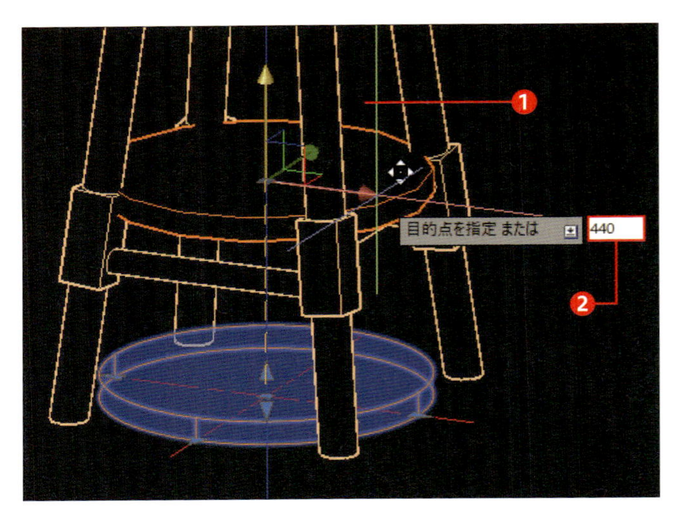

6 円柱を移動する

カーソルを上へ動かし❶、移動距離「440」と入力します❷。

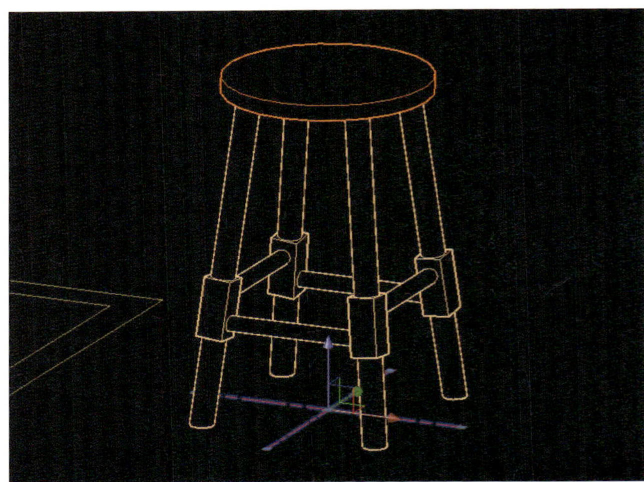

7 中心線を削除する

床の上に描かれた中心線を削除します。

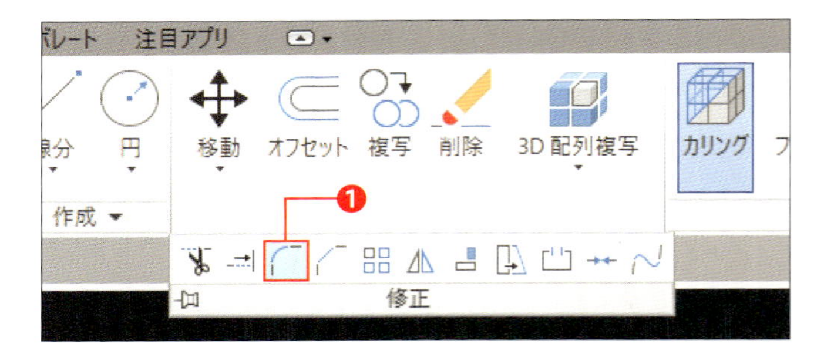

8 「フィレット」コマンドを実行する

［フィレット］をクリックします❶。

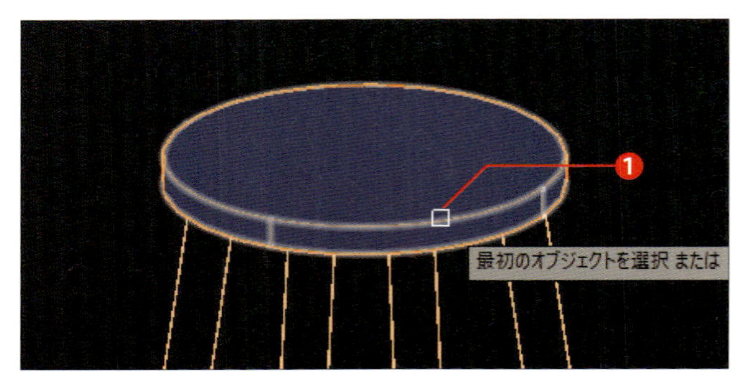

9 フィレットする図形を選択する

座部の上の円の縁をクリックします❶。

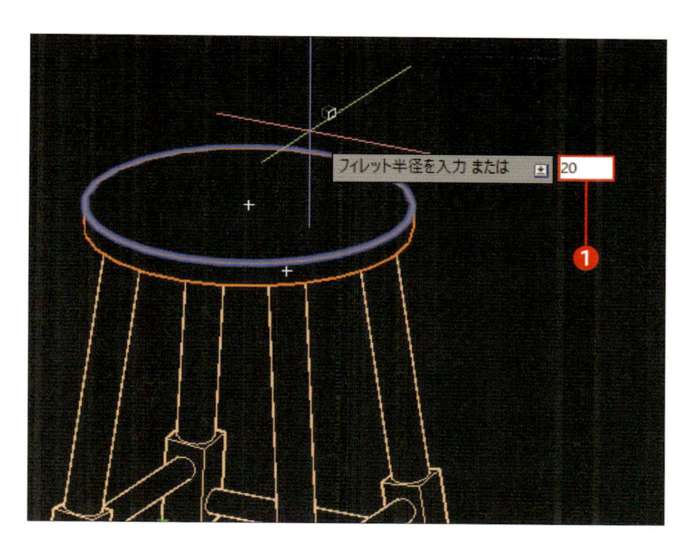

10 フィレット半径を指定する

フィレット半径は「20」と入力します❶。

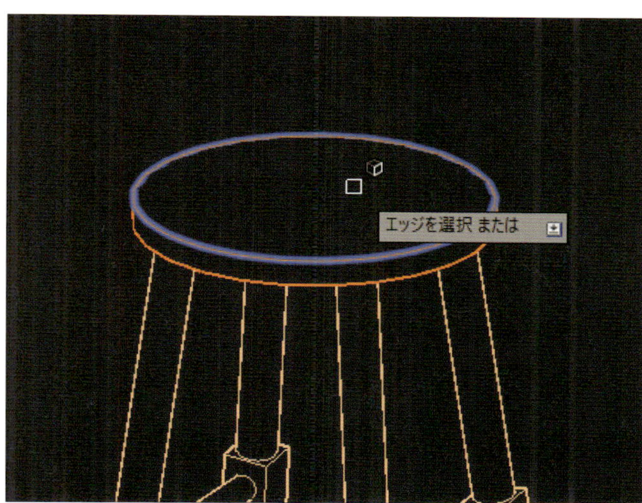

11 フィレットを終了する

フィレットする角がほかにもある場合は、さらにクリックします。今回はこれだけなので、Enter キーを押して確定します。

12 表示スタイルを変更する

フィレットされました。表示スタイルを「リアリスティック」にしてみましょう。

[回転] で座部をモデリングする

ろくろのように、2D図形を回転させるモデリング方法もあります。ここでは、正面図の座部の左半分を閉じたポリラインにし、回転ギズモで90度起こした状態からはじめます。

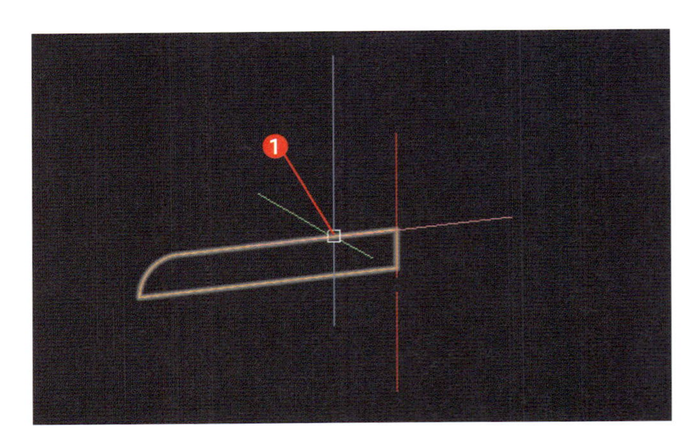

1 ポリラインにした座部をクリックします❶。

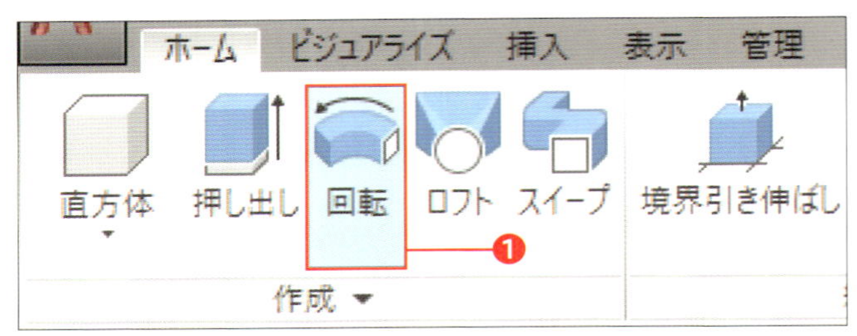

2 [回転] をクリックします❶。

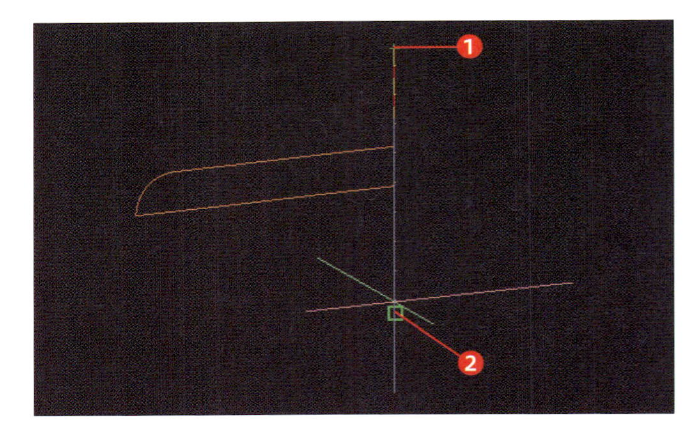

3 中心線の上下の端点をクリックし❶❷、回転の軸に指定します。

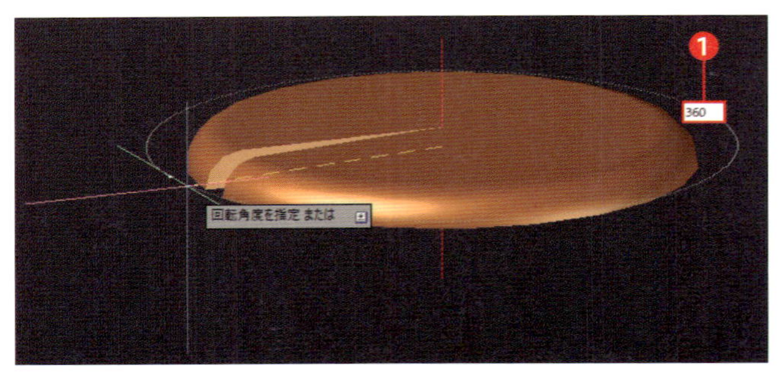

4 回転角度を聞かれるので、キーボードから「360」と入力して、Enter キーを押します❶。

Section 07 表示スタイルをカスタマイズする

練習ファイル 0807a.dwg　完成ファイル 0807b.dwg

図面は色分けして作図していても、印刷の設定でモノクロにできるのは、表示スタイルが「2Dワイヤフレーム」のときです。「隠線処理」スタイルで印刷すると、画層の色で出力されます。そこで、隠線処理の表示のまま、モノクロで印刷できる表示スタイルを作りましょう。

表示スタイルを編集する

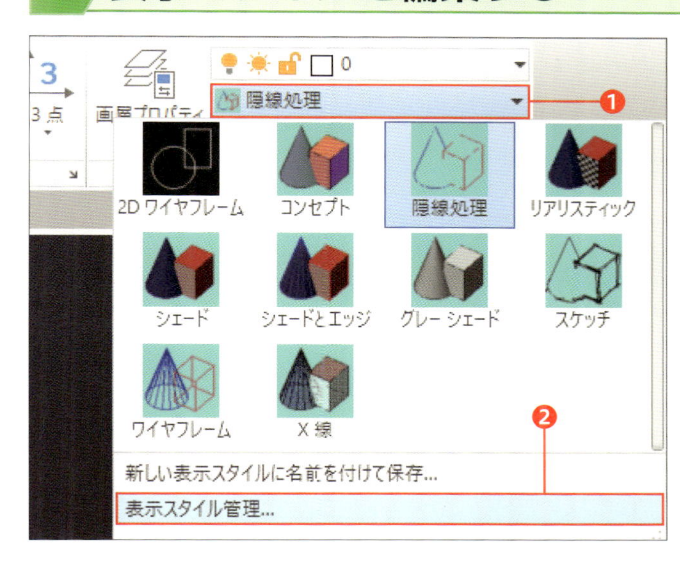

1 「表示スタイル管理」を表示する

[表示スタイル] をクリックし❶、[表示スタイル管理] をクリックします❷。

2 表示スタイルをコピーする

[隠線処理] をクリックします❶。右クリックし、[コピー] をクリックします❷。

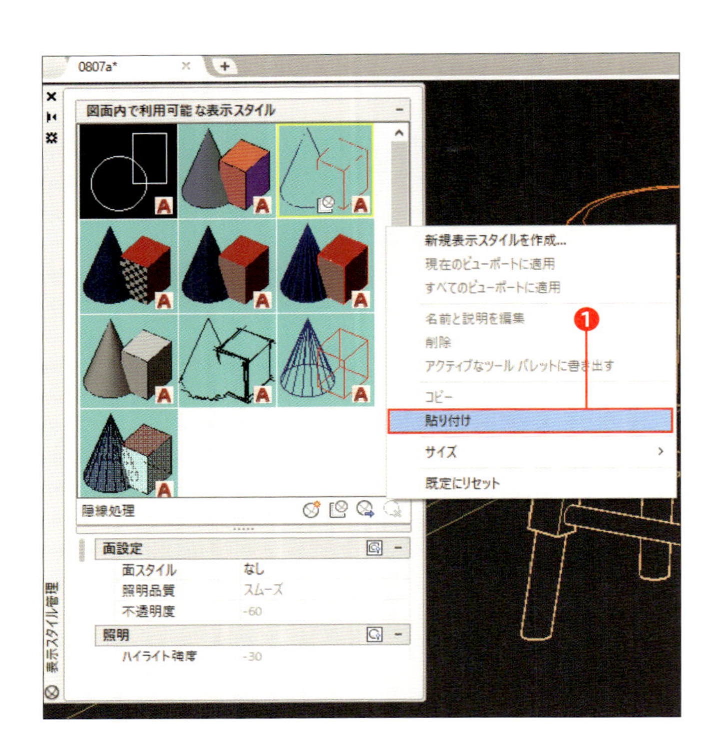

3 コピーしたスタイルを貼り付ける

［図面内で利用可能な表示スタイル］内でもう一度右クリックし、［貼り付け］をクリックします❶。

4 コピーしたスタイルを編集する

コピーした表示スタイルに名前を付けましょう。コピーした表示スタイルを右クリックし❶、［名前と説明を編集］をクリックします❷。

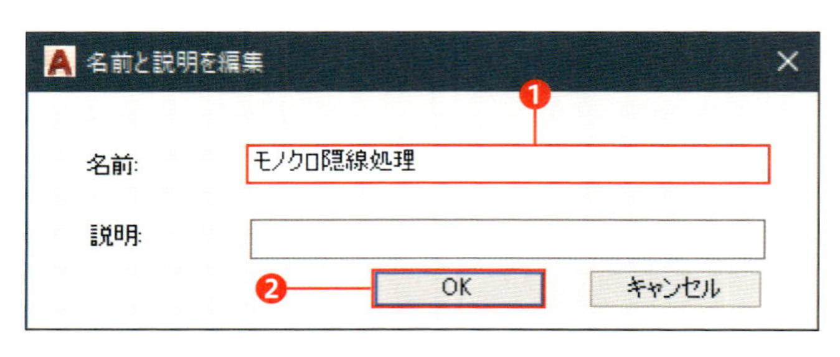

5 名前を変更する

名前に「モノクロ隠線処理」と入力します❶。説明は、今回は空欄にします。［OK］をクリックします❷。

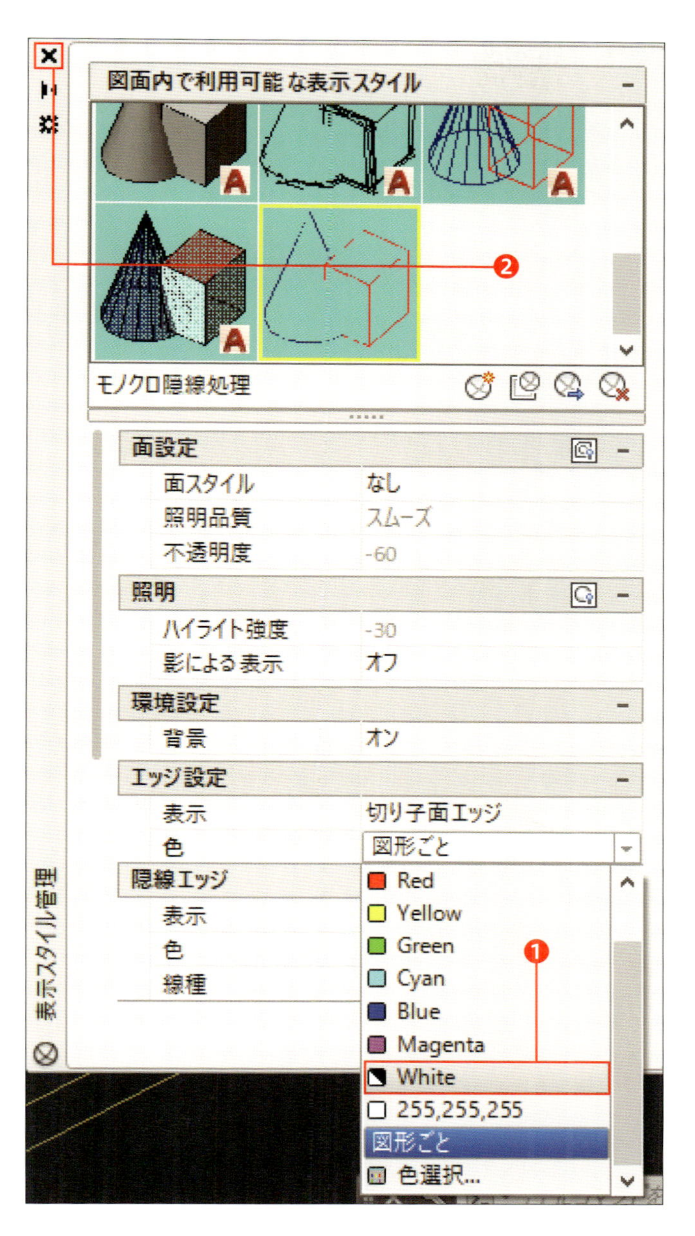

6 エッジの色を変更する

表示スタイルの一覧と設定値との境界をドラッグすると、設定欄を広げられます。［エッジ設定］の［色］を「White」に変更します❶。［×］をクリックして、パレットを閉じます❷。

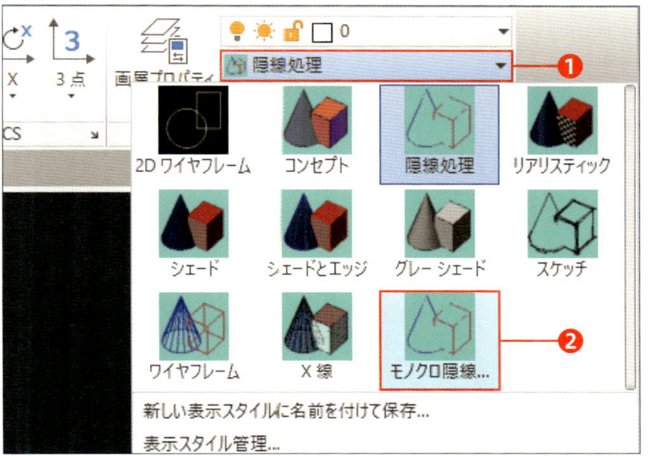

7 表示スタイルを適用する

［表示スタイル］をクリックし❶、カスタマイズした［モノクロ隠線処理］をクリックします❷。

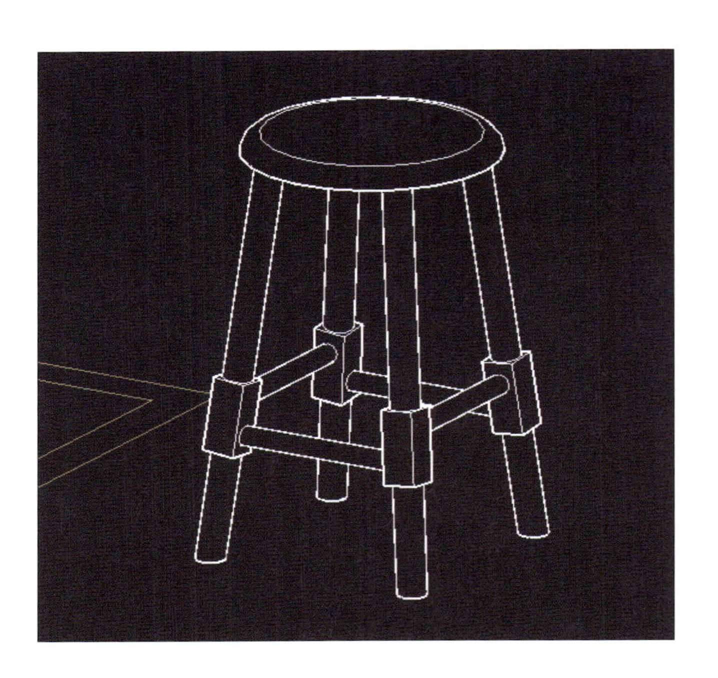

8 スタイルが適用された

輪郭の色が白で表示されます。

Memo そのほかの適用方法

「表示スタイル管理」パレットで表示スタイルのアイコンをダブルクリックしても、表示スタイルを適用できます。

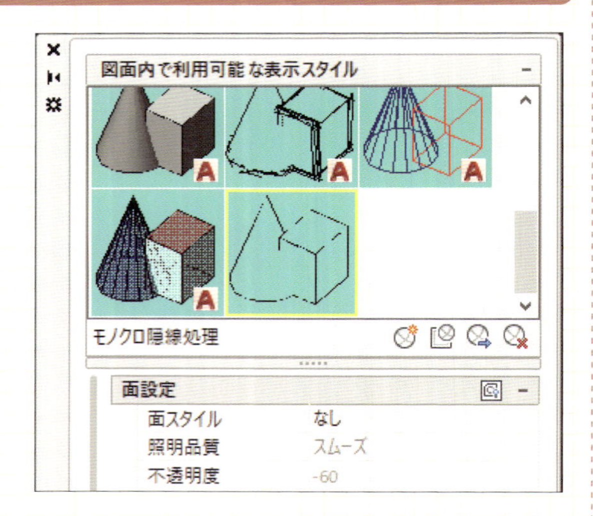

また、画面左上の表示スタイル名をクリックすると、表示スタイルのリストが表示されるので、ここからでも表示スタイルを変更できます。

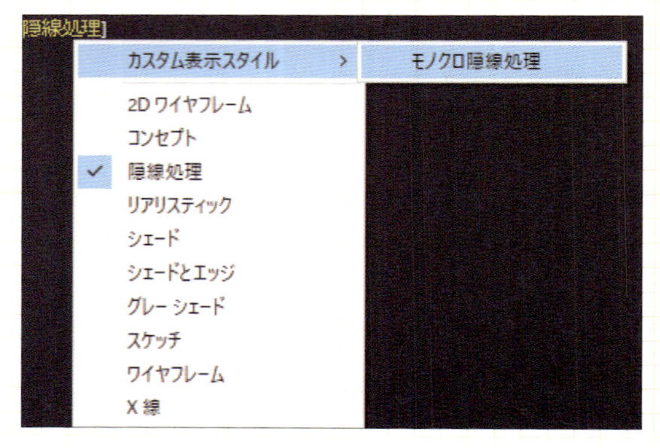

Section 08

ペーパー空間にレイアウトする

練習ファイル 0808a.dwg　完成ファイル 0808b.dwg

AutoCADには、図面や立体を作るモデル空間と、モデル空間の図を用紙にレイアウトするペーパー空間があります。モデル空間だけで図面印刷まで行っても問題ありませんが、ペーパー空間を使うと、尺度や見る角度を変えた図のレイアウトが容易になります。ここでは、図面の余白に立体図を配置したレイアウトを作りましょう。立体図の配置は次の節で行います。

完成図

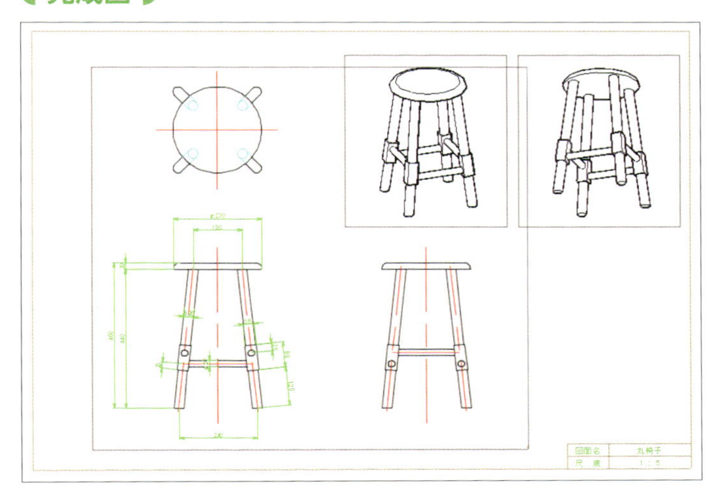

図面枠をペーパー空間にコピーする

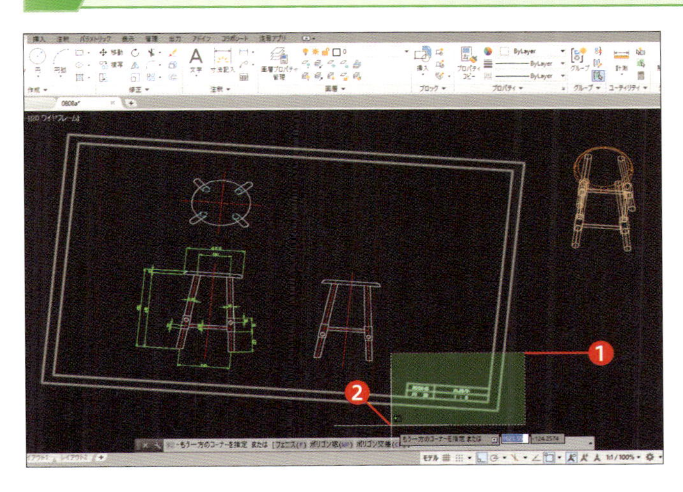

1 表示スタイルとワークスペースを切り替える

2Dのコマンドを使う作業が続くので、表示スタイルは「2Dワイヤフレーム」に、ワークスペースは「製図と注釈」にしておきましょう。図面の輪郭線と表題欄を選択します❶❷。

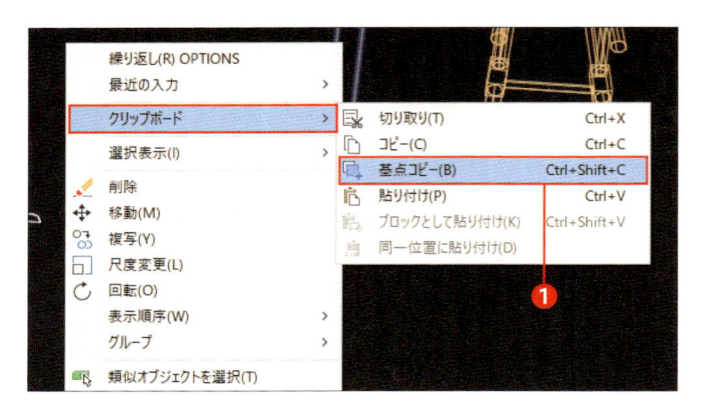

2 「基点コピー」を実行する

右クリックし、［クリップボード］→［基点コピー］をクリックします❶。

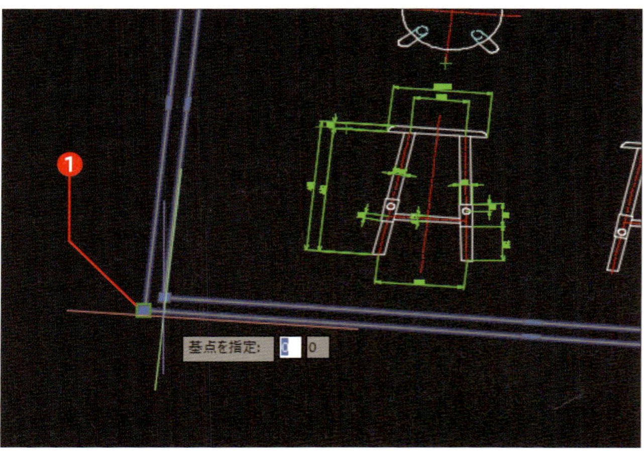

3 基点を指定する

基点を聞かれるので、図面用紙の左下をクリックします❶。

4 ペーパー空間に切り替える

画面左下の［レイアウト1］をクリックし、ペーパー空間に切り替えます❶。

5 「貼り付け」を実行する

［貼り付け］をクリックします❶。

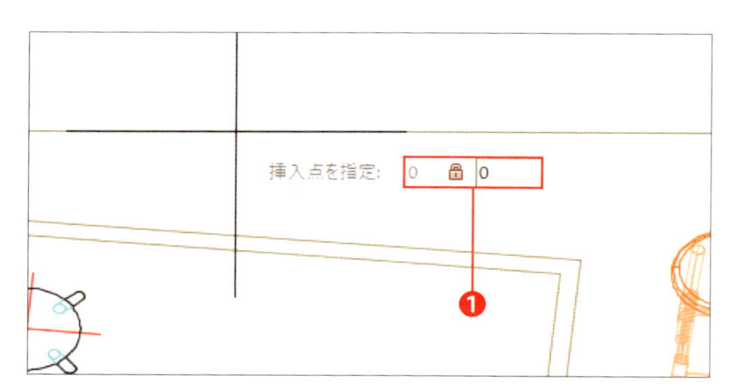

6 挿入先を指定する

挿入先は、キーボードから「0,0」と入力します❶。

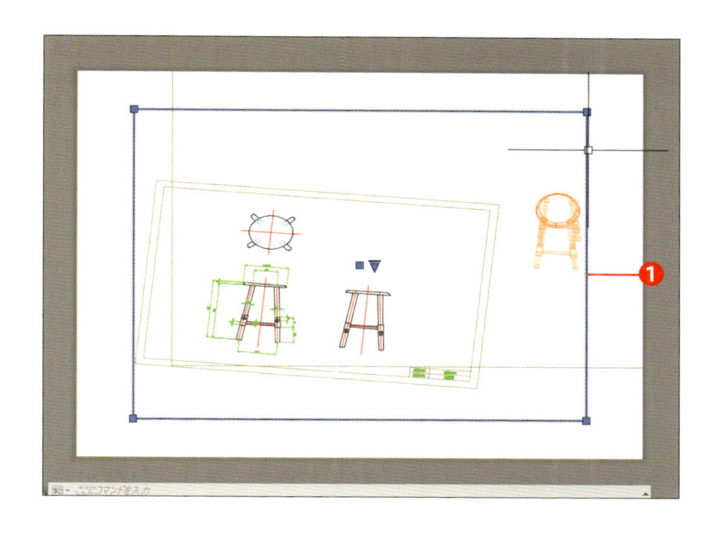

7 ビューポートを削除する

用紙の内側の枠は、ビューポートという特殊な図形です。あとで作り直すので、クリックして選択し、削除しましょう❶。

図面枠を現尺にする

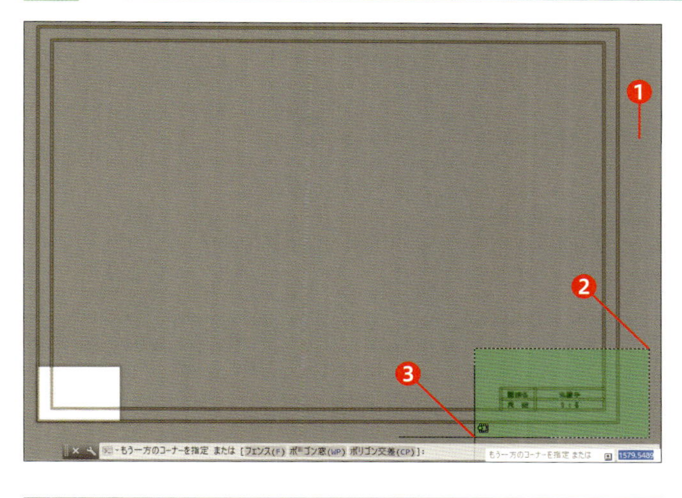

1 全体を表示する

マウスのホイールボタンをダブルクリックし、全体表示します❶。モデル空間からコピーした用紙枠は、実際の5倍の大きさになっているので、実物大にしましょう。用紙と表題欄を選択します❷❸。

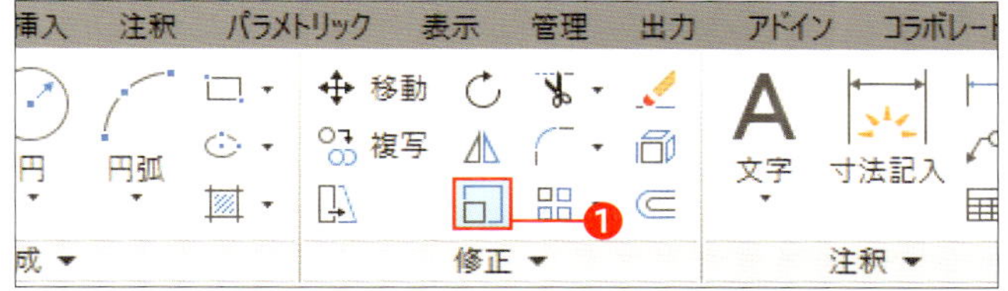

2 「尺度変更」コマンドを実行する

［尺度変更］コマンドを実行します❶。

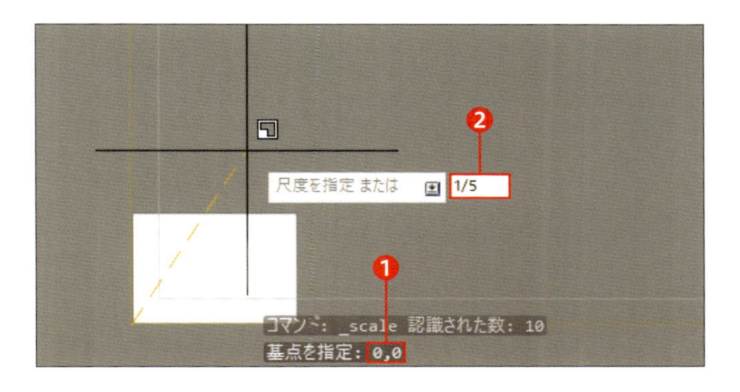

3 基点と尺度を指定する

基点は「0,0」と入力します❶。尺度は「1/5」と入力します❷。

ページ設定をする

1 全体を表示する

マウスのホイールボタンをダブルクリックし、全体を表示します❶。用紙と印刷範囲が一致していません。

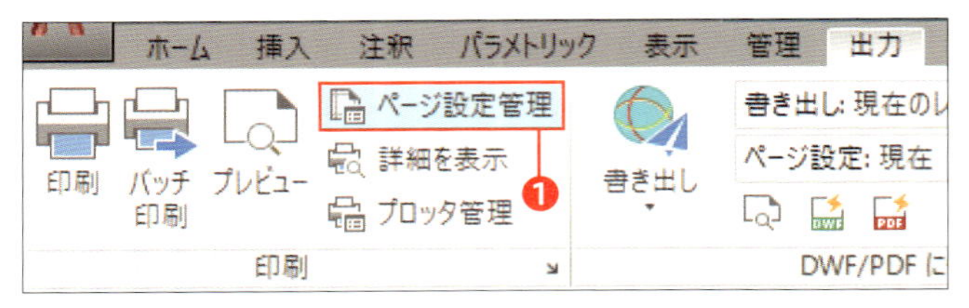

2 「ページ設定管理」を表示する

［出力］リボンタブの［ページ設定管理］をクリックします❶。

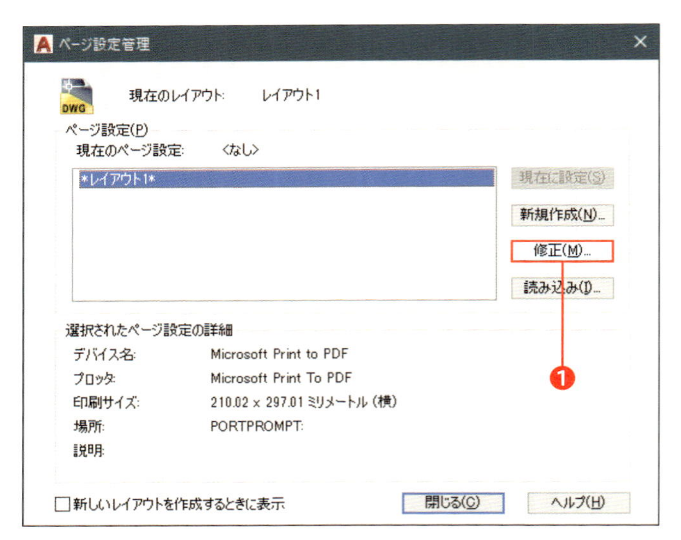

3 ページ設定を修正する

［修正］をクリックします❶。

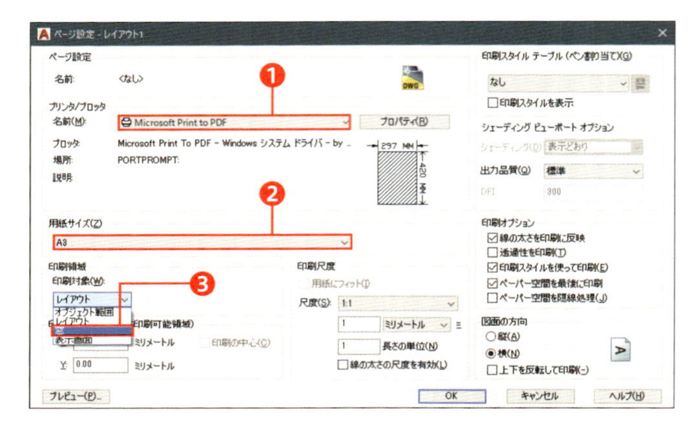

4 印刷設定をする

プリンターを選びます❶。ここでは、PDFで出力する「Microsoft Print to PDF」を選びました。用紙サイズを「A3」にします❷。印刷対象のリストから「窓」を選択します❸。

5 印刷範囲を指定する

作図画面に切り替わるので、用紙のコーナーをクリックして囲みます❶❷。

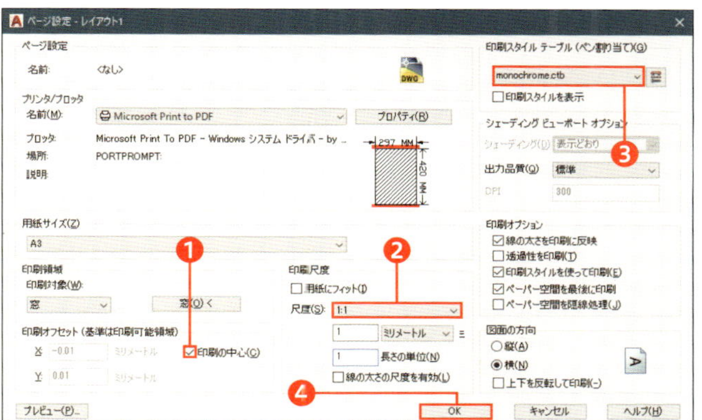

6 尺度などを設定する

［印刷の中心］にチェックを付けます❶。［尺度］は「1：1」にします❷。［印刷スタイルテーブル］は「monochrome.ctb」を選びます❸。［OK］をクリックします❹。

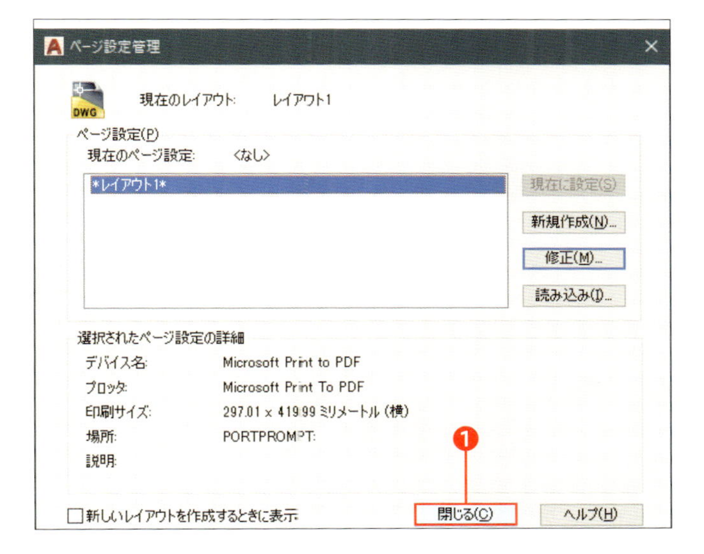

7 「ページ設定管理」を閉じる

［閉じる］をクリックします❶。

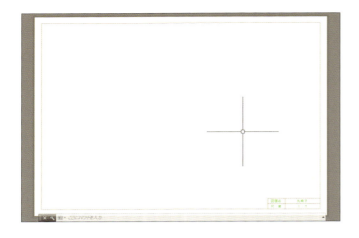

8 設定が完了した

印刷範囲が正しく設定できました。

ビューポートを作る

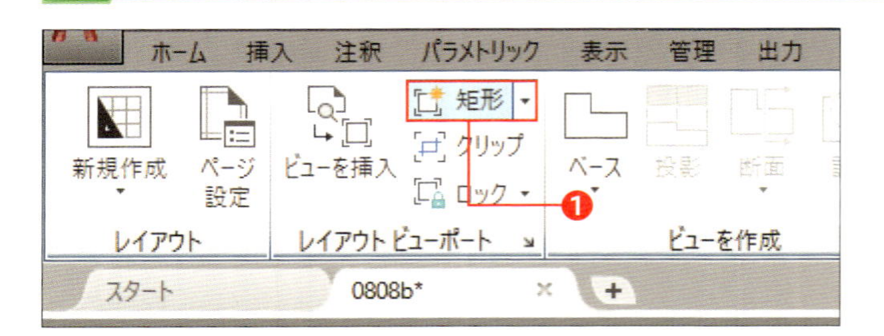

1 「ビューポート」コマンドを実行する

現在層を「ビューポート」画層にします。［レイアウト］リボンタブの［ビューポート、矩形］をクリックします❶。

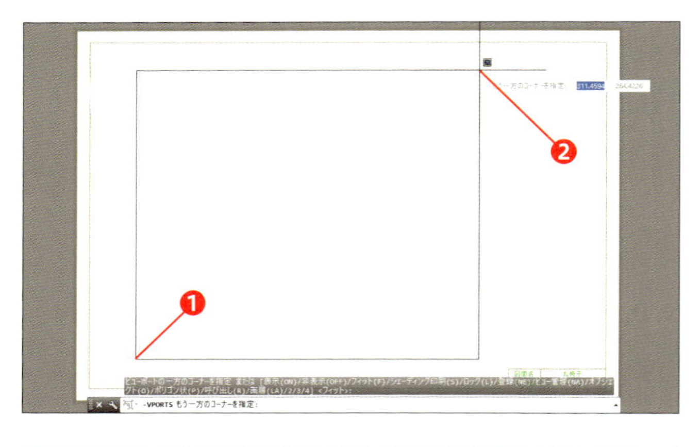

2 ビューポートの範囲を指定する

適当な大きさの長方形を描く要領で、対角の2つの点をクリックします❶❷。

Check

ここで作成した長方形は、モデル空間を映し出す「ビューポート」という図形です。

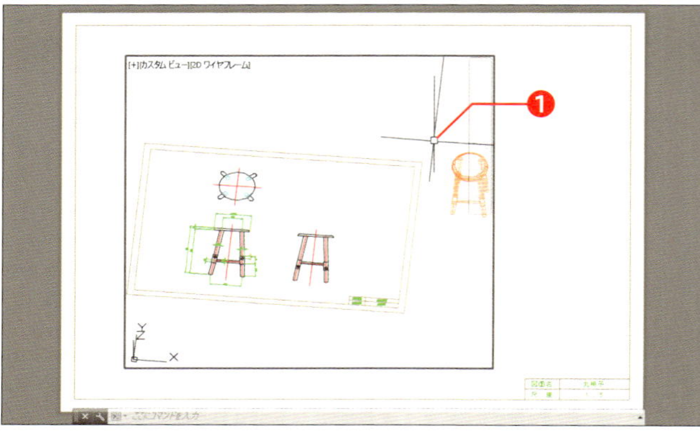

3 ビューポートの内側に入る

ビューポートの内側をダブルクリックします❶。すると、ビューポートの中、つまりモデル空間の中に入れます。

Check

ビューポートの枠をダブルクリックすると、ビューポートが最大化されます。元に戻すにはP.313を参照してください。

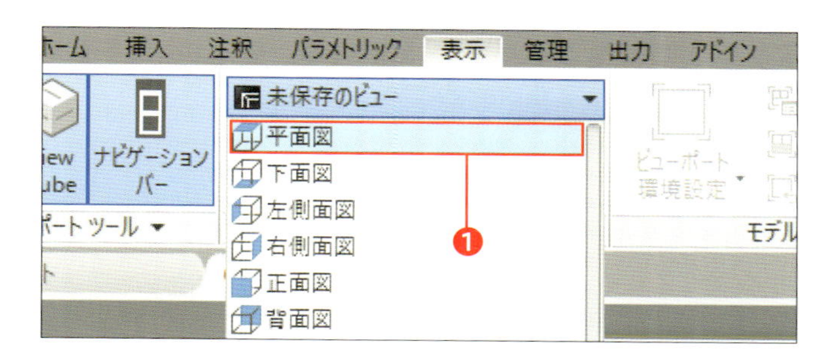

4 ビューを選択する

［表示］リボンタブの［ビュー］のリストから「平面図」を選びます❶。「ビュー」というのは視点のことです。

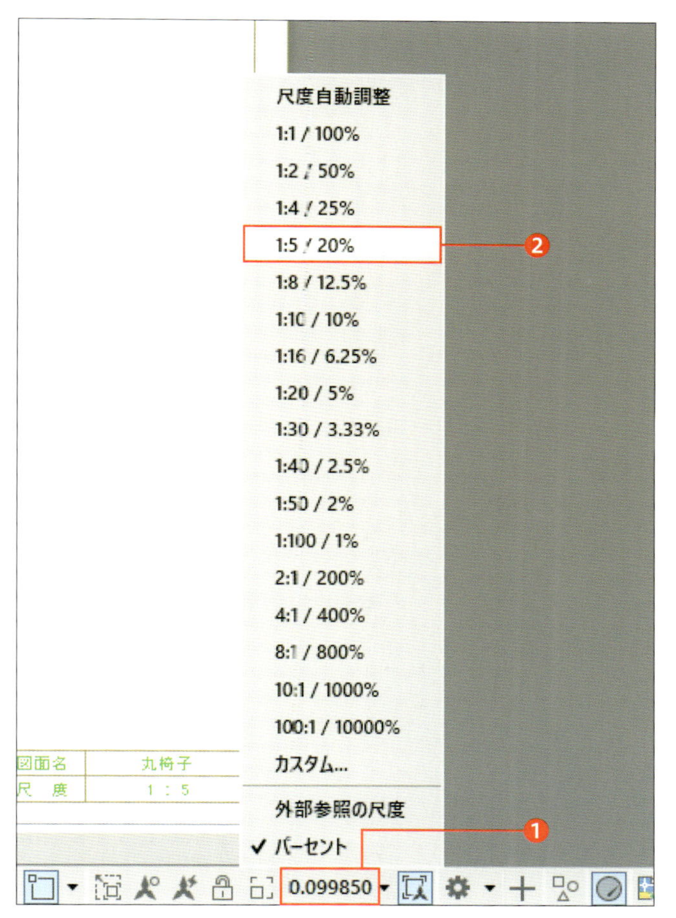

5 ビューの尺度を設定する

［ビューの尺度］をクリックし❶、「1:5」をクリックします❷。

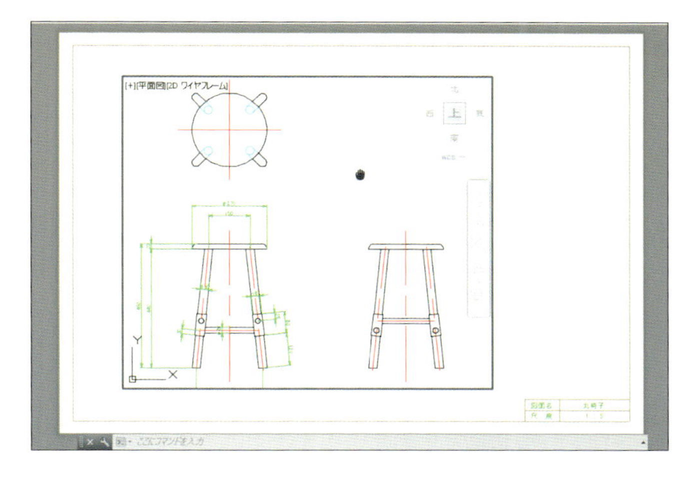

6 図面をビューポートに表示する

尺度を設定したので、ズームしないように注意しながら画面移動して、図面をビューポートの中に表示しましょう。ビューポートのサイズが少し小さかったため、寸法の一部が切れてしまいました。

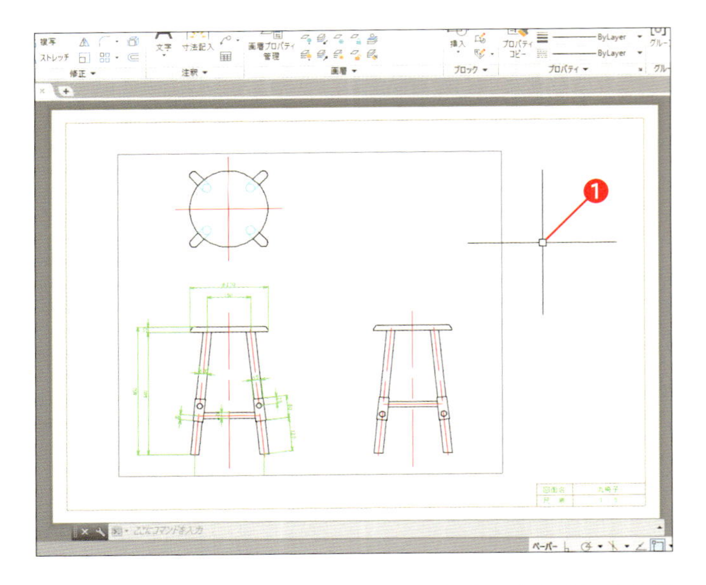

7 ペーパー空間に戻る

ビューポートの外側をダブルクリックします❶。操作対象がペーパー空間に戻ります。

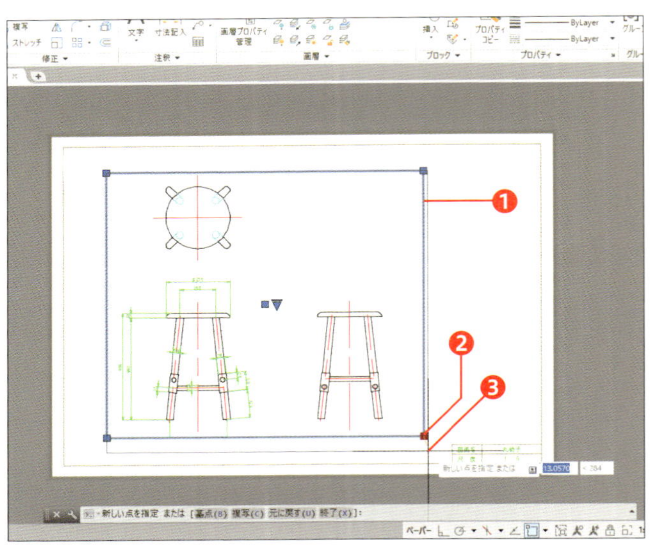

8 ビューポートのサイズを変更する

ビューポートをクリックして選択します❶。グリップをクリックして❷、ビューポートのサイズを変更し、隠れている図面を表示します❸。図面が全部表示できていれば、この操作は必要ありません。

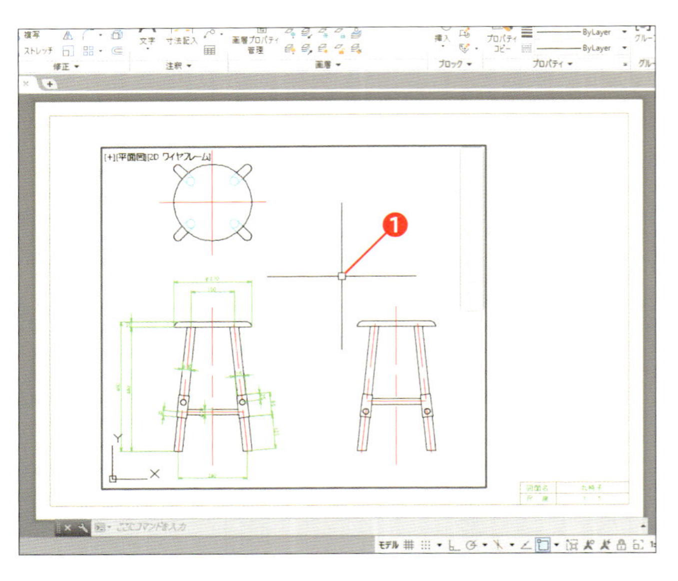

9 ビューポートの内側に入る

表示範囲と表示尺度が設定できたので、ビュー（視点）をロックしましょう。ビューポートの内側をダブルクリックし、ビューポートの中に入ります❶。

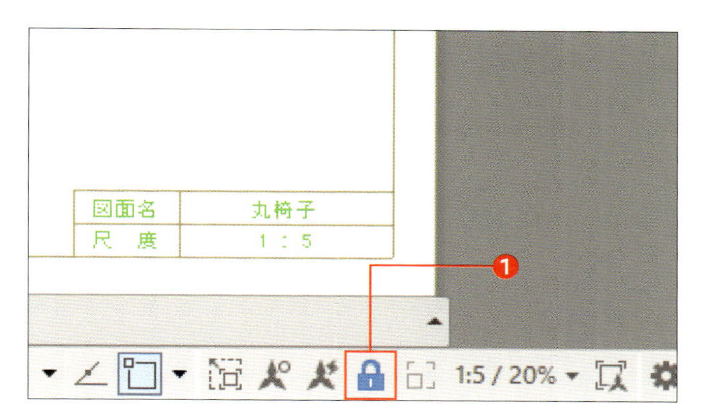

10 ビューをロックする

ステータスバーの錠前のアイコンをクリックします❶。色が青くなり、ロックされたことが示されます。

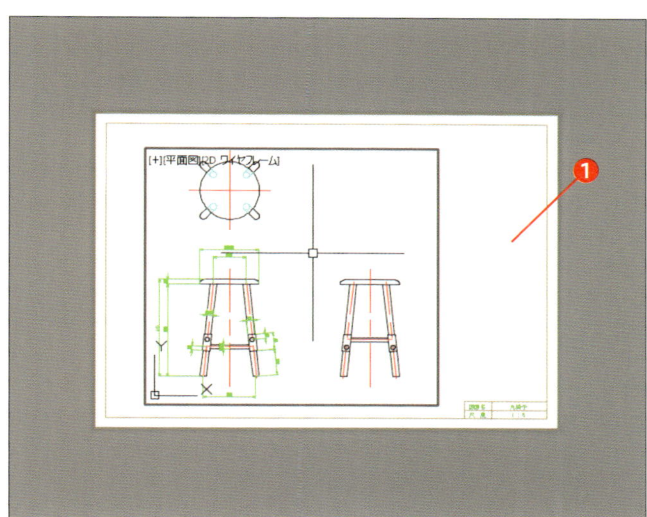

11 ペーパー空間に戻る

ビューをロックすると、ズームしてもペーパー空間ごとズームされます。ビューポートの外側をダブルクリックし、ペーパー空間に戻ります❶。

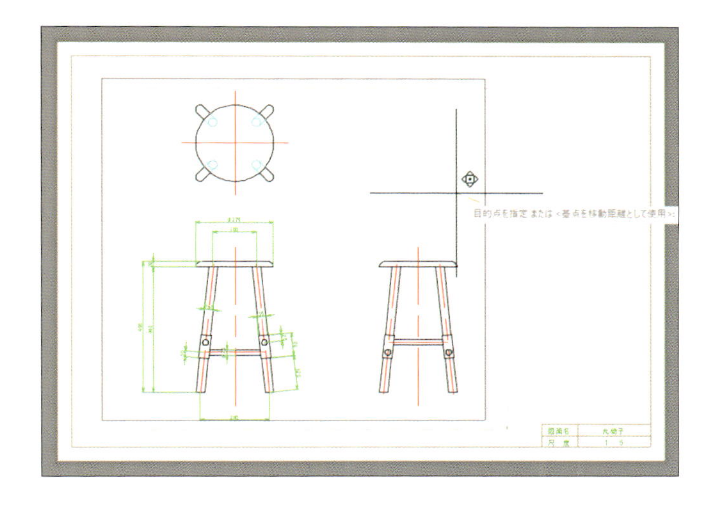

12 ビューポートを移動する

ビューポートも通常の図形と同じく、［移動］や［複写］コマンドが使えます。配置を変更したいときは、ビューポートの枠を選択し、［移動］コマンドで移動しましょう。

テクニカルイラストを配置する

練習ファイル 0809a.dwg　完成ファイル 0809b.dwg

投影法という数学的な約束で、立体的に描かれた図をテクニカルイラストといいます。CADの画面表示は投影法が用いられているので、表示スタイルの設定だけで、テクニカルイラストにできます。丸椅子の図面の右上に余白があるので、ここにテクニカルイラストを配置しましょう。

完成図

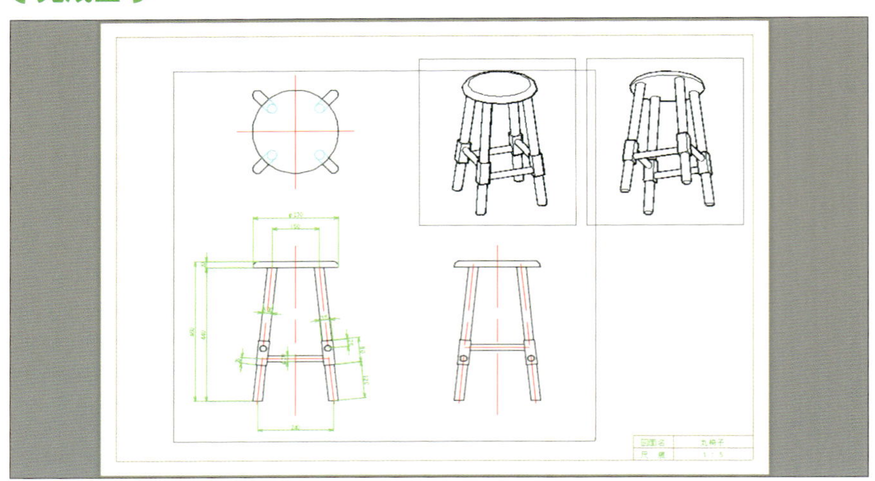

ビューポートを作る

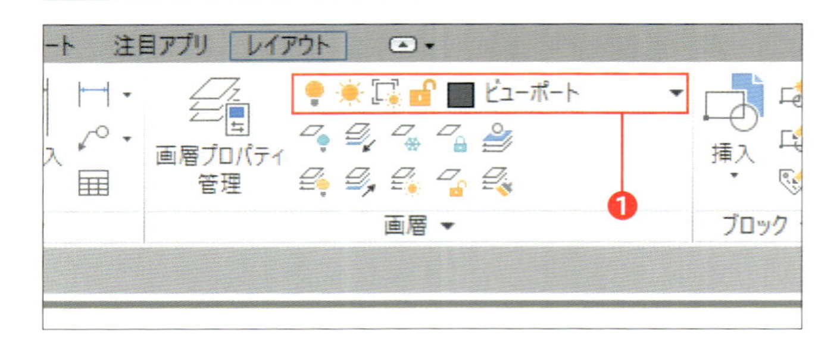

1 現在層を確認する

［ホーム］リボンタブで、現在層が「ビューポート」画層になっているのを確認します❶。

2 「ビューポート」コマンドを実行する

［レイアウト］リボンタブの［ビューポート、矩形］をクリックします❶。

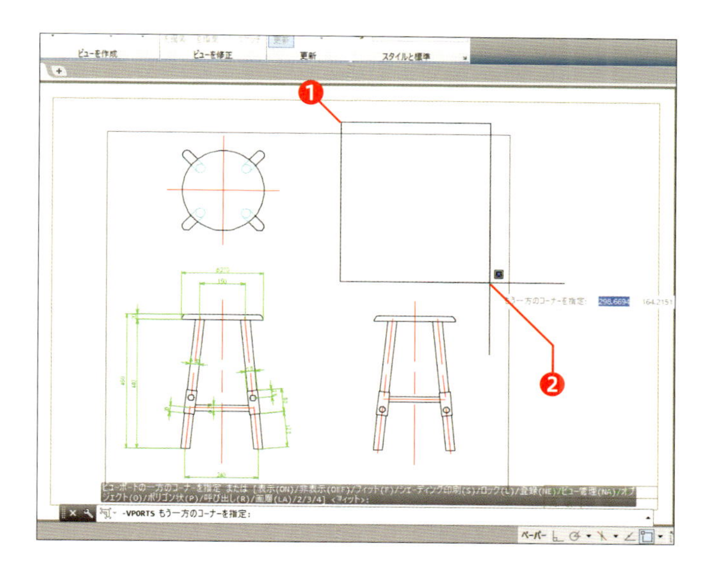

3 1つ目のビューポートを作る

ビューポートは2つ作る予定です。空きスペースの左側で、対角の2点をクリックします❶❷。

立体表示にする

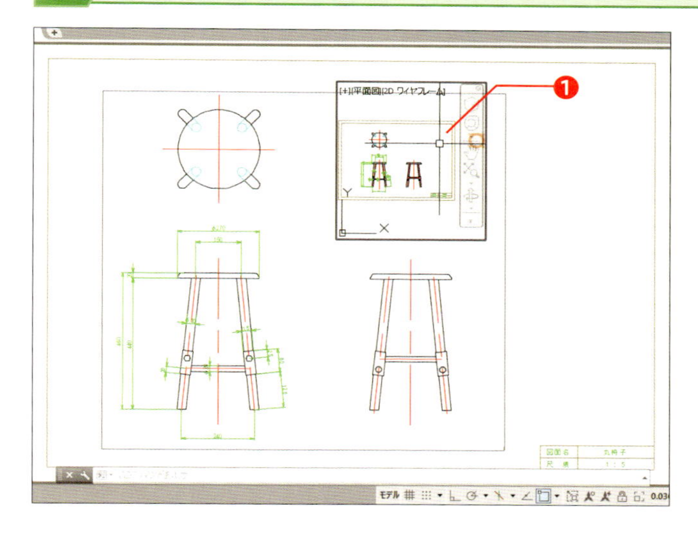

1 ビューポートの内側に入る

ビューポートの内側をダブルクリックし、ビューポートの中に入ります❶。

Check

2つのビューポートが重なっているため、違うビューポートの中に入ってしまう場合は、Ctrl キーを押しながら R キーを押すと、アクティブなビューポートの切り替えができます。

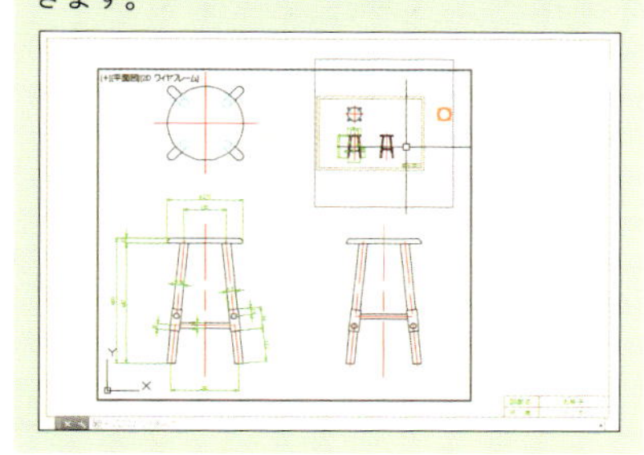

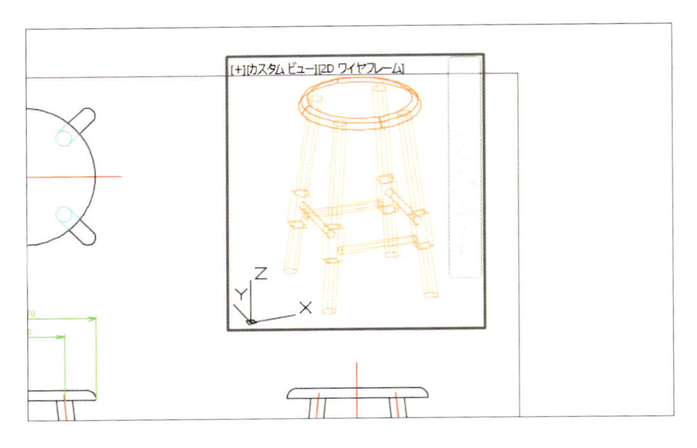

2 立体表示にする

ズームや画面移動、オービットを用いて、丸椅子を立体表示します。

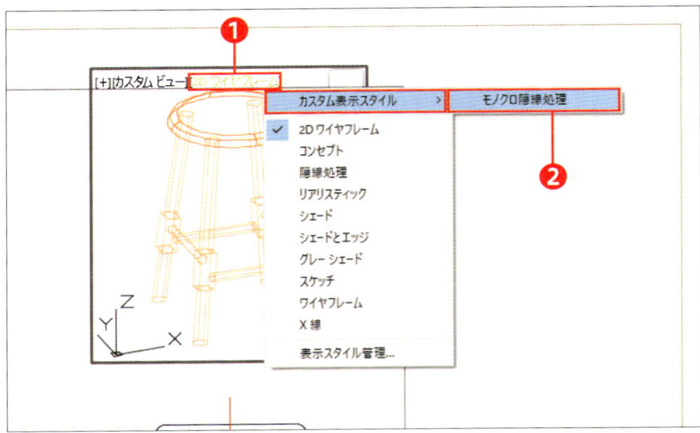

3 表示スタイルを変更する

表示スタイル名をクリックし❶、［カスタム表示スタイル］→［モノクロ陰線処理］をクリックします❷。

複写してビューポートを作る

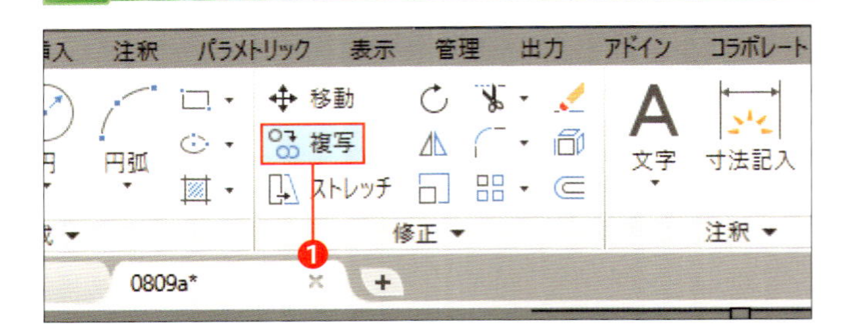

1 「複写」コマンドを実行する

ビューポートの外側をダブルクリックして、ペーパー空間に出ます。ビューポートを選択し、［複写］コマンドを実行します❶。

2 ビューポートを複写する

基点は適当な位置をクリックし❶、右側に複写します❷。

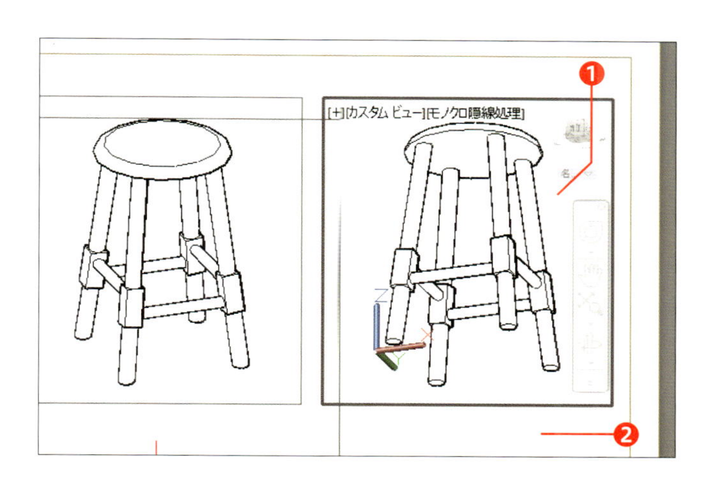

3 ビューポートの表示を調整する

ビューポートの中に入り、違う角度で表示します❶。設定したらビューポートの外側をダブルクリックし、ペーパー空間に出ます❷。

ビューをロックする

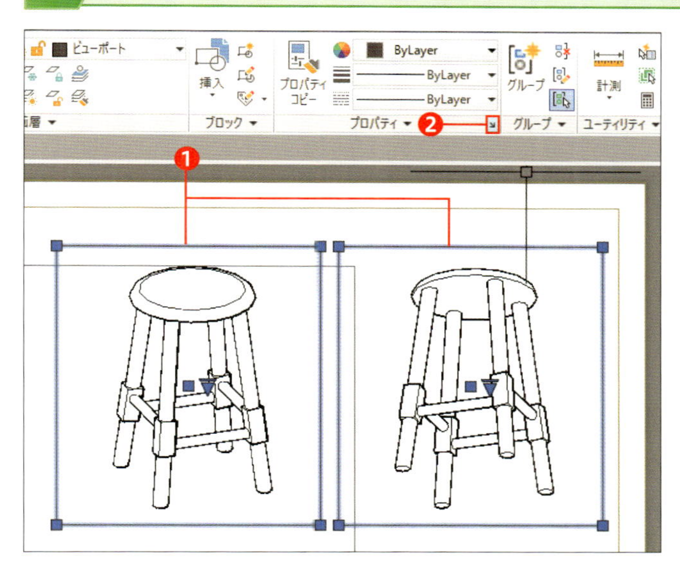

1 「プロパティ」パレットを開く

2つのビューポートを選択し❶、［ホーム］リボンタブの［プロパティ］パネル名のボタンをクリックします❷。

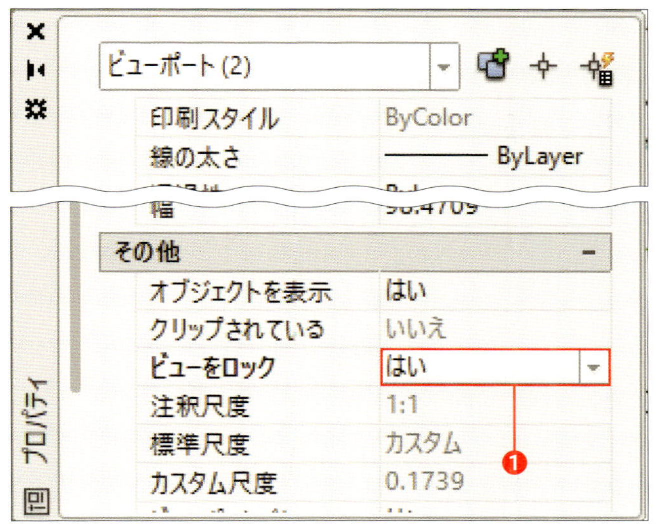

2 ビューをロックする

「プロパティ」パレットが表示されるので、［ビューをロック］を「はい」に変更します❶。

長方形以外のビューポートを作成する

ビューポートは、矩形（長方形）のほかに、画面上をクリックして作る［ポリゴン］と、閉じた図形をビューポートに変換する［オブジェクト］があります。

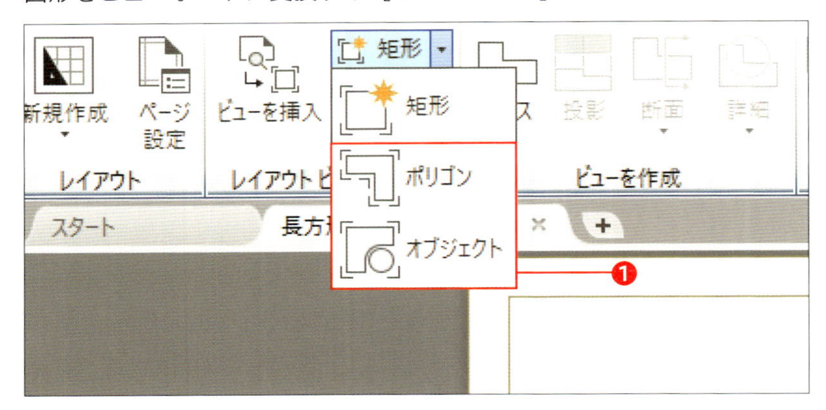

［ポリゴン］ビューポート

画面上をクリックして閉じた図形を作ります。

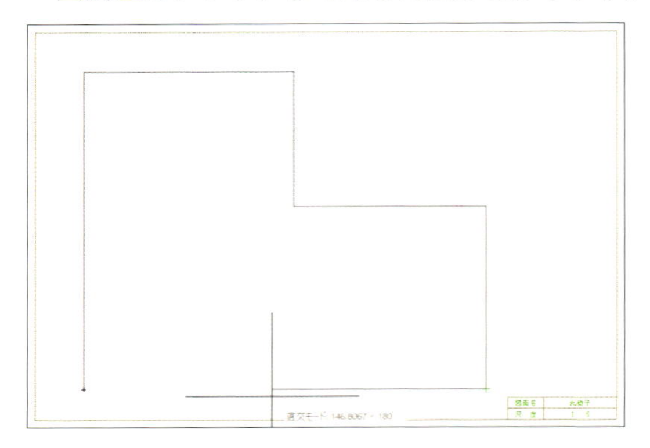

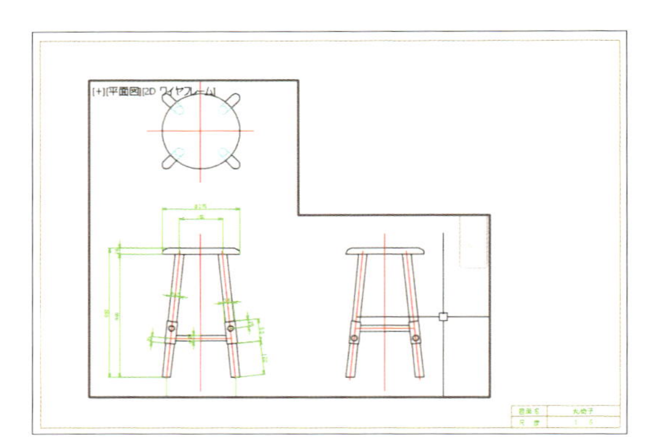

［オブジェクト］ビューポート

あらかじめ円や、閉じたポリラインを描いておきます。ビューポートコマンドの［オブジェクト］を実行し、図形をクリックするとビューポートに変換されます。

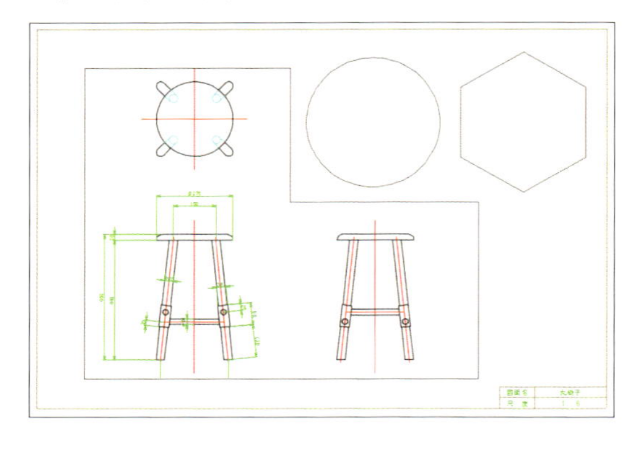

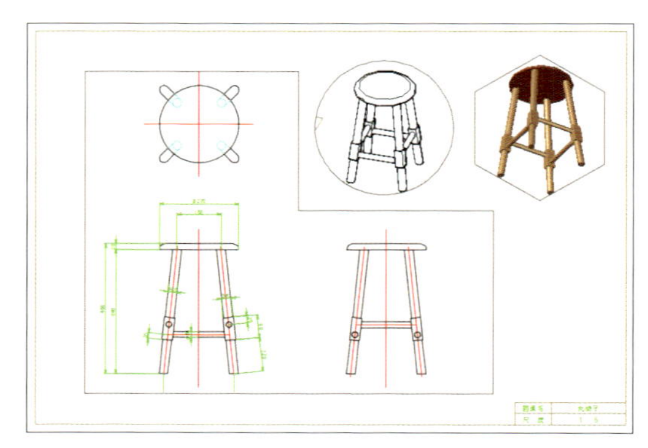

ビューポートを最大化して作業する

ビューポートの枠をダブルクリックすると、ビューポートが画面いっぱいに広がります。

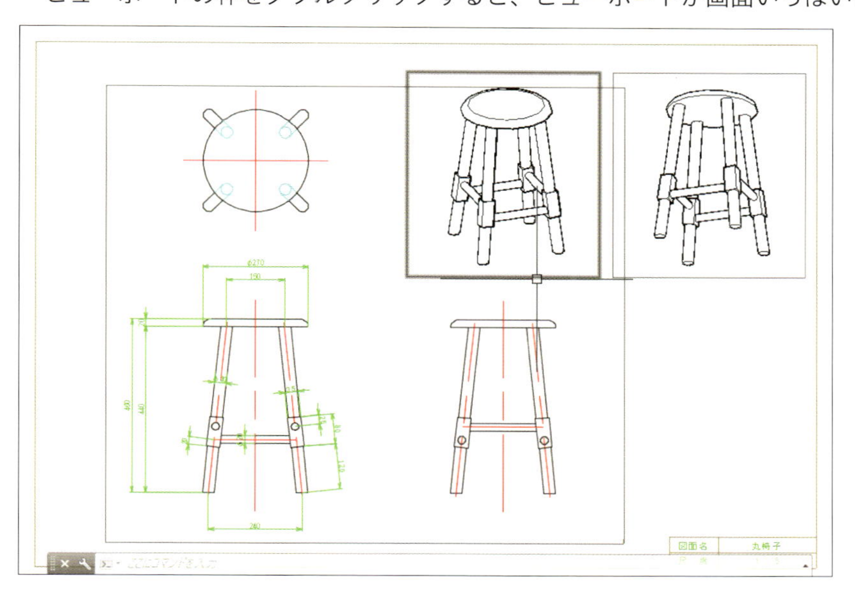

モデル空間に切り替えたかのような表示になり、ズームや画面移動を行って編集作業ができます。

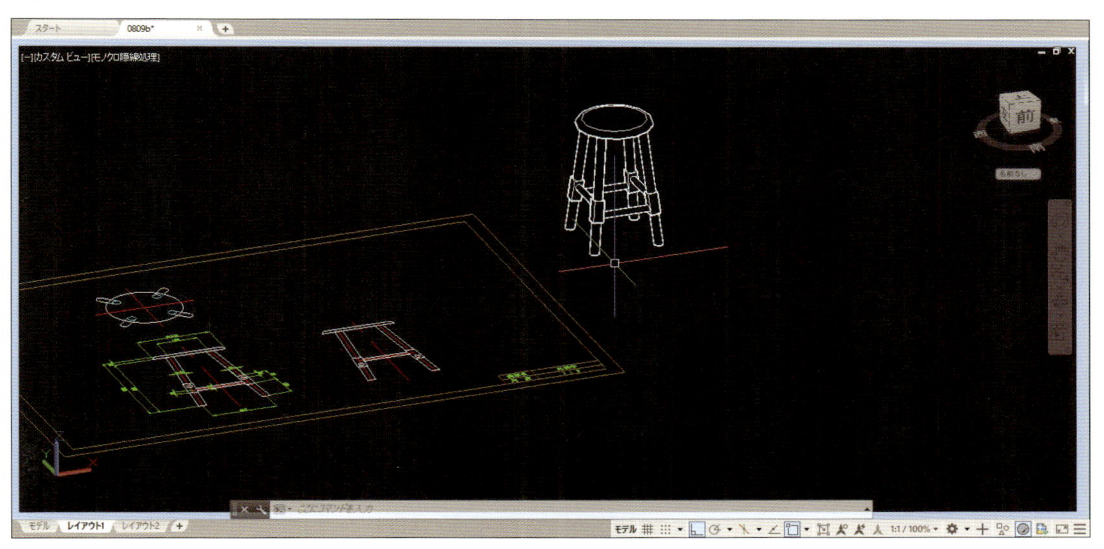

元の表示に戻すには、ステータスバーの［ビューポートを最小化］をクリックします。ビューをロックしていなくても、元通りの表示に戻ります。

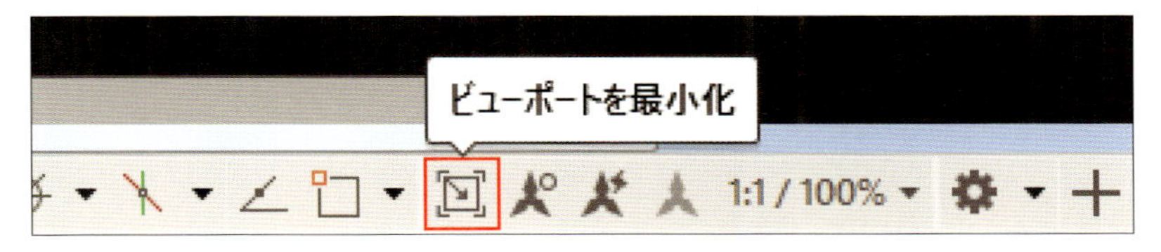

ペーパー空間から図面を印刷する

練習ファイル 0810a.dwg　完成ファイル 0810b.dwg

ペーパー空間にレイアウトした図面を見ると、一点鎖線や破線の模様が粗いように見えます。平面図などは、ほとんど実線になっています。モデル空間から印刷する場合の尺度1：5に、線種尺度を合わせているためです。ペーパー空間には、実物大の用紙を描いてあるので、ペーパー空間から印刷する場合の印刷尺度は、現尺（1:1）になります。そこで、印刷前に線種尺度を調整しましょう。

完成図

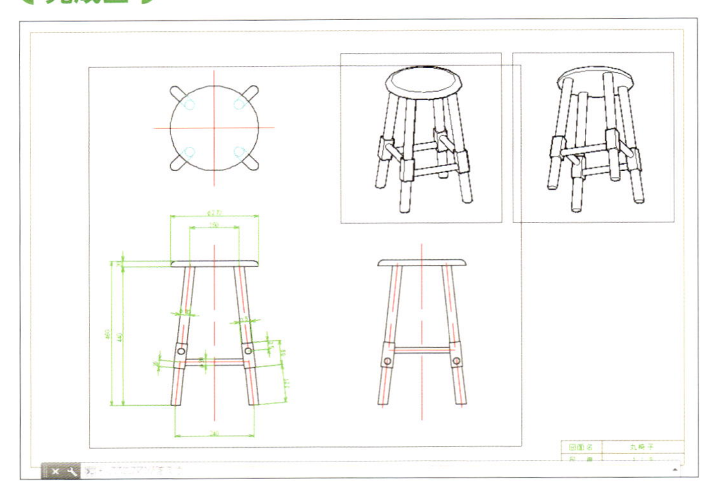

線種尺度を調整する

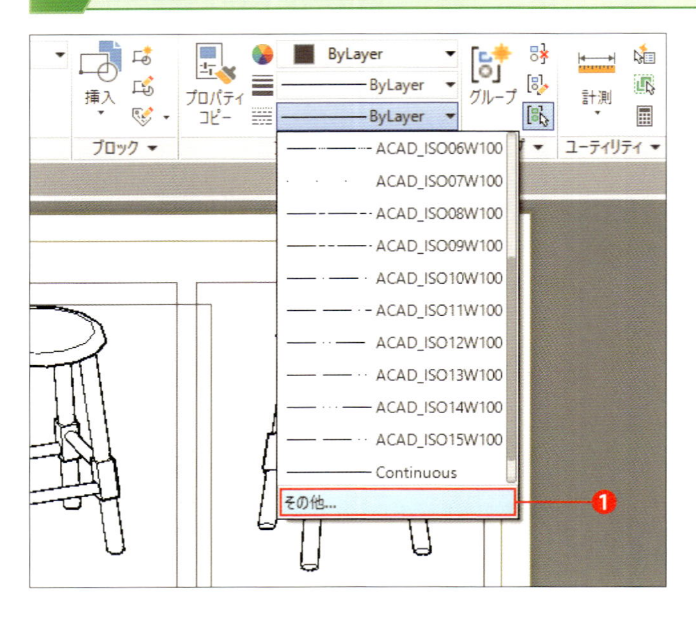

1 「線種管理」を開く

線種のリストから［その他］をクリックします❶。

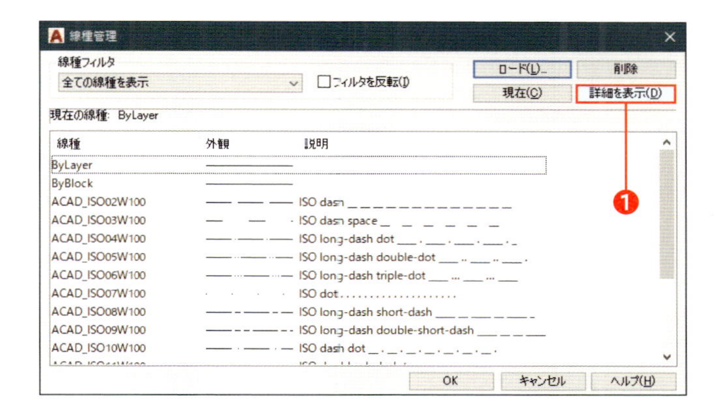

2 線種の詳細を表示する

[詳細を表示] をクリックします❶。

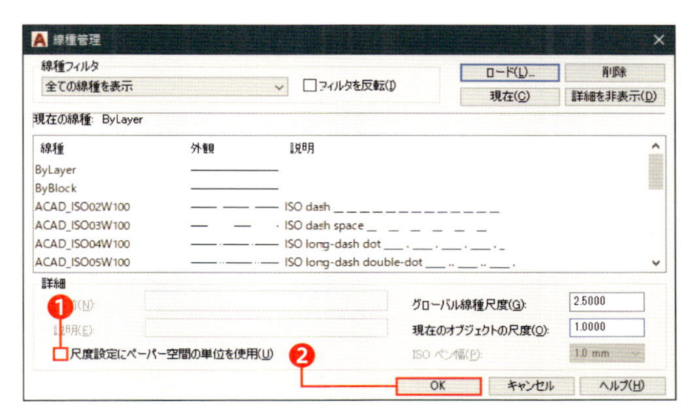

3 線種の表示をモデル空間と同じにする

[尺度設定にペーパー空間の単位を使用] のチェックをはずします❶。この設定はモデル空間には影響しないので、常にはずしておいても問題ありません。[OK] をクリックします❷。

Memo ビューポート内の表示が変わらない場合は

表示が変わらない場合は、ビューポートの中に入って、キーボードから「re」と入力し、Enter キーを押します。「RE」は表示をリフレッシュさせるコマンドです。ビューポートの外をダブルクリックし、ペーパー空間に戻ります。

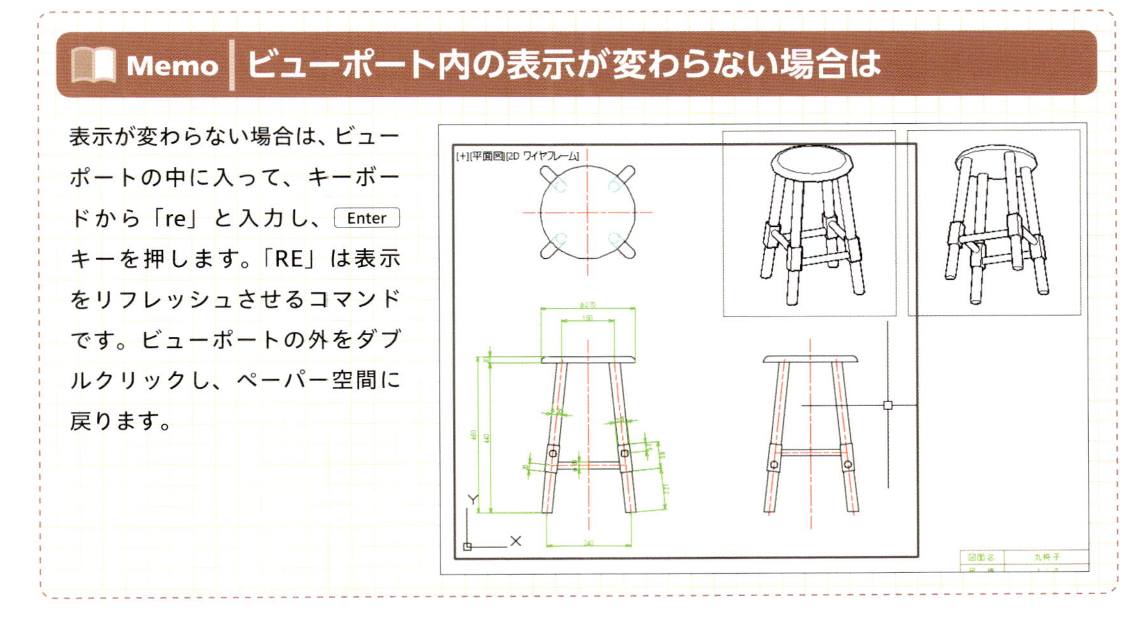

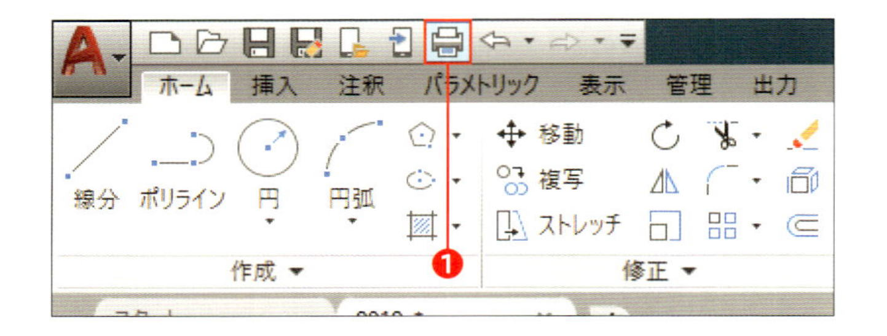

4 「印刷」コマンドを実行する

［印刷］をクリックします❶。

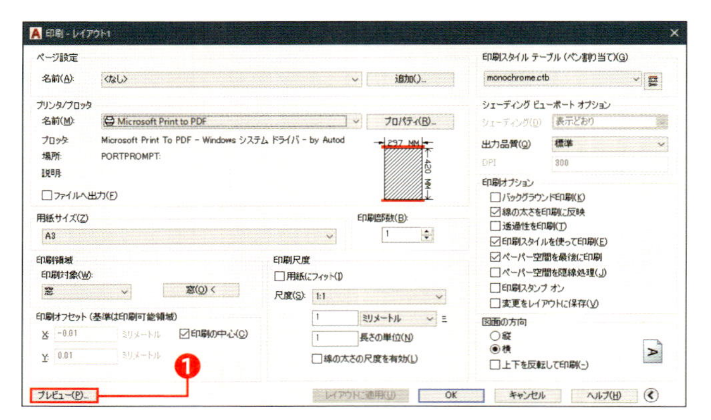

5 プレビューを表示する

ページ設定は終わっているので、［プレビュー］をクリックします❶。

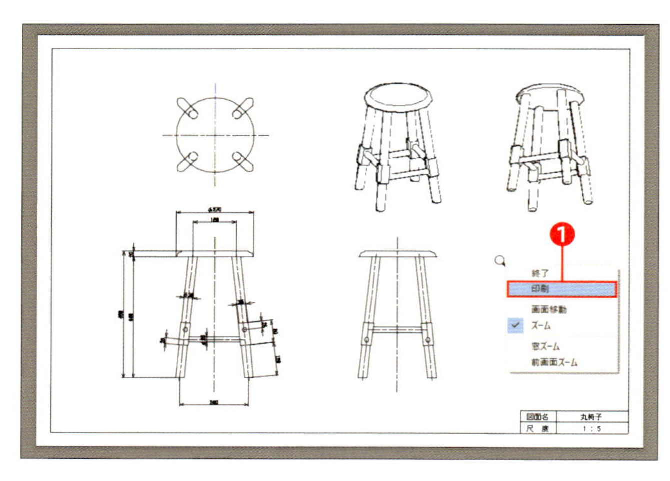

6 印刷を実行する

プレビューを確認し、右クリックして［印刷］をクリックします❶。

第9章

AutoCAD LTでも作れる立体図

AutoCAD LTでも指定できる3D視点

練習ファイル 0901a.dwg　完成ファイル なし

AutoCAD LTは、AutoCADのプログラミング環境と、3Dの機能を省いた製品です。2D製図用とされていますが、AutoCADでモデリングした3Dデータも表示できるように、3次元の空間を持っています。ユーザー座標を使い分けて、3次元空間に2D図形を配置すれば、そこそこの立体表現ができます。この章では、AutoCAD LT 2019を使用しますが、AutoCADでも同じ操作ができます。

AutoCADで作成した3Dモデルを開く

練習用ファイルを開きます。AutoCAD LTでもAutoCADで保存したときの表示スタイルで表示されます。

登録されているビューを使う

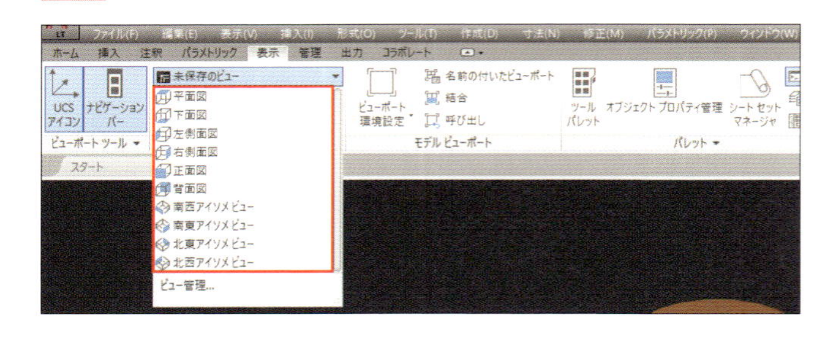

［表示］リボンタブに、正投影と等角投影の視点が用意されています。

・平面図

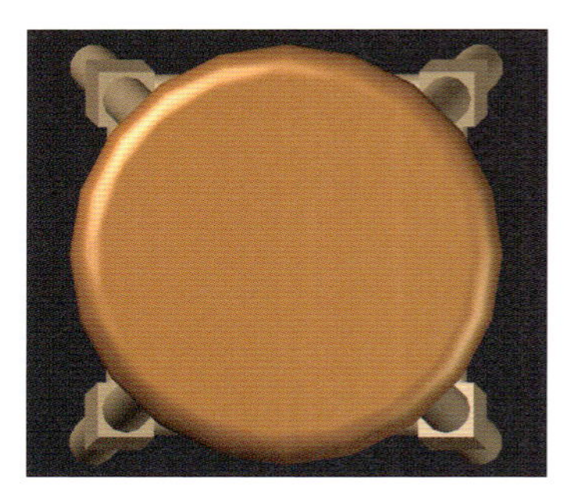

・正面図

・南西アイソメビュー

見る方向と見下ろす角度を指定する

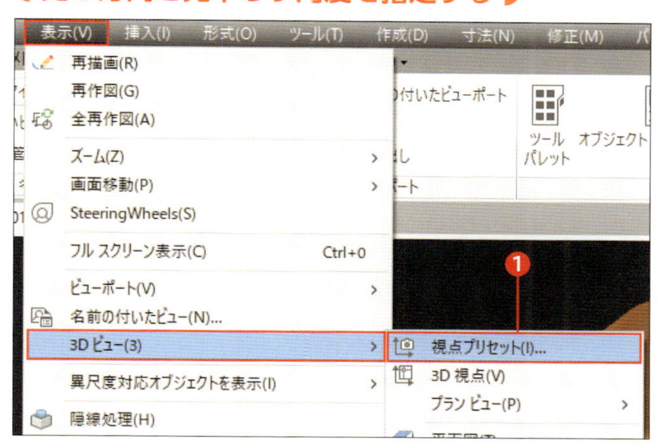

1 ［表示］メニューの［3Dビュー］の［視点プリセット］をクリックします1。

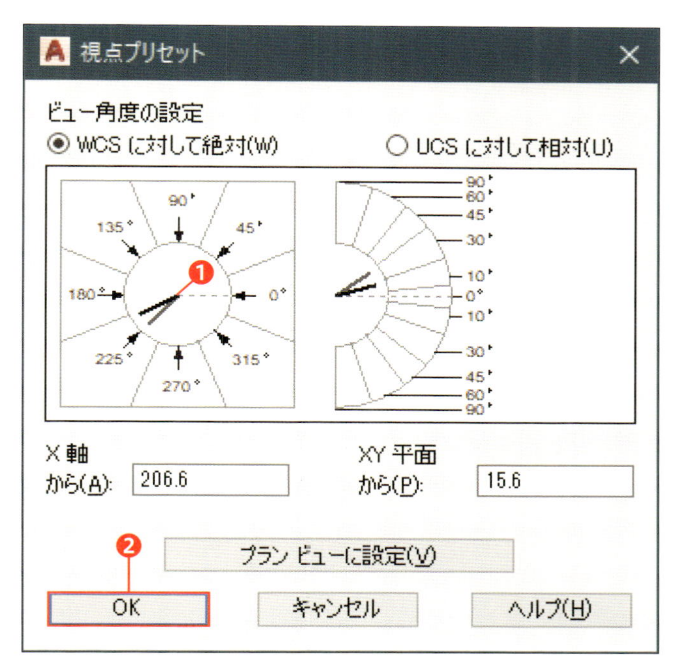

2 左側のメーターは視点の方角、右側は視点の高さを設定します。入力ボックスに数値を入力するか、メーターの針をクリックしても設定できます。ここでは、針の位置をクリックしました1。［OK］をクリックします2。

3 設定した視点で表示されました。

厚さプロパティで面を作る

完成ファイル 0902b.dwg

線や円などの図形には、「厚さ」というプロパティがあります。「厚さ」の初期値は「0」ですが、厚さを設定すると、押し出されて面になった表示になります。図形はオブジェクト座標という座標系をそれぞれ持っており、オブジェクト座標のZ軸方向に押し出されます。作図したときのZ軸だと思えば、ほぼ間違いありません。

厚さを設定して立体表示する

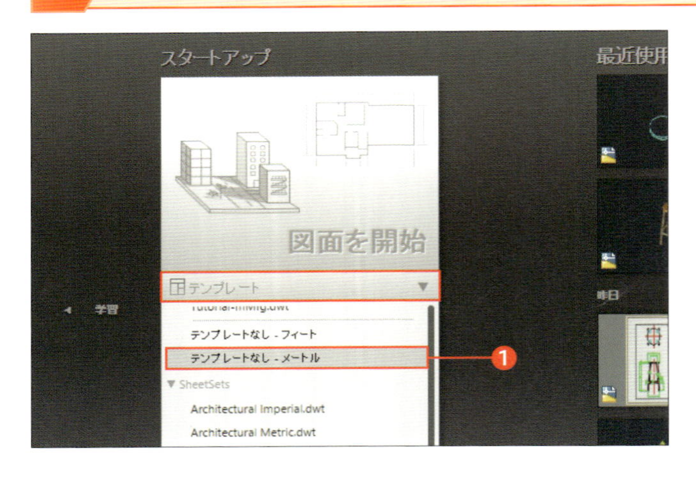

1 新規図面を開く

[スタート] タブで「テンプレートなし-メートル」をクリックし、新規ファイルを用意します❶。

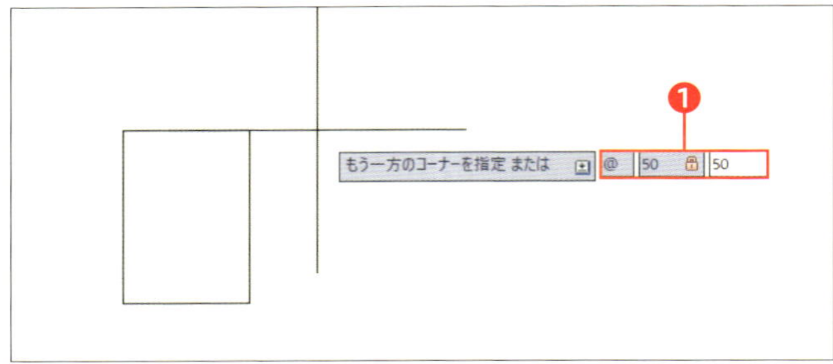

2 長方形を描く

[長方形] コマンドで辺の長さが50mmの正方形を描きましょう。ここでは、2点目の入力を「@50,50」と入力しています❶。

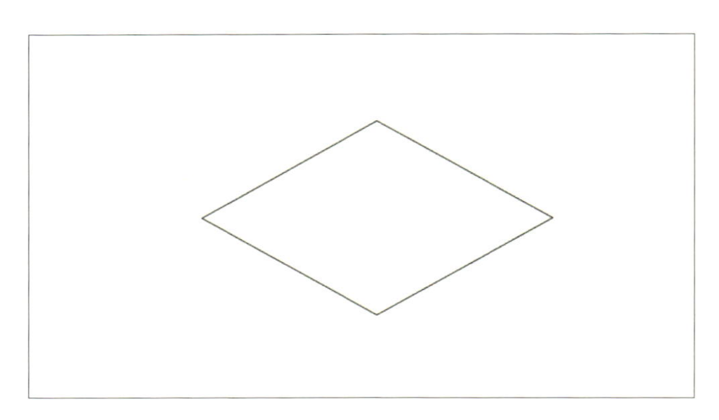

3 立体表示にする

立体表示にしましょう。ここでは、「南西アイソメビュー」を選んでいます。

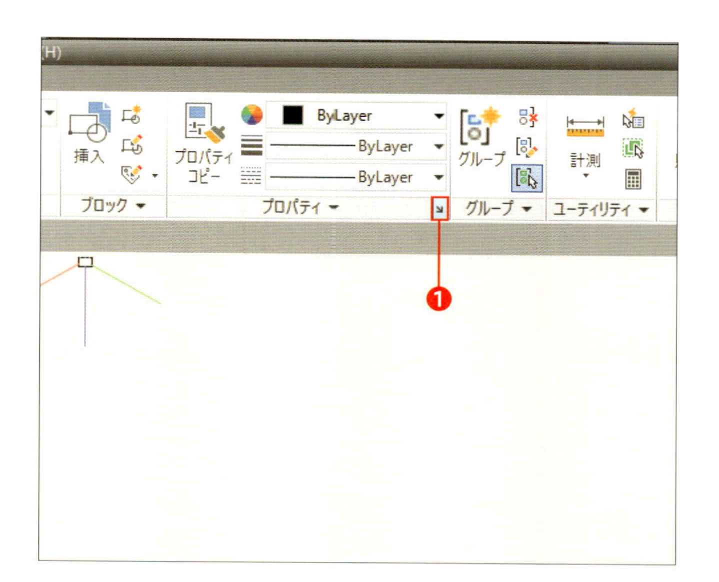

4 「プロパティ」パレットを開く

［プロパティ］パネル名のボタンをクリックして、［プロパティ］パレットを表示します❶。

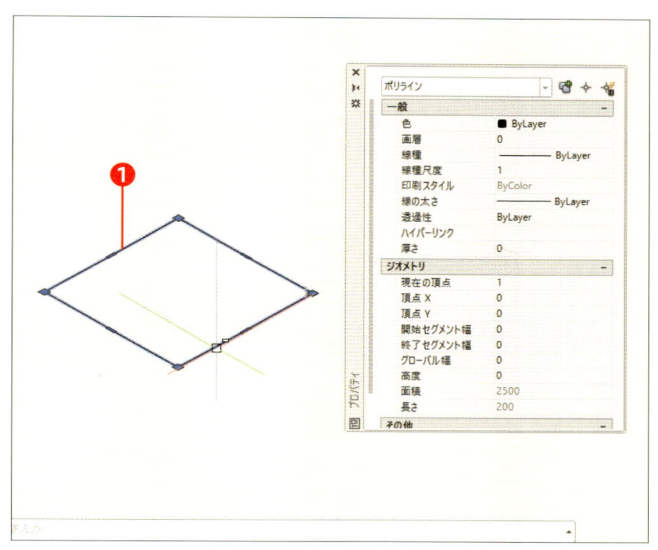

5 正方形を選択する

正方形をクリックして選択します❶。

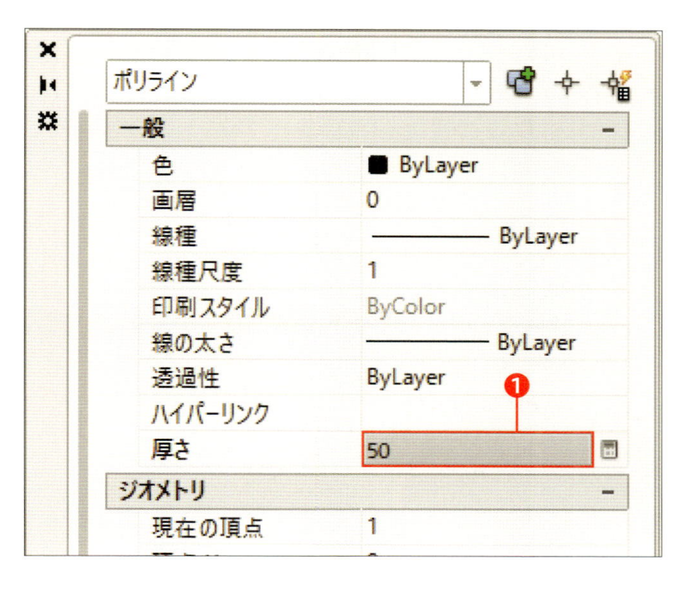

6 厚さを変更する

［厚さ］の欄に、辺の長さと同じ「50」と入力します❶。

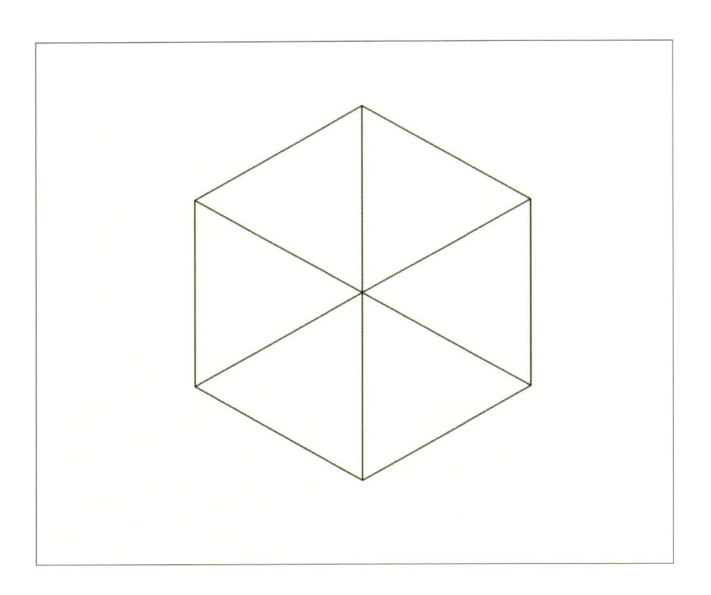

7 線が押し出された

線が押し出されます。ワイヤーフレームだと形がつかみにくいので、表示を変更しましょう。

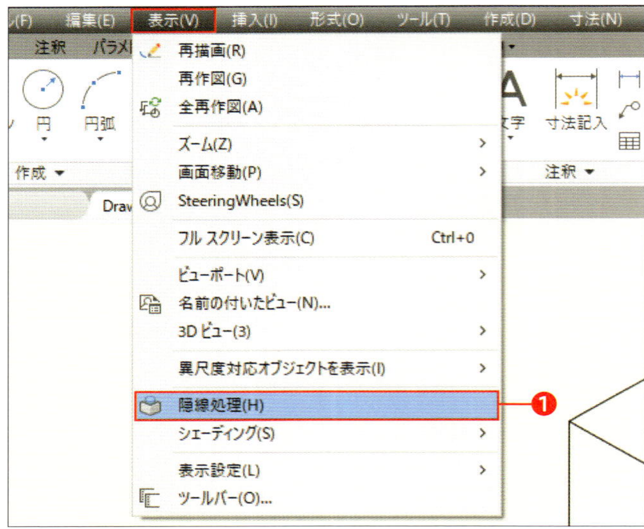

8 「隠線処理」をする

［表示］メニューの［隠線処理］をクリックします❶。

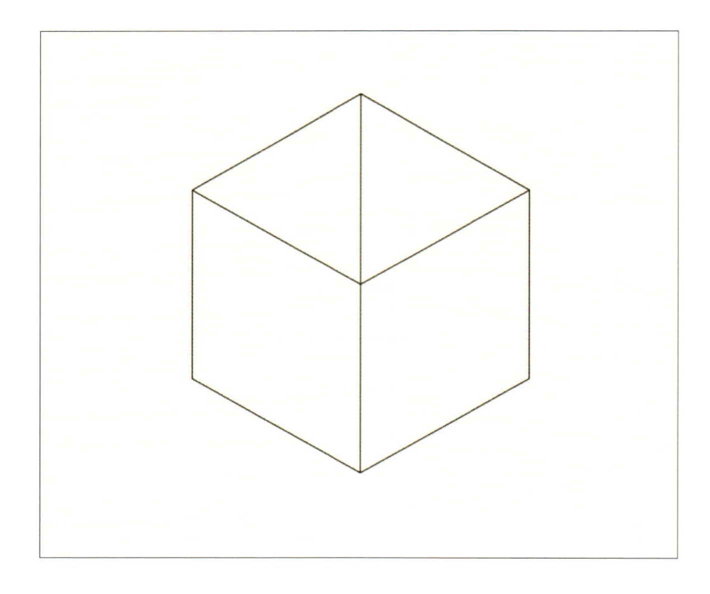

9 隠線処理された

隠線処理され、面として表示されました。元に戻すには、キーボードから「re」と入力して Enter キーを押します。

Check

円に厚さを設定すると、上下に蓋をした表示になります。

3D回転で四角錐を作る

練習ファイル 0903a.dwg　完成ファイル 0903b.dwg

AutoCAD LTには3D関連のコマンドがありません。AutoCAD LTで使えるコマンドは、XY平面上で使用する前提になっています。そこで座標系をカスタマイズして、3D空間の中でXY平面を傾けたり回転させたりすることで、2Dコマンドだけで立体作成ができます。

1つ目の三角形を立体にする

練習用ファイルには、ポリラインで作った4つの正三角形があります。この正三角形を折り紙のように折って、ピラミッドのような四角錐にしましょう。

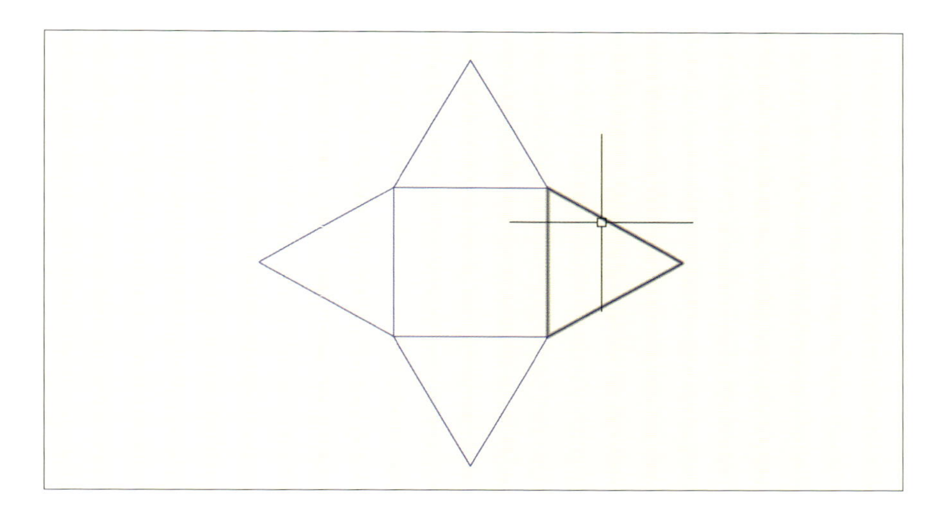

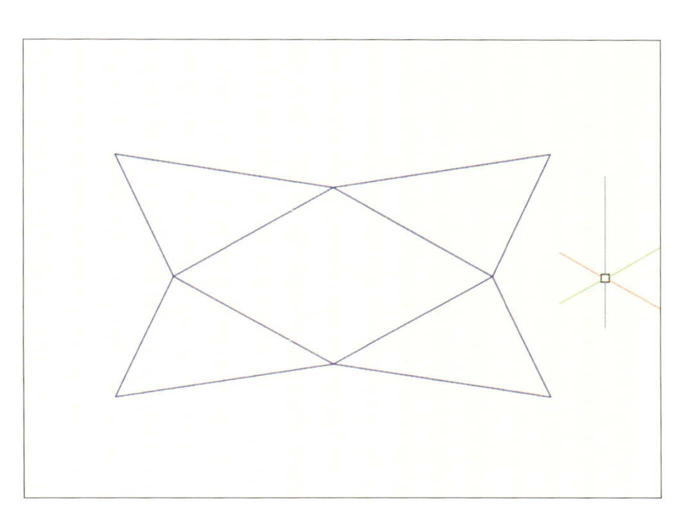

1 立体表示にする

立体表示にしましょう。ここでは、「南東アイソメビュー」を選んでいます。

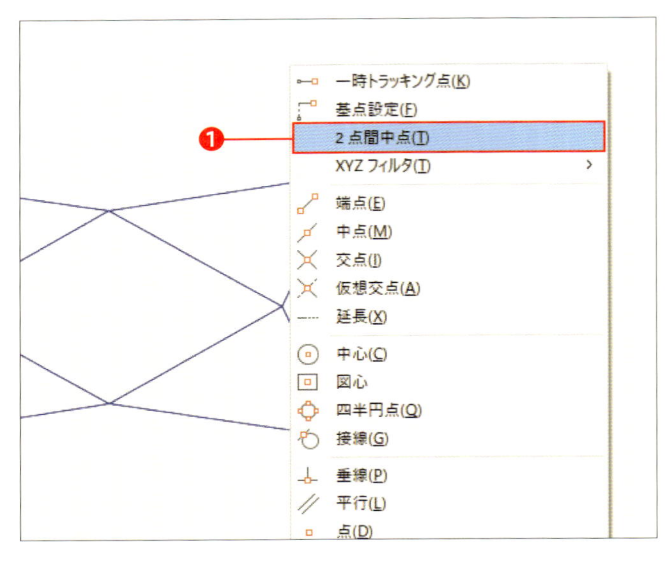

2 「線分」コマンドを実行する

中心に柱を立てましょう。[線分] コマンドを実行します。Shift キーを押しながら右クリックし、[2点間中点] をクリックします❶。

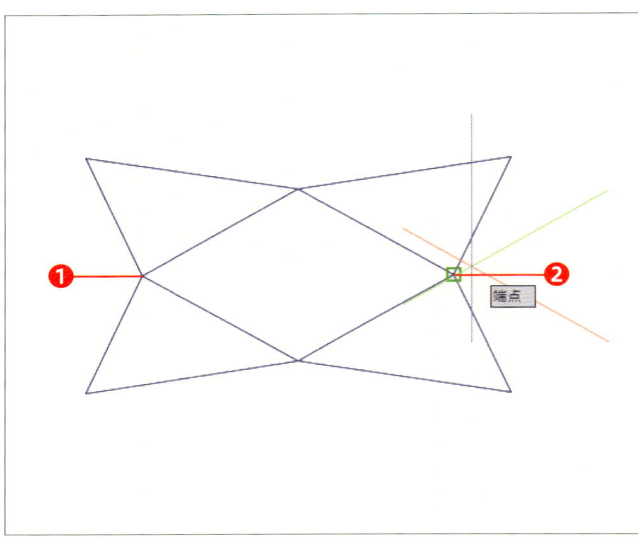

3 線を引く

底面の正方形の対角の2点をクリックします❶❷。

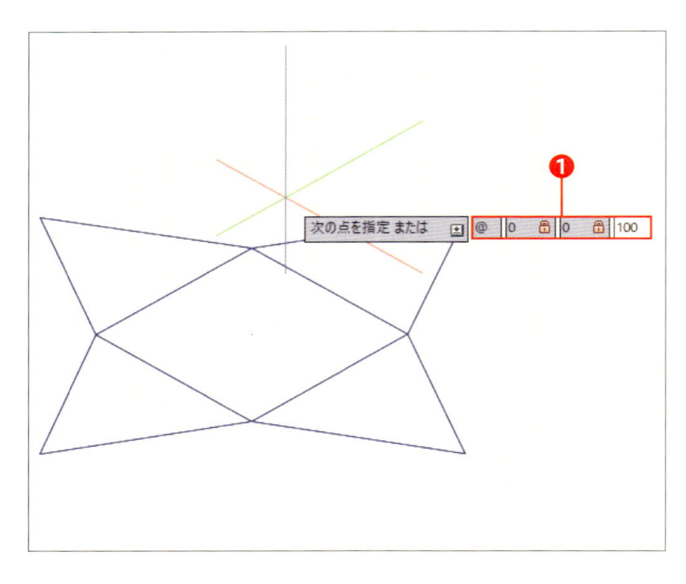

4 高さを指定する

2点目は相対座標入力で、高さだけを指定します。キーボードから「@0,0,100」と入力します❶。

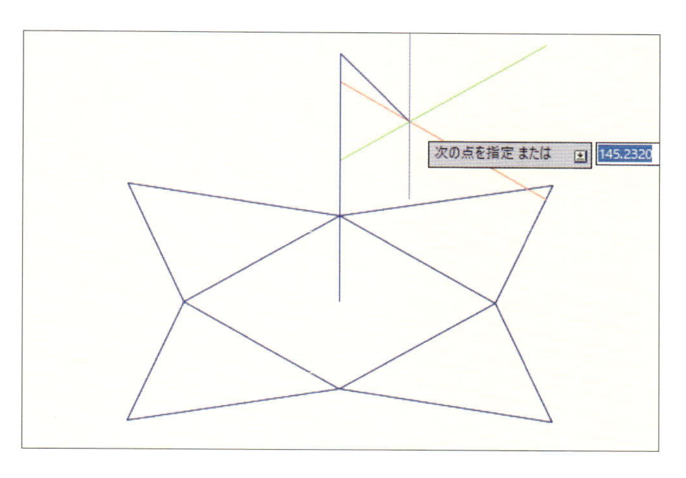

5 コマンドを終了する

Esc キーを押して、コマンドを終了します。このように座標入力すると、XY平面以外にも線を引けます。

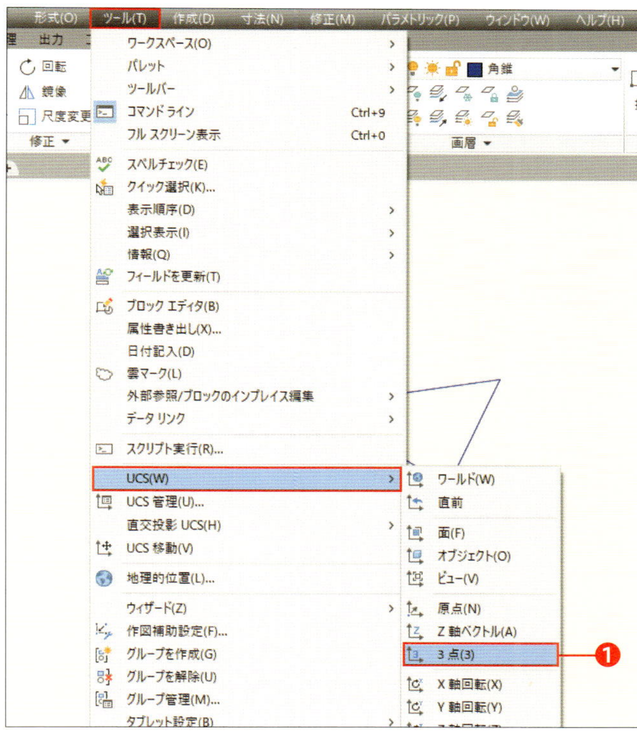

6 ユーザー座標を作る

円を描いて、頂点の位置を求めます。円を描くにはXY平面が必要なので、ユーザー座標を作ります。［ツール］メニューの［UCS］→［3点］をクリックします❶。

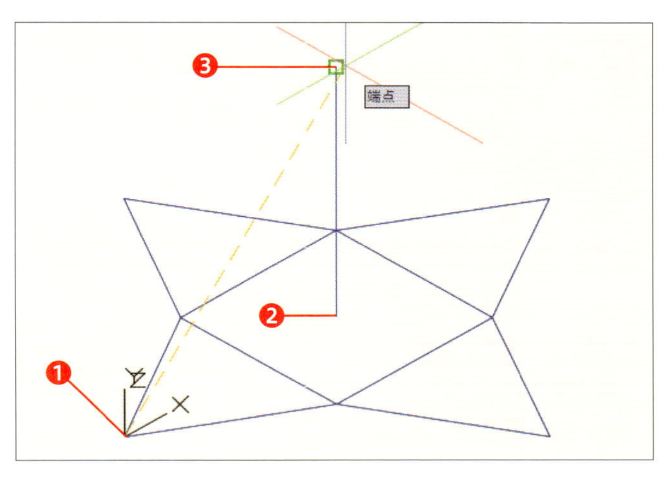

7 座標を指定する

図の順序で3つの点をクリックします❶❷❸。❶→❷の方向がX軸になり、3つの点が含まれる面がXY平面になります。

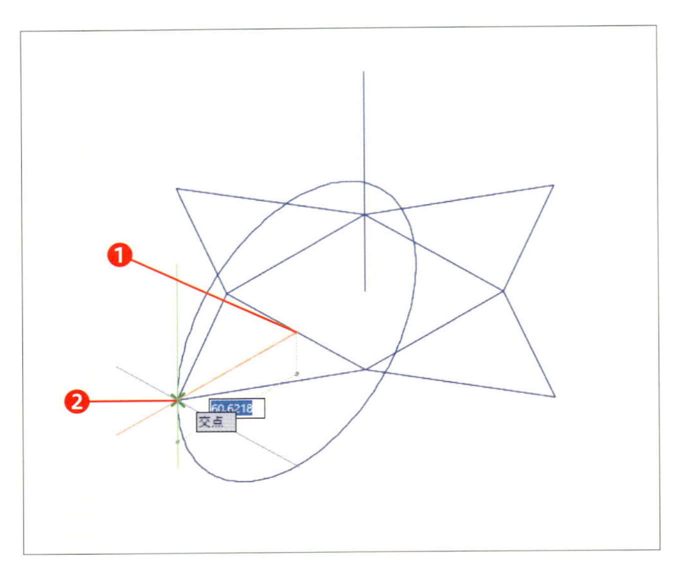

8 円を描く

［円］コマンドを実行します。中心は底辺の中点❶、半径は三角形の頂点にします❷。

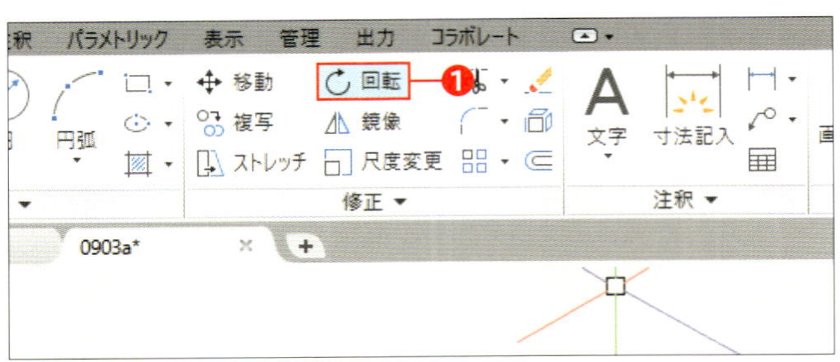

9 「回転」コマンドを実行する

三角形を選択し、［回転］コマンドを実行します❶。

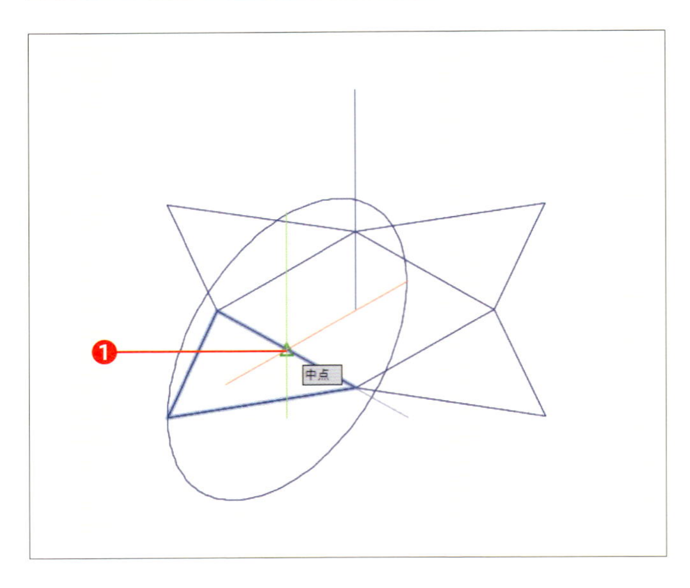

10 回転の基点を指定する

基点は、底辺の中点をクリックします❶。

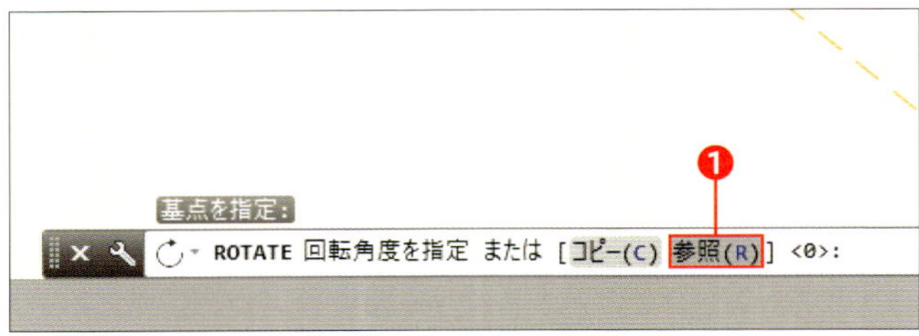

11 「参照」オプションを選択する

［参照］をクリックします❶。

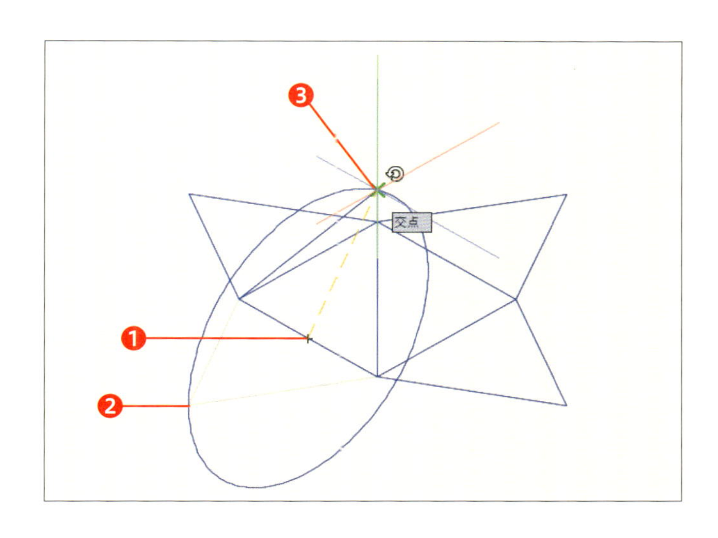

12 三角形を回転させる

図の順序で3つの点をクリックします❶❷❸。❶→❷が元の角度、❶→❸が回転後の角度になります。

三角形を配列複写して四角錐を完成させる

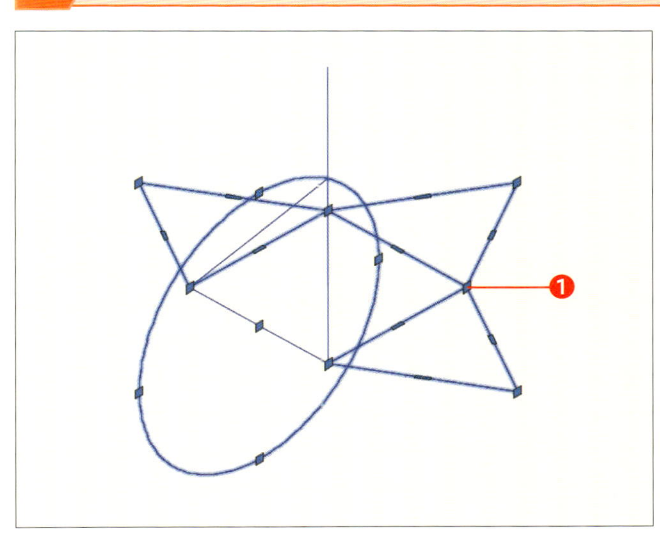

1 補助線と三角形を削除する

ほかの三角形も同じように回転させてもよいのですが、もっと簡単な方法を使いましょう。補助線に使った円と、ほかの3つの三角形を削除します❶。

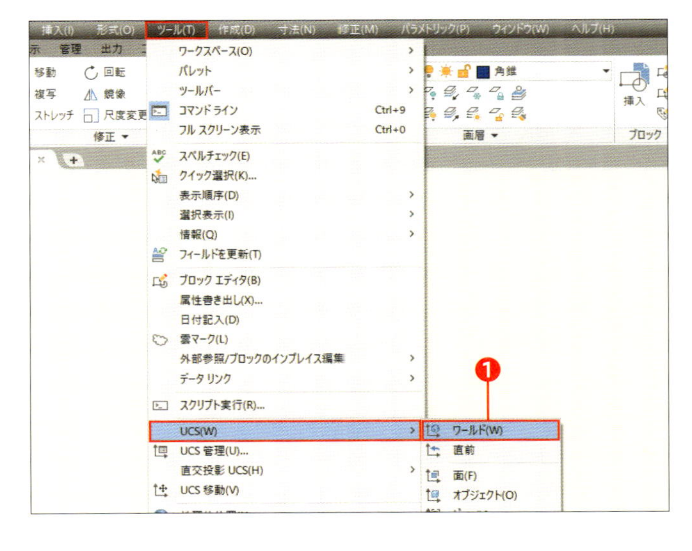

2 座標を戻す

[ツール]メニューの[UCS]→[ワールド]をクリックし、ワールド座標に戻します❶。

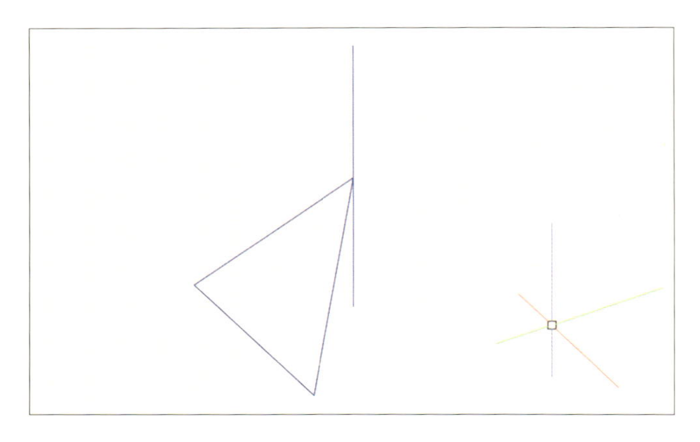

3 向きを変える

線が重なって見えづらいので、[視点プリセット] で少しだけ向きを変えます。

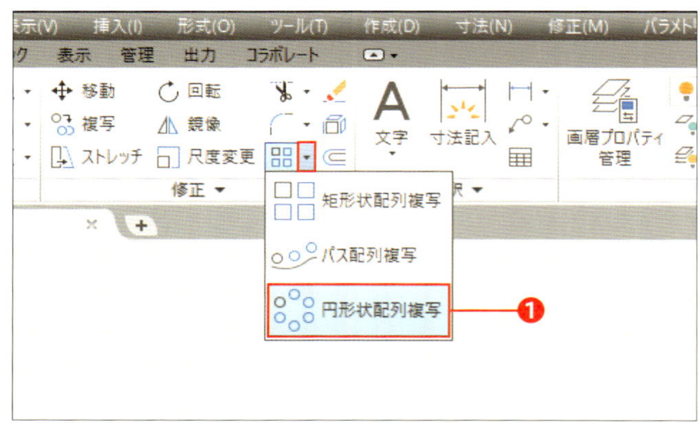

4 「配列複写」コマンドを実行する

三角形を選択し、[円形状配列複写] コマンドを実行します❶。

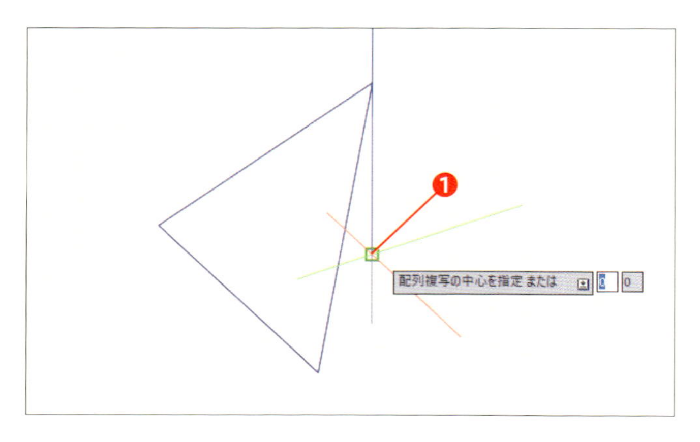

5 複写の中心を指定する

配列複写の中心は、柱の下端をクリックします❶。

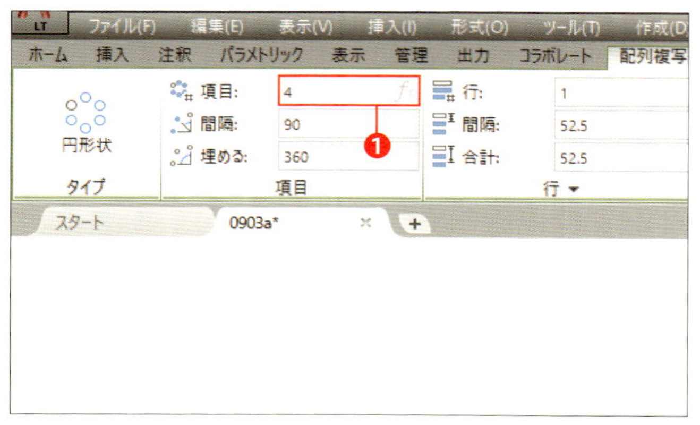

6 複写する数を指定する

[項目] に「4」と入力します❶。ほかの欄は自動計算されますが、画面のプレビューが変わらないときは、ほかの入力ボックスをクリックすると、リフレッシュされます。

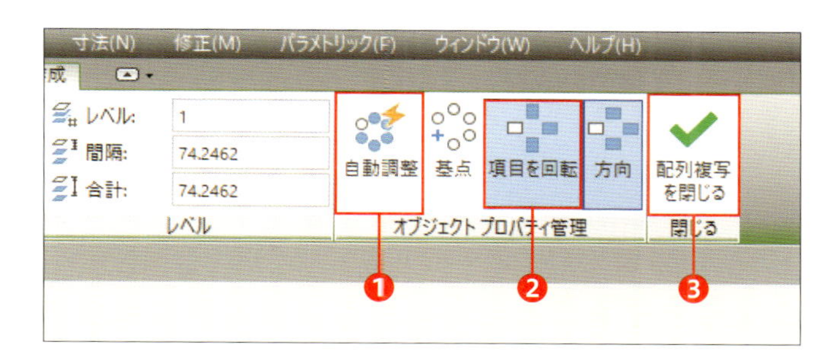

7 配列複写を終了する

［自動調整］はオフ❶、［項目を回転］はオンにして❷、［配列複写を閉じる］をクリックします❸。

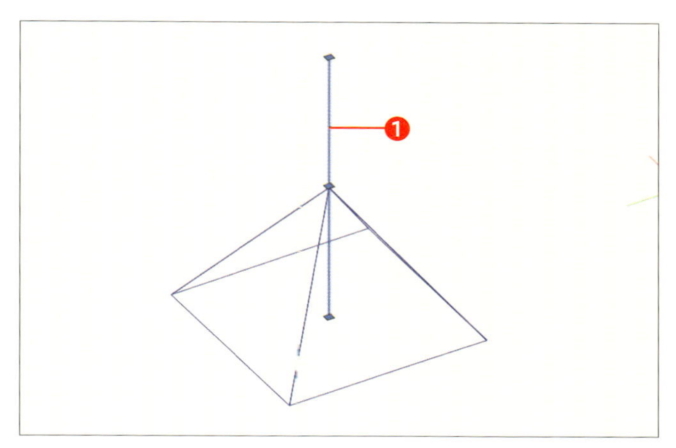

8 補助線を削除する

補助線に使った線分を削除します❶。

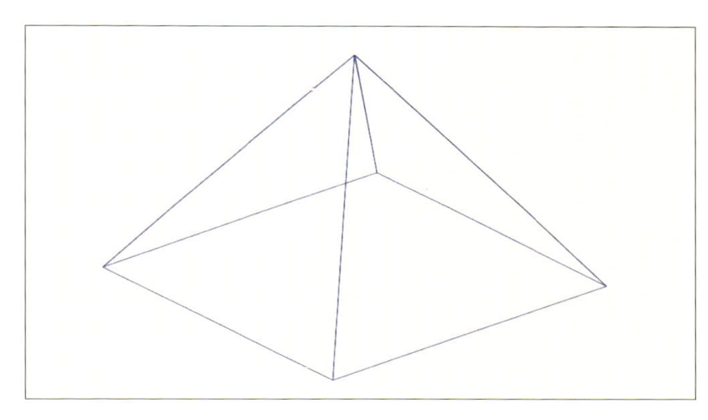

9 「視点プリセット」で視点を変更する

［視点プリセット］で、違う視点を探してみましょう。

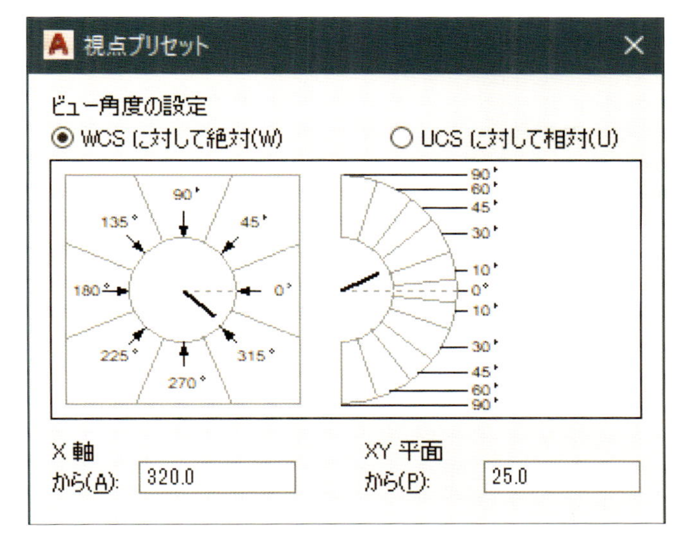

10 視点の設定をする

ここでは、図のような設定にしてみました。

Section 04 リージョンで面を作る

練習ファイル 0904a.dwg　完成ファイル 0904b.dwg

Sec.03で作ったピラミッドの三角形の面はポリラインなので、隠線処理をしても面として表示できません。そこで、ポリラインをリージョンという図形に変換します。リージョンは、AutoCAD LTでも面として扱われます。

三角形をリージョンにする

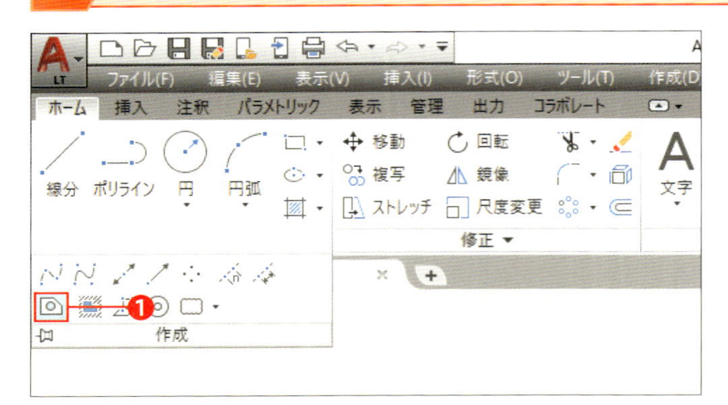

1 「リージョン」コマンドを実行する

［リージョン］をクリックします❶。

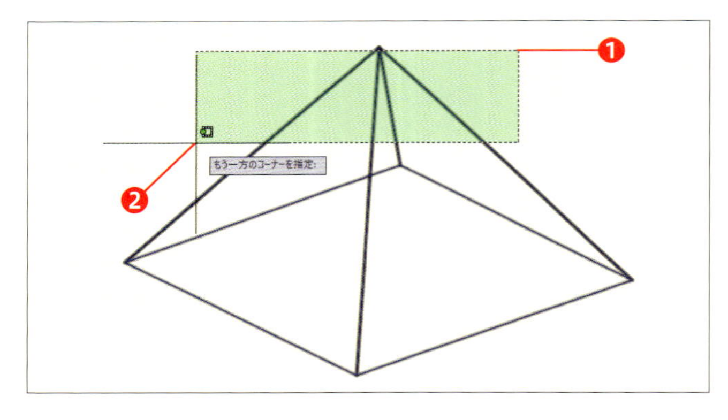

2 変換する三角形を選択する

4つの三角形を選択し❶❷、Enterキーを押します。これでリージョンに変換されました。

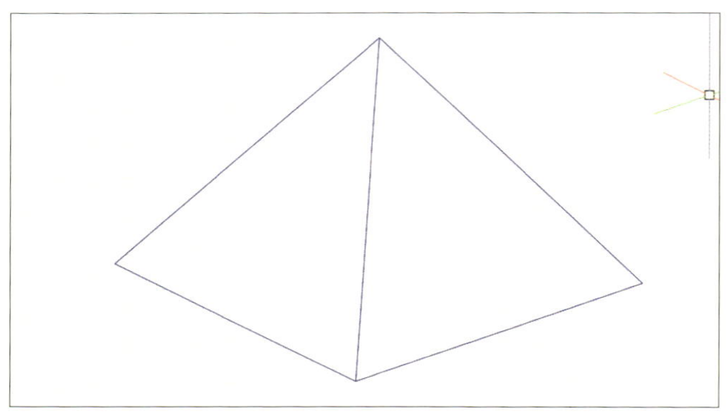

3 隠線処理をする

［表示］メニューの［隠線処理］を実行します。面として表示されます。

Index

記号・英数字

ア行

Index

カ行

サ行

タ行

ナ行

ハ行

マ行

ヤ・ラ・ワ行

著者プロフィール

稲葉　幸行（いなば　よしゆき）

1956年生。土木設計会社に22年間勤務。2001年から6年間、国士舘大学でAutoCADインストラクターを務める。2010年から8年間、リカレントのCAD講師。2013年からは日建学院のCAD講師を務めている。Webサイト「AutoCADの壺」管理人。社団法人 青少年育成協会認定 中級教育コーチ。アクティブラーニング・プラクティショナー。著書に「AutoCAD LTコマンドリファレンス」「AutoCAD&AutoCAD LT 困った解決&便利技」「実践AutoCAD/AutoCAD LT製図入門」「これからはじめるAutoCADの本」（技術評論社刊）がある。

基本から3DまでしっかりわかるAutoCAD/AutoCAD LT徹底入門

2019年2月8日　初版　第1刷発行

著者……稲葉　幸行
発行者……片岡　巌
発行所……株式会社技術評論社
東京都新宿区市谷左内町21-13
電話　03-3513-6150　販売促進部
03-3513-6166　書籍編集部
装丁……和田奈加子
本文デザイン・DTP…リンクアップ
印刷／製本……株式会社 加藤文明社

定価はカバーに表示してあります。

ISBN978-4-297-10370-5 C3055
Printed in Japan

お問い合わせについて

本書に関するご質問については、本書に記載されている内容に関するもののみとさせていただきます。本書の内容と関係のないご質問につきましては、一切お答えできませんので、あらかじめご了承ください。また、電話でのご質問は受け付けておりませんので、必ずFAXか書面にて下記までお送りください。
なお、ご質問の際には、必ず以下の項目を明記していただきますよう、お願いいたします。

1 お名前
2 返信先の住所またはFAX番号
3 書名（基本から3DまでしっかりわかるAutoCAD/AutoCAD LT徹底入門）
4 本書の該当ページ
5 ご使用のOSとソフトウェアのバージョン
6 ご質問内容

なお、お送りいただいたご質問には、できる限り迅速にお答えできるよう努力いたしておりますが、場合によってはお答えするまでに時間がかかることがあります。また、回答の期日をご指定なさっても、ご希望にお応えできるとは限りません。あらかじめご了承くださいますよう、お願いいたします。

問い合わせ先

〒162-0846
東京都新宿区市谷左内町21-13
株式会社技術評論社　書籍編集部
「基本から3DまでしっかりわかるAutoCAD/AutoCAD LT徹底入門」質問係

FAX番号　03-3513-6183
URL：https://book.gihyo.jp

※ご質問の際に記載いただきました個人情報は、回答後速やかに破棄させていただきます。